岁宝宝教养手册

马艺铭　张跃军著

U0340851

广东旅游出版社
GUANGDONG TRAVEL & TOURISM PRESS
悦读书·悦旅行·悦享人生

中国·广州

图书在版编目（ＣＩＰ）数据

0～3岁宝宝教养手册 / 马艺铭，张跃军著. — 广州：
广东旅游出版社，2015.6
ISBN 978-7-5570-0098-1

Ⅰ. ①0… Ⅱ. ①马… ②张… Ⅲ. ①婴幼儿－哺育－手册
Ⅳ. ①TS976.31-62

中国版本图书馆CIP数据核字(2015)第071728号

0～3岁宝宝教养手册
0～3 Sui Baobao Jiaoyang Shouce

广东旅游出版社出版发行
广州市天河区五山路483号华南农业大学（公共管理学院）14号楼三楼
联系电话：020-87347994　邮编：510642
广东旅游出版社图书网
www.tourpress.cn
深圳市希望印务有限公司 印刷
（深圳市坂田吉华路505号大丹工业园2楼）
787毫米×1092毫米　　16 开　　23印张　　300千字
2015年6月第1版
2015年8月第2次印刷
定价：49.00 元

黄金三年，你能给宝宝带来什么？

"在生命最初的3年里，孩子的每一寸成长光阴都珍贵过黄金"，当我开始抚养自己的女儿，陪伴她一路成长时，才真正理解这句话的分量。

被誉为"黄金三年"的0～3岁，是人一生中身心发展的首要时期、情绪发展的奠基时期、智力发展的关键时期。它对人生的影响深刻而久远。正如华德福教育所认为的，人生最初3年所获得的巨大发展价值，会缓慢地释放到整个人生中去。它的价值如果要用一个时间维度来衡量，那就是，孩子的一生。

还在早些年，我开始接触心理学时，逐步认知到幼童时期对人的一生有多么重要、影响有多么深远。也许很多人不知道，成人心理上的很多困扰，诸如自卑、缺乏安全感、自我疑虑、缺乏意志力、性情抑郁焦躁等等，究其成因，追根溯源都可以追溯至幼童时代。

治疗成人的心理困扰，无论是在心灵疗愈课程中，还是在咨询师一对一的心理辅助中，很多心理疗愈手段都是"打碎自己、回到童年、重新构建"，在内心回到或接近童年的状态下，重建安全感、重建信任感、重建积极的自我认知。安全感、信任感、积极的自我认知是一个人内在力量的根基。只有根基打牢了，其他的心灵构建才成为可能。然而，成人要完善自己的内心，需要很努力地一点一点突破心理的藩篱，回到原点处重新构建，慢慢地实现自我成长。这条路很漫长，却几乎又是唯一的路。

对成人而言需要付出巨大努力才能建立起来的安全感、信任感以及积极的自我认知，在婴幼儿时期却可以水到渠成般地获得。而且，在婴幼儿时期建立起来的安全感、信任感及积极的自我认知会很稳固，并会持续到成年，对人一生产生持久的影响。

在婴幼儿时期，只要父母对宝宝实施充满关爱的、稳定一致的抚养，宝宝就容易形成信任感；反之则容易形成不信任感。信任感占优势的孩子往往具有敢于冒险的勇气，满怀热情和希望，不容易被绝望和挫折压垮。缺乏信任感的孩子却常常有疑虑，也容易被种种所谓的现实条件束缚。

父母在抚养孩子的过程中，若能顺应孩子的自由意志，支持和协助孩子"随心所欲"地进行自主探索、自由玩耍，也有助于孩子意志力、自主性的形成。意志力、自主性得到良好发展的孩子，能更好地战胜羞怯和疑虑，表现得更为自信、果敢、坚强。

成人世界中，我们表现出来的自卑、疑虑、犹豫不决、对自己和他人的不信任感，抑或是我们展现出来的坚韧的意志品质、勇于冒险的开拓精神、较高的自信自尊等等，这所有的一切，其实早在幼童时代就种下了相应的种子。如果时光倒流，那些内心不够强大的成人有机会回到童年时代，重新开始，或许他们就有机会收获完全不一样的人生。

不仅如此，0～3岁阶段除了对身心成长有巨大影响，它还是情绪发展的奠基时期。短短3年，就将奠定我们一生的情感底色。孩子未来是否是个高情商的人，0～3岁阶段就会为其定下基调。

对我们一生有着至深影响的元情绪在婴幼儿时期开始形成，它是我们自我情绪的根源。我们成年后，元情绪仍潜伏在我们内心的最深处，如潜意识般在幕后支配着我们的情绪情感，悄无声息地发挥着巨大的影响力。也就是元情绪，为我们一生的情绪情感定下了或积极或悲观的主色调。

婴幼儿时期情绪能力的获得，对宝宝未来社会能力的形成至关重要。在宝宝未来的人生中，它将深刻影响宝宝的社交能力、人际关系以及个人成就。几乎所有的家长都希望自己的孩子将来是个高情商的人，那就断不可错过0～3岁这个情绪能力发展的最佳阶段。

再说说智力。0～3岁阶段，是人一生中智力发展的关键时期。美国心理学家布鲁姆认为，如果把人在17岁时的智商定为100%，那么其中的50%在3岁前发生。

在0～3岁期间，幼儿大脑以突飞猛进的方式进行爆炸式的成长。大脑神经元突触的数量、神经元髓鞘化的发展，都与宝宝获得的后天刺激密切相关。在大脑发育的过程中，丰富的后天刺激促使幼儿大脑生成或保留数量更多的神经元突触，形成更丰富的神经回路，大大提高大脑的智能水平。后天刺激使神经元髓鞘化程度更高。髓鞘化程度高的神经元，其信息传递速度更快、更精准，外显为宝宝大脑反应更快、更灵敏。

现代脑科学研究也显示，0～3岁是人一生中建立脑神经连接（神经回路）的最佳时期。宝宝通过视听刺激等多种途径获得的早期经验，很大程度上决定着"智力硬件"大脑的具体结构（Rapoport et al.，2001）。

在获取后天刺激和早期经验的所有后天环境中，家庭教养环境无疑是最重要的因素。美国很多研究结果一致表明，家庭教养环境对不同社会阶层和所有种族的婴儿、学前儿童以及学龄儿童的智力表现有相当大的影响。生活在有丰富刺激家庭环境中的儿童，从1岁到3岁，智商不断提高；相反，生活在家庭环境不佳的儿童，在相同的时间内，智商会下降10～20分（Bradley et al.，1989）。

研究显示，这样的父母更容易培养出聪明的孩子：他们往往很有热情，经常用清晰、准确的语言热切回应宝宝的口头表达；用爱、笑容、肢体接触与宝宝保持亲密的互动关系；对宝宝进行细致耐心的日常护理，并提供有益的游戏、逗引。事实也证明，拥有这种父母的孩子得到了更好的发展。

研究还显示：在婴幼儿时期的家庭教养环境中，父母对孩子活动的参与情况、给宝宝提供适当的玩具和材料、宝宝每天得到多样刺激的机会这三方面，对宝宝未来的智商和学业表现有最强的预测力（Bradley,Caldwell & Rock,1988;Gottfried 1994）。所以，父母在让宝宝吃饱睡好、健康成长的同时，为其提供科学的教养是极其重要的。

遗憾的是，如此重要的智力发展时期，很多父母却并没有给予足够的重视。因为在婴幼儿时期，智力并没有很明显的外在表现，似乎所有的宝宝看上去都差不多。更有家长认为，三岁小娃能懂什么，连记事都记不了多少，不过是吃吃睡睡长身体而已。在我们祖祖辈辈传承下来的育儿传统中，也是"多有养、鲜有教"。这样的认知误区，让多少孩子错过了拥有更好智力基础的机会。

实际上，喂养与教养，两者一起才能构建起孩子完整的成长。以吃、喝、拉、撒、睡为主要内容的喂养，是孩子成长最为重要的基石；以情绪情感、认知、语言、动作、自我及社会性发展五大关键领域为主要内容的教养，同样是孩子成长极为重要的方面。两者缺一不可，好似我们的双腿，缺了哪一条都是不行的。倘若我们能抛除自以为是、抛除傲慢偏见，重喂养也重教养，也许孩子就能收获更好的人生开端。

黄金三年，我们能带给宝宝什么？这是关乎孩子一生的人生之问。只要我们愿意并身体力行，短短三年中，就能带给宝宝无数极其珍贵的人生厚礼。我们能带给宝宝安全感、信任感、积极的自我认知、自尊自信、良好的情绪能力、更好的大脑运作能力、健康的身体……所有这些东西，件件都珍贵过黄金。

正因为如此，在学前教育较发达的西方国家，教育界将人生头3年视为人一生中最重要的教育阶段。因为他们知道，0~3岁的教养，是关乎孩子一生的"根的教育"。

在那里，育婴师、幼教老师和律师、医生一样，是最受尊敬、有着最好待遇的高尚职业。崇高的职业地位和优厚的薪酬待遇，吸引着最优秀的人才进入育婴工作行列，力求使得每个孩子获得美好的人生开端。教育工作者以及家长对孩子学龄前阶段（0~6岁）的重视程度，远超包括小学、中学、大学阶段在内的其他任何阶段。他们倾注大量的时间和精力，细细地培育孩子的"根"。我期待，多年以后的中国也能如此。

现在，我们很多家长的做法却恰恰相反：在可塑性较强的学龄前阶段，对孩子的成长缺乏实质性的有益支持，自己落得轻松自在；到了可塑性较弱、很多能力开始成形的青少年后期，却又倾尽全力甚至苦苦逼迫孩子成长，以求孩子有优异的表现。这其实是颠倒了的教育次序。

我的一个小外甥女，当读初中时，上着省里最好的学校。她的妈妈几乎全职在家督促她的学业，但她的学习仍一塌糊涂。无论是威逼利诱，还是苦口婆心地劝说，都未能让她的学习成绩有起色，反倒让她开始变得沉默、自闭。实际上她也努力过，甚至主动要求上过一整期的暑假课外补习班，但不管怎么努力，成绩还是不太理想。那些轻轻松松学习的同学总是领先她很多，以至于让她怀疑自己是否是读书的料。

回看她的童年，她的爸爸妈妈认为小娃娃喂饱饭、穿暖衣、无病无痛长大就行，于是请了个保姆全职代养孩子，自己则忙于赚钱、忙于工作，对孩子疏于陪伴和关爱。他们认为，现在这么努力地拼命赚钱，就是为了等她长大后能给她提供最好的受教育的机会。他们也确实做到了，女儿上着省里最好的中学，有着令人羡慕的最好教育环境。然而，女儿糟糕的学业表现很残酷地告诉他们，他们把教育的次序搞颠倒了。

在头3年没能打下坚实的基础，日后孩子所需要付出的努力自然要多得多。当我们为孩子包括学业在内的各项表现差而大发雷霆时，是否反思过在孩子人生头3年这么重要的智力、情绪以及心理的发展期，自己又为孩子做过些什么？

抚养教育孩子似乎也有先苦后甜、先甜后苦的规律。这个论断虽然没有严谨的正式研究来佐证，但在现实生活中不乏鲜活的案例证明。在众多案例中，我的小外甥女不过是一个常见的普通案例而已。

在抚养和教育孩子这件事情上，一辈子再也没有这样的机会，能像0～3岁这个黄金成长期一样，用如此之小的教养投入，贡献出如此巨大的发展价值。也许只有在0～3岁这个极具可塑性的黄金成长期内，我们才有底气为宝宝预约一个美好的未来；在人生的其他大部分旅程里，不管你愿不愿意，更多的怕是只能由孩子走自己的路。

所以，当女儿降生时，我和我先生就将抚养女儿列为生活中的头等大事。我先生为此还专门进修了国家高级育婴师，成为为数不多的男性高级育婴师之一。我们怀着敬畏之心，尽一切可能顺应孩子发展特点、遵从孩子身心状态来抚养女儿，陪伴和支持她一路成长。我也期待，能给女儿一个美好的人生开端。

从降生时的第一声啼哭开始，到咿呀学语、蹒跚学步，再到入园求知，女儿像阳光雨露下的野花一样自由地成长。其间，女儿逐步展现出良好的情绪能力、语言表达能力、运动能力，是个时常笑眯眯、好动开朗的小宝宝。随着月龄的增大，女儿对陌生环境展现出良好的适应能力，并勇于在陌生环境中进行全新的探索。与同伴在一起时，她时常主动发起同伴游戏，展开同伴交往，成为小伙伴的小领袖。女儿的良好发展，让我欣喜不已。

也正因为女儿的良好成长，鼓励我和我先生将积累起来的一点点浅见合著撰写成书，并与你分享。这本历时3年完成的拙作，若能帮助你的孩子，则是我们夫妻俩莫大的荣幸。身为幼儿教育工作者，没有比帮助孩子健康成长更让我们感到欣慰、更有成就感的事情了。

今天，你也为人父母，身旁的这个小天使就是上天赐予你最珍贵的礼物。请享受他对你的依恋，欣赏他睡在你身旁那可爱的小模样，亲吻他天使般迷人的笑脸，倾尽全力陪伴他一路成长……总有一天，仿佛转眼间，牙牙学语的小婴儿就已长大成人。那时的你，一个人静静地坐着，翻看还在襁褓中宝宝的照片，也许感慨唏嘘、也许泪流满面，那一刻，那么美。

第一章

宝宝的成长秘密

孩子从体验中学习。他们就像尚且湿软的水泥，所听到的每字每句都会在他们身上留下印记。

——海姆·G. 吉偌特
（Haim G.Ginott）

在我们眼里，新生小宝宝是那么弱小，那么无助，全赖大人的细心照顾才得以生存。除了哭，可怜的小家伙似乎什么也干不了。在宝宝头3年的成长岁月里，我们教宝宝说话、教宝宝识物、教宝宝走路……我们相信，因为我们的精心抚养宝宝才得以茁壮成长。

然而，这是宝宝成长的真相吗？随着儿童心理学、发展学的长足进步，让我们有机会认识一个完全不一样的、真实的小生命。这个小生命如此的神奇，以至于我们不得不佩服自己竟然可以创造出如此不可思议的生命体。现在，让我们一起认识宝宝那真实而又神奇的另一面。

先分享一个有名的实验：研究专家让一名马拉松运动员模仿一个一岁多宝宝的动作，宝宝踢腿他也踢腿，宝宝爬行他也爬行，宝宝打滚他也打滚，目的在于测试小宝宝一天到底有多大的运动量。刚开始，马拉松运动员觉得太轻松了，甚至觉得这个实验实在有点无聊。但随着时间的推移，马拉松运动员慢慢开始跟不上宝宝的动作了。几个小时过去后，马拉松运动员已累得筋疲力尽、不想动弹，宝宝却没有一点疲惫的感觉，仍然精力充沛地到处玩耍。以耐力著称的马拉松运动员，就这样被我们的小宝贝轻松地打败了。然而，这还仅仅是宝宝成长发育的一个侧面而已。

实际上，自降临到这个世界的那一刻起，宝宝便面临着巨大的挑战。从妈妈那温暖、安全、舒适的子宫，突然来到一个陌生无比的世界，这种变化实在太大，一时让小宝宝无所适从。对小宝宝来说，这个新世界实在太嘈杂，光线那么刺眼、周遭乱哄哄的。要适应这个全新的世界，对小宝宝来说是项很艰巨的挑战。即便是成人，应对如此巨大的变化亦非易事。虽如此，宝宝还是展现出惊人的适应能力，并用他洪亮的哭声向世人宣布：我来了，我带着无限的生命力，我的未来有无限可能！

就让我们见识一下小宝宝神奇的生命力：用短短两年的时间，小宝宝身高能达到其成年后最终身高的一半，体重比出生时增长4倍；大脑重量竟然能达到其成年后脑量的75%，标志脑细胞成熟的神经元髓鞘化大部分也在此时间段内完成；神经元数量更是远超过成人，竟可与银河系浩如烟海的星星数量相媲美。在人漫长的一生中，人生之初短短两年间的多项身体发展，均超过其余人生阶段的总和。

这是人一生中绝无仅有的巨大发展期。在这个巨大的发展期内，将演绎一曲人生中最波澜壮阔的成长史。小宝宝由一个只能躺着沉睡的"无助的婴儿"，经由俯卧抬头、翻身、独坐、站立直至行走，每一步都是成长的里程碑；经由"混混沌沌、浑然一体"到区分出主体客体，萌生出自我意识，确立自我，每一步都是社会性发展的蓬勃展现；从哭声中分化出不同含义到牙牙学语，直至学会世界上最难掌握的抽象工具——语言，每一步都是认知能力的提升与进步；从被动接受到主动探索，直至寻找出办法来解决遭遇的问题，每一步都是智力的萌芽与长足发展……

不仅如此，在头3年里，小宝宝的内在能力与品格也在悄无声息地慢慢滋长，如专注力、意志力、情绪能力、社会交往能力等等。这些能力能否在婴幼儿期得到良好发展，将对其一生产生至深至远的影响。譬如，婴幼儿期情绪反应模式的形成，以及情绪控制能力的发展，将奠定我们一生的情感底色。

真可谓"宝宝头三年，成长无小事"。如此众多的成长事件、如此繁重的成长任务，宝宝是如何在短短两三年间完成的呢？还是让我们一起进入宝宝的内在世界，放下我们成人的偏见与想当然，认真聆听小宝宝神奇的成长秘密，你会发现，那个了不起的小人儿，才是我们真正的孩子。

第○一○节　"走"向独立的我

我是你们亲亲的孩子，我被你们无比亲昵地唤作"宝宝"。我很依赖你们的悉心照顾，但从出生的那声啼哭开始，我便迈出了走向独立的步伐，因为只有"拥有"独立，我才能最终适应和生存于这个世界，进而美好地生活在这个世界，我才能是那个独一无二的、尊贵的自己。世间万物包括人类生存和进化的核心原则是"适应"。在生命的头3年里，我唯一要做的，就是用最短的时间发表"我能"的独立宣言。所谓成长，就是走向自强自立。

当我还是襁褓里那个被裹得严严实实、无法动弹的"无助"的新生儿时，我是如此弱小，不能抬头、不能翻身，更别说坐立或行走了，就连自己的小手小脚都没法自主控制，除了睡，我还能做什么？！每天长达20多个小时的睡眠，我在昏昏沉睡吗？不，我在疯狂长身体。表面酣睡的我，身体里的每个细胞都在以不可思议的速度裂变、成长，这是我一生中最疯狂的快速成长期，因为我知道，我所有的成长都建立在身体成长的基础上。

随着身体的快速成长，小脖子的力量和灵活性首先显现出来。短短的几个月，我便可以在俯卧时抬头，慢慢发展到竖起头部并自如转动。此刻的我会无可救药地喜欢上被人竖抱，因为竖抱第一次大大地扩宽了我的视野，让我用全新的角度欣赏到万万千千我从未见过的东西，即便是你们再熟悉不过的锅碗瓢盆、家什坐具、虫草花木，对我来讲都是新鲜玩意儿，从此不用每时每刻地仰卧，万般无奈地盯着那该死的、无聊透顶的天花板了。

自能竖起自己的脑袋，"正眼"看世界开始，丰富的视觉刺激便源源不断地输送至我蓬勃发展的大脑，为神经元的生长和联结提供足够的外源动力和支持，这对我的成长来讲意义非同小可。有时我哭闹不止，仅仅因为您没有竖抱我，并非我不好"伺候"，实在对不起，那是成长的需要。

一开始，我便知道要"抬头挺胸"做人，当小脖子的力量一天比一天强时，我又开始进行俯卧时挺胸了。俯卧挺胸能锻炼我的手臂、胸部、背部肌肉，为下一个重要动作自主翻身做准备。俯卧时挺胸不但能有效地刺激相关肌肉发展，也能刺激大脑中与之相对应的神经元发育与成熟。事实上，即便是再细微的动作能力获得，都是相关肌肉以及相关神经元两者均发育成熟的结果。也许在我5个月左右月龄的某一天某一刻，那个让您惊喜不已的动作——自主翻身不期而遇发生在您眼前时，我已为此准备和锻炼了很长时间。

当我能自主翻身时，意味着我成功地将我的活动范围成倍地扩大了。随着活动范围扩大，探索空间也随之扩大，未来更多能力的获得成为可能，其中包括具有里程碑意义的独坐。

独坐需要一定的背部和腰部力量，这种力量在我一遍又一遍不厌其烦地练习自主翻身时便已经获得；与此同时，我早早地通过踢腿来发展我的腿部力量，当我要独坐或爬行时，我的小腿便能派上用场了。我那么热衷于踢腿，自有我的用意，我不是无聊的小宝宝，我的每个动作背后都有其发展意义。

独坐让我第一次有了掌控自己的感觉，能够按照自己的意愿来调整自己，第一次"意识"到自己是独立的个体，"自我"开始破土萌芽。对头重脚轻（婴幼儿时期，头占整个身体的比例很大）的我来讲，独坐实非易事，平衡是最难把握的问题。尽管如此，我仍乐在其中。刚刚学习独坐时，请妈妈您垫些小枕头之类的东西在我身旁，协助我小坐片刻。慢慢地，我就能真正地一个人坐了。

谁叫我是个不知满足的小家伙呢，我很快发现独坐远远不能满足我对花花世界的好奇与探求，那么多好玩的东西我都想摸摸、看看、玩玩，但它们总是在我伸手不及的地方。我不能总是等着大人拿给我，很多时候，您拿给我的并不全是我想要的，更难过的是，我还无法通畅地告诉您我并不喜欢。走，是我解决这个问题的最终办法。只有学会了走，我才能按照自己的意愿去做我想做的事：去拿我喜欢的玩具、去我未曾去过的新奇的地方。只有学会了走，我才迈开了真正意义上独立的步伐。

但您知道的，走，谈何容易？在学会走之前，得先学会爬，学会站。从躺着，经由自主翻身，独坐，爬行，站立到独自行走，每一个动作能力都是下一个更复杂动作能力的台阶和基础。这是一个台阶式的成长过程，我踏踏实实一步一步地走来，从不奢求简略哪个环节，因为每一步都会为未来的人生夯实坚实的基础，无法跳跃。所以妈妈您也别给我买学步车之类的东西了，它并不能让我快速成长，除了让我感统失调，别无用处（当然还有一个不能说穿的用处：能为妈妈您省时、省心、省精力）。

当我能自由自在地满地爬时，那种喜悦和兴奋真是难以抑制地洋溢出来。爬行需要我协调自己的四肢，交替着向前移动。这种交替使用四肢的能力对我来讲实在太难了，更要命的是我根本不知道什么是交替使用四肢。当诱人的玩具出现在我面前时，我本能地伸手去抓，这一伸手，我身体的位置便发生了变化，这使得我开始"关注"四肢、躯干的关系。我热衷于不断组合使用四肢，经过无数次的尝试与练习，不知不觉中我就掌握了这项了不起的本事。至于到底是怎么掌握的，我也不知道，也许是您遗传给我的基因程序完美展现的结果吧。

刚开始，我只能胸腹部着地匍匐爬行，因为四肢的力量不足以支撑起身躯。随着四肢力量的增强，我就能支撑起躯干进行手足爬行了，这样大大提高了爬行的速度和效率。不知疲惫的爬行不仅有效地锻炼了我四肢、躯干的肌肉，也有效地刺激了我前庭神经的发育，大大增强了我的平衡感和感觉统合能力。活动范围急剧扩大，也为我的成长提供了前所未有的广阔舞台。

随着爬行的熟练，新的问题很快被我"意识"到：爬行时我没办法单独使用我的小手，单独使用小手时又不能爬行；当我发现喜爱的玩具时，唯有爬过去，然后坐起来，这样才能腾出小手来玩玩具。您瞧，这多麻烦呀，于是站立后的行走被立即提上了成长日程。

我会借助沙发、茶几、墙面、小推车或是妈妈您温暖的手，摇摇晃晃地试着站起来。多少次刚撑立到一半就"啪"的一声摔坐在地上，我二话不说重新来过。经过多少次的反复练习，我终于可以扶物站立。虽然还站立不了多久，这对我来说却已是不小的成就了。

站立还有点摇摇晃晃，我就开始了新的尝试：扶着沙发或茶几等物体慢慢左右移动。随着能力的增强，我会扶着沙发来回地走啊走，一遍又一遍。走动稍微熟练点，我就喜欢上您拉着我的手向前走，由两只手被拉着过渡到一只手被拉着，再慢慢地过渡到我抓着您的一个手指就能往前走。有时我会松开您的手独立站一小会儿，这，是我行将敞开双手大胆迈向独自行走的前奏，激动人心的时刻即将来临。这将是我人生中第一次完全的自主行动，我付出了多少艰辛和努力，终于迎来了属于"我"的时代！

刚开始学习走路，才迈一步就会跌倒，哭哭我又爬起再来。我的身体里有股无法抑制的成长力量，让我无数次跌倒又爬起，支撑着我一次又一次地从头再来。就是这样反复、大量、长时间的练习，腿部力量和身体的平衡感在不断的失败与重来中慢慢成长起来。请不要心疼我，这是成长的必修课，您所要做的是保护我的安全，避免摔着我的小脑袋，并在我需要帮助的时候轻轻扶上我一小把。也请不用担心，成长给我带来的乐趣，以及伴随能力增长而越发自信的感觉，远远超过成长带给我的阵痛。在成长过程中，我展现出无与伦比的热情、大胆尝试的勇气、百折不挠的毅力、千遍万次的坚持、不遗余力的努力……这些与生俱来的高贵品质，不需要我刻意为之，它们都拜您和爸爸优良的基因所赐。

虽然离熟练行走还有很长的距离，但我会坚持不懈进行大量的练习，而且乐此不疲。我需要不断地练习平衡，学习调整和掌控行走的速度。我需要不断地组合才学会的基本动作来应对复杂的环境，如如何上下坡、如何绕道走、如何跨越障碍等等。这是我第一次以灵活的方式应对外部世界，智慧也于其中悄然生长。

成长之路漫长而遥远，我坚定、勇敢地独自迈出了人生的第一步。感谢妈妈、爸爸，是你们赐予我完美的成长基因，正是这套宇宙间最精密的内在成长程序，携带着世间最神奇的生命密码，在我都还没来得及认识自己是谁时，就有如此神奇的成长表现。那是完美的基因在进行完美的展现，自然地绽放出如此绚丽至极的生命之花。

第 ② 节　我用神奇的小手，推开成长之门

俗语说，心灵手巧；对我而言，却是手"巧"才心"灵"。丰富的手部动作能有效促进大脑神经元之间形成更多的突触联结，建立更丰富的神经回路，增进大脑的运作能力。胖嘟嘟可爱的小手不仅是我身体最灵活的部件，更是我探索和认知世界最主要的工具。

出生的第一个月，我的小手大部分时间都是成拳头状握着的。若有东西伸到我的手心，我会无意识地一把抓住，这是纯粹的生物本能，即先天的抓握反射，并非有意识所为。此时的我并无意识，也不认识自己的小手。

不知从什么时候起，我开始"注意"到，怎么有两个物件每时每刻都在我身旁，不弃不离的。当我醒着时，我便细细地"观察"它俩，有时我会静静地盯着它们看。有一天，我忍不住好奇，把它放到嘴里吧唧吧唧吃起来。这东西吃起来感觉可不一样，不同于以往我吃过的任何东西，如奶嘴、妈妈的乳头、玩具等，这种不一样的感觉原来就是专家嘴里所说的"本体感"。它俩会随我的"意志"去触摸、够取玩具，还会互相碰触，似乎可以由我控制。慢慢地我"意识"到：它们是我身体的一部分，称为"手"。

当我进入2个月月龄时，紧握的小手开始松开，为拿取物件做准备。当我

"意识"到手是我身体的一部分，可以由我支配时，我便开始尝试用手取物。用手拿东西，多简单啊，对我而言却有相当的难度，需要我具备多种能力才能做到，如通过视觉测试物件距离，通过运动神经支配手部肌肉伸向目标物件，通过感觉统合进行手眼协调，指令手指手掌进行配合等等。每项细微的动作都需要大脑对信息进行快速处理并整合成指令发出，这对大脑是非常好的锻炼，所以才有手"巧"心"灵"这一说。用手取物这一看似简单的动作，完全称得上是我手部精细动作的第一个里程碑。此时，我便拥有了感知自身、认识世界最重要的两大工具：口、手。

一把抓，是我刚开始学习用手取物时的经典动作，有点笨拙，也有点小可爱。这时候手指还没有分化出来，我只有用整只手掌内扣着握物了，而且只能握取较大的物件。学会独坐后，双手被释放出来，我开始尝试交换手。

起初很长一段时间我都不知道两手可以交换物件，当您在右侧递给我右手一个玩具时，我会傻乎乎地把右手的玩具丢掉，再来接您递的玩具，并不知道将玩具转至空着的左手。别笑话我，成长是一个过程，请给我点时间来见证我的成长。当我学会交换手，意识到两只手可以同时使用，并通过双手配合产生1+1＞2的喜人效果后，小手作为我认知世界最主要的工具，其探索活动更见频繁。

要完成更精细的动作，需要我的手指分化出来独自发挥不同的作用。率先分化出来的是拇指，它的分化使我握取物件的准确度大大提升，手的功能日渐强大。随着大脑突飞猛进地成长，其他四指也逐步分化出来，我也慢慢地过渡到用拇指与食指、中指配合，捏取物件。拇指与食指配合，不仅能让我捏取比较小的物件，如花生、绿豆、饭粒等，更让我从一个摸索者开始变成一个技能熟练的操控者。这是我手部精细动作的又一个里程碑，发展意义重大，发展心理学家还专门为这个动作命名，称为钳形抓握。

钳形抓握是许多手部动作协同活动的基础，它使我有能力为达成某个目标而重组我已有的技能，新的动作技能得以不断出现。我会进行大量的钳形抓握练习，很快您就会发现：一转眼，我就学会抓虫子、拧把手甚至拨电话号码了。

进行钳形抓握练习的同时（甚至在这之前），双手日渐灵活的我，已不满足那么斯斯文文地使用自己这神奇、能干的小手了，我开始喜欢上敲、打、扔、砸我能拿到的一切。凡是到手的东西，诸如积木、饭勺、茶杯等等，都逃不过被摔打、扔砸的命运。我还会扯布娃娃的头发、撕小人书；学会爬的我还会把电视柜里的光碟、磁带等一股脑儿地扔撒一地。此刻的我，摇身一变，成了家中名副其实的"小破坏王"。

"破坏"的感觉真爽啊，那么自在、那么尽兴，双手的能力也在这种尽情的使用中肆意地成长。没有比这更能锻炼我双手能力的了，通过敲打扔砸，我将手部的基本动作锻炼得扎扎实实、得心应手，并在此基础上发展出更多精细化的新动作来。没有什么比这更能让我拥有"我能"的感觉，让我更大胆、更自立地探索周遭的世界，自信心也在不知不觉中得到滋长。

自从我成了"小破坏"，整个生活就发生了重大变化，教养变得更具挑战性了。我忙于到处搞破坏，妈妈则忙于收拾残局。此刻，妈妈您肯定有"家有一宝，如有一匪"的感觉。以前的"小可爱"开始惹妈妈烦了，但也只有委屈妈妈您了，一定要挺住了，因为我是不会妥协的，这对我是多么重要的成长机会啊，我绝对不能错过！亲爱的妈妈，请您把不能砸的东西放到我看不到的地方。凡是我能拿到手的，我会一律视为可砸之物，请不要随意地阻止我。即使不小心砸了家里的值钱宝贝，我认为，我才是您真正的宝贝，为了我的成长，这点代价是值得的。而且，当我进一步拥有更高能力，由随意动作成长为按照事物属性操作时，疯狂的敲打便会缓和下来。

这一刻来得很快。丰富的手部动作极大地支持了大脑的快速成长，也促进了我认知的发展。1岁后，我就开始尝试将瓶盖拧上瓶嘴，用手指操控开关，这意味着认知发展又跨上了一个新的台阶。手与其他感知器官一起，构成我认知世界的主要工具。

在第二年中，我的双手变得更加灵活。在16个月月龄左右，我可以用蜡笔涂鸦；2岁左右时，我就可以描画一些简单的横线或竖线，可以搭5层甚至更多层的积木。灵巧的双手也能为我自己提供简单的服务，如自己拿住水杯喝水、学习自己动手用勺吃饭等等。这时候，我探索世界的方式，在经由口腔探索、口手并用后，正式过渡到用手来探索世界。

随着大脑发育，象征思维开始出现，手部动作开始从具体的实物操作中独立出来，我可在没有电话机的情况下，用手装成打电话的样子来玩打电话的游戏。随着月龄增大，象征思维得到进一步发展，这时的我热衷于玩"过家家"之类的象征游戏，手部动作与身体的粗大动作一起，支持着我参与到更复杂、更高认知度的游戏中，我的成长也由此迈向更高的台阶。

第 ③ 节　生长在感知、行知的世界里

年幼"无知"的我，是怎样认识这个世界的？又是怎样从一个仅拥有先天反射的、小动物似的生命体，发展成一个有目的、有计划、智慧的问题解决者的？认知从何而来，智慧又从何而来？通过数十年不间断、大量的深入研究，皮亚杰，这位迄今为止儿童心理发展史上最具影响力的发展学家给出了他的答案：感知、行知。

零至两岁，是我一生中的"感知运动阶段"。在这个阶段，我对自身及外在世界的认知都源于感知觉和行动。认知在感知中破土，智慧于行动（动作）中萌芽。此阶段的我，是最纯粹、最本真的感知者，也是最伟大、最直接的行动者。

正如《感觉的自然史》中所描述的，如果不首先借助感官这张雷达网来探测，我们人类根本无法了解世界，也无法知道感官之外的事情。感知觉，是我们了解、认知世界及自我的第一通道。

感觉包括视觉、听觉、触觉、味觉、嗅觉这五觉；知觉包括物体知觉、时间知觉、空间知觉、运动知觉、跨通道知觉等。感觉和知觉密不可分，常统称为感知觉。感知觉是我开启认知大门的钥匙。这把金钥匙，在我降临到这个世界的时候，就已准备好了。

视觉。当我第一次睁眼看世界，看到的只是模模糊糊的一片。我只能看到15～30厘米的距离，就连妈妈的脸，都只是朦朦胧胧的轮廓。进入2个月月龄后，与见到的其他物件相比，我更偏好人脸，尤其是妈妈的脸。对人脸的偏好，让我一开始就能与妈妈有亲密的对视与交流，"鼓励"和"促进"妈妈把我抚养得更好。

能看清楚世界，是认知的前提。视觉系统作为人类最核心的信息采集系统，在2个月到1岁间迅速成熟。当我2～3个月月龄时，由于视觉神经中枢的逐步成熟，我开始能够看清妈妈脸部的具体细节，这个生我养我、最最亲爱的人开始变得具体而清晰起来。

随着视敏度的增强、颜色视觉的发展，以及视觉集中、视觉追踪能力的出现与加强，我开始用双眼近乎贪婪地探索这五彩斑斓的世界。万千物件，色彩斑斓。红、绿、蓝是我最开始感知到的颜色，随着颜色视觉的增强，黄、橙等色我也能感知到。相比冷色调，我更喜欢明亮的暖色调。

我喜欢运动的物体。当视觉追踪能力出现，颈部能左右转动时，我就会调整眼睛、身体追着运动的物体看。视觉追踪能力出现，让我惊奇地"发现"：起初在我眼里"浑然一体"的整块世界，原来是由千千万万个独立的个体组成，而且不同的个体间还存在着各种各样的关系。与此同时，运动知觉、空间知觉也在这种不断的视觉追踪中得到滋长。

源源不断的视觉刺激，很好地让视觉神经元处于激活状态，有利于大脑视觉神经中枢的成熟；视觉中枢的成熟则有利于获取更多更丰富的视觉刺激源，两者相互作用、相互影响，共同支撑起我视觉能力的发展。

听觉。还是胎儿时，我就能听到声音。早在生产前3个月，当妈妈给我读故事时，我的胎心率就会发生变化，说明我对声音的学习早在妈妈肚子里时就开始了。不用怀疑我的神奇，这一点早在发展学家德卡斯普的相关研究中就得到了证实。

当我出生时，我的听力已发育得相当好了，对声音非常敏感。由于视敏度不够，我主要依靠听觉来感知周围的世界。我对声音很感兴趣，尤其是女性声音。在女性声音中，自然最喜欢妈妈的声音了，我能从众多声音中听到并分辨出妈妈的声音。

我拥有出色的听觉辨别能力和听觉记忆，并一步一步地走向细致化，这就需要妈妈、爸爸从一开始就要用清晰、准确的发音和我说话，这对我的听觉发育是很有益处的。

触觉。对于0～3岁的我来说，触觉的发展意义非同寻常。它是我获得外部环境信息、探索外部世界的主要通道之一，对我早期的认知发展起着关键作用。明白了这一点，您就能理解我为什么总是如此热衷于摸摸这、摸摸那，这也吃吃，那也咬咬的了。

在灵活使用双手前，口腔是我探索世界最主要的工具。此阶段的口腔神经末梢，远远超过眼、耳、鼻等其他感官，甚至比灵巧的手都要多出一倍；在中枢神经系统中，大脑中控制口腔的灰质也发育最早。这些都是为了我能够进行积极的口腔探索所做的生理准备。

当小手能将物品往嘴里送时，我什么东西都想尝一尝。我把那个叫"积木"的东西放入嘴中时，它的软硬、冷暖、形状、大小、粗糙感等诸多信息会源源不断地输入我的大脑，并在大脑中汇集成立体的感知。我一次又一次地反复"品尝"，感知信息开始逐步形成稳固的神经回路，积木便在我的脑海中印记下来了。在我"吃"它时，妈妈适时地为我做指认：积木、积木。待我神经系统成熟到一定程度、认知发展到一定地步时，我就自然而然知道：哦，原来这个经常被我啃的家伙，叫"积木"，它是这样一个东西。

实际上，早在我吮吸第一口乳汁时，便已开启了口腔探索的旅程。倘若给我不同质地或形状的奶嘴，我吮吸的方式就可能不一样，这便是我利用口腔进行主动探索的开始，只是您不知道而已。

遗憾的是，有一个极其强大、极其常见的理由在阻止我进行口腔探索，那就是"不卫生"。不卫生，能直接威胁到个体的健康甚至生命安全。既然不卫生这么危险，依照"生存为第一法则"的进化原理，这种不卫生的探索形式理应被淘汰掉了，可为什么人类经历了千百万年的进化，仍让这个不卫生的习性代代相传保留至今，而且还赋予如此显著的发展地位？其间的奥秘值得大人细细深思。

我们不可能生活在一个完全无菌无毒的世界里，也不可能在温室中长大，在我的免疫系统能战胜病毒的前提下，不卫生是一个相对的概念。允许探索并保持被探索物件的卫生，比以"不卫生"为由阻止我探索，对我的成长而言，两者是完全不同的发展环境。

我把玩具放到嘴里尽情地品尝、细细地品尝，完全沉醉在奇妙而新鲜的感觉里。突然，玩具被拿走了，这种美妙的感觉还没来得及在我大脑里形成稳定而具体的影像，就戛然而止了。想要认识它，我不得不重新来过。一次又一次被打断，就只有一次又一次重新来过，这不仅使得我的探索行为变得不完整，更让我平添不少挫败感，也难形成很好的专注力和意志力。

更要命的是，当面前的东西被人为地分为可探索的和不可探索的时，我很多时间就只能放到对大人的察言观色上去，通过察言观色来辨别可不可为，这样就不能完全地专注于自己内在的成长了。如果您希望我是个聪明的宝宝，长大后又是个充满智慧而又内心强大的人，就请允许我自由地感知、自由地行动、自由地探索。我相信您会是一个允许我自由探索的妈妈，我是如此庆幸能成为您的孩子！

为保持玩具及其他物件的卫生，会使原本非常劳累的妈妈变得更加辛苦。但可喜的是，这种日子不会无穷无尽的，当我1岁多时，口腔探索会更多被手部探索替代。我会用我那神奇的小手，接着去推认知这扇厚重的大门。

嗅觉。能在人群中辨认出我最亲近的人——妈妈，嗅觉在其中扮演着重要的角色。能辨认出妈妈并加强与妈妈的连接，对我的成长很重要，因为不会有人比妈妈更能无微不至地抚养我。

当我还只有1~2周大时，就能通过乳房和腋下的气味认出自己的妈妈来。即使还有其他女性哺育过我，我也明显更喜欢自己亲生母亲的气味。经常被妈妈搂抱的我，更能感知妈妈的存在，也更有安全感和满足感。

味觉。很多人认为我还太小，味蕾还没发育成熟，对味道不敏感。但实际上，我一出生就表现出对味道的偏爱，对比苦、酸、咸，我更喜欢甜味。

当我吮吸甜的东西时，请仔细观察，我吮吸的频率更快，甚至有发笑或咂嘴等表示喜欢的动作。酸味则会让我皱鼻子和噘嘴；当尝到苦味时我可能会表现出厌恶的神情，甚至拒绝进食。看，我是不是一个聪明的小精灵呢？

跨通道知觉。假设您只见过高尔夫球图片，但从未摸过真正的高尔夫球，把您的眼睛蒙上，在您毫不知情的情况下，将一个高尔夫球放到您手心，大多数情况下您都能猜出它是个高尔夫球来，这就是跨通道知觉。

4个月月龄时，我开始能通过眼睛追寻声源，这时的我已拥有了视觉与听觉之间的跨通道知觉。将看到、摸到、听到、闻到或其他探索方式获得的信息整合在一起，无疑能够帮助我更好地认识这个世界。所以有专家认为，打开宝宝的各种感官通道，是支持宝宝智力发展的最好办法。

客体永久性。还很幼小时，妈妈的抚摸一停止，我就会哭，因为妈妈不在了；手中的玩具掉到地上，我不会低头去找，因为它消失了。我慢慢地长大，有一天，妈妈从我眼前消失上班去了，即使我哭，妈妈还是不见了；在某个时间段，妈妈又出现了。妈妈反复地消失又反复地出现，随着我月龄的增大，渐渐地，我知道，即使妈妈不见了，妈妈还在，还会回来。这时的我，实际上已经初步认知到事物的客体永久性。

客体永久性的获得，是我认知发展上很重要的成果，它是在感知土壤里破土萌芽开出的稚嫩的思维之花。随着月龄的增大，不断发展的客体永久性让我知道，世界万物都是独立存在的，我也只是其中独立的一分子。这些客观存在的物体或同类，不管我们看不看得见，它们都存在，不随我的意志做改变。我认知到，我是人类中的一员，还有很多和我类似的小宝宝。更大点时，我认知到我并非一切的中心，我得尝试着理解他人，尤其是像我一样以自我为中心的小朋友。

客体永久性的获得是一个长期的、逐渐深入的过程。经常观察运动的物体、玩躲猫猫的游戏，都有利于我客体永久性的获得。我如此喜欢躲猫猫，并非仅仅好玩而已。我说过，我不是无聊的宝宝，我的每一个举动、每一项喜好背后都隐藏着积极的成长价值。

行知。皮亚杰认为，人的智慧起源于动作。婴幼儿时期的我，就是通过感知觉和动作来认识自我和世界的。脱离了具体、直接的感知和操作，思考就无法进行，也就谈不上什么认知了。

当我很小的时候，妈妈在我脚上系上一个小铃铛，我经常能听到清脆的铃声。不知从何时起，我偶然"发现"，我一动小脚，熟悉的铃声便会响起，小脚再动，铃声再起。如此反复很多次，我感觉到小脚动与铃声起之间会有联系。

诸如此类的情况随时发生在我身边：我一哭，妈妈就会出现在身旁；我将玩具往地上一扔，便有声音传来；我在陌生人怀里一打挺，妈妈就会接抱过去……一开始我并不知道这些，当这些情况一次又一次地重复出现，其间包含的因果关系及规律，我就会慢慢感知到，进而认知到了。

怪不得有发展学家认为，重复是儿童的智力体操。我不厌其烦地要妈妈讲同一个故事，不厌其烦地听同一首歌曲就不足为奇了。我会不断地重复、重复再重复，直到我认知或掌握到其中的技巧或知识。一旦我通过大量的、重复的操作，对某个事物很熟悉时，它就会被我"无情"地抛弃，因为这时的我又要迈向新的挑战和成长了。

我不断地把积木从积木箱中取出，又不断地往里放入；不断地钻入衣柜，又不断地爬出……在这样反复的动作中，我慢慢感知，理解并逐步掌握"里"与"外"这样简单的方位概念。即使简单如"里"与"外""大"与"小"这样的单一概念，我也无法从大人的告知中获得，唯有通过反复的感知和行动我才能认知到。

我通过感知和行动，兴趣盎然、不知疲倦地探索这精彩的外部世界。我会拉着玩具车满屋子走，我会把积木一遍又一遍地垒高又推倒，我把抽屉当成百宝箱般百玩不厌。我执拗着要去户外玩耍，在草地上打滚，寻找里面的小虫虫，尽情地玩沙玩泥巴……这些大人眼里的闹腾或玩耍，却是我这个人生阶段最主要、最正儿八经的学习。

我就是这样一个精力充沛、永不知疲倦、不断探索与学习的孩子，也只有这样我才能在短短三年中完成如此繁重的成长任务。要知道，在这些成长任务中很多都是从无到有、从零到一的质的飞跃，极具挑战性和难度。帕特丽夏•库尔用"宇宙中最伟大的学习机器"来形容我，我毫不谦虚地认为，这一点也不为过！

模仿。 在我的认知和智慧还不能创造性地解决问题前，模仿会是我最主要的学习方式。它非常直接、高效，我相当喜欢，并将其运用得得心应手。

出生后不久，我就显示出强大的模仿能力。仅3周大时，我就能模仿大人吐舌头、张嘴、撇嘴。至于您能否有机会见到这么神奇的模仿力量，则要看您是否有耐心逗引我以及我当时的心情了。如果不珍惜，到我三四个月大时，这种早期的模仿就会消失，因为我要开始尝试进行更高层次的自主模仿了。

在随后的岁月，我会通过观察与模仿学习吃饭、刷牙、说话等一系列的复杂能力，甚至模仿骂人或撒谎。所以亲爱的妈妈，请您注意您的言谈举止哦，我可是有样学样的。身教大于言传，老祖宗的话说得实在太有道理了。

试错。 骑着扭扭车前行时遇到小台阶，使劲往前推、拍打扭扭车、拼命摇晃方向盘都无济于事。经过多次尝试与失败，我无意间将车头抬高了一点，结果车头就成功"骑"上小台阶了，于是我就知道抬车过坎了。当下次发生同样的情形，我就知道怎么做了。试错自然没有模仿那么高效，但有助于我创造性地解决问题。很多智慧的行动，就产生于大量的试错之中。

象征思维。 随着早期经验的积累以及大脑的成熟，我慢慢可以摆脱对具体操作的依赖，在大脑里思索如何解决眼前的问题。这时，象征思维出现了，这是我认知上质的飞跃。象征思维在我2岁以后快速发展，这时我的思维完成由动作走向形象再到抽象的演变与提升。

第（四）节 看我咿呀学语

语言的创造和使用，将人类从动物王国中分离出来，是人类发展史上令人惊叹的伟大进步。作为生命个体的我，学习和使用语言的能力也令人拍手称奇。

语言是一门极其复杂抽象的符号系统，对年幼的我来说，难度可想而知。要掌握这个复杂的技能，我通过语音辨别、发声练习、语音练习、模仿词汇、语言游戏、情境理解等方式，经由前语言期（又称语言准备期）、单词句时期、双词句时期（又称电报句时期）到学前时期（又称完整句时期）数个阶段，历时两三年，才真正掌握这套极为重要的本领。

在我语言发展的过程中，会有3个语言学习的关键期。8～10个月，是我开始理解语义的关键期；1岁半左右，我开始进入口语表达的关键期；5岁半左右，是我掌握语法、理解抽象词汇以及综合语言能力开始形成的关键期。每一个关键期对我的语言发展都是相当重要的。

我爱"儿语"。早在新生儿期，语言学习就已开始。妈妈总是用夸大的语调、较慢的语速、清晰的语声、带着拖腔和升调的尾音和我说话，这非常有利于我感知和辨别不同的语音，并模仿学习发声的口型，这就是满怀慈爱的"儿语"。只有感知到声音中存在差异，我才能意识到妈妈在向我表达不同的东西，尽管我还不懂。

妈妈说话时，还经常伴有手势、动作、体态、表情、情绪等，这些肢体语言、情绪语言也给我传递丰富的信息，而且比语言更早让我认知到。在手势中，用手指物是最常使用的。经常可以见到这样的情形：妈妈指着天花板上挂着的东西对我说："宝宝看，灯。"在我8个月大时，我就能顺着妈妈的手指看向这个叫"灯"的东西，而不是看着妈妈的手指。

语音练习。哭，是我最初表达需求的唯一途径，也是和妈妈交流最主要的手段，同时还是我早期很好的一种发声练习。

满1个月月龄后，我哭声的含义就慢慢多起来。除表达饥饿等生理诉求外，随着月龄的增大，我还能通过发出哼哼唧唧的声音来告诉妈妈我很孤单，希望她陪我。

在随后的日子里，我开始能发出"ɑ、e"等元音，并很快发展到能发出辅音，进而发出元音和辅音的结合音。我不厌其烦地大量发声，进行反复的语音练习。这不仅是在学习最基本的发音，同时也是在学习控制声带和口型。

模仿词汇。经过大量的语音练习后，我在声带控制和口型学习上有了长足进步，前段时间还"自言自语"发声的我，现在开始模仿别人简单地说字词了。

模仿，是我学习词汇的主要方式。我自然而然地从我最熟悉的、音节最简单的词汇开始。这些词汇是我最常听见的、重复次数最多的，如"妈妈""走""再见"等等。

单词句时期。经过0～12月这段前语言时期，我进行了大量的发声练习和语音练习，这为我开口表达打下了良好的基础。

进入1岁后，通过大量的模仿、不断地重复练习，我学会的词也越来越多，慢慢能用学会的单词进行简单的交流了。如我说"虫虫"，深懂我心的妈妈立刻心领神会，知道我是在说："我看到一个小虫虫了。"

双词句（电报句）时期。1岁半至2岁间，我的词汇量迅猛增长，每周可能学会10～20个新单词。专家将其形象地称之为"词汇爆炸"。这时的我会喋喋不休地讲啊讲，比妈妈您"啰唆"多了。到那时，亲爱的妈妈，也请您体验下被人"啰唆"的滋味吧。

经过一段"疯子"般的说话练习，我开始会说双词句了。双词句短小精练，有人形象地把它称为"电报句"。如果还在电报通讯时代，我定是优秀的电报员，不信您瞧，我的语言有多精练："宝宝吃""妈妈抱"。言简意赅，语意明了。在双词句后期，当我说"宝宝吃"时，若妈妈能重复这句话的完整语句"宝宝要吃饭了"，有利于我更快地学习完整的语言表达。

学前时期（完整句时期）。 2～3岁间，我开始说完整的句子。从说短小的简单句发展到说较长的复合句，我的口头表达日趋完整。

从"宝宝坐沙发"这样的简单句，到"爸爸，我们一起去动物园吧"这样的复合句，我都会顺利地学会。在往后的岁月里，随着生理更加成熟，我的语言表达也会更加流畅。

个体差异。 你我皆不同，语言学习的个体差异表现得相当明显。个体差异在婴幼儿发展的各个领域都不同程度地存在，是很自然的现象。说话早的宝宝不见得就比说话迟的宝宝更聪明，日后会有更好的发展。倘若我说话较迟，妈妈您千万别太着急，我自有我的成长节律。除了生理因素，天下没有不会说话的孩子，强加引导或盲目促进都只会阻碍我的发展。

第（五）节　我是小小社交家

我是小小社交家。 长大后，我会是个快乐的人吗？会是个时常拥有幸福感的人吗？会是个受人欢迎、被人爱戴的高情商的人吗？我又会不会是个自信满满、社会能力很强的成功的人呢？这些答案的是与否，将深远地影响甚至左右我未来的人生质量。和妈妈您期待的一样，我也如此期待自己能拥有快乐、幸福、精彩而又丰富的人生，这样才不枉您怀胎十月辛辛苦苦把我带到这个世界。

但这些问题的答案，并非要等到我真正长大的那天才揭晓，而是从我出生的那一刻便已开始书写，其中最浓墨重彩的篇章，便是0～3岁这段黄金时光。要书写好这些人生问题的答案，在人生头3年里，我要滋长一项极其重要的能力，这项能力很大程度上影响着上述问题最终答案的"是"与"否"，这项能力便是情绪能力。

情绪能力，是众多能力背后的元能力，因为丹尼尔•戈尔曼博士提出"情商"这个概念后被人广为知晓。在由幼到老的生命过程中，没有一项人生要素能比情绪素养更接近我生命本质的核心，时刻承载着我的喜怒哀乐；也没有一项能力能像情绪能力一样被称作元能力，决定着我包括纯粹智力在内的其他技能的发挥程度。我将来若是一个情绪能力不高、不善控制自身情绪的人，常常会经历内心的斗争、挣扎与彷徨，大幅降低我的生活质量和幸福感，也会削弱我清晰思考、理性判断、专注工作的能力。

和妈妈您拥有良好的亲子关系、形成安全的亲子依恋，是我获得良好情绪能力的关键。几乎所有的儿童发展专家都认同，培养良好的母婴关系（亲子关系）是整个零至三岁阶段早期教养的核心。在我的生命里，妈妈您是如此的重要！

为了获得这项至关重要的能力，我早早准备好了：1个月大时，我就至少有五种明确的表情——好奇、惊讶、快乐、愤怒和恐惧；才2个月，我就会向外界展示我那天使般迷人的微笑，我自信那微笑那么有力量，能让原本疲惫不堪的妈妈顿时振作起来；3个月大时，若妈妈对着我笑，我通常也会高兴起来，咧嘴而笑作为回报，并期待得到妈妈积极的回应；3至7个月时，我已能分辨出不同情感的声音了。

为了验证幼小的我是否真有这么神奇的情绪能力，英国伦敦大学德克兰·墨菲教授及他带领的研究团队还做了专项研究：他对21名3个月至7个月大的宝宝进行实验，当他们睡着时，播放表现不同情感的声音，同时用磁共振成像技术探测到他们大脑会对声音做出不同反应，而且其反应模式与成人类似。宝宝的大脑很早就开始形成分辨声音和情感的能力。即便是很小的婴儿也是有情感的，并非是一个被动的、无知的生命体，这超出了大人过去对宝宝的认识。

我通过微笑向妈妈传达建立关系的渴望；通过恐惧的表情表达我的不安；通过高兴的表情鼓励妈妈继续她爱的行动。即使我的情绪能力还极其有限，我仍"大无畏"地展开主动追求互动的过程，谁叫我是个天生的小小社交家呢？

在与妈妈相处的过程中，没有任何事物能美好过妈妈的笑脸！妈妈温柔的声调、愉悦的表情、亲昵的举动、带笑的言语，对海绵般汲取外界营养的我来说，那是何等滋润的成长雨露啊！和我玩耍的过程中，妈妈表现出来的愉悦、好奇、惊讶等，都为我进行积极的情绪表达提供了难得的榜样。

妈妈积极、正面的情绪表达，带着温暖的爱的力量，感染并带动我进行积极的情绪体验。这些积极的情绪体验，同经由逗引、玩耍、自主运动所获得的积极情绪体验一起，深深根植在我心里，烙印在我潜意识的深处，固定为我一生的情感背景，永远地陪伴我的人生。这些珍贵过黄金的积极情绪体验，日积月累，慢慢地内化成我积极的情绪能力，有力地支持我成长为一个快乐的人，一个时常拥有幸福感的人，一个积极乐观、高情商的人。正因为如此，美国的父母总是喜欢逗引自己的宝宝到达快乐的顶峰。

但成长的过程中，难免有很多的磕磕绊绊。当我沮丧、伤心时，妈妈能认可我的消极情绪，允许我自由地哭出来，并对我的消极情绪表示理解与同情，适时地进行疏导与抚慰，在有效减少我消极情绪的同时，潜移默化间教会我进行情绪调节的技巧。要知道，模仿可是我与生俱来最拿手的本事。在长期的情绪体验与习得中，我的情绪能力也在不知不觉地慢慢成长起来。

但成长从来就不是一朝一夕的事情。和认知一样，情绪体验的强化与情绪能力的获得，也需要在大量的、不断重复的过程中才得以完成，真正的重复需要妈妈维持稳定而又一致的抚养方式。要将我抚养成优秀的宝宝，我知道，妈妈您付出了大量心血。但您的付出是值得的，良好情绪能力的获得，不仅支持我成为一个快乐的人，同时对我未来社会能力的形成至关重要，影响我在社会交往中保持与他人积极关系的同时获取个人成就。

同伴关系。我是妈妈、爸爸的掌中至宝，是世界的中心，但有人并不这么认为。以前我以为这些"狂妄"的家伙是会动的特殊玩具，长大点才知道，他们和我一样是小宝宝，他们一点都不懂得礼让我。习惯了妈妈、爸爸百般呵护的我，遭遇了完全不一样的同伴关系。

在我2个月大时，社会性微笑的产生让我感知到，无论妈妈还是其他抚养人，他们都是有回应的个体。这一心理能力的产生是我开展社会交往的前提。2个月时，我就具备了这一重要能力。我早期展现出来的情绪能力，使我可以尝试着模仿同伴的面部表情、情绪情感等，这是情感共鸣的先兆，也是开展社会交往的关键要素之一。

在我零至半岁间，我的同伴交往仅止于对同伴的关注。在我关注他人或同伴的过程中，不同的人，会有不同的声音特点、不同的表达方式和交往方式，这无形中加强了我对他们的认识与区分。

到我长到半岁大时，我对他人就开始有了较稳定的整体认识，也能较迅速地区分出妈妈、陌生人、同伴等等。这时的我，不再满足于只是关注同伴，开始期待对方在交往中能有所回应，并试图控制交往。

当别的小宝宝温和地看着我或朝我摆手，我多会表现出同样友好的行为。看到一个小宝宝在玩我也感兴趣的玩具，我会情不自禁地想要向他靠近。这种交往意图的产生与识别，大概在我9个月的时候产生。有了这一能力后，我与同伴的交往变得更加主动起来。我开始主动靠近其他我感兴趣的小宝宝，有时甚至会一边靠近一边拍手以引起他的注意，或是直接去摸摸对方。

随着月龄增长，我慢慢意识到同伴之间是可以分享信息和经验的，以玩具为载体的同伴游戏开始出现，并成为我日后同伴交往的主要形式。那可爱的玩具啊，人人都想玩！我不懂礼让，我的小伙伴也不会。我不得不尝试更多的交往策略，同伴交往也变得更加多样化起来，如互相模仿、彼此争抢、尝试合作等等，这无形中发展了我最初的社交能力。

但要做到真正的分享、达成真正的合作还很难，幼小的我还远远不具备这一能力，即使妈妈耐心地引导也无济于事。就等待我真正长大的那一天吧，只要我完整地构建起自己的内在，分享不是什么难事。

在0~3岁间，同伴交往虽不可或缺，但发展亲子关系仍是这一时期最重要的事，请不要让过多的同伴交往占据了我与妈妈相处的美好时光。

说了这么多，只是让您更了解我，因为真正科学的教养，都建立在懂我的基础上。现在，您认识我是谁了吗？我是您创造的全新的神奇生命，我的名字叫宝宝。感谢您带我来到这个世界，我很荣幸成为您的孩子。

第二章

智慧妈妈的教养经

……我们的孩子正栖息在巢边。他们扇动着稚嫩的翅膀，叽叽喳喳地叫个不停，并朝我们昂起他们的脖颈。……要知道，这每一次展翅都是一个契机，每一声呢喃都是一条信息，每一次昂首都是一份礼物。

——玛丽·希迪·柯琴卡
（Mary Sheedy kurcinka）

第一节　自然的教养

　　两个1岁左右的宝宝妞妞和诚诚在玩耍，妞妞妈和诚诚妈在一旁照看。妞妞手里拿着香蕉，不停地捏呀捏，果泥弄得满手满身都是。妞妞妈在旁边很满足地看着女儿玩得很高兴的样子。

　　过了一会儿，妞妞玩腻了香蕉，就抓着茶几想要站起来，摇摇晃晃地，几欲倒地。见妞妞最终并未摔倒，妞妞妈几次伸出想要搀扶的手又缩了回来。妞妞终于在自己的努力下站稳了，刚站稳就伸手要拿茶几上的积木玩。妞妞妈立刻起身把妞妞的手擦拭干净。妞妞把积木拿在手里摇晃着，接着顺手就往地上一扔。听着积木撞地发出"砰砰"的响声，妞妞咯咯咯地笑了……妞妞妈则在一旁不停地帮尚不能自己拾物的妞妞捡起积木并放到她能够着的地方。

　　诚诚妈忍不住告诫起妞妞妈来："你这样会惯着孩子的，以后她任性怎么办啊？到那时可不太好扭转了。我觉得娃娃越小越要好好培养，包括智力促进啊、规矩养成啊，都不可松懈，这么宝贵的黄金三年，可不能由着娃娃自己乱来……"诚诚妈一边说，一边拿着诚诚的手做着益智操。诚诚被积木发出的声音所吸引，便看了过去，也想要过去拿积木玩。诚诚妈则很亲切地引导诚诚回到益智操上来，因为还剩两节没有完成呢。

　　这样的育儿场景，也许是我们生活中最普通、最常见的生活片段，真实地发生在你我之间。两位妈妈的育儿方式有差别吗？如果有，哪个更符合孩子的成长规律呢？哪个又更有机会培养出出色的金宝宝来？

　　上述问题的答案，蕴藏在这样一道题中题里：我们是遵循"自然"的教养观，在遵照宝宝自我成长的基础上，以顺应的方式提供适当的成长支持；还是以强化教育的方式，通过促进手段来实现宝宝个体发展空间的最大化？这是0～3岁宝宝成长过程中绕不开的根本性问题，它将为我们如何教养孩子定下方向和基调。

　　真正懂得宝宝成长秘密的人就知道，在0～3岁阶段，宝宝，这个神奇的小生命，才是成长舞台上的绝对主角，我们都是他的协助者和支持者。在我们的整个人生中，没有任何一个阶段像0～3岁这个时期一样，拥有如此之强的内在发展动力，如此倚重基因程序的展开。天下的宝宝展现出惊人相似的发展节奏：如2个月出现社会性微笑，3个月左右开始尝试翻身，6个月左右开始会坐，9个月左右开始爬，1岁左右学习行走，1岁半左右开始疯狂的语言练习……这一切有如早已设定的程序。只要把宝宝放在正常的环境当中，保持正常的喂养，即使我们一丁点都不去主动教导他们，他们仍会通过自主模仿学会走路、学会说话。就像花草树木，只要有阳光、雨露和土壤，即使没有园丁，仍可以蓬勃生长。是的，宝宝0～3岁的成长主要是生物遗传的展开过程。不光是人类，世上的所有物种在生命初期都遵循着最快速度、最短时间展现遗传基因的发展规律，因为只有这样才能实现生命个体的最快适应，避免被残酷的外部世界所淘汰。

0～3岁宝宝的成长以遗传蓝图的展开为主，是否意味着我们就无所作为了？错，恰恰相反，我们大有可为！只要我们在遵照宝宝自我成长的基础上，以顺应的方式提供适当、适时的教养，就可以极有力地帮助宝宝实现更好的成长。这种遵照孩子自我成长、以顺应的方式提供适当成长支持的教养方式，我们称之为自然的教养。姐姐妈就是如此做的，她是更有可能培育出优秀宝宝的智慧妈妈。相反，我们想以促进的方式，去达成宝宝更快更好发展的美好愿望，往往会事与愿违，不但不可行，甚至有害。

我们遵循自然的教养观，顺应宝宝的发展特性，不限制、不干预。让宝宝可以自由地跟随自己的好奇心，放心、大胆、自由、自主地去探索这精彩的世界，惊喜、发现、感知，便会时刻围绕着他，成长可以发生在每时每刻。我们深信"玩耍即学习、玩耍即成长"的发展理念，顺应宝宝爱玩的天性，让宝宝无拘无束、尽情地嬉戏玩耍。因为我们的允许和支持，孩子所到之处，皆是欢声笑语的成长乐园。

我们遵循自然的教养观，顺应宝宝的成长节奏，不前不后、不急不缓。当宝宝还在练习爬行时，不急着教他学走路；当宝宝表征思维还未发展起来时，不急着教他数数。当宝宝还处于口腔探索时期时，在保证卫生和不伤及牙齿的情况下，允许他"吃"遍天下，不急着促进他过渡到用手探索。完全遵照宝宝当下的发育状态，协助他很好地实现当下的成长。即使自己的孩子说话比别的孩子晚，但我的内心仍是那么安定、从容，因为我知道，孩子自有孩子的成长节奏。

我们遵循自然的教养观，顺应宝宝独一无二的天赋秉性，不比较、全接纳。

人的尊贵之处在于，每个人都是独一无二的。每个宝宝都有自己与生俱来的秉性，或安静、或活泼；或大胆、或羞怯。我们都用无条件的爱完全地接纳他，即便是秉性再羞怯的宝宝，日后也能成长为从容、自信、内心强大的人。

我们遵循自然的教养观，顺应宝宝当下的探索举动，不打断、不阻止。在内在成长动力和好奇心的驱使下，宝宝被外界新鲜的事物吸引，进行不间断的探索行动。在宝宝进行探索或玩耍时，我们不轻易打断也不轻易去阻止。在顺应中成长的孩子，他将全部的精力和时间放在自己内在的成长上，他们那么自主、那么自在，成长得那么完整，而不依赖于成人，成为独立、自强的自我。

我们遵循自然的教养观，充分尊重孩子成长的主体地位，不越俎代庖、不包办代办。让孩子学会自己穿衣吃饭、洗手擦脸，是很重要的教养内容，父母不应越俎代庖、替孩子包办代办，否则会剥夺孩子成长的机会。就连玩游戏、玩玩具，孩子都有自己的方式，成人不应急着去指指点点。我们指点的，都是成人的方式，而非孩子的方式。正如伟大的教育家A. S. 尼尔所说，当我们自告奋勇地去教宝宝怎样玩他的玩具时，我们便剥夺了他生命中最大的快乐——发现的快乐和征服困难的快乐。通过越俎代庖、包办代办，不但让孩子的能力得不到成长，我们更是在让孩子相信他们不行，必须依赖大人；当我们充分尊重孩子成长的主体地位，让孩子自主成长，孩子就会越来越自主、越来越独立。

在实施自然教养的同时，我们为宝宝营造一个温暖、适宜、有益成长的教养环境，并在尊重宝宝作为成长主体、顺应宝宝当下发育状态的前提下，为之提供与之匹配的、丰富而又适当的成长刺激和教养支持，为宝宝的成长提供源源不断的外源动力。当宝宝发展视觉时，为他提供丰富的视觉刺激源；当宝宝发展钳形抓握时，教宝宝玩"斗斗虫虫飞"的游戏；当宝宝开始练习行走时，提供必要、适量的扶持；宝宝临睡前，为他唱儿歌、读感人的小故事……这些有益于宝宝成长的教养手段，将极为有力地协助宝宝实现更好的成长。

将这些有益的教养手段融入宝宝每天的日常生活中，不仅丰富了妈妈、宝宝每日的生活内容，促进母子间的亲密关系，更让宝宝的成长受益无穷。

第（二）节　敏感、亲密、自由的教养

在崇尚"自然"的基础上，什么样的具体教养方式最贴合宝宝身心特点、最利于宝宝成长发育呢？答案是，敏感、亲密、自由的教养方式。

安全依恋。敏感、亲密、自由的教养方式有利于宝宝与妈妈形成彼此依恋、强烈而持久的情感，即安全型亲子依恋（简称安全依恋）。安全依恋对宝宝的一生有稳定而深远的影响，包含安全感、信任感、独立性、情绪能力、社交能力、自信自尊等诸多方面的发展，因而备受儿童心理学家、发展学家的重视，它是众多外显特征背后发挥巨大影响力和支配力的"隐形基因"。

安全依恋的影响不仅深刻而且久远。习性学家鲍尔比认为，安全依恋的影响是一个终身的现象，绝非局限在生命的头几年。发展学家华特斯经过十多年的跟踪研究也发现，15个月时和妈妈建立了安全依恋的宝宝，在他们3岁半时成了所在幼儿园孩子中的领导者：他们常常发起与同伴的游戏，对其他儿童的需求和情绪十分敏感，受到同伴欢迎；同时他们的好奇心强、喜欢学习，自主性也较高。当这些宝宝成长到十五六岁时，追踪结果显示，相对于同龄的非安全依恋者，他们有更强的社会技能、更好的同伴关系，更有可能获得亲密的朋友。甚至，他们的学习成绩更好。

安全依恋如此重要，那要怎样才能使母子间建立良好的安全依恋呢？唯一的途径便是通过敏感、亲密、自由的教养，使母子间建立亲密的母婴（亲子）关系，进而形成稳固的安全依恋。

敏感。敏感主要表现为及时回应、同步互动。在抚养宝宝的过程中，及时回应是必不可少的敏感举动。宝宝一哭，妈妈总是及时地出现在他面前；当宝宝发出信息，或寻求与妈妈互动时，总能得到妈妈积极的回应，宝宝就会相信"我是可爱的"，从而形成积极的自我工作模式，产生并累积良好的自我感觉。随着月龄的增大，他会慢慢发展出积极的自我认知。如果妈妈常常忽视或误解宝宝发出的信号，宝宝会认为"我一无是处，讨人嫌"，从而形成消极的自我工作模式。这两种不同的自我工作模式，会影响内至心理、外至行为的方方面面。鲍尔比认为，工作模式一旦在生命的早期形成，就会相对稳定，成为人格的一部分，从而

对宝宝终身的亲密关系产生影响。

一个能得到及时回应的宝宝，久而久之会感知到：妈妈随时在我身边，我是被关注的；妈妈时刻呵护着我，我是安全的；妈妈是如此可以信任的人，以至于让我相信周围的环境也是可以信任的。形成安全依恋后，妈妈就成了宝宝开展探索行为的安全基地。即使是在陌生人家里，只要妈妈在自己的视野中，宝宝就能无忧无虑地、自由大胆地玩耍，就像在自己的家里一样。当妈妈短暂离开，虽然宝宝也会明显不安，但妈妈回来后宝宝会有温暖的回应，主动通过身体接触来寻求安慰、缓解压力，之后又会重新在陌生的环境中自由玩耍。正如美国著名的育儿专家、儿科医生西尔斯博士所说的，亲密的母婴关系不仅使宝宝更有安全感，也更为独立。

相反，总是得不到及时回应的宝宝，比较容易形成非安全型依恋（主要为抗拒型依恋、回避型依恋、组织混乱/方向混乱型依恋）。同样在陌生的环境中，他们或是不敢自由探索或自由玩耍，或是对妈妈短暂的分离或归来表现出较极端的情绪，如激烈抗拒、极端不安、冷漠、犹豫不决等。形成非安全型依恋的宝宝，在未来的成长道路上会不及形成安全依恋的宝宝顺利。

同步互动是母婴交往中重要的敏感举动之一。发展学家爱德华·楚劳尼克为我们描述了一个由妈妈、宝宝一起玩捉迷藏引发的同步互动实例：当游戏强度达到高潮时，宝宝突然背对着妈妈开始吮吸手指并木然地看着空地。妈妈也停了下来坐在背后看……过了一会儿，宝宝又回过头来看她，示意要再来一次。妈妈笑着接近他，用一种夸张的语气高声说："哦，你又来了！"他也笑着发出了声音。当他们学公鸡叫之后，宝宝又把手指含在嘴里朝另一边望。妈妈继续等待。很快，宝宝回过身来……他们俩又笑了起来。

在这个同步互动的实例中，妈妈和宝宝就像是一对默契的舞伴一样，心领神会地互动：当宝宝吮吸手指表示"我累了，我想喘口气"时，妈妈敏感地捕捉到宝宝的意思并耐心地等待；当宝宝转身想要重新再来时，妈妈对此表现出高兴，宝宝也从妈妈的微笑以及兴奋的语调中领会到了这一点。当宝宝过于兴奋，妈妈会等待他平静下来；当宝宝再次转身时，对妈妈报以开怀的笑容表示感谢。（引自《发展心理学》第八版，David R.Shaffer & Katherine Kipp）

这种亲密无间的、良好的同步互动，就像生命中最完美和谐的一对舞伴，舞出了人世间最动人的舞曲。一个深懂宝宝心的妈妈，在陪伴宝宝的过程中，会与宝宝建立起默契、双向的同步交往。就像上述实例中的妈妈一样，在交往中始终与宝宝同步关注同一件事情，同时给宝宝密切的关注和情感支持，这给孩子的成长支持无疑是非常非常大的。

亲密。一个优秀的妈妈，懂得拥抱、关爱、赞美自己的孩子，随时随地像个小孩子似的和宝宝一起互动、沟通、玩耍，尽一切可能地多花时间高质量地陪伴宝宝，让爱、温暖、快乐时刻陪伴着宝宝。久而久之，母子间就会建立亲密的母婴（亲子）关系。

亲密的母婴（亲子）关系是宝宝健康成长最重要的核心要素，也是宝宝一生受益无穷的宝贵财富。而且，不仅婴幼儿阶段，在人生的各个阶段，亲子关系都是孩子健康成长的基石。如叛逆反抗的青春期，亲密的亲子关系仍是"医治"孩子叛逆甚至是反社会行为的唯一良方。

自由。除了敏感与亲密，在随后的（尤其是大月龄阶段）教养篇章中，我还会不断地提及"自由""自由自在""自主"，因为它们对宝宝的成长意义非凡。自由是宝宝实现自我成长的首要条件，是宝宝滋长意志力的首要条件，也是宝宝自我人格形成的首要条件。

当孩子还是0～1岁的婴儿时，因为自由，处在口腔敏感期的他可以尽情地吃手、啃玩具，感知能力因此得到充分的发展；因为自由，热衷用手的他可以肆意地敲打扔摔，动作能力因此得到极大的提高；因为自由，会爬的他可以爬去任何他想去的安全地段，活动范围的急剧扩大为他提供了更为丰富、新异的外部刺激，因而得到了更好的成长……

当孩子已是1～3岁的幼儿时，因为有了自由，他就会选择自己感兴趣的东西；因为有兴趣，他就会反复做，就会变得专注；在长久的专注中，他逐渐感知并把握事物的规律，因而发展了认知。也因为有了自由，宝宝能按照自己的意志行事，因而滋长了意志力。还是因为自由，宝宝在自我意识形成的过程中不受到外在的干扰，因而得以形成完整的自我人格和独立意识。自由的发展价值，无论用什么样的赞美之词来评价都不为过。

但很多人担心，自由会不会导致宝宝未来成长为任性和自私的人？无数的育儿实践反复证明，这不过是我们内心的恐惧和担忧罢了，仅此而已。在一些学前教育发达的国家里，一代又一代的孩子在自由中长大，健康成长为自信、快乐、心灵较少羁绊又能遵循社会规则的完整的人。

很多家长对金子般贵重的自由有莫名的不信任，因为他们很不幸就是在充满各种限制和要求的家境中成长起来的。唯有克服恐惧和担忧，为宝宝创造一个自由的家庭教养环境，才能让自己至爱的下一代获得完整的成长。

在0～3岁阶段，有少量边界的自由成长，只会让孩子成长为拥有健全人格的完整的人。只有没有边界的溺爱和充满限制的错爱，才会将孩子领向任性和自私的歧途。有家长认为，只有通过管制和教导，才能让孩子讲规矩、遵从社会规范。事实恰恰相反，通过敏感、亲密、自由的抚养，与妈妈建立了亲密母婴（亲子）关系，形成了良好安全依恋的宝宝，比一般宝宝更愿意也更能顺从规则、听从大人的合理安排，因为他们具备更强的自制力。

稳定、一致的教养。此外，保持稳定、一致的教养也很重要。有的妈妈情绪好时，把宝宝抱在怀里亲个没完，亲昵得不得了；情绪不好时，呵斥和责备宝宝，这种前后不一致的教养方式，对宝宝的伤害不可小视。

也有"软耳朵"的妈妈，今天听这个朋友这么说，觉得有道理，就照着来；明天那个专家提出不一样甚至相反的观点，听听觉得也有道理，于是又改了过来。不一致的教养不利于宝宝进行稳定、完整的感知和体验，也不利于宝宝安全感的构建，成长自然会受到阻碍。只有在一致的教养方式下，宝宝学习成长的过程才得以不断地重复，并在不断重复中逐渐内化成宝宝的能力，从而使宝宝的成长变得完整而确定。

因种种原因，很多妈妈不能成为全职抚养者，会有爷爷、奶奶等其他家庭成员来协助抚养。不同的人有不同的抚养方式，这就需要家庭成员间协调一致，尽可能避免一人一个养法。如果实在无法协调一致，也要商定好以其中某一抚养者的抚养方式为基准来实施抚养。当然最好是以妈妈的抚养方式为基准，知儿莫过母嘛。孩子，是不可以想当然地养的。

在不少家庭，改换主要抚养者的情况时有发生。每换一个抚养者，宝宝都需要重新适应，因为每个抚养者的抚养方式并不一样，这会让宝宝无所适从，宝宝还会有被人一个接一个抛弃的感觉，这对宝宝的心理成长极为不利。宝宝的抚养者，尤其是第一抚养者（多是妈妈）最好不要轻易改换。维持比较稳定的抚养环境，这对宝宝的身心发展是极为有利的。

　　"敏感、亲密、自由、稳定、一致"，简简单单的十个字，却字字千金。它们为宝宝带来的发展价值无可估量。

第三节　教养的本质：父母的自我修为

　　一个优秀的宝宝背后，一定站着一位优秀的妈妈。在0~3岁这个极为重要的生命阶段，没有任何人能重要过母亲。只有妈妈优秀，孩子才会更优秀。妈妈不断地成长、进步，不断地修为自己，才能成就一个更优秀的孩子。教养的本质，说到底，就是父母的自我修为。

　　譬如，要培养孩子的情绪能力，就要求你必须做个快乐妈妈。一个开朗、快乐的妈妈，总是能将快乐传递给孩子，让孩子在欢声笑语中自由成长。在欢声笑语中成长的孩子，更有可能成长为一个乐观快乐的人。相反，一个满腹牢骚的怨妇、一个焦躁不安的妈妈，或是一位寡言少笑的家长，是很难抚养出高情商的孩子来的。孩子情绪能力的良好发展，很大程度上得益于父母对自身情绪的良好管理。

　　又如，孩子的行为会挑战你耐心的极限。他会将饭菜弄得满桌都是；将你刚刚收拾好的房子弄得一团糟；他会一遍又一遍地要你重复讲同一个已讲了千百遍的、快要让你抓狂的故事；没完没了地问你稀奇古怪的问题；要你陪他一遍又一遍地玩那些"无趣又无聊"的小儿游戏；将玩具弄得乱七八糟，还非得到又脏又乱的厨房给你添乱……他不仅不在乎你的感受，还肆无忌惮地一次又一次地挑战你的耐心。作为妈妈，必须比以前的你多具备一百倍的耐心才行。修为自己的耐心，是抚养优秀幼儿必不可少的重要功课。

　　再如，科学的教养，必须建立在遵从孩子身心发展规律的基础上，这就要求你须是一个懂得宝宝心理的智慧女性。孩子的世界与大人的世界大不相同。作为成人，你必须努力突破成人的思维定式，尽可能地站在与孩子平行的世界里，像孩子一样看待和思索问题，而不以成人的思维和要求来对待孩子。

"孩子与大人是不同的"，你必须将这个观念像一颗种子一样种在心里，让它将你固执的成人思维掀开一条缝隙，并从中生长发芽。只有这样，你才能在日后的育儿实践中，由一个对婴幼儿了解甚少的新手妈妈，渐渐地成长为一个深懂宝宝心的智慧妈妈。

还有，在育儿实践中我发现，"自由"是父母最难给孩子的。这就需要我们不断地突破自己心理的藩篱，察觉并战胜自己内心的担忧和恐惧，放下操控和限制，放心地给到孩子自由。总是充满担忧和恐惧，是大人内心没有得到完整成长的体现。想让孩子身心得到完整的发展，父母需不断修为自己的内心。

更现实的是，几乎每个人都可能遭遇健康、经济、婚姻方面的压力或问题，让我们成为不敏感的抚养者。其中，一个充满争吵的婚姻更是妨碍宝宝成长的灾难性环境。从小生活在父母吵架频繁家庭中的孩子，对其进行小便检测的结果显示，他们的压力激素皮质醇远远超过平均值。父母吵架越激烈，孩子小便中的压力激素就会越高。父母吵架，受伤害最大的不是大人，而是孩子。

有一次，我在幼儿园托班进行例行巡查时，发现一个宝宝很不合群，行为比较退缩，明显没有安全感。经过一段时间的观察，我猜想她父母的关系可能比较紧张。当回访家长时，我委婉地询问她妈妈夫妻关系如何。谁知话题一打开，这位妈妈的眼泪应声而下，说是与丈夫经常吵架，都快到离婚的边缘了。他们之间不和谐的夫妻关系，不仅伤害了对方，更深深地伤害了自己的孩子。改变从自己开始，要经营好婚姻与家庭，请妈妈选择自我修为，也请爸爸选择自我修为。

你会是那个不断修为、不断进步的妈妈吗？我想你会是的。自我修为不但帮你成就一个优秀的孩子，也会成就一个更优秀的你。当你修为成了一名出色的妈妈时，你的心会变得更柔软、更宽广，心性更为自由，也更懂得付出与感恩的真谛。一路养育孩子的辛劳，不断地磨砺你，让你的意志更坚韧，也让你的内心更成熟。养育孩子的过程，也是自我成长的过程。在成长的道路上，你与你的孩子是结伴同行的一对生命舞者。

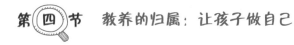

当宝宝还在腹中，我们便对他充满期许。伴随宝宝的成长，这种期许也会不断地累加。最初，我们只期待宝宝能健康快乐就好；宝宝长大一点，我们期待，他若能聪明伶俐就更好了；再大一点，我们又期待他活泼开朗点。如果他能成为我们所期待的样式，那该是多好的事情！

当初我们的父母也许也这么期许我们，但我们还是成长为现在的样子。我们的孩子也会像我们当初一样，不管我们的期许如何，他们都会成为他们应有的样式。既然如此，不如把全然的信任、成长的自由给孩子，让孩子做自己。

我们深信，每个孩子都是独一无二的尊贵个体。倘若你的孩子性格安静甚至内向，请赏识他敏锐的观察力、缜密的思考力，并顾及他敏感而丰富的内心；若你的孩子活泼甚至非常闹腾，则请欣赏他受人瞩目的社交能力、快乐的情绪感染力，并引导他建立合适的行为边界。我们所要做的，并非通过教育去"复制"一批又一批我们眼中所谓的成功者，而是倾尽全力协助孩子成为最好的自己。倘若你真能认识并做到这一点，孩子的成长将会受益无穷。

就像纪伯伦在《先知》中用睿智的语言告诉我们：孩子其实不是你的孩子，他是他自己的主人。

……

孩子其实不是你的孩子。

他们是生命对自身渴求的儿女。

他们借你们而生，却非从你们而来。

尽管他们与你们同在，却并不属于你们。

你们可以把你们的爱给予他们，却不能给予思想，因为他们有自己的思想。

你们可以庇护他们的身体，但不是他们的灵魂。

因为他们的灵魂栖息于明日之星，那是你们在梦中也无法造访的地方。

你们可以努力地造就他们，但是，不可企图让他们像你。

……

第三章

0～3个月宝宝的教养

(0～90天)

用欢快的笑脸培养婴儿的心灵，妈妈安详的笑脸是对婴儿最好的爱抚。

——内藤寿七郎

第一节 0～3个月宝宝的身心特点

0～3个月，是宝宝成长的第一阶段，称为适应期。小宝宝降临这个世界时，看似柔柔弱弱的，却带着生存符而来。为了适应复杂的生存环境，他们准备了一整套有用的反射系统，我们称之为预先设定的生存力量。

这些先天反射包括呼吸反射、眨眼反射、觅食反射、吮吸反射、吞咽反射、抓握反射、行走反射等等。如吮吸反射让宝宝天生具备吃的本领，有着极强的生存价值；抓握反射让宝宝具备抓握的能力，为发展其他动作技能提供了基本的能力基础。这些预先设定的生存力量，是宝宝以最快速度适应这个全新世界的有力保障。

人生乍到，"五觉"俱全。在新生儿的视觉、听觉、嗅觉、触觉、味觉这五觉中，听觉、嗅觉、触觉发展较快，视觉的发展水平相对是最低的。由于视觉系统发育还不成熟，新生儿的最佳视距较短，仅为30厘米左右。宝宝最容易看清的是对比强烈、有明显明暗分界线的图案。与普通物件相比，新生儿更喜欢人脸，尤其是妈妈的脸。

据调查，很多父母不知道孩子一出生就有与人交往的需求。若你也认为他只有吃睡的需求，那实在是低估你那神奇的孩子了。宝宝一出生就有满足、厌恶、痛苦、好奇等基本情绪的体验与表达。除了吃、喝、拉、撒、睡，他们还渴望与你交流。他们是这个世界上活得最真实的人，不满意了就会毫不客气地向你哭诉，直到你满足他为止。

2个月时，宝宝开始展现迷人的社会性微笑，嘴里发出"α、o、e"的声音，是个惹人怜爱的小家伙。哭声也开始分化，不再仅仅是单纯的生理性需求，能表现出高兴、悲伤等不同情绪；还会初步感受到父母的情绪，如父母不安时他也会不安。

由于视觉集中能力的出现，宝宝的眼睛可以注视你，并展现出对父母的特别偏爱。这些"有意图"的行为在宝宝第二个月时很明显地表现出来，作为万物之灵特有的智慧崭露头角。宝宝如此小便表现出主动适应和认识世界的能力，故有发展学家将其称为"二月革命"。

在2～3个月间，宝宝俯卧抬头时能从离开床面45度，逐渐发展到抬离床面90度，双手前臂能撑起。有部分3个月的宝宝能从俯卧转为侧卧。

开始注意到自己的小手，并喜欢上观察它们，逐渐发展到开始摇摆双手，并享受控制双手使之运动的乐趣，日本婴儿发育行为学专家小西行郎将其称之为"手感确认"。自认识自己的小手开始，宝宝开启了认知自己身体的步伐。到3个月大时，宝宝会惊喜地发现：哇，原来我是有两只手的！

宝宝双手慢慢发展到可以在胸前相互触摸，能将手伸进嘴里并吮吸手指，开始主动的口腔探索。妈妈应允许宝宝有吃手、吃脚、吃玩具的行为。刚出生时紧握成拳头状的手开始松开，慢慢发展到可以抓握小巧的玩具半分钟左右。宝宝稚嫩的小生命，像含苞待放的花蕾，就这样一片一片地将自己生机无限的花瓣舒展开来。

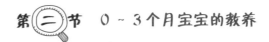

第二节　0～3个月宝宝的教养

新生儿时期（出生后0～28天），宝宝需要适应因出生急剧变化的新环境，加上宝宝确实还很弱小，我并不主张在这个时期给予宝宝太多的刺激。让宝宝安安稳稳睡好觉、快快乐乐吃好奶便是这个时期最好的、最要紧的成长支持。

刚生产完的妈妈也在坐月子，需要休息以调养身体，也不适宜实施活动量较大的教养活动。在宝宝精神状态好的时候，可进行适量的母婴交流，如逗引宝宝、和宝宝说说话等等。婴儿一出生就有与人交往的需求，妈妈利用宝宝难得的觉醒时间与之交流，有利于宝宝安全感的发展，也有利于建立良好亲密的母婴关系。

到宝宝满月后，当妈妈身心俱佳，宝宝状态也不错时，可适量地、逐渐地为醒着的宝宝提供母婴交流、视听刺激、动作练习、抚触按摩、三浴锻炼等教养手段。这些教养手段与后续篇章中阐述的语言练习、亲子游戏、认知发展游戏、同伴游戏、自理能力培养等一起，涵盖了情绪情感发展、大动作及精细动作发展、语言发展、感觉及认知发展、自我及社会性发展五大关键领域，为宝宝的完整成长提供极为重要的支持。

1. 亲子教养

母婴交流（1岁后称为亲子交往）是很重要的亲子教养手段，是整个0～3岁宝宝早期教养的核心内容之一。

很多非常不错的教养手段就蕴藏于日常生活中，简单易行，随时随地都可以操作，且效果不错，母婴交流便是如此。妈妈举手投足间，就能为宝宝提供很好的成长支持。

宝宝面前多"啰唆"。一出生，宝宝就展现出了非凡的听觉感应能力。研究发现，当听到妈妈说母语时，新生儿大脑中负责语言的前额叶和负责听觉的颞叶都会出现反应；听到摇铃发出的声音时，只有颞叶有反应，这表明宝宝出生后不久就能明确区分有意义的语言和单纯的声响了。不仅如此，出生不满一周的新生儿竟已能区分元音字母α和i；2～3个月的宝宝已能分辨非常相似的发音，如bα和pα。

宝宝对声音很感兴趣，尤其是声调较高的女性声音。在所有声源中，宝宝对妈妈的声音感受力最强。虽然新生儿还不能和你很好互动，有时似乎连回应都还没有，但你在他面前自言自语却是好处多多。能经常听到妈妈说话，不仅对宝宝包括语言发展在内的智力发展有帮助，同时对宝宝情绪情感、个性等非智力心理素质发展亦十分有利。

若初为人母的你不知道说什么好，那就在宝宝面前做"汇报"吧，汇报你正在做什么、想什么。给宝宝叠衣物时，可对宝宝说："看，宝宝，妈妈在帮你叠衣服，衣服红红的，可漂亮了……"妈妈用清晰、准确、柔和的声音，用适中的速度说给宝宝，确保被他听到。2个月的小宝宝就能分辨语音间的差异和节奏了，且对妈妈的语言感受度最强，所以妈妈的话语是否清晰、准确就很重要了。

当母子俩面对面地交流时，妈妈应慈爱地看着宝宝的眼睛，与宝宝四目相对。对话前称呼宝宝的名字，对话时使用简洁的语言，用稍微夸大的语调、稍慢的语速、清晰的语声、带着拖腔和升调的尾音和宝宝说话，如"宝——宝——好——可——爱""妈——妈——好——爱——你"。这种针对低月龄宝宝的儿语，有利于宝宝辨别语音、模仿口型。

当妈妈对着宝宝说话时，较大点的宝宝有时会用"哦""啊"之类的咿呀声，或些许嘴唇、脸部动作来回应你，这时妈妈宜停顿一下，等待宝宝回馈完后再次逗引或跟宝宝说话。

对宝宝说话，请一定使用积极正面的语言，在给自己积极心理暗示的同时，也让宝宝从一开始就感受积极正面的语言能量。语言本身就携带着强大的心理能量和情绪力量，能给宝宝带来正面或负面的影响。当宝宝每天清晨醒来时，满怀喜悦地对他说声："早上好，亲爱的宝贝！"虽是简简单单的一句问候，还能有什么比它更能给宝宝带来一天中最美好的开端呢？

请不要轻易给宝宝贴上诸如"胆小""爱哭""不好带"之类的标签，也尽量不在言语中使用此类负面的词汇。就算宝宝真的爱哭，在你的嘴里、心里，那也是天使。

当说了一小会儿后，就让自己和宝宝都休息一下吧，千万别让自己成为喋喋不休的"话唠"。要知道，过量的刺激反而是有害的，宝宝可不太喜欢一个时时刻刻话多的妈妈。

当你心情不佳或情绪很坏时，那就暂时不要和宝宝说话吧，别将破坏性的情绪和负面的语言能量带给宝宝。处理好这些负面情绪，当你感觉自己轻松下来后再回到宝宝身边。在宝宝面前，你总是那个情绪愉悦而又内心宁静的妈妈。

模仿宝宝"说话"。"呀呀呀……""啊啊啊……"宝宝看着妈妈，高兴地发出咿咿呀呀的声音。当宝宝发出咿咿呀呀的声音时，妈妈模仿着发出同样咿呀的声音，积极热烈地回应宝宝。当妈妈模仿完，再耐心等待宝宝再次发声；当宝宝再次发声止，妈妈又轻柔地模仿着咿呀出声。爱意浓浓的大宝与小宝，你一言我一语地轻柔交谈，说着只有他们母子才懂的悄悄话。

千万别小看妈妈模仿宝宝发音的这个小举动，它对宝宝是一种很积极的回应。它不仅告诉宝宝妈妈随时就在身边，给宝宝安全感和满足感，而且对宝宝进行发声练习也是一种很好的鼓励。有研究显示，妈妈模仿并回应宝宝的发声，能提升宝宝发声的兴趣，增多宝宝发声的次数。相反，若宝宝的发声总是得不到妈妈的回应，宝宝会以为发声是种无效的沟通方式，慢慢地就不会那么积极地发声了。小小的模仿举动，不仅是对本阶段，还是随后数个阶段对宝宝实施敏感抚养的重要举措之一。

"咿咿呀呀"模仿宝宝发声，应该算是最初的回声法了。回声法被证明是妈妈教宝宝学习语言、与宝宝进行亲子沟通非常有效的方法之一。而且它非常简单易行，就是以适时、适量地重复宝宝语言的方式给宝宝回馈。在宝宝往后的成长岁月里，回声法还会被用到。

咏唱儿歌。除了做"汇报"和模仿发音，还可以为宝宝唱唱儿歌。儿歌琅琅上口、节律明快，不仅宝宝爱听，连妈妈唱着唱着都会让自己的心情明朗起来。

很多经典儿歌字里行间都充满着对宝宝的爱，被我们一代一代传唱至今。它们是宝宝珍贵的精神食粮，也是我们人类宝贵的文化遗产。自襁褓中聆听妈妈亲切的歌声，到2岁多时成为自己嘴中的最爱，儿歌将与宝宝的成长一路相伴。

"虫儿飞、虫儿飞……"在孕期中就开始哼唱或播放的儿歌，现在接着派上用场吧，宝宝会很喜欢的。你还可以挑一首舒缓的儿歌，作为宝宝的催眠曲，在宝宝每天睡前轻轻地哼唱，帮助宝宝入眠。早上起床时，挑一首明快的儿歌做"起床曲"，让宝宝在喜悦中开始新的一天。

很多的儿歌，就来源于当下的生活事件。如宝宝起床时，妈妈可以哼唱《起床歌》："太阳眯眯笑，宝宝起得早；向上伸伸腰，伸手要抱抱；哇～～，新的一天又来到，生活真美妙！"或是："小宝宝（或宝宝乳名），起得早；睁开眼，眯眯笑；咿咿呀呀想说话，伸开小手要人抱。"

给宝宝穿衣时，也可哼唱《穿衣歌》："小胳膊，穿袖子；穿上衣，扣扣子；小脚丫，穿裤子，穿了袜子穿鞋子。"或是："小小花衣裳，宝宝身上穿；阿姨见了我，夸我真漂亮。"

给宝宝洗脸时，唱《洗脸歌》："小花猫，爱卫生，洗洗脸，抹抹香，漂漂亮亮真可爱……"当妈妈不记得歌词时，完全可以充分发挥自己的聪明才智，就着当下的生活事件，随口自创或改编儿歌。

当环抱宝宝，温柔地哄他入睡时，可以轻轻哼唱"晚安宝贝，睡个好觉；蚊子不叮，虫子不咬；晚安宝贝，睡个好觉；梦中露出，甜甜微笑"。或是唱唱这首《觉觉喽》，它可是一位妈妈在婴儿摇篮边的即兴之作："啊哦、啊哦，宝宝哟，觉觉哟，狗不咬哟，猫不叫哟，宝宝、宝宝睡觉觉喽。"

也可以为宝宝哼唱一曲著名儿童文学家黄庆云的《摇篮》："蓝天是摇篮，摇着星宝宝，白云轻轻飘，星宝宝睡着了。大海是摇篮，摇着鱼宝宝，浪花轻轻翻，鱼宝宝睡着了。花园是摇篮，摇着花宝宝，风儿轻轻吹，花宝宝睡着了。妈妈的手是摇篮，摇着小宝宝，歌儿轻轻唱，宝宝睡着了。"

对宝宝而言，妈妈的声音是天底下最美丽、最动听的声音，那么美、那么舒展、那么百听不厌。能在妈妈的歌声中长大，宝宝是如此幸福！或许就在此刻，就有多少妈妈轻轻地拥儿入怀，轻轻缓缓地吟唱着："睡吧、睡吧，我亲爱的宝贝……"

逗引。逗引是本阶段母婴交流的重要方式之一。宝宝喜欢被逗引，妈妈都是逗引宝宝的高手，真正是天生的好搭档。

当妈妈温柔地注视着宝宝，面带微笑喊着宝宝的乳名时，宝宝也会定定地注视着妈妈，或高兴地挥动双手回应你，甚至会咧着嘴表示高兴；当妈妈嘴巴噘起轻轻地发出"哦哦"的逗引声音，或是用脸去贴宝宝的脸时，宝宝也许笑得满嘴牙床都露出来了，煞是可爱！

也许只是你随意创造出的一个无心小动作，宝宝却会认真地、饶有趣味地欣赏、与你互动。有一次，我无意中随着舒缓的音乐在女儿面前慢慢地舞动十指，像是在轻柔地弹着钢琴，女儿却看得很入神，也很兴奋，一直随着我的手指韵律挥舞着四肢。她还很喜欢我在她面前轻拍手掌。一见到我拍手掌就两眼放光，张开嘴兴奋地发出"哦哦"的声音。

搂抱。搂抱与抚摸，是一种很强烈的触觉体验。就像渴望喝奶、渴望睡觉一样，宝宝非常渴望体肤之亲。从新生儿期到学步期，搂抱、抚摸等体肤之亲对宝宝成长尤为重要，甚至是不可或缺的。

发展学家哈洛在进行安全依恋的相关研究时，有一个广为人知的"猴子宝宝与绒布母亲"的实验。刚出生的一群小猴被抱离亲生母亲，分成两组交给两个代理母亲抚养。两个代理母亲都是由金属线构建而成的简单的猴子模型，内置喂奶装置。不同的是其中一个代理母亲的躯干部位用柔软的绒布包裹起来了。实验发现，纯金属代理母亲喂养的小猴子，只有在吃奶时才和自己的代理母亲待在一起，一旦受到惊吓就直奔并不直接喂养自己的绒布母亲，紧抱绒布母亲寻求庇护。最后，纯金属母亲喂养的小猴子竟和绒布母亲形成了亲子依恋。与我们的近亲猴子相比，我们人类对舒适温暖体肤之亲的需求是有过之而无不及的。

简简单单的一个搂抱，宝宝能通过肌肤接触感受到妈妈的体温，听到妈妈那熟悉的心跳，闻到妈妈独有的气味，近距离清晰地看到妈妈亲切的笑脸，听到妈妈说话的声音，宝宝愉悦地、全方位地接受带着温暖和爱的感觉刺激。即便是我们到了成年，仍然深深喜欢被拥抱的感觉，是因为它能让我们在潜意识深处重温一生中那个曾经最安全、最被疼爱的感觉。

搂抱宝宝时，可多采用左侧位的方式抱宝宝，让宝宝的头枕在自己的左臂上。相对右侧位，左侧位时宝宝的头更靠近妈妈的心脏，因而能更真切地听到妈妈的心跳声。还是胎儿时就开始熟悉的妈妈心跳，能带给宝宝安全感和稳定感。

抚摸。宝宝醒着时，不时轻轻捏他的小手小脚，按按他的手背手心，摸摸他的手臂。也可用不同质地的物件，如丝绸、羽毛、小毛绒玩具等轻抚宝宝手臂等处的肌肤，给宝宝不同的触觉刺激。

爸爸也宜多抚触、拥抱、亲吻宝宝。爸爸粗糙的手、带胡茬儿的脸，能给宝宝不一样的触感。爸爸亲吻宝宝时，应将胡子剃掉，防止戳着宝宝。

两三个月月龄时，当你贴近或搂抱宝宝，他可能会无意识地用小手来触碰你，或是用手背磨蹭你。你可以握着宝宝的小手，摸摸自己的鼻子、耳朵，或是用嘴唇轻轻眠一眠他那嫩乎乎的小手指。

妈妈的笑脸。加州大学舒尔教授认为：母亲表情丰富的脸，是对婴儿最有利的刺激；宝宝对母亲脸庞尤其是眼睛的强烈兴趣，常常引领着母子进行相互的凝视。

在凝视中，婴儿的脑内啡浓度会上升，产生愉悦感和幸福感。这也是为什么其他的物品在宝宝熟悉后很快被无情抛弃，唯有妈妈的脸庞百看不厌的原因。相信宝宝在你眼里也是无比的可爱，既然相互吸引，那就多多面对面地相互欣赏吧。

充满慈爱的眼睛，是妈妈笑脸最有魅力的部分。妈妈满怀慈爱地凝视宝宝，与宝宝做眼神交流，对宝宝来讲是很强烈的关注信号。眼神的对视与交流，不仅是母婴交流的重要方式，也是初生宝宝与母亲建立亲密关系过程中重要的一步。眼神中所携带的丰富情绪情感信息，并不比直白的语言表达少。

日本儿科医生、著名育儿专家内藤寿七郎就认为，育儿的根本在眼神。同样身为儿科医生的西尔斯博士还发现，他在为宝宝做身体检查时，若专注地看着宝宝的双眼，便能起到镇静安抚的作用。当你与宝宝玩耍、交流时，有慈爱地看着他那清澈明亮的眼睛吗？当宝宝两三岁时，你是否依旧如此？

表达爱。人世间，有一颗金种子。它在我们年幼的心里生根发芽，将根须根植在心房的每一寸土地上。这些牢固根植在我们内心的根须，就是安全依恋。当它向上破土生长出枝叶来，这枝叶便是自信、自尊、安全感、信任感、独立性、幸福感和乐观积极的人生态度。这颗珍贵的金种子，就是爱。

爱是一切的根源。被爱的孩子，相信自己是可爱的，值得人爱，也会自己爱自己。因为被人爱、因为爱自己，宝宝慢慢就会形成积极的自我认知，并逐步建构起高自我价值感来。一个有高自我价值感的人，会充分地相信自己，所以会很自信；会全然地认可和接纳自己，所以会很自尊；会情不自禁地欣赏并爱自己，所以经常备感幸福快乐……

是啊，人世间最伟大、最神奇的力量，莫过于爱了；最深沉、最真挚的爱，莫过于你对宝宝的情感。即便如此，若不表达出来，它也只是为你的心所拥有，还不能被只拥有简单直线思维的宝宝理解和接受；只有当你表达出来了，它才能滋养到宝宝身上。

"宝宝好可爱，妈妈好喜欢！"你的孩子如此可爱，那就这样直白地表达出来吧。从咿呀学语、蹒跚学步到他长大成人，每天都能收到你爱的表达。孩子的成长需要爱，就像身体的发育需要蛋白质一样。以孩子容易理解和感受的方式，让孩子接收爱，是为人父母者一生的课题。面对0～3岁的小宝宝，请直接表达爱。

古训道：莫因善小而不为。"表达爱""说说话""搂抱""抚摸"等简单至极、在大人眼里极为平常的举动，对宝宝成长而言恰恰是极大的事。它们都是培养亲密母婴关系、建立安全依恋最有效的手段。切莫以成人之偏见，以事小为缘由而疏忽了它们。

2. 五觉刺激

婴幼儿深受感官的指引，并在感官所获得的体验中成长与学习。一出生，宝宝就已生长在感知的世界里。宝宝看到的、听到的、闻到的、尝到的、触摸到的一切，都是对大脑神经的有力刺激。打开宝宝的各种感官通道，是发展其智力的最佳途径之一。

宝宝总对新奇的事物充满无穷无尽的好奇，并有抑制不住的、强烈的探索欲和求知欲。他们如饥似渴地探求周遭的一切，连桌椅茶几、杯瓶碗筷、墙瓦砖石等大人眼中的平常之物都不放过，都要——瞧个够、看个够。正是因为这些丰富的外源刺激，为宝宝的迅猛成长提供了源源不断的外源动力，支持其获得健康、完整的成长。

但酣酣好睡的新生儿，大部分时间都在沉睡，较少接受到来自外部的刺激，可迅猛发育的大脑又需要外源刺激来支持其成长，这可怎么办呢？神奇的宝宝有自己的解决方案：浅睡时的快速眼动为宝宝提供了足够的内部刺激，保证了神经系统的正常发展（Boismier，1977）。快速眼动是宝宝处于不规律的活跃睡眠状态（浅睡状态）时，虽然眼皮是紧闭的，但眼睛仍在快速地不规则地动来动去。快速眼动是最早的眼部刺激，对宝宝大脑发育功不可没。

深睡时宝宝身体会分泌生长激素，促使身体生长，因而有人总认为深睡比浅睡好，甚至为宝宝的浅睡而担忧。实际上这种担忧是多余的，两者各有各的用处。否则，在人类千百万年的进化过程中，浅睡早应该被淘汰掉了。妈妈也无需担心深睡过少，只要宝宝睡觉时没有受到干扰，会自然而然地由浅睡转为深睡。

随着宝宝一天天长大，因应对快速生长发育的需要，对刺激的需求也日渐增多起来，这就需要妈妈、爸爸协助他获得这种后天刺激了。既然包括视觉、听觉、嗅觉、味觉、触觉在内的五觉刺激如此重要，那就让我们一起协助小宝宝，从生活中的一点一滴开始做起吧。

黑白视觉卡。在本阶段，宝宝对色调对比强烈、有明显明暗分界线的黑白图片较敏感。宝宝满2个月后，就会表现出明显的视觉集中，能短暂注视眼前的东西。让宝宝看看黑白视觉卡，给其一定的视觉刺激。

为宝宝选购视觉卡时，图片中的图案或色块要相对大一些。若图案或色块过小，宝宝会分辨不出来。图案以黑白相间的条形图、方块图或圆形图最佳。不宜使用图案太花哨、图形间隔过小的视觉卡或图片。

宝宝此时的最佳视距为30厘米左右。拿黑白视觉卡给宝宝注视时，应放在宝宝眼睛正前方30厘米处。每张图片让宝宝注视15～30秒，再换另一张。每次给宝宝看三四张图片即可。时间不宜过长，宝宝的有效注视也就能维持1分钟左右。时间过长会让宝宝视觉疲劳，并容易形成斗鸡眼。

没有给宝宝购买黑白视觉卡的家庭，妈妈可自制黑白图纸给宝宝看。拿一张白纸，将其对折成两个或多个大小形状对等的长方形（或正方形），或沿对角线折成两个或多个三角形，用黑色油笔将其中一个或相间的几个涂成黑色，一张自制的黑白视觉卡就做成了。自制黑白视觉卡时，涂色一定要均匀，边缘线要直。在宝宝眼里，妈妈自制的黑白视觉卡丝毫不输给市场上买来的视觉卡呢。

彩图与活动挂件。可在宝宝房的墙壁上贴些彩图，如动物图、水果图等，为宝宝的房间增添些色彩。选购图片时，宜选择由单一图案与单一背景色构成的图片。如苹果图，全白的背景色上配一个又大又红的大苹果，没有其他花哨的东西，简简单单的。这类图片简洁明了，视觉效果好。大人所欣赏的有蓝天白云、牧场人家般意境优美的风景图，看上去确实很美，但不适合现阶段的宝宝。

粘贴彩图时，不需要贴太多，否则会显得凌乱，要有简洁美观的视觉享受。其高度不要过高，当妈妈抱着宝宝时，宝宝的视线与图片平行为宜。妈妈抱着宝宝欣赏粘贴在墙上的彩图，是锻炼宝宝静物注视的有效方法。欣赏彩图时，宜让宝宝一张一张地慢慢注视，给他一定的注视时间。当宝宝目光游离时，顺着往前移动让他看下一张。

也可在宝宝床上悬挂些活动挂件，供宝宝醒着时欣赏。悬挂一段时间后，宜调整挂件的位置，防止宝宝因固定从某一位置注视而形成斜视。风铃等容易弄出声响的挂件，不能24小时全天候地挂在那里，应在宝宝睡觉时将其取下来，否则会让宝宝产生听觉疲劳。

"床头挂着色彩鲜艳的挂件，旁边摆着各式毛绒玩具，电子玩具'勤奋'地发出声音，宝宝脚上还系着铃铛，头顶的风铃不时地叮当作响……"这是在很多新生儿家庭都能看到的场景。这种情形是很容易造成过度刺激的，宝宝有时不明原因地哭闹，就是因为他周遭的环境太过嘈杂。可怜的小家伙无法言语，要不然他会大声向你抗议：太过分了，这么乱还这么吵！还有，那讨厌的电视就不能小点声吗？

"巡家"。宝宝大部分时间在睡觉，虽然从医院回到家已有一段时间了，却还没有好好看过自己的家。当宝宝状态好时，妈妈可抱着这位新主人巡视他的新家。

带宝宝巡家时，妈妈可逐一把家里的家当，让宝宝看到、听到。就把自己当作博物馆的解说员，宝宝则是非同寻常的尊贵客人。在巡视过程中，注意观察宝宝的目光和神情，配合适当的停顿，让宝宝有时间观察感兴趣的物件。当宝宝目光移开面前的物件时，妈妈随之将宝宝抱至下一个物件前。当宝宝巡视到水果、植物盆景等物时，妈妈不妨抱宝宝闻闻果香或花草的味道，让宝宝在享受视觉盛宴的同时也发展了嗅觉。

细心的妈妈也许会发现，宝宝并非像我们成人一样盯着物件的中心位置或主体部位看，而是对明暗相间的位置更感兴趣。如花瓶上明暗交界的位置、窗帘的边缘、梳妆台光影处等，宝宝都会定定地看上一小会儿，直到眼睛有点疲劳才离开。蒙台梭利将这种现象称为对光感的敏感。她认为，0～3个月的宝宝，已进入了光感的敏感期，此时白天醒着时应拉开窗帘，让孩子感受自然光，夜间睡觉时则应关灯。

在"巡家"的过程中，你这位尊贵的客人自然还看不明白眼前的东西，也听不懂你精彩的介绍词，不过没关系，让他受到视听刺激就行了。

过段时间，宝宝对家里的一切有认知了，对"巡家"就会变得不那么热心，这时妈妈可变换一下物品的陈列位置和摆放角度，以给宝宝不同的视觉刺激。

给宝宝视觉刺激，应避开强光源。生活中的一些强光源，如浴室里用来取暖的强光灯、光亮度很强的节能灯、相机的闪光灯等，都不要让宝宝直视。给宝宝照相时，最好不要使用闪光灯。

视觉追踪。将红色的气球放到宝宝面前，当宝宝盯着气球看时，左右慢慢移动气球，引导宝宝进行视觉追踪。妈妈将球凑近宝宝时动作要慢，别动作太急吓到宝宝。当你想将左右移动改成上下移动或转圈时，宜将球放在宝宝正前方稍作停顿，让宝宝视觉定位后再改成上下移动或转圈。

更简单的做法是，妈妈在宝宝面前竖起一根指头，轻轻晃动几下让宝宝观察到，见宝宝目光落在手指上，随后慢慢左右移动手指，让宝宝追随着看。"手指手指在哪里，手指手指在哪里？宝宝宝宝看过来，手指手指在这里。"妈妈可一边玩一边自编些有韵律的词句说给宝宝听。若宝宝对你光秃秃的手指不感兴趣，可在指头上套个手指偶或小圆环之类的东西，或在指头上画个笑脸，以吸引宝宝的注意力。练习次数无需多，来回移动几次即可。

刚开始时，宝宝会移动视线来进行小范围视觉追踪。当能转动头部后，宝宝就会转动整个头部来追踪运动的物体，这样就扩大了追踪范围。不过，当宝宝长到4个月左右时，由于眼球转动更灵活，宝宝只需转动眼球也能完成较大范围的追踪动作后，便不再转头追踪了，这种现象我们称之为"节能反应"。节能反应能节省不必要的能量消耗，实现体内生物能量利用的效益最高化。这不得不让我们由衷地赞叹：人类生命蓝图的设计真是太精细了。

美妙莫过于音乐。婴幼儿很早就展现出对音乐的感知力。发展学家林奇在实验中发现，6个月的婴儿通常能察觉到音乐中走调的音阶，无论他们面对的是熟悉的本土音乐还是从未听过的爪哇语音乐。相反，实验中的成人却无法察觉到爪哇语的走调音阶。实验证明，神奇的婴儿生来具有"乐感"，并有在众多音乐中分辨好坏的能力（Michael Lynch，1900）。

请为宝宝精心挑选一些好的音乐，如莫扎特的轻音乐、理查德·克莱斯曼的钢琴曲、班德瑞的大自然之音。像莫扎特那些经久流传的经典音乐，穿越岁月之河长传至今，细细地滋养着一代又一代人。

音乐的一个奇特之处在于我们无需学习就能理解它，甚至无需理解就能被它打动。它跨越一切中间环节直接与你的身心连接，与你的每一个细胞共鸣共振。它们或舒展悠长，把你带回广袤而宁静的内心世界；或干净轻快，激越你的青春与活力，愉悦你的身心。

小宝宝具有比大人更敏锐的感知力。在音乐面前，他就是只纯天然、纯感官的小动物，他会全开放地让音乐全然进入自己的感官，全然地进入自己的情绪，让音乐全然地拨动自己的每根神经、每丝感觉。宝宝丰富的感知觉，不知不觉在音乐声中得到滋长。

好的音乐不仅促进大脑神经元的发展，更是宝宝很好的情绪营养素，能让宝宝获得更多积极的情绪体验，为宝贝的情绪情感发展提供有益支持。

不要给宝宝听那些激昂的音乐，宝宝的耳蜗结构还未完全发育成熟，舒缓轻柔的音乐会更适合。给宝宝播放音乐时，要根据情况适当调整音量。宝宝刚醒时，音量不要大，应轻轻柔柔的；当宝宝开始活跃起来时，再适当调大一点音量。宝宝将要入睡时，可将音乐调到若有若无的状态；宝宝入睡后，应将音乐关掉，避免过度刺激。一般情况下，音乐音量与我们正常说话的声量持平或大一点点就可以了。

给宝宝听音乐应适度。有些妈妈只要宝宝醒着就放音乐，这样会让宝宝听觉疲劳的。针对新生儿，每次播放音乐在10分钟内为宜。随着月龄增长，可慢慢地延长一点。

聆听大自然的天籁之音。 风声、雨声、流水声，是大自然馈赠我们的美妙声响。宝宝的小耳朵敏锐而挑剔，但一定乐于聆听来自大自然的声音。

带宝宝外出时，不妨抱宝宝静立树荫下，细听微风拂过树叶发出的沙沙的声音。这声音细腻而微小，极能挑逗和愉悦宝宝敏锐的听觉，也可于无声处感受宁静。可知道，区分有声和无声是培养宝宝听觉能力的重要内容。当宝宝七八个月大，有声与无声的区分练习更能有效锻炼宝宝的听觉。

下雨时，听大雨急促敲打屋顶、地面的声音；或环抱宝宝，一起欣赏窗外的绵绵细雨。微风夹带着水的气息轻轻拂过，是不是另有一番情趣呢？雨小时，关小或关掉电视声，让屋檐滴水的滴答声传进来，一下、两下、三下，那样富有节奏感。此时，妈妈还可以给宝宝配上儿歌："滴滴答、滴滴答，小雨小雨哗啦啦，宝宝宝宝快长大；滴滴答、滴滴答，小雨小雨哗啦啦，宝宝宝宝快——长——大。"或是："小雨小雨沙沙沙，沙沙沙，种子在发芽；小雨小雨沙沙沙，沙沙沙，树儿在开花；小雨小雨沙沙沙，沙沙沙，草儿在长大。"

妈妈的巧手之音。 妈妈的一双巧手，可以随时随地创造出不同的声响，如厨房里的切菜声、炒菜声，随手轻敲床头、木门发出的咚咚声，弹响指、拍手掌、对敲积木发出的声音等等，它们都是很好的听觉刺激源。

敲击床头等物时，妈妈可用两种不同的力度敲击出高低两种音来，以锻炼宝宝区分高音与低音的能力。敲击的力度要稳定，使敲击出来的声音是一致的。如敲三下高音，则让三个高音听起来都是同一种声音。敲低音时也是如此。

敲不同的物件，就有不同的声音。用筷子轻敲玻璃杯发出的清脆声响，用勺子轻捶茶几发出的声音，都迥异于手掌拍击床头的声音，会给宝宝不同的新异听觉体验。

妈妈也可和宝宝面对面，咂嘴、咂舌或轻吹口哨发出声响来，这既是一种逗引，也是一种听觉刺激。在宝宝面前，你就是名符其实的声乐大师，随时随地可以为宝宝奏响美妙的声乐。

此外，可带宝宝多听日常生活中的声音，如水龙头的流水声、钟表的嘀嗒声。

听声寻源。可用有响声的玩具引导宝宝进行听声寻源的练习。拿一个小铃铛在宝宝左侧或右侧轻轻摇晃，3个月左右的宝宝能追着声音寻找声源。铃铛不要靠宝宝耳朵太近，以免影响宝宝的听力发展。

过段时间，可将小铃铛换成小沙锤之类的，给宝宝新异的听觉刺激。

远离噪音。虽说听觉刺激对宝宝的成长有益，但并非所有的声音都是如此。低于90分贝的声源刺激才是真正有益的。

宝宝耳道较短，声波在耳道内传递所需的时间很短，听觉比成人更敏感；加上宝宝的听觉器官还很稚嫩，远没有成人对高分贝声音的耐受度，所以对小宝宝而言，超过90分贝的声音就可以称为噪音了。

小黄鸭玩具被挤捏时发出的声音就有110分贝左右，远超90分贝的正常值。小喇叭、部分电动玩具发出的声响也都超过90分贝，有的更达130分贝，这对宝宝的听觉发育是很不利的。长时间处于高分贝的声音下，宝宝的听力会受到损伤。妈妈最好不要常给宝宝玩此类会发出刺耳声响的玩具。小黄鸭玩具很可爱，很适合洗澡时给宝宝在澡盆里玩耍，但不要将其当成声响玩具来给宝宝玩。

可多让宝宝玩小沙锤之类声响较低或声音较柔和的小摇铃类的玩具。给宝宝玩声响玩具时，不要靠近宝宝耳边，应保持一定距离。每次玩声响玩具的时间不宜过长，应控制在5～10分钟内。

日常生活中充斥着多种噪音。吸尘器、电吹风机、洗衣机等电器运作时发出的声音，在一定距离内对宝宝的听力有一定影响。家长可在用洗衣机洗衣时将洗衣间的门关上，利用宝宝外出时再使用吸尘器吸尘，或是让宝宝与它们保持足够远的距离，这些均可有效降低电器噪音对宝宝的影响。

成人间正常的谈话，其音量一般在30～60分贝之间，这是很适合宝宝的。但对于高出正常谈话太多的成人声源，如激烈的争吵，或是有些嗓门天生就很大的人，也应让宝宝尽量远离。

给宝宝提供听觉刺激时，最好提供相对单一的声源。不要让宝宝听着音乐时，还开着电视。音乐与电视声交织在一起的混响，对宝宝的听觉发育并无帮助。宝宝生活的环境，尽量不要搞得很嘈杂。

避免刺激过度。 无论哪种有益的刺激，包括五觉刺激、动作练习、抚触按摩等等，过量都是有害的。

如何判断是否刺激过度呢？当宝宝遭遇过度刺激时，会感到压力并伴随有情绪、表情、肢体动作等外显行为表现。本来比较愉悦的宝宝，兴奋度开始下降，开始变得神情散漫，或显得烦躁不安；有时会呜咽甚至哭闹起来；眼神也有各种不同的表现，如目光呆滞，或眼球不停转动，眼睛直视却没有太多反应，不由自主地逃避你的目光，或是慢慢闭上的眼睛猛地睁开等等；肢体上会有握拳、弯曲身体、四肢有力而不协调地乱动、扭动身体、动作频率下降等表现。当宝宝出现以上情形中的任何一种，表明宝宝已经受过多刺激了，妈妈应立刻终止对宝宝的刺激，让宝宝安静地休息。

最理想的情况是，为宝宝提供刺激或进行教养时，妈妈每次都懂得把握刺激的时间和次数，不让刺激过度的情况发生，而不是等到刺激过度后再停止。

3. 敏感喂养

实施敏感的喂养。 美国著名心理学家本杰明·斯巴克研究发现，宝宝出生数月后，便开始热爱和信赖经常照看自己的那一两个人，把他们看成是自身安全的可靠保障；当宝宝长大成人后，毕生处世乐观还是悲观，待人热情还是冷漠，为人多信还是多疑，这在很大程度上取决于他们在出生后头两年中主要负责照看他们的人的态度。这种珍贵的态度便是持之以恒地、稳定一致地给宝宝敏感的喂养以及亲密、自由、敏感的教养。

实施敏感的喂养与教养是母子间获取亲密关系，形成安全依恋的重要前提。在整个0～3岁阶段，敏感回应宝宝的需求与意图，实施敏感的喂养和教养，是抚养者应遵循的最最重要的抚养原则之一。

本阶段最重要的关爱和抚养方法之一，就是敏感回应宝宝的哭，并及时满足哭背后所表达的需求。只有得到关爱、得到满足的孩子才会有良好的自我感觉，进而有积极的自我认知；也只有得到关爱和满足，孩子才有愉悦的情绪体验，才会有内在的幸福感，日后才会成长为内心强大的人。

当宝宝哭时，妈妈应如何回应呢？当听到宝宝哭时，妈妈应予以快速回应。若你不在宝宝身边或正好手头有事，先用亲切的声音回应宝宝，让宝宝知道你就在他附近，并迅速放下手中的事情来到宝宝身边，查看宝宝因什么原因哭。如果宝宝饿了就立刻喂他奶，想抱了就立刻搂他入怀，尿了马上更换尿布。妈妈这种敏感的喂养，能为宝宝带来宝贵的安全感和舒适感。这两种宝贵的感觉，最能帮助宝宝排解不安，使其逐步适应全新的外部环境。

请一直坚持这么做，未来你会发现，你们母子间的亲子关系会进入彼此"欣赏"、彼此信赖、彼此听从的良性循环中来。正如西尔斯博士所说：学会回应宝宝的信号，绝对是你对宝宝未来的一次成功投资。

"孩子一哭就抱，会宠坏孩子的。"这样的观点在部分家长心里还挺有市场。但至今为止，没有任何研究或实践显示这种观点是正确的，它不过是部分家长自己的主观臆断而已。事实恰恰相反，只有敏感的喂养才能抚养出有独立性、有自制力的金宝宝来。

还有人认为让孩子哭哭何妨，还锻炼肺活量呢。实际上，哭是宝宝的工作，是宝宝与外界交流最主要的方式，大可不必担心宝宝没机会哭。

长时间哭泣会使宝宝烦躁易怒、更难安抚。有育儿专家总结出了一个五倍定律，即安抚没有得到及时回应、长时间哭泣的宝宝所需要的时间和精力，是安抚得到及时回应与满足宝宝的五倍以上。而且，哭泣经常得不到及时回应的宝宝，哭的频率会更高，也更容易变得高度焦虑。当宝宝变得特别爱哭时，不可避免地会慢慢侵蚀妈妈的部分耐心，让妈妈的抚养无形中变得没那么敏感。妈妈即使再有爱，有时也会心有余而力不足。当抚养变得不再敏感，会对孩子的成长造成深远的负面影响。

珍贵的喂奶时间。对年幼的宝宝来说，没有比吃奶更温馨、更感舒适、更能带来满足感和安全感的事件了。宝宝吃奶的那小段时光，是很宝贵的亲子时光。

每当宝宝要吃奶时，妈妈应找个安静的地方，远离电视和噪音，让宝宝不受打扰地吃奶。妈妈此时也无需逗引或抚摸宝宝，以免打扰宝宝。

喂奶时，妈妈把注意力全心全意地放在宝宝身上。妈妈带着温柔的微笑，用充满爱的眼神与宝宝交流，让宝宝感知你一直在关注他。新生儿的最佳视距为30厘米左右，这正好是妈妈抱着宝宝时母子间对视的视觉距离，宝宝能比较舒服地看到妈妈的脸。最佳视距仿佛就是为了方便妈妈和宝宝进行眼神交流而定制的一样，生命真是奇妙吧。

据统计，在母乳喂养的最初三个月里，母婴之间的交流互动可重复达数百甚至千次以上。若妈妈能专心陪伴宝宝并形成习惯，小小的喂奶事件就能给宝宝很多有益的成长支持。用配方乳喂养的宝宝，只要妈妈同样专心致志，一样可以获得很好的成长支持。

有部分妈妈在给宝宝喂奶时，等宝宝成功含住乳头或奶嘴后，就眼睛看着远处或是电视，或是和他人谈话聊天，没有将很好的亲子时光充分地利用起来，很可惜。

4. 动作练习

动作练习的发展价值。动作练习不仅仅是一种强身健体的运动，更是对宝宝成长有很大贡献的教养手段。动作可分为大动作和精细动作两大类。大动作主要指爬、走、跑、跳、攀等幅度较大的全身性动作；精细动作则以抓、捏、拿、扔、拧、画、写等手部动作为主。大动作对体质体能、健康、自信、活跃性（性格很重要的一项指标）、良好的情绪体验五大方面有很大的影响。精细动作则和认知发展游戏一样，对智力发展、专注力发展有不可小视的作用。

当宝宝获得某项动作能力，如能伸手够物时，宝宝那种能够控制自己身体的感觉，是种很强烈的"我能"的感觉。能爬到自己想去的地方，拿到自己想要的玩具而不依赖外力帮助，这种自我意愿能自我实现的感觉，又是种很强烈的"我能"的感觉。这种"我能"的感觉，是宝宝早期自信心最重要的来源之一。

宝宝不断地在动作练习、自主探索、自由玩耍、自我服务中获取"我能"的内在感受和自我认知，并在父母欣赏的眼光、惊喜的神情、赞美的语言中获取认可和肯定，自信心也随之一点一滴地滋长起来。自信从哪里来？自信从妈妈的爱里来、从家人的赞赏和鼓励中来、从快乐的运动与自由的玩耍中来、从自己每一项能力的增长中来。

在自主运动过程中，宝宝能获得愉悦的情绪体验，这对其情绪能力的发展很有益处。我们经常看到孩子欢快地奔跑，在奔跑中欢快地大声尖叫，却从没见过孩子哭丧着脸奔跑玩耍的情形。当孩子进行自发的自主运动时，快乐的情绪体验一定充满他们的内心。"我运动，所以我快乐。"运动并快乐着，这就是我们的孩子。

在爱佑伟才幼儿园里，我每天最喜欢看到的情境之一就是，体智老师带着孩子在操场上酣畅淋漓地玩，开怀引颈地笑！我相信，每一次欢快愉悦的运动与玩耍，都会带给孩子积极愉悦的情绪体验。这一次又一次的情绪体验，就像是一笔又一笔的存款，源源不断地存入孩子的情绪银行，让他们的情绪世界变得非常富有。

说到运动与智力，民间就有"好动的孩子多聪明"的说法。美国心理学家克罗韦认为：运动是智力大厦的砖瓦。我们平日里看到的是宝宝一举手、一投足的外显动作，看不到宝宝大脑在快速地收集信息，分析处理并迅速集成，同时发出指令指挥手脚实施动作。所有的动作，都是相关肌肉遵循大脑指令进行操作的结果。我们只看到了动的手或动的脚，实际上真正动的都是大脑。手或脚，都是大脑的工具。

动作练习在锻炼宝宝手脚等运动器官的同时，能有效锻炼他们的大脑。它能促进大脑神经元突触生长，使之形成更丰富的神经回路，并加速其髓鞘化的进程。尤其是一些精细动作练习，如串珠、拼图、搭垒积木等，更是促进大脑神经元生长发育的有效手段。所以皮亚杰直言：婴幼儿的智慧起源于动作。

还有研究发现，常进行动作练习的宝宝，其独立意识的表现可能会比较少练习的同龄宝宝早半年左右。此外，动作练习对宝宝生长发育、促进健康、强健体魄方面的益处更是不言而喻。

在短短三年里，宝宝的动作发展会一步接一步地跨上一个又一个的台阶，就像一位无畏的登山者，征服一座又一座令人仰止的山峰。"快看，会爬啦""啊，站起来了，宝宝自己站起来了""会走了，一步、两步""这个小调皮，一溜烟跑哪儿去了"……在见证宝宝成长的一个又一个的惊喜中，妈妈会是那个最最辛苦也是最最幸福、最感欣慰的人。

在0～3个月阶段，宝宝大部分时间在睡觉，因为在睡眠中长身体是宝宝的首要成长任务。由于觉醒的时间较短，加上大脑及肌肉发育也处在较低水平，本阶段的动作练习也较为简单。

俯卧抬头。俯卧抬头是宝宝大动作发展的第一个里程碑。在随后的成长岁月中，宝宝还要经历一个又一个具有重要意义的动作发展阶段，如翻身、坐立、爬、走、钳形抓握等。

宝宝20天或满月后，就可以尝试做俯卧抬头的练习了。发展稍慢的宝宝，可以等其满40天后再尝试。大多数宝宝满40天后，可以明显感觉到比以前更有生命力了。

在此之前，可先简单地让宝宝练习一下俯卧。俯卧时胸部会受到压迫，宝宝必须克服自身身体压力进行呼吸，从而锻炼了心肺功能。俯卧的时间不能长，让宝宝趴一小会儿就够了。宝宝俯卧时一定要有大人在旁边看护，防止俯卧时不小心压迫到鼻子导致窒息。

做俯卧抬头时，先将宝宝俯卧放在床上，双手自然弯曲趴在胸前，拿一个玩具在宝宝眼眉上方逗引，引宝宝抬头。宝宝颈部力量还很弱，要将沉甸甸的脑袋抬起来可不是件容易的事情。刚开始时，宝宝的头抬起一点点随即就会跌下去。随着练习次数的增多，到宝宝满月前后，大多数宝宝能在俯卧时将头抬离床面数秒了。

对宝宝而言，俯卧抬头是难度较大的动作练习。刚开始练习时，每次练习的次数宜控制在1～3次。之后，再慢慢根据宝宝情况调整每次练习的次数。部分宝宝到3个月月龄时，不仅能稳稳地将头部竖立，还可以用双肘将胸部撑起，使上身与床面成45度角。

俯卧抬头会为下一阶段宝宝由肘撑发展到手撑，再发展到俯卧翻身打下坚实基础。

侧身练习。3个月左右，随着大脑神经系统的发育，仰卧着的宝宝会尝试着将身体转向侧方，这时可以帮助宝宝进行侧身练习。

宝宝仰卧着，妈妈一手握着宝宝一侧手肩处，另一只手托着宝宝臀背部，将宝宝身体轻推至侧卧状，并保持侧卧状1～2秒；妈妈双手再稍稍卸力，宝宝身体在自身重力下自动恢复到仰卧状态。如此反复几次，再换另一侧。在练习时，有些活动能力较强的宝宝还能自己将身体由侧卧变为俯卧。

侧身练习可让宝宝体验到身躯运动及体位变化，为随后将要到来的自主翻身打下基础。

踢腿练习。宝宝醒着时喜欢踢腿，为日后更复杂的腿部动作发展积极准备着。尤其是月龄大点的宝宝，更是踢个不停。有的宝宝一兴奋起来，会先将脚朝天抬起，然后大幅度蹬出去，干脆而有力！

当宝宝开始出现频繁的踢腿动作时，在其脚腕处用小绳系个颜色鲜艳的小气球。当宝宝踢腿时，气球就随着动，这会给宝宝带来很大的快乐和控制感。也可以悬挂一个带响的玩具在婴儿床上，让宝宝一抬脚就能踢到它。

"手一摇铃铛就响，脚一踢气球就动，手指一按玩具就响"之类带给宝宝控制感的游戏，最能激发2～6个月大的宝宝产生惊讶和快乐的情绪，对宝宝的情绪发展很有益处。而且，这类游戏还能发展宝宝的记忆力。实验发现，2个月的宝宝能在3天内记得通过踢腿使气球摆动，3个月的宝宝则可保存记忆达1周之久。

这类游戏还能给宝宝发现其中所包含的简单因果关系的机会，对宝宝的认知发展也有帮助。到1岁半左右，宝宝就能明确地认知一些简单的因果关系了，如上发条后扭扭虫才会爬动。培养控制感的游戏大都简单易行，发展意义却又非同凡响，我们何乐而不为呢？

托腋行走。妈妈双手托宝宝双腋，两拇指抵住其颈部（帮助不能竖立头部的宝宝支撑头部），让其脚掌着地，宝宝就会双脚交替向前移动。和抓握反射一样，宝宝的这种行走能力也是种先天反射，一出生就具备了。行走反射几个月后就会消失，所以期待利用它让宝宝早点学会走路是不可行的，只能把它当成一种动作练习让宝宝得到锻炼和刺激而已。

做托腋行走练习时，宜在较硬的床上行走。每次练习的时间不宜过长，宜控制在半分钟内。也有部分学者对这项动作练习持反对意见，他们认为新生儿骨骼还未成熟到可以负重的程度，托腋行走容易导致骨骼变形而形成O型或X型腿。若妈妈也有此类担心，可不做这项练习。有佝偻病倾向的宝宝不宜做这项练习。

抓握练习。宝宝具备先天的"抓握反射"。把一根手指放到宝宝手掌心，宝宝会紧紧地一把抓住；用手轻轻抚摸宝宝的手背，宝宝可能会松开手，妈妈再将手指放到宝宝掌心让宝宝抓握。如此反复数次，锻炼宝宝的抓握能力。

2～3个月月龄时，可用不同材质的小物件让宝宝练习抓握。不同材质的物件能给宝宝不同的触觉刺激。软的、硬的、光滑的、粗糙的，让宝宝感受不同的质感和软硬度。如小勺之类的日常用具、红枣之类的天然果实、毛毛虫之类的毛绒玩具等，都是不错的触觉道具。

对宝宝而言，连小手帕、小奶巾都是不错的抓握道具。妈妈可以将手帕拧成绳状、系成疙瘩状或折叠几下让宝宝抓；也可以用自然状的手帕让宝宝抓。手帕的质地可以多样化，如丝绸的、绒毛的。只要妈妈稍用心，就能让宝宝享受不同的触觉刺激。

抓握玩具中，手镯大小的塑料圆环或橡胶圆环、有把手的小摇铃、多种材料组成的触觉球都是不错的抓握道具。选购摇铃时，摇铃直径尺寸不得小于4厘米（过小容易被宝宝吞食），也不能有尖锐或容易脱落的零部件。

刚开始练习抓握时，宝宝抓握的时间很短。当宝宝抓握能力较强时，可让其玩一些通过摇动就能发出声响的玩具，如哗啷棒、拨浪鼓、小沙锤等。你会发现这些玩具很受宝宝欢迎，经常被宝宝抓在手里摇得叮当直响。

不少妈妈以为仰卧是最好练习抓握的姿势，其实不然。仰卧时，床面会阻碍宝宝手部的运动。半竖立的姿势才是更适合并能刺激宝宝手部动作的姿势。可让宝宝身体稍向后倾地依靠在自己怀里，或半竖立地依靠在婴儿椅上抓握玩具玩。半竖立的姿势使手臂悬空呈半抬起的状态，宝宝需克服手臂自身的重力拉扯，从而刺激其手部进行运动；同时半竖立的姿势没有仰卧时床面对手部的阻碍，运动起来也更自由。

抓握练习很简单，却是1～6个月宝宝最主要的手部动作之一。妈妈可协助宝宝多练习。7～9个月月龄后，抓握练习将被更高技能的敲打练习所替代。

拍打吊球。3个月月龄左右，可在婴儿床上方悬挂一个柔软的、色泽鲜艳的小玩具（被拍击时还能发出声响的玩具更好），供宝宝拍打玩耍。

刚开始练习时，可让宝宝直接拍打静止的吊球。妈妈先握住宝宝的手拍打几次玩具，使之摇晃并发出声音，吸引宝宝自己动手拍击。练习一段时间后，可不时地移动下吊球的悬挂位置，如将悬挂在宝宝身体左侧的吊球移至右侧或中间，让宝宝重新调整动作来拍打。过几天可更换下垂挂物，让宝宝有新鲜感。

常练习拍打吊球，会为宝宝下阶段伸手够物、成功抓握运动中的物件打下基础。

宝宝被动操。宝宝的动作能力还很弱，能自主进行的动作练习还很少，当宝宝2～3个月月龄时，妈妈可动动宝宝的小手小脚，为其做做被动操。

(1)伸展式：宝宝仰卧着，妈妈握住宝宝双手在其胸前交叉或双手掌互拍，然后将宝宝双手大鹏展翅般向身体两外侧伸展开来；如此反复数次。妈妈可边做边喊着节拍："1、2、3、4，2、2、3、4，3、2、3、4，4、2、3、4。"或编些顺口溜配合着动作念给宝宝听，如"拍拍、拍拍，飞呀！""拍拍、拍拍，飞呀！"做几组手部伸展动作后，接下来做抬腿向上的腿部动作：让宝宝仰卧，双腿自然伸直，妈妈抓住宝宝脚腕处将其双腿往上抬，使之与身体垂直，稍作停顿后放下来。如此反复数次。

(2)屈膝式：让宝宝仰卧，妈妈双手握住宝宝小脚近脚踝处，将宝宝双腿屈膝推向腹部，贴近腹部后稍作停顿，然后妈妈慢慢放松双手，让双腿依靠宝宝自然舒展的力量离开腹部，再轻轻将腿部拉直放下。整个过程中宝宝的双腿呈自然微分状，屈膝时双膝与肩同宽。也可用同样的步骤，轮流将宝宝双腿屈膝推至腹部处，做踩单车的动作。如此反复数次。

(3)扭转式：宝宝仰卧着，妈妈双手握住宝宝小脚近脚踝处，屈膝将宝宝双腿贴至腹部后，轻轻朝一侧转动宝宝身体，然后回正至中轴线，再朝另一侧转动。如此反复数次。

(4)盘腿式：宝宝仰卧着，双腿自然伸直，妈妈握住宝宝右脚踝向上屈膝，使右大腿与腹部呈垂

宝宝被动操1 伸展式

宝宝被动操2 屈膝式

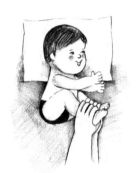

宝宝被动操3 扭转式

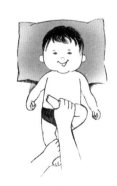

宝宝被动操4 盘腿式

直状，再将右脚踝慢慢靠向左髋骨盆处，成盘腿状，然后返回至自然平直的状态，再换左脚以相同的步骤靠近右髋骨盆处。如此反复数次。

(5)脚掌作揖式：宝宝仰卧着，妈妈握住宝宝脚踝处，抬起宝宝双脚使其双脚掌相印，慢慢朝腹部方向移动一段距离后（无需贴至腹部），妈妈放松手部力量，握住宝宝双脚慢慢回至原来位置。如此反复数次。

宝宝被动操5 脚掌作揖式

给宝宝做被动操时，动作要慢，与宝宝有亲切的目光交流，用快乐的表情和情绪感染宝宝，让宝宝觉得做被动操是很有趣的事。随时观察宝宝当下的情绪是否愉悦，当宝宝不太愿意继续下去时，应尊重宝宝的意愿及时终止动作。

花样抱。除了将宝宝横抱在怀里这种最主要的抱姿外，可尝试些不同的抱法，如托抱、坐抱、竖抱等。花样抱能让宝宝接受不同的体位刺激，也能让不同的肌肉得到锻炼。

托抱时，妈妈面对横着仰卧的宝宝，左手拇指、食指、中指托住宝宝头颈部，无名指、小指托住背部，右手掌心从两腿之间伸过去托住臀部，五指托住宝宝腰部，双手同时用力将宝宝横着托抱起来。即使是新生儿，由于颈部和腰臀部都受到了保护，也无需担心会扭伤其身体。

托抱起宝宝后，可左右摇晃宝宝的身体。摇晃时，宝宝的前庭觉和本体觉会受到刺激，因而感到很舒适。通过轻轻摇晃，有时能使哭闹中的宝宝安静下来，原因也在如此。摇晃的时间不能过长，控制在一两分钟以内。

宝宝两三个月月龄时，妈妈可尝试刺激度更大的托抱练习。宝宝横着仰卧，妈妈一手托其臀部、一手托其肩颈部将其托起。由于妈妈双手间隔距离较大，宝宝腰背部在自身重力牵引下下垂，下垂到一定程度时宝宝会本能地向上挺身体。宝宝能挺起身体数秒或更久，这对宝宝腰背力量是很好的锻炼。妈妈还可将双手间隔距离缩小，双手主要托在宝宝背部，让宝宝身体头尾两端向下垂，成弓状充分展开（下肢可以屈膝），这对宝宝是一种很好的全身拉扯。做这两种托抱练习时，妈妈动作要慢，不要让宝宝觉得不舒服。每次练习做二三组即可。

当宝宝俯卧抬头时能将头抬离床面45度角后，可尝试坐抱宝宝。宝宝呈坐立式，妈妈右手掌抓住宝宝左腿跟，手腕横托住其臀部，左手绕在宝宝胸前环抱住宝宝，将宝宝背部及后脑勺贴着自己腹胸部抱坐。刚做坐抱练习时，每天3至5次即可，之后再慢慢增加次数或延长时间。坐抱使宝宝的视野一下子开阔起来，能让其获得更多的新鲜视觉刺激。

经过一段时间的坐抱练习，妈妈可尝试将紧贴着自己胸腹部的宝宝平行向前挪离自己身体，让宝宝依靠自己的腰背力量继续保持坐姿。这种分离式的坐抱，能锻炼宝宝腰背部、颈部的力量。

竖抱能很好地锻炼宝宝颈部力量。宝宝吃完奶后，妈妈都会将其胸贴胸地竖抱起来，使宝宝头部依靠在自己肩膀上，让其打嗝。在平时，也可以用这种姿势竖抱宝宝。尝试着将托住宝宝头颈部的手稍稍离开一点点距离，妈妈上身稍稍向前倾，看宝宝是否能将头竖立起来。身体前倾时，应将一只手放在离宝宝脑后部几厘米的地方，防宝宝头部突然后仰。即使头部能竖立的宝宝，其竖立的时间也较短，妈妈应及时让宝宝休息。

经过一段时间的练习，加上宝宝自身的生长发育，宝宝的颈背部肌肉就会一天天强健起来。到2个月月龄左右时，不少宝宝已能竖立脖子一段时间了。有的宝宝满40天后就能竖立脖子一小会儿了。

温馨提示妈妈：宝宝刚刚吃饱睡醒时，均不宜进行任何动作练习，防止溢奶或不适。最好在宝宝吃完奶、睡醒后至少半小时再进行动作练习。对本阶段的宝宝而言，由于月龄较小，加上动作练习是比较枯燥的事情，妈妈宜在实施动作练习的过程中，多观察宝宝的表情、情绪状态等，尽量在宝宝乐意的前提下实施动作练习。

小手小手真好吃。除了以上由妈妈主动发起或参与的动作练习外，宝宝还会自己独立进行一些简单的自主动作，如吃手。刚开始时，宝宝会将整个手往嘴里送。长大点后手指开始分化时，宝宝开始吮吸"吃起来"更为方便的手指。还吃得吧唧吧唧的，不知有多美味。

有妈妈认为宝宝吃手指是不好的习惯，也有妈妈担心吮吸手指会导致其变形，于是对宝宝吃手的行为加以阻止。他们会将手指从宝宝嘴里拉出来，有的家长竟然在宝宝手指上涂上辣椒油来阻止宝宝。这种阻止宝宝吮吸手指的行为是很不恰当的，会阻碍宝宝的身心发展。

宝宝的每一种行为都有其特定的成长价值和发展意义，吃手也是如此。吃手，是宝宝在用自己的嘴巴认识和探索世界。宝宝认识和探索世界的第一个对象，便是自己。宝宝通过吮吸手指能帮助自己达到认识自身、确认自我的目的。只有先认识自我，认识到自己与其他客体是有区别的，宝宝才能从最初"客我一体"的混沌状态，一步一步走向"客我分离"的独立状态，才能实现真正意义上的成长。

吮吸手指一段时间后，你会发现三四个月大的宝宝已能在胸前双手对握或互摸了。不知什么时候开始，宝宝又能用手摸脚、玩脚，甚至将脚拉扯着送进嘴里。可爱的小朋友，你可真是什么都敢吃啊。

至于吮吸手指导致其变形这个问题，身边确有这样的实例发生过。究其原因，恰恰是父母阻止宝宝吮吸导致的。按照正常的成长程序，宝宝吮吸手指一段时间后，自然会不再吮吸或降低吮吸频率，由口腔探索过渡到用手探索。由于被阻止吮吸手指及其他物品，宝宝的口腔探索进程始终得不到顺利完成，延缓了宝宝从口腔探索过渡到用手探索的进程，从而导致大月龄孩子还有吮吸手指的"坏毛病"。过长时间的吮吸自然有导致手指变形的可能。预防手指被吮吸变形的最好办法是，当宝宝津津有味地吮吸手指时，你唯一要做的就是保证宝宝手指是干净卫生的，剩下的事情就是"请勿打扰"。因为你的顺应与支持，宝宝在口腔探索得到完整发展后，会顺利地过渡到用手探索，从而不再吮吸手指。

5. 抚触按摩

抚触按摩是最好的触觉刺激。大量的育儿实践、学术研究和医学临床都表明，抚触按摩是支持婴幼儿发展的一个重要手段。无论对正常的健康宝宝，还是弱小的早产儿、低体重儿，它都有非同寻常的作用。医疗机构将抚触按摩运用到对自闭儿、视听障碍患儿、唐氏儿的治疗中，取得了积极的作用。

抚触按摩益处多多：刺激神经元的生长，促进大脑发育；使宝宝的免疫细胞增加，增强免疫力；促进血液循环，加快代谢废物的排出；刺激生长激素的分泌，促进身体生长；增加胰岛素的分泌，促进胃肠道消化；促进睡眠，改善睡眠质量；在稳定、安抚宝宝情绪，构建安全感方面也大有益处。正因为抚触按摩有巨大的发展价值，有的妈妈将抚触按摩从零岁一直坚持到宝宝上小学。

有趣的是，研究工作者还发现，不只是人类懂得抚触按摩自己的孩子，连很多动物包括凶猛的猎豹都会不时地、温柔地舔舐自己的宝宝。得不到母亲舔舐的动物宝宝，其夭折的概率要大于被舔舐的兄弟姐妹。

虽然市面上关于抚触按摩的书籍很多，甚至有不少专门的婴幼儿按摩书籍，但实际上抚触按摩并不复杂，而且是非常简单易行的。

宝宝满月后，可以根据宝宝的状态，进行简单的手掌、脚掌按摩。当宝宝40天后，妈妈可根据宝宝的情况（如宝宝是否愉悦）做些许局部按摩；长到2个月时，可循序渐进地由局部到全身、由简单到细致地进行按摩；满3个月月龄后，是进行全身精细按摩的最佳时机，妈妈千万别错过这个好时机了。

局部按摩主要按摩宝宝的脸部、手、腿。最开始给宝宝按摩时动作要轻柔，所以我更愿意将这种最初的、轻柔的按摩称为抚触。只有宝宝月龄较大时，方可对其进行力度相对大点的按摩。

抚触准备。事先为宝宝选择一款适合的乳液或按摩油。乳液应选择宝宝专用的婴儿润肤乳；按摩油可选择一些天然的植物油，如杏桃仁油、葡萄籽油；有湿疹的宝宝可选择月见草油或晚樱草油。不建议使用精油，精油的成分相对复杂，宝宝使用有一定风险。《精油安全专业指南》作者罗博·提斯蓝对婴儿使用精油也持非常谨慎的态度。

给宝宝做抚触前，先将室温调整到比较适宜的温度。28摄氏度左右是比较舒适且不太容易让裸露着的宝宝着凉的室温。播放比较轻快喜悦的音乐，让宝宝在音乐声中享受美妙的抚触。最好挑一首宝宝最喜欢的音乐，就像起床曲、催眠曲一样，把它固定下来播放，作为宝宝的按摩曲。提前准备好宝宝专用的乳液或按摩油、毛巾等物品。妈妈事前将双手指甲修剪一下，防止抚触时划伤或戳疼宝宝娇嫩的肌肤。当一切就绪时，准备好喜悦的心情，洗净并搓热自己的双手，与宝宝一起享受这美妙的抚触时光吧。

滴少量乳液或按摩油在掌心，轻轻在手掌中搓热、搓均匀，并将乳液放置在随手就能够着的地方。乳液或按摩油不宜过多，能达到润滑的作用即可。按从脚到头的顺序，分别做腿脚抚触、手部抚触、脸部抚触。

抚触按摩。腿是宝宝们比较容易接受抚触的部位之一。刚开始接受抚触的宝宝宜从腿部抚触开始做起。

腿脚抚触：(1)拉纤式：一只手握住宝宝的脚腕，另一只手的手掌环握着宝宝大腿上段，拉纤式地顺捋至脚腕处。做完一只脚再换至另一只脚。(2)滚搓式：两手掌对夹住宝宝腿部，轻轻滚动式地对搓，从大腿搓按至近脚腕处。(3)分推式：两拇指指腹放在宝宝脚背中央，向两外侧捋摸分推；推完脚背接着推脚心。(4)指压式：双手握住宝宝小脚，用两拇指指腹轻压宝宝脚掌。(5)对挤式：食指和拇指相对，拇指抵住宝宝脚跟，食指张开从脚心前端顺着脚对挤至脚跟。(6)顺捋脚趾：拇指食指对捏着宝宝脚趾跟处，从脚趾跟顺捋或对捏至脚趾尖。

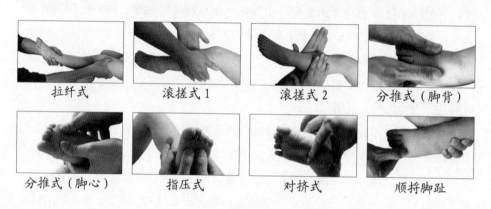

拉纤式　　　滚搓式1　　　滚搓式2　　　分推式（脚背）

分推式（脚心）　　指压式　　　对挤式　　　顺捋脚趾

手部抚触：(1)拉纤式：一只手握住宝宝手腕，另一只手的手掌环握着宝宝手臂近肩处，拉纤式地顺捋至手腕处。做完一只手再换至另一只手。(2)滚搓式：两手掌对夹住宝宝手臂，轻轻滚动式地对搓，从手臂搓按至近手腕处。(3)抖动式：握住宝宝前手臂，轻轻抖动宝宝手腕。(4)分推式：两拇指指腹放在宝宝手背中央，轻轻往两侧分推捋摸；推完手背再推手心；接着还可分推手腕。(5)顺捋手指：从宝宝的指根捋至指尖，从拇指到小指一根一根顺次轻捋。

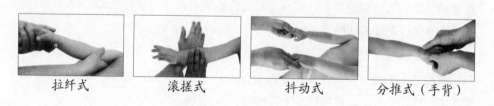

拉纤式　　　滚搓式　　　抖动式　　　分推式（手背）

分推式（手腕）

分推式（手心）

顺将手指

　　脸部抚触：(1)双手拇指竖放在宝宝额头中央，向两外侧顺着捋摸至鬓角。(2)两拇指指腹按在宝宝眉心位置，沿眉线按至太阳穴，并轻揉太阳穴数下。(3)两拇指指腹放在宝宝两眼间的鼻子两侧，由上往下按摩。这个手法有助于疏通宝宝的泪管。(4)两拇指指腹放在宝宝下巴中间，顺下巴捋摸至鬓角。每个动作可反复数次。

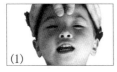
(1)

(2)

(3)

(4)

　　暂不要抚触宝宝脸颊。抚触脸颊对宝宝的腮腺刺激较大，可能会使本就爱流口水的宝宝更易流涎。也不能按摩宝宝头顶。宝宝头顶有极为柔软的前后囟门，它仅是一层幼嫩的皮层组织覆盖在尚未合拢的头骨上，不能承受外力。

　　每次开始抚触时，动作要轻要慢，让宝宝有个接受刺激的适应过程。对抚触比较抗拒的宝宝更应如此。也可以在抚触前，将搓热的双手捂住宝宝脚掌，静静捂住片刻，待自己掌温传递给宝宝后，再轻柔地开始抚触。我们将这种静静捂着宝宝某个部分传递体温的手法称为静捂法。如果你每次抚触前都这么做，时间一长，静捂法就会成为抚触开始的"小仪式"。那时，当你的掌温传递给宝宝时，宝宝就知道美妙的抚触就要"登场"了。

　　抚触过程中，可和宝宝说说话，或编些顺口溜一边按一边说，如"宝宝好、宝宝乖，妈妈唱、妈妈按……"。如果按摩曲的节律碰巧和你按摩的节律相近，可随着音乐的节律来按摩，会是另外一番趣味。

　　刚开始做抚触时，别期待宝宝能老老实实地让你按上多长时间，也许二三分钟的时间就算是给足你面子了。随着抚触次数的增多，妈妈可根据宝宝的表情等判断是否需要稍稍增加抚触力度或延长抚触时间。在抚触过程中，当宝宝不太愿意继续下去时应及时停止。要知道，宝宝才是他身体的主人，抚触时间的长短，应交由宝宝来决定。

若宝宝刚吃完奶，宜隔上半小时再进行。刚吃完奶就实施抚触，容易让宝宝溢奶。如果每天的抚触时间能相对固定下来会更好，比较容易让宝宝形成习惯。每天早上宝宝起床时或宝宝洗完澡后，都是不错的按摩时机。早上起来宝宝大多心情不错，体能也充沛，是很好的抚触时间；给宝宝洗澡后，室温调整到宝宝可以光着身体的程度，给宝宝裸身做做抚触也是不错的选择。

1～3个月月龄的宝宝，抚触按摩可以做得很简单，也可以做得很细致，一切视宝宝的情况灵活应对。其标准是，在给宝宝进行抚触时，宝宝的情绪应是愉悦的、放松的，而不是哭闹的、紧张的。若宝宝是愉悦放松的，妈妈可做得相对细致点；若宝宝看上去有点紧张，妈妈宜做简单点；若宝宝很紧张或开始哭闹，则应马上停止抚触。

有的宝宝喜欢抚触按摩，有的宝宝却比较抗拒。对于喜欢抚触的宝宝，满3个月月龄后才开始做的全身按摩，妈妈在本阶段就可以尝试着给宝宝做了。

对抚触不那么热衷的宝宝，妈妈宜简化抚触的步骤，灵活机动地对宝宝进行局部或较单一的抚触，让宝宝逐步接受。如在宝宝醒着且状态良好，不时地轻揉宝宝小手、捋一捋小耳朵、用拇指指腹轻按太阳穴等，就是一种很不错的抚触按摩。宝宝不肯"吃"抚触大餐，那就请他多"吃"几顿抚触小餐吧。

新生儿抚触。针对0～28天的新生儿的抚触，我建议先只做做简单的、轻柔的手部、脚部抚触。暂不要给新生儿进行手法齐全、时间较长的全身按摩。新生儿的头号任务是吃睡长身体，以及尽快地适应这个全新的外部世界。这时妈妈优先提供宝宝的应是舒适的、充满安全感的环境，而不是过量的刺激。

"宝宝抖动四肢哭闹不止，稚嫩的皮肤已发红，而月嫂仍在从容不迫地继续按摩"，这是部分不太专业的月嫂给新生儿实施按摩时的情形之一。这种情形几乎可以称得上是给新生儿"施刑"了。育儿专家阿达丽直言不讳地宣称，新生儿期手法齐全的、对宝宝意愿不闻不顾的全身抚触按摩，是宝宝人生中遭遇的最早的"暴力"。

妈妈无需过分"迷信"所谓的专业，请月嫂停止对新生儿进行手法全面的全身抚触按摩、抵足爬行（此阶段进行抵足爬行练习为时过早）等专业刺激手段。

6. 三浴锻炼

水浴、空气浴、日光浴简单易行，且好处多多，被称为三浴锻炼。

水浴。洗澡、游泳为主的水浴对宝宝是非常好的锻炼和刺激，被赞誉为"水中的成长"。洗澡和游泳对宝宝的刺激是全身性的、全方位的。水特有的质地和流动性、变化中的温度及浮力，对宝宝来讲是绝佳的刺激源。

水浴之洗澡。宝宝还是新生儿时，就可以开始给其洗澡。宝宝皮肤细嫩，角质层薄，真皮层的胶原纤维和弹性纤维较少，所以保护功能较差，易被细菌入侵，加上宝宝的新陈代谢很旺盛，分泌的汗渍比较多，应常给宝宝洗澡以保持身体的干净卫生。

洗澡有清洁和锻炼的双重作用，既是重要的喂养环节，也是重要的教养手段。建议妈妈不管天气如何或宝宝出汗与否，最好都能坚持每天给宝宝洗一次澡。若每天都坚持洗澡，多用清水给宝宝洗，尽量少用沐浴露。沐浴露要隔一两天用一次，这样才对宝宝的健康有利。

洗澡时间可选择在中午或下午比较温暖的时候。在给宝宝洗澡前不要喂奶，以防在洗澡过程中吐奶。有些宝宝在黄昏有些不安或哭闹，如果宝宝比较喜欢洗澡，不妨将洗澡挪到傍晚，让宝宝舒舒服服地洗个温水澡，可以缓减些不安情绪。

一般来讲，妈妈晚上的时间相对更有保障一些，固定在晚上给宝宝洗澡也是不错的选择，这样有利于坚持。洗澡是项繁琐的体力活，妈妈却早已是忙乱而疲惫了，能不能坚持每天洗澡，对妈妈是个不小的挑战。但养育孩子，就是一场爱与疲劳的比赛，谁说不是呢？

洗澡前先做好准备工作：将干净衣服、尿布在床上摆放好，宝宝洗完后就可以马上给他穿；准备好毛巾、浴巾、洗浴用品、澡盆、妈妈自己坐的小矮凳等等，并将婴儿沐浴液、洗头液放在顺手就能拿到的地方，以免洗澡时手忙脚乱；将洗澡水放好，水温控制在38摄氏度左右。头几次妈妈用温度计量下水温，同时用手感觉一下；每次都用手感觉一下，当洗澡次数多了，你就能用手感觉到大致水温，不一定要依赖温度计了。天气冷时事先将宝宝卧室、卫生间升好温，室温在28摄氏度左右为宜。

当一切准备就绪，在温暖的宝宝房间将宝宝衣物脱去，用事先铺好的毛巾将宝宝包裹起来，抱入卫生间。先给宝宝洗头，然后洗全身。洗头时，将宝宝仰面横放在自己高低错开的双腿上，让宝宝呈头高脚低状，头稍稍后仰。妈妈一只手托住宝宝头颈的同时，用拇指、食指分别将宝宝耳朵从后向前按住，使耳廓压住耳洞，避免水进入耳洞。洗澡水进入宝宝耳洞，容易导致中耳炎。另一只手用小毛巾沾上水轻洗宝宝头发。洗头时动作要慢要柔，防止水入眼、耳或弄疼宝宝。

若用婴儿洗头液洗头时，不要将洗头液直接冲洗入澡盆中。需另准备一个容器，将洗发水冲洗入容器中。用清水将宝宝头发冲洗干净后，迅速用毛巾将头发蘸干。洗头可根据情况隔天洗，不一定每天都洗。若卫生间温度较低，洗头时毛巾仍要包裹着宝宝身体。

洗完头后顺着就给宝宝洗脸。洗完脸后，打开毛巾并顺手将其平铺在自己腿上或搭在自己伸手就能够着的地方，准备给宝宝入水洗澡。入水时，妈妈将宝宝抱起，使其前胸俯靠在自己左手前臂上，左手掌抓稳宝宝外侧的腋下及手肩处，右手托住其臀部，小脚入水。宝宝入水后俯靠在妈妈左手臂上，方便妈妈给其洗背部、颈部。

给宝宝洗完颈部、背部后，再轻轻将宝宝翻过来洗正面。从脖子、腋下、上肢、胸腹部洗到下肢、会阴部。脖子、大腿根等肉褶较多处要注意清洗干净。当宝宝仰面时，因为水的浮力宝宝容易摇晃，使妈妈不太容易把稳宝宝身体，这时可以让宝宝的脚抵着澡盆边底以保持身体平稳。宝宝仰面时，胸腹部容易浮出水面，这时可用被热澡水浸泡过的洗澡毛巾搭在宝宝胸腹部，防止宝宝胸腹部受凉。若室温较低，搭在腹部的毛巾容易变凉，应随时重新用热澡水浸泡下使其变热乎。

洗澡用的小毛巾一定要柔软。也可用一块奶巾来做专用的洗澡巾。海绵容易孳生细菌，所以我并不主张用海绵给宝宝洗澡。

洗完澡后，可将宝宝大部分身体都浸在水里并来回荡一荡，这对宝宝是一种很好的全身按摩，日后也会成为宝宝喜欢的一种游戏。荡完后，将宝宝抱起并迅速放在厚实的吸水毛巾上包裹起来，抱回宝宝房。接下来，你可以根据宝宝的情况给宝宝穿衣或做抚触按摩了。

整个洗澡时间不宜太长，应在10分钟内洗完，以免宝宝受凉。在宝宝月龄较大或温度比较高时，再酌情是否延长洗澡时间。

穿好衣服后，若宝宝房与其他房间温差较大时，不宜立刻抱宝宝到其他房间。将宝宝房间门打开，等房间之间的温差逐渐降下来后再抱宝宝到其他房间。其间妈妈可和宝宝交流交流，或逗引逗引宝宝。

刚开始时很多宝宝会抗拒或害怕洗澡，这时妈妈更要放松情绪。不要因为宝宝哭而手忙脚乱，搞得自己情绪也和宝宝一样紧张，这样无形中会加剧宝宝的害怕情绪。刚开始的几次洗澡主要让宝宝适应水，时间要短，让宝宝觉得这件事原来不怎么令人害怕嘛。对刚开始洗澡的宝宝，水温尤其要适宜，让宝宝觉得舒服。只要这样坚持，宝宝慢慢就习惯了。

新生儿刚开始洗澡有的会很抗拒，妈妈要酌情调整洗澡的次数和方式。脐带脱落前，洗澡时要保持脐带干燥，防止沾水。洗澡时以脐带为中心分成上下两段分开洗或擦拭，确保脐带不被水弄湿。

再次温馨提示妈妈：给宝宝洗澡时，应防止水入耳、入眼；注意用手托住宝宝头颈防止头部突坠扭伤颈部；防止洗澡过程中手滑让宝宝跌落水中；也要防止因地面湿滑而摔倒。

宝宝打完预防针后、或感冒生病，以及情绪、精神状态不佳或是很想睡觉时，都不要给宝宝洗澡。

*水浴之游泳。*有妈妈在宝宝还是新生儿时就让其游泳。但我建议让宝宝长大点后再去游也不迟，最起码也要让宝宝满月后。若宝宝害怕，千万别强迫宝宝游。宝宝皮肤有过敏现象时，也不宜让宝宝游泳。

给宝宝游泳时，要选择卫生条件合格、消毒严格的游泳馆。婴儿皮肤幼嫩，有害物质容易透过皮肤渗透入体内。选择游泳馆时，特别留意游泳用水不能是循环利用的。

如果家里的卫生间比较宽敞，可买个宝宝专用的游泳项圈和充气游泳池（或大小合适的圆木桶），在家里给宝宝游泳，经济又卫生。泳池中的水放到宝宝游泳时脚掌不会触到泳池底部即可。

给游泳项圈充气时，充满90%的气体即可。充得太饱宝宝戴着不舒服，也容易使游泳项圈破损。下水时，宜先让宝宝的脚入水一小会儿，让宝宝感觉下水温，给宝宝一个适应的过程。有些粗心的妈妈，猛一下子就将宝宝全部放入水中，可能会吓到宝宝。

在游泳过程中，可让宝宝自由自在地游玩，也可由妈妈帮助动动宝宝的小手小脚。想要让宝宝身体转圈时，妈妈双手前后分别托着宝宝的背部和腹部使之转动。不能通过转动游泳项圈的方式来转动宝宝，那样容易使宝宝颈部受伤。

妈妈随时观看宝宝的情绪和表情，以决定游泳时间的长短。在宝宝情绪状态好、乐于游玩的情况下，以10分钟为宜。随着宝宝月龄的增大，可适当延长时间。同时应注意水温，若水温已较低应及时终止游泳。

无论任何时候，宝宝的安全永远是第一位的。在整个游泳过程中，妈妈都必须全程看护，并保持自己与宝宝间的距离在一臂之内。随时查看游泳项圈是否漏气。在卧式的瓷质浴缸里游泳时更应注意安全，防止大人、宝宝滑倒。

没有条件或没有时间游泳的家庭也无需太在意，只要常给宝宝洗澡，游不游泳就无需那么刻意了。一个洗澡盆，就能给宝宝感受"水中的成长"。

空气浴。到空气新鲜的户外，最好是有树有花、远离噪音和废气的地方，让宝宝呼吸清新的空气，与大自然亲密接触。妈妈也可以放松下自己，或与其他妈妈交流交流育儿经验。

日光浴。日光浴，能帮助你的宝宝预防尿布疹和小儿佝偻病。在早晨或靠近傍晚的下午，这时的阳光不太烈，正适合日光浴。带宝宝做日光浴时，时间不应过长，每次控制在10分钟内。注意不要让阳光直射宝宝脸部，尤其是眼睛。出发前不妨给宝宝戴上帽子，可防止太阳直射脸部和眼睛。

晒一个部位后，应调整下姿势，再晒晒其他部位，避免一个部位晒的时间过长。不时摸摸宝宝被晒的部位，感受下肌肤的温度，以决定是否要换部位了。日光浴结束后，记得给宝宝补充点水哦。

第三节　实施教养的原则

　　给宝宝提供的教养手段，会随成长阶段的不同而有所不同。但这些教养手段总结起来，无外乎是让宝宝多看、多听、多闻、多摸、多动、多笑。只要妈妈用心，随时都可以为宝宝提供这"六多"刺激，为宝宝的成长提供极为有力的支持。

　　虽然良好的后天教养对宝宝的成长发育有巨大的支持作用，但在给宝宝提供这些后天教养时，不可冒进、不可贪多，应遵循"尊重宝宝、循序渐进、适量自然"的原则，一步一步地慢慢来。

　　抚触按摩、大动作练习、精细动作练习等被广泛运用于育儿实践、有很好支持效果的教养手段，被规范成了一个一个的方法或步骤，为的是方便你学习并运用到实践中，并非一定要一成不变地照搬照做。

　　在正式实施这些教养手段时，一定要尊重宝宝当下的意愿，并视宝宝的具体情况而灵活应对。不要在宝宝不情愿甚至已经啼哭很厉害时，你却还在坚持要将余下的练习或步骤做完，这样不但不尊重宝宝，把他当成了机械体，也得不到良好的练习效果。

　　给宝宝提供教养，要重过程不重结果。要知道，即使不提供任何刺激，宝宝也会自然而然地学会走路、学会说话。无须把会走路、会说话或早走路、早说话这样的结果当成练习时追求的目标。长期的研究成果表明，较快掌握动作技能（如爬、坐、走）的宝宝并不一定聪明过掌握较慢的宝宝，也不能说明前者就有发展方面的优势。

　　要重视练习的过程，尽量让过程更完美。从准备到结束，始终带着快乐享受的心情，为宝宝准备适宜的环境，创造一个温馨的氛围，认认真真地完成每一个教养行为。至于宝宝何时能俯卧抬头、何时能扶物站立，宝宝都会遵照自己的内在成长程序来完成。

　　实际上，如果你真正做到了重过程不重结果，只旨在为宝宝提供丰富多样的各种教养，你反而会得到另外一个更有价值的结果，那就是宝宝大脑的良好发展，以及安全感、信任感、自信自尊等内在力量的滋长。虽然表象上看不出来，却意义巨大而深远，这才是我们进行后天教养的真正目的。说到底，无论哪种教养手段，动作练习、语言练习、母婴交流还是自主玩耍等等，其背后真正的价值和意义都是，给孩子一个更聪明的大脑和一颗更快乐的心。

教养手段有很好的发展价值，而且需要多次的重复才能累积出效果，但绝不是刺激得越多越好。就像运动、进食都要适量一样，对宝宝的刺激也要适量。

过量的刺激会让宝宝感到被强迫，造成疲劳和倦怠，对身体成长和心理发展均产生抑制作用，反而阻碍宝宝的健康成长。过量刺激持续时间较长的话，宝宝唯有采取回避的方式来逃避，久而久之宝宝就容易形成回避型的非安全依恋，进而形成回避型人格，对宝宝未来的人生造成相当负面的影响。请记得，即使再有益的刺激，也要遵照宝宝身体发育的每个阶段性特点，循序渐进地慢慢来。

虽然宝宝的发展节奏大体相同相近，但个体间的差异仍很大。宝宝在成长过程中，会出现某些领域发展快，另外一些领域发展慢的情况，这均属正常。在随后的章节中，文中所描述的发展情况及提供的教养手段，只能是遵照大部分宝宝所呈现的发展节奏来撰写的。当你的宝宝出现或前或后的发展差异，应属正常情况，妈妈不必紧张，放心地遵照自己宝宝的发展节奏提供适宜的成长支持即可。若你的宝宝出现某个或某些领域发展较早的情况，妈妈不妨提前将下一个发展阶段的相关内容阅读完，以便更好地协助宝宝成长。

在后续的所有教养篇章里，我都将以母婴交流（亲子交往）为主要内容的亲子教养放到第一位来介绍，是因为培养亲密的母婴（亲子）关系是0～3岁宝宝早期教养的核心内容之一。末了，请允许我再啰唆一下，这些温暖我心而又滋养我儿的黄金一般的字词：敏感、亲密、自由、爱、温暖、快乐……

第四章

4～6个月宝宝的教养

(90～180天)

你就是孩子最好的玩具。

——金伯莉·布雷恩

(Kimberley Clayton Blaine)

第一节 4～6个月宝宝的身心特点

经过0～3个月的适应期，4～6个月的宝宝已进入人生中的第二个小阶段，我们称这段语言、动作、社会性技能都将获得真正进展的成长期为互动阶段。

经过前3个月的茁壮成长，妈妈、爸爸现在可以明显感觉到宝宝不一样了。他们对外界的适应能力明显增强，更加机警、活跃。民间有给宝宝过"百日"的风俗，也有满百日后才给宝宝取名的做法，正是源于此时的宝宝已经初步适应了复杂的外部环境，夭折的概率已大大降低。跨入互动阶段的宝宝，由于已经初步适应了环境，开始更多地与父母、外界展开互动行为。

俗语曰：二抬四翻六会坐，七滚八爬周会走。互动阶段宝宝的大动作发展会有一个大的跨越，可自主翻身了。大幅度的身体运动更让宝宝享受到运动的乐趣和控制感；活动范围的扩大也让宝宝对探索行动和游戏充满好奇和渴求，更多的探索行动也随之而来：什么东西都喜欢往嘴里送，进入了口腔探索敏感期。

若在宝宝脚上系一个铃铛，宝宝会反复地踢腿，表情高兴甚至兴奋。在有帮助或支撑的情况下，宝宝可小坐一会儿了，视野也随之一下子拓宽。

6个月左右时，把一物件递到宝宝面前，大物件他会用双手去接，小物件则会用一只手接。看，才半岁的小家伙已懂得物件的大小了。宝宝还能用手主动够取悬挂在面前的玩具；稍大点的宝宝还懂得左右手交换了。当手里的玩具掉在地上，宝宝会低头去找；把手帕盖在宝宝脸上，他（她）会用手拿掉。

宝宝还能感知到一些每日例行的养育事件，如播放熟悉的睡前音乐，妈妈可能就要哄自己睡觉了；妈妈打开房门，意味着可以出去溜达了。对宝宝已养成的生活规律和日常习惯，妈妈应加以巩固；尚未形成规律的，妈妈可着手慢慢建立日常抚养的规律性了。

此时的宝宝也能分辨出亲近的人和陌生人。对抚养者信任而亲近，母子间弥足珍贵的亲子依恋开始外显出来；对陌生人开始有警惕或害怕的情绪。

宝宝还会自娱自乐，自言自语、咿咿呀呀地一个人"讲"，有时又像是要和你"对话"，开始能发出"mɑmɑ、bɑbɑ"之类的叠音了。当你叫他名字时，他会回过头来；当你逗引他时，他会兴奋地发出大声来。见到妈妈要抱自己，他还会主动伸出手来。妈妈会觉得，这个可爱的小家伙真是越来越好玩了。

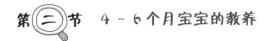

第二节 4～6个月宝宝的教养

1. 亲子教养

你好，早晨。宝宝每天惬意醒来后的早晨时光，我们称之为"黄金七八点"或"黄金八九点"。当宝宝睁开双眼，看到的是妈妈微笑的脸，以及温暖的一句"早上好，宝贝"，并在轻柔而熟悉的晨起音乐中慢慢地、慢慢地高兴起来，新的美好的一天随即开始。

有的宝宝会美美地吃上一顿。当宝宝吃奶时，妈妈可不要浪费这美妙的交流时光哦。无论是喂养母乳还是配方乳，妈妈都应与宝宝有目光的交流，并对宝宝报以微笑，让宝宝愉快、惬意地享受美妙的早餐。

为宝宝换上干净的尿布或纸尿裤，让其穿戴舒适。妈妈宜一边给宝宝穿衣，一边和宝宝说说话或唱儿歌给宝宝听。"太阳眯眯笑，宝宝起得早；向上伸伸腰，伸手要抱抱；哇，新的一天又来到，生活真美妙！"动听的起床歌、穿衣歌你还在唱吗？不要嫌它老套，宝宝不会嫌弃的。在0～1岁阶段，很多的成长支持就蕴含在诸如喂奶、穿衣、洗澡这样的日常喂养之中，可不要把这么好的机会浪费掉了。

如果宝宝不吃奶，则正是抚触按摩的好时机。趁着宝宝心情好，先和宝宝玩上半个小时，接着给宝宝做个简单版的抚触按摩吧。

睡前的柔软时光。有心理学家在网络上做过一份"回忆小时候，是什么让你有幸福感？"的调查。"小时候坐在爸爸、妈妈的腿上听故事""在妈妈温柔的歌声中入睡""睡前和爸爸、妈妈在床上嬉戏玩耍"高票当选为最让自己有幸福感的三件事。其中两件就来自美妙、温暖、惬意的睡前时光。

当夜幕降临，宝宝安睡前，给宝宝洗洗脸、洗洗手、洗洗小屁屁。当然，最好是给宝宝舒舒服服洗个澡。换上干净舒适的棉制睡衣裤，就开始给宝宝进行爱的抚触，相信这将是你们母子俩一天中最享受的一段美妙时光。

轻柔而熟悉的睡前音乐响起，把灯光调至柔和。轻轻地对宝宝说声"放松吧，宝贝，让我们一起享受吧"，妈妈开始用温暖的双手轻轻柔柔地按摩宝宝的全身。抚触可以是几分钟，可以是十几分钟，就看宝宝意愿而定。当抚触做完，妈妈再给宝宝唱一段儿歌，或是小声地和宝宝说上一会儿话，宝宝可能已在不知不觉中安然进入梦乡了。

如果你相信美好语言的神奇力量，当宝宝刚进入梦乡，可在宝宝身旁，用极其轻柔的声音为宝宝做语言暗示："亲爱的宝宝，睡着了吗，睡得很舒服吧？柔软的小棉被暖暖地包裹着你，上面有你喜欢的小白兔（或是小棉被上的其他图案），她在小心地呵护着你甜甜的梦。在梦中，你是长有白色翅膀的美丽小天使，睡在月亮姐姐弯弯的臂弯上，甜甜的……甜甜的……甜甜的（声音渐小）……"这样的睡前心灵暗示，是能带给宝宝抚慰的心灵力量。

日本著名育儿专家七田真也极力倡导在睡前给宝宝积极的心灵暗示。让宝宝每天都在这种七田式的睡前心灵暗示中，进入沉沉的甜美梦乡，请相信我，你在向宝宝传递美好正能量的同时，连你自己也收获了正能量的洗礼。正如美国婴幼儿积极训导法倡导者尼尔森所说，你说的话和你说话的方式都会影响你的思维。

在这段睡前的柔软时光中，不要逗引宝宝做情绪强烈的游戏，否则容易让宝宝太过兴奋而睡不着觉。而应让宝宝放放松松、快快乐乐地享受爱、温暖、舒适、安全，享受与妈妈这个最爱的人待在一起的感觉。在这段美妙的时光里，妈妈、宝宝都觉得，生命如此美好，生活如此美好，妈妈的疲惫也不知不觉中随之消散。

不管多累，每天都把这段美妙的时光留给自己最爱的宝宝，这是属于你们母子（女）的二人世界，不要让任何人打扰。此刻，妈妈的爱全心全意地给宝宝，宝宝不受干扰地全然接收，一起度过高质量的亲子时光。即便是爸爸，若平日里陪伴宝宝的时间较少，宝宝对你有距离感，在此刻也是"第三者"，最好还是乖乖地不要打扰母子（女）俩。

即便是上班族妈妈，每天至少应有1～2小时相对固定的时间专门留给宝宝。黄金般的清晨时光和柔软的睡前时光更应如此，这对宝宝的成长非常非常有益。宝宝只是表达不出来，实际上他是如此渴望与你共度美妙的亲子时光。当宝宝长到2岁多时，他在床上时而又唱又跳，时而倒进你的怀里和你亲昵一下，每一分每一秒都洋溢着无上的快乐，每一分每一秒都在告诉你他有多享受，让妈妈、爸爸看着心都醉了。

逗引。笑，是最好的情绪营养素。宝宝喜欢笑，也容易被逗笑。通过逗引等方式让宝宝笑口常开，是对宝宝情绪能力最直接、最有效的滋养。一个笑口常开的宝宝，其智力发展、情绪能力发展、社会认知发展都是不会逊色的。一个爱笑的宝宝，极易成长为一个快乐、开朗、热情的少年，进而成长为豁达、乐观、内心充满爱和幸福感的成人。

通过夸张的表情、惊讶或兴奋的语调，伴随一定的手势，逗引宝宝发笑。宝宝发笑的可爱劲，又会鼓励妈妈再来。妈妈可以弹舌头发出"嗒嗒嗒"的声音，宝宝会一边看着你的舌头一边咯咯地笑；用手指轻轻地搔搔宝宝的胳肢窝，或在宝宝的小肚皮上轻轻地吹气或哈气，宝宝会很喜欢这种亲密的身体接触；也可以像小牛亲昵地磨蹭牛妈妈一样，妈妈把头轻轻埋在宝宝胸前亲昵地摩擦，嘴里发出逗乐的声音，天底下有多少宝宝能抗拒妈如此亲昵的举动？他们会乐不可支的！

捏住丝巾的一角，让丝巾自然垂下来，然后将丝巾在宝宝面前轻轻地晃动几次，宝宝可能就已对这个小玩具开始感兴趣了。让丝巾最下端的尖角轻轻碰触宝宝的嘴唇，或让丝巾轻轻滑过宝宝的小脸蛋，宝宝也许会兴奋地发出"啊啊啊"的声音来。妈妈一个小小的动作，都能让小宝宝开心不已。

扮鬼脸是逗引宝宝笑的有效手段。把手指放到头上扮牛角，伸出长长的舌头，发出牛叫声；或手指放到头上扮兔耳，龇出牙来扮兔牙，逗引你的宝宝发笑。但妈妈要注意，扮鬼脸应该是扮可爱的鬼脸，千万别扮恐怖的鬼脸哦。是的，你就是孩子最好的玩具！作为最好玩具的你，今天让宝宝笑了几次？

神奇的进化，让我们的宝宝有"喜新厌旧"的优秀品质。这在逗引上也会表现出来。当宝宝越来越熟悉一种逗引方式后，兴奋度也会由最初的惊喜，经由热烈慢慢回落，就像倒"U"型一样。这种现象在月龄较大的宝宝中表现得更明显。当宝宝兴奋度开始下降，仿佛在说："唉，又是老一套，妈妈你能不能玩点新奇的啊？"要让越来越聪明伶俐的宝宝觉得新奇兴奋，妈妈是要费点脑筋的。尤其是宝宝月龄越来越大时，妈妈更需要不断创新花样。

"喜新厌旧"是人类经过千百万年进化所创造出的神奇生命程序，它确保了大脑能够得到足够多的新鲜刺激以支持其成长发育。对宝宝而言，"喜新厌旧"是一项无比优秀的品质，妈妈、爸爸应尽量满足宝宝的这种需求。是的，宝宝不仅需要你的爱，还需要你的创意哦。

逗引产生的情绪较强烈，当宝宝被你逗引一段时间后，应注意观察宝宝表情，当发现宝宝兴奋度开始下降，或笑容变得好像有点应付式的，是时候让宝宝休息一下了。

敏感回应。躺在婴儿床上，周遭静悄悄的，没有一点声响，丫丫觉得有点孤单，渴望妈妈来陪陪自己。妈妈久久没有出现，丫丫便用哭声寻找妈妈。

可能渴了，妈妈边寻思着边把水瓶嘴凑到丫丫嘴边，丫丫扭头就把水瓶撇在一边；那可能是饿了，妈妈拿来奶瓶，又被丫丫用手推开；丫丫的哭声更大了，妈妈立刻查看丫丫的尿布，但尿布是干的。妈妈开始没主意了。

一定是她还没睡够，不知所措的妈妈抱起丫丫，将安慰物塞到她手里，开始摇晃起来。丫丫无奈地挣扎起来，妈妈加大力度将丫丫控制住，摇晃也随之加快了。终于，丫丫有点累了，在摇晃中迷迷糊糊地想要睡了。迷迷糊糊的她也许心里还在想：我只是想要妈妈你陪陪我，逗我说说话呀，唉……

倘若上述案例中的妈妈能读懂宝宝的意图，宝宝也就不会无奈地"被睡觉"了。不读懂宝宝的需求，是很难做到敏感喂养与教养的，宝宝的成长自然也会遇到阻碍。

4～6个月的宝宝已进入互动阶段。互动阶段的小宝宝似乎有点"小心思"了，不仅是饿了渴了会哭，觉得孤单也会哭，没有外出也会哭，抱久了不舒服也会哭。我们应通过识读宝宝包括表情、肢体动作、体态以及哭闹在内的"婴语"，了解宝宝的内在需求，并及时、敏感、有针对性地满足之，千万不要通过千篇一律的摇晃来促使宝宝睡觉或安静下来。

所谓敏感，就是指妈妈能敏锐感知孩子真正的需求，敏锐察觉宝宝的意图，并及时、快速地予以回应和满足。这种敏感源于妈妈与宝宝朝夕相处中累积起来的对宝宝的了解和认知。建立这种敏感度，似乎没有什么特别的捷径可走，唯有在大量的日常喂养中一点一点地总结和累积经验。妈妈是一份"熟能生巧"的"职业"。若妈妈每次都用心体察宝宝哭声背后的含义和需求，敏感度就自然而然地提高了。带宝宝的时间一长，宝宝哭声是表示饥饿还是在表达不满，妈妈都能一下子听出来。

宝宝的需求或意愿能得到及时的回馈和满足，对其生理和心理的发展都极有益处。积极敏感的日常喂养，是对宝宝最基本也是最重要的成长支持，也是宝宝与妈妈之间建立安全依恋的必要前提。就让我们从认真聆听宝宝的哭声开始，仔细观察宝宝的情绪和神态，慢慢领会宝宝的需求，做个真正懂宝宝的人。

在后续的篇章中，我不再就"敏感回应"单独进行赘述了。但这不表示在宝宝以后的成长岁月中就不再需要家长的敏感回应了，恰恰相反，家长对宝宝的敏感回应须贯穿宝宝整个童年时期。即使在独立性、自主性很强的大月龄阶段，也请谨记"敏感回应"这铮铮四字。

母婴日常交流。随着宝宝月龄的逐渐增大，母婴交流会更多地以亲子活动、亲子游戏等方式呈现出来，但你有忘了给宝宝唱儿歌、听音乐吗？有面对面温柔地和宝宝说话吗？有脸贴脸地和宝宝亲昵吗？有搂抱宝宝表达爱吗？我们都知道，通过母婴交流等方式，培养亲密敏感的母婴关系，形成安全依恋，是整个早期教养的核心，所以这些看似简单却非常有力的教养手段，都不能忘了或丢了，而应内化为妈妈每日的日常养育内容，并使它成为自己的一种行为习惯。

0～3岁阶段，是宝宝形成安全依恋的关键期。让母子间亲密敏感的交流互动，伴随宝宝成长的每天，到宝宝6～9个月月龄时，母子间形成的安全依恋就会开始外显出来。若妈妈持之以恒、稳定一致地给宝宝敏感、亲密、自由的教养，母子间的安全依恋就会随着时间的推移而更加稳固。自信、自尊、安全感、信任感、情绪能力都会在安全依恋这块肥沃的土壤里生根发芽，茁壮成长。请原谅我的偏执与啰唆：在宝宝头3年里，安全依恋是你能送给宝宝的最有价值的成长礼物，没有任何东西能珍贵过它。

"1对1"抚养。在0～3岁间，要确保第一抚养人对宝宝施以"1对1"的抚养。"1对1"的抚养有利于宝宝与抚养人建立稳固的安全依恋，对其身心发展极为有利。

　　家里有多位抚养者的家庭，应在其中确立一个"1对1"抚养宝宝的第一抚养人。第一抚养人的主要职责就是抚养宝宝，是陪伴宝宝时间最多、随时在宝宝身边的人。宝宝的抚养事宜，应以第一抚养人为主。

　　虽然妈妈作为第一抚养人亲自抚养是最有利于宝宝成长的，但生完孩子3个月后，很多妈妈不得不重返工作岗位，白天的抚养只得交给祖辈、保姆等人。妈妈宜在重返工作岗位前就和丈夫协商好白天请谁来抚养孩子。确定好抚养人后，妈妈在上班前与抚养人一起喂养宝宝，给宝宝一个适应新抚养人的时间。在这个过渡期间，妈妈也可以知道新抚养人对宝宝的需求是否敏感、回应是否及时。若新抚养人连敏感都做不到，建议妈妈重新考虑合适的人选。

　　白天的抚养人通过对宝宝实施"1对1"的敏感抚养，与其建立良好的安全依恋，同样可以让宝宝得到良好的成长。白天的第一抚养人如此重要，所以我将他们亲昵地称为"代职妈妈"。期待他们能像妈妈一样慈爱、关怀宝宝，随时陪伴着宝宝，并为宝宝提供丰富而适宜的成长支持。

　　"代职妈妈"应很稳定，不要随意更换。有些由保姆做"代职妈妈"的家庭，因诸多原因频繁地更换保姆，这对宝宝的成长极为不利。有的家庭则是奶奶带一段时间，累了就换姥姥带一段，之后又换爷爷来带，这也是极不利于宝宝成长的。在不稳定的抚养环境中，宝宝不但不能与抚养者建立安全依恋，更会有被人一个接一个抛弃的感觉，很难建立弥足珍贵的安全感。

　　不同的抚养者有不同的抚养方式，这对抚养的一致性是个考验。妈妈想要做到完全一致是很难的，只能求大同、存小异。尤其是爷爷、奶奶等老年人，其思维相对固化，妈妈与其沟通时，应特别讲究技巧。请永远不要忘记，和老人家沟通，感恩和尊重是第一前提。如果是爷爷、奶奶来带养，有些自己不太好讲的话，可请丈夫出面来沟通，效果也许会更好。

　　无论是爷爷、奶奶还是保姆，带宝宝的时间长了，宝宝就会更亲近他们。妈妈不要难过，这说明他们带得好，宝宝把他们当成是自己心中的妈妈了。若带宝宝已有好长一段时间了，宝宝仍不亲近他们，这反而是一个不好的信号。譬如，保姆经常让宝宝自己一个人看电视，或带养不敏感，都会使宝宝无法与之建立亲密关系。

白天的抚养由"代职妈妈"来做，妈妈则应利用好晚上和周末的时间，好好陪伴宝宝。在这两个时间段，最好由妈妈自己来带宝宝。

2. 五觉刺激

在0～3月阶段，妈妈为宝宝提供了丰富的五觉刺激：用一双巧手敲出了很多富有节奏感的不同声响；让宝宝沐浴在音乐中、大地之音中、各色玩具的声响中；不时地用手或不同物品抚摸宝宝的小手……这些不错的五觉刺激，现阶段还要继续进行。在此基础上，同时为现阶段的宝宝提供以下新异的五觉刺激。

凝视。宝宝的每个发展阶段都会有一个或多个主要技能得到发展，如钳形抓握、翻身、坐、爬、走等。一旦宝宝掌握了这项主要技能，就能产生滚雪球似的连带效果，帮助宝宝更好地发展其他技能。

视觉能力是宝宝第四个月时的主要技能之一。视觉能力的增长使得宝宝能更好地凝视物体，更好地准确判断距离，从而让宝宝能稳稳地抓住眼前的玩具，使抓握的准确性大大得到提升。

视觉能力的提升，使妈妈、宝宝间的对视能变成较长时间的凝视。在凝视中，宝宝能从你的眼神中"读懂"你的爱与愉悦。爱"臭美"的妈妈，也许心里还会美滋滋地想：这个小臭家伙，怎么就那么爱看我呢？

凝视不单指盯着静止的物体看，也包括盯住运动的物体看。视觉能力的提升，使宝宝能够更好地进行视觉追踪。妈妈不妨和宝宝玩玩"偏偏头"的游戏：妈妈和宝宝四目相对，当宝宝凝视着你时，慢慢倾斜你的头部，看看宝宝会不会也跟着你倾斜或转动自己的小脑袋。

彩色视觉卡。4个月月龄宝宝的眼里，世界已是彩色的了。也有专家认为宝宝的颜色视觉发展得更早，到4个月时颜色视觉已接近成人。但不管哪种说法，色彩，已是这个阶段宝宝重要的视觉刺激源了。

可将黑白视觉卡换成彩色视觉卡，采用相同的方式给宝宝视觉刺激。只是此时视觉距离要隔远点，注视的时间也可以更长点了。与绿、蓝等冷色调相比，宝宝更喜欢红、黄等暖色调。

各色各样的水果。宝宝对自然色更偏爱。妈妈不妨多带宝宝外出看色彩斑斓的花花草草，也可以买些水果回来，既可以食用，又可以给宝宝欣赏或把玩。

红的苹果、黄的香蕉、浅绿的梨，茶几上水果篮里的各色水果，色香味俱全地"诱惑"着宝宝。就让宝宝抱抱、玩玩、啃啃它们吧，它们可都是宝宝最佳的"玩具"和"学习用具"。不同的形状，不同的颜色，不同的果香，拿在手里时不同的触感，能给宝宝多方面的感觉刺激。

巡街。经过反复的五觉刺激后，"喜新厌旧"的宝宝会对刺激源以及自己获得的刺激体验产生记忆。对已产生记忆、熟悉的东西，宝宝就不那么热心了。当你发现原本很喜欢"巡家"的宝宝不再热衷"巡家"时，那再正常不过了。

当"巡家"已不能满足宝宝对视听刺激的需求时，带上宝宝"巡街"去吧，宝宝一定很喜欢的。不少宝宝每天要"巡街"好几趟。有些哭闹着的宝宝，只要你抱他出门，马上就不哭了，两只小眼睛滴溜溜地到处瞧起来，别提有多带劲了。

为了有更宽阔的视野，宝宝喜欢你把他朝前竖立环抱着。除了白日"巡街"，如果你不迷信晚上不能带宝宝外出的说法，不妨在户外温度适宜的傍晚，偶尔带上宝宝出去散步步，一同欣赏那华灯初上的美丽街景。

带宝宝巡街时，尽量不要带宝宝去车流量大的街道。汽车尾气、灰尘、噪音，都会对宝宝的健康不利。

逛超市。对宝宝而言，逛超市是一趟关于色彩、气味、空间、感觉与体验的好奇之旅。商品琳琅满目的大超市，是宝宝不错的去处。数以万计的商品，有着各自不同的形状、不同的颜色，这对宝宝来说是绝好的视觉刺激源。多数情况下，宝宝逛超市时较少哭闹，面对这么多新鲜宝贝，他已经目不转睛地欣赏起来，可没工夫哭闹呢。

但超市里往往人多嘈杂，室内空气也不太好，交叉感染病毒的概率也相对大些，所以应尽量选择人流较少的时段过去，且每次逛的时间不宜过长。

附近的小公园。带宝宝去附近的小公园，在呼吸新鲜空气的同时，还能让宝宝闻到泥土的气息、花草的芬芳，感受到阳光的温暖；看枝头上跳来跳去的雀鸟，看水中游来游去的金鱼，以及水中摇曳的母子倒影；还可能见到出来溜达的小狗，以及和自己一样的小宝宝……

妈妈带宝宝欣赏时，不忘给宝宝讲解说："宝宝你看，金鱼在水中游呀游，好自在呀。""小哥哥在干什么呀？原来在玩滑梯。"或是给宝宝唱相关的儿歌："鱼儿鱼儿水中游，游来游去乐悠悠。摇摇头，摆摆尾，游来游去乐悠悠。"

倘若你生活在钢筋混凝土构成的城市中，就更应该多带宝宝回归大自然。大自然的美丽景致带着天然的生命感，给到我们细致的本真体验。那是种生命与生命连接的鲜活体验，是其他任何人造物件所无法给予的。

触觉刺激。触觉是宝宝感知外部世界的重要方式。日后你会发现，大月龄的宝宝很喜欢光着脚丫在地上走，哪怕地面冰凉也愿意；洗完澡后更喜欢光着屁股玩耍，就是不肯穿衣服，这些都是源于宝宝需要裸露肌肤以获得更多的触觉刺激。

但很多家长仍沿袭着旧传统，总是喜欢给宝宝穿多多的衣物，将其包裹得严严实实的，生怕宝宝着凉生病。这种沿袭已久的穿戴传统，不仅限制了宝宝身体的运动，也让宝宝少了与外界的触觉接触，减少了获取外部信息的机会，严重的可能导致宝宝出现"触觉饥饿"现象，影响宝宝大脑的发育。早期触觉缺乏的宝宝，日后会有更高概率出现喜欢踢、咬、抓的攻击性行为。我们无须将宝宝裹得严严实实的，大多数情况下，宝宝比成人多穿一件衣物就足够了。

平日里妈妈宜与宝宝多些肌肤之亲，让宝宝感受不同的触觉刺激，以获得充分的触觉满足。除了抚触按摩这类绝好的触觉刺激，多让宝宝用手抓摸各种不同材质、不同形状的玩具或物件。如让宝宝摸摸凉的瓷砖、硬的地板、软的毛毯、滑的丝巾、黏稠的面团；或让他摸摸水杯，间接感受里面盛的凉水、温水、稍稍有点烫的水的温度。购买玩具时，记得特意为宝宝选购些触觉类的玩具，如触觉手球等。

口腔探索与口腔敏感期。在现阶段的触觉感受中，口腔触觉是重中之重。宝宝拿到手的东西，第一反应就是"吃吃看"。至于"能吃不能吃、该吃不该吃"都不在考虑之列。当宝宝"吃吃看"时，就是在用嘴进行感知和探索，通过口腔认识这五彩缤纷的外部世界。他在吃积木时，就是在感知和认识积木；他在吃摇铃时，就是在感知和认识摇铃。

宝宝为什么那么热衷于"逮住什么吃什么"？ 答案只有一个：嘴唇有非常丰富的神经末梢，对外界的刺激极为敏感。此时嘴唇每平方毫米的神经突触数量，位冠身体之首。哪怕是很细微的一丁点刺激，嘴唇都能很细腻地感知到。丰富的神经末梢让宝宝口腔对信息的捕获非常灵敏，体验也细腻而强烈。即便是成人，我们仍会不由自主地用亲吻来表达对孩子深切的爱，相爱的恋人情不自禁地用亲吻表达对对方的浓情蜜意，都是因为嘴唇拥有无与伦比的感知能力。

宝宝频频用嘴咬玩具的这段时期，蒙台梭利将其称为"口腔敏感期"。所谓"敏感期"，是指儿童在成长过程中，某些特定能力（或行为）出现并发展的最佳时期。在敏感期内，儿童会极富兴趣地专心尝试、探索环境中的某一特定事物，并不断重复实践。当孩子把大量的注意力都放在同一件事上，并不厌其烦地大量重复时，他（她）已处于这件事的敏感期了。

现阶段，宝宝已处于口腔敏感期，他（她）会反复地用嘴来"品尝"和感知周遭的事物。口腔敏感期还没过完，手的敏感期就已接踵而至。宝宝会"疯狂"地迷上敲打扔摔，用手探索能接触到的一切物件。到1岁半左右，宝宝会出现对细小事物感兴趣的敏感期，并开始进入自我意识敏感期；2岁时，开始萌芽出色彩敏感期、秩序敏感期、最初的数概念。占有物品的敏感期在1岁多开始展现，到2岁半时则会强烈地展示出来。

敏感期是宝宝成长过程中最重要的发展现象之一。这种有效的成长方式，经过千百万年的进化，已被写进我们的基因程序中。宝宝的每个敏感期若都能得到充分、自由的发展，则对其成长具有无可比拟的发展价值。面对宝宝各种敏感期，妈妈要做的最重要的事情是，顺应并支持。

在口腔敏感期内，口腔是宝宝认识和探知世界最重要的工具。宝宝这时的招牌动作就是，无论什么，抓住就往嘴里送。此时的宝宝是如此的执着，似乎要告诉世人：口就是我，世界就是味道。正因为宝宝大量、反复地用嘴探索，其感知能力将得到极大的提高，尽管这种发展成果我们从表象上暂时看不出来。

口腔敏感期将延续到宝宝1岁多点。当宝宝顺利地度过一个敏感期后，其发展水平将进入一个更高的层面。譬如，宝宝处于口腔敏感期时得到了无阻碍的良好发展，将会自然而然地发展到更高层面的用手探索。反之则会延迟孩子某方面的发展。

1岁10个月的优优，平日里最喜欢的一件事就是不断地吃零食，优优妈妈想尽办法都未能让其改掉这个不好的习惯。究其原因，优优小时候啃玩具时，总是得不到奶奶的允许并被打断，使优优的口腔探索未能得到充分发展。优优现在狂吃零食的现象，从某种程度来讲是在追补口腔敏感期的课。优优的情况还不是最糟的，有些未能顺利度过口腔敏感期的大月龄孩子，居然用嘴将木床床沿咬得像是被老鼠啃过似的。

对于像优优一样没有顺利度过口腔敏感期的大月龄宝宝，家长一定要为其提供自由选择和享用食物的机会，满足其口腔欲。家长在家里尽量备些易消化、低热量的健康食物，如水果、果条等，让宝宝自由选择。孩子越被满足，其口腔敏感期就度过得越快。

抚养者宜摒弃老旧的观念，克服怕麻烦的心理，为宝宝顺利进行口腔探索提供条件和环境。正如蒙台梭利所说，教育的首要条件就是为儿童的成长提供良好的环境。为宝宝提供干净卫生、安全牢固且丰富多样的玩具，是本阶段教养的重要内容之一。

给玩具消毒。吃是宝宝的王牌动作，"不卫生"则是大人阻止宝宝吃的王牌理由。若你也是这个王牌理由的拥趸，担心吃玩具对宝宝的健康造成威胁，不要紧，现在我就为你介绍如何给玩具消毒。

消毒前先给玩具分类。可将玩具分成塑料橡胶类、毛绒布质类、电动玩具类、木制与大型玩具类这四大类。不同类型的玩具有不同的消毒方法。

给塑料橡胶类玩具消毒时，先用婴儿专用的洗涤剂清洗一遍，再用流动清水冲洗干净，冲洗完后用消毒液浸泡30分钟，之后用大量的流动清水冲洗干净并晾干。用流动清水冲洗玩具时可多洗一下，确保消毒液被清洗干净，防止有化学残留。原则上，塑料皮质类玩具能每天清洗消毒一次最好。若此类玩具太多，则可以将当下宝宝最常用的玩具挑选出来进行清洗消毒。不常用的可将其清洗消毒完后保存到有盖的玩具箱中，待宝宝要玩根据其卫生情况再看是否需要重新清洗。

给毛绒布质类玩具消毒时，同样先用洗涤剂清洗一遍，再用流动清水冲洗干净，然后放在太阳下暴晒4～6小时。暴晒时应不时去翻动一下玩具，让玩具每个部位都晒到。毛绒布质类玩具无需每日清洗，一周清洗消毒一次即可。晒毛绒布质类玩具时，也可将视觉卡等图卡一起拿出去暴晒。晒前用毛巾蘸清水将图卡擦拭一遍。

清洗木质玩具时，不宜用洗涤剂。因为材质的原因，洗涤剂容易渗入到玩具中，进而在宝宝咬玩具时进入宝宝身体中。妈妈可用煮沸的开水浸泡上一段时间，再将其晾干。木制玩具用过一段时间后，宜在太阳下暴晒一次。像牙胶之类的东西，也可以直接放入开水中煮上一段时间来消毒。

四轮车、玩具汽车等大型的玩具，先用清水清洗或擦拭干净，再刷层消毒液消毒，而后用清水清洗或擦拭干净。

除以上四大类外，给电动玩具消毒时，应将里面的电池取出，用干净的毛巾擦拭干净，然后用纱布蘸上75%的医用酒精进行擦拭，再搁置在通风的地方直至酒精挥发完。皮质玩具可以用清水洗干净后放在太阳下暴晒。

保持玩具的卫生，能减少清洗消毒的次数。妈妈宜准备几个易清洗的有盖玩具箱来储存玩具。一些大型超市有透明的塑料储物箱买，妈妈可买几个来做宝宝的玩具箱。买玩具箱时可大小搭配，以便更好地储存玩具。玩具箱买回来后，应先将其彻底清洗消毒后再用。当下最常用的玩具可以放在一个玩具箱中，随时保持这个玩具箱及其中玩具的卫生。

当宝宝会坐或会爬后，宜买个可卷收、可擦拭的儿童大地垫。宝宝要玩耍时，可将其铺开，让宝宝拿着玩具在上面玩耍。不用地垫时，用清水、毛巾将其擦拭一遍后卷收起来。有的妈妈喜欢在使用前再擦拭，则需将水分擦干或晾干后再让宝宝坐。有一个干净的地垫，即使玩具掉在上面也不会那么容易被弄脏了。玩时在干净的地方玩，玩完后收藏在干净的玩具箱中，这样就可以适当减少清洗消毒的次数了。

同时保证家居环境的干净卫生，地板应每日一拖，茶几、座椅等宝宝常接触到的家具更应多擦拭。

3. 动作练习

俯卧挺胸。俯卧时已能顺利抬头的宝宝，随着手臂等处力量的增强，马不停蹄地开始挑战难度更大的俯卧挺胸了，似乎我们的小宝宝一开始就急着要"抬头挺胸"做人呢。

俯卧挺胸分肘撑和手撑两个发展步骤。练习肘撑

俯卧挺胸

时，妈妈可拿一块大点的镜子（或玩具）到俯卧着的宝宝头顶上方，喜欢看镜子中自己的宝宝会努力要将身体撑起来。当宝宝还不会自己将肘部撑起时，妈妈可协助将其一侧的肘部撑起，宝宝会自然地将另一侧撑起来。宝宝撑起来后，妈妈可继续逗引宝宝使其坚持撑上一小段时间，以锻炼手臂及背部力量。

当宝宝能自主自如地将肘部撑起，使上身与床面成45度角后，妈妈可用同样的方法尝试让宝宝练习手撑了。到本阶段中后期，宝宝能双手伸直将胸部撑起，使上身与床面呈90度角了。

当宝宝能手撑挺胸后，也许某一天，宝宝正将头竖得直直的，却不小心将头往一侧偏移了一点点，抑或是妈妈在宝宝身后叫唤引其扭头寻找，就在这一刻，宝宝身体重心随"硕大"头部的偏移随即也发生了偏移，小家伙一个滚就由俯卧"摔倒"成仰卧了。宝宝将上半身挺得越直，这一天就来得越快。也许宝宝自己都会"纳闷"：难度较大的翻身，难道就这样实现了？真是得来全不费功夫啊！

倘若你的宝宝手臂力量大，将上身挺得直直的仍稳如泰山，那就从一侧将宝宝轻轻推翻，嗔笑似的告诉宝宝："别撑了，滚一边去吧。"

翻身练习。4～6个月月龄正是宝宝练习翻身的关键期。翻身是宝宝第一个真正意义上的全身运动，可分为"由俯卧到仰卧、由仰卧到俯卧"两种。前者可经由俯卧抬头、俯卧挺胸练习后水到渠成般获得，后者可就没这么容易了。

经过上一个阶段的侧身练习，随着宝宝的发育，可以引导宝宝练习由仰卧翻至俯卧了。宝宝仰卧时，妈妈用玩具从宝宝正前方慢慢朝宝宝一侧移动，逗引宝宝朝外侧侧转身体；移动时速度要慢，并鼓励宝宝伸手够取玩具。玩具与宝宝的距离不能太远，否则宝宝会因为够不着放弃够取。当宝宝侧转翻起一点身体，或是翻到一半无法再继续时，妈妈可轻抬宝宝臀部或轻推宝宝肩膀，协助宝宝顺利完成翻身动作。

逗引宝宝朝一侧翻身两三次后，可换朝另一侧翻身。完成两三次翻身后，妈妈要将逗引的玩具交到宝宝手里玩，否则一个永远够不着的玩具会越来越没吸引力的。

若宝宝还不会侧转，除了继续给宝宝进行侧身练习外，在进行翻身练习时妈妈可通过搭腿和推肩来协助宝宝完成相关动作。协助的方法是，将宝宝的右腿搭到左腿上（反之亦然），爸爸在一旁用玩具逗引宝宝将头转到左侧，妈妈再轻推宝宝右肩使之翻身。随着练习次数的增多以及宝宝活动能力的逐步增强，妈妈可尝试着将协助动作减少一个，看看宝宝能不能自己完成相关动作。

经过本阶段3个月的练习，到下一个发展阶段时，宝宝就可以练习连续的"由俯卧到仰卧、由仰卧到俯卧"了。连续地"由俯卧到仰卧、由仰卧到俯卧"，就是我们俗称的"滚"。

翻身是难度较大的综合性大动作。宝宝需要较长时间才能掌握这项本领，妈妈不能心急。请记得"练习重在过程，不重结果"。即使不提供任何练习，所有宝宝都能学会翻身的，迟早而已。

一些"无心"之举，也会让宝宝获得翻身的体验。当宝宝垫个枕头侧卧时，不小心将小枕头推开了，或是身体扭动使头部脱离了枕头，宝宝身体有时就会自然地由侧卧变成了仰卧或俯卧。有的带养者从未教过宝宝翻身，宝宝却谁也不求地自己学会了，其间有很多我们所不知的成长秘密。

抵足爬行。让宝宝俯卧着，前臂自然向前弯曲趴着，妈妈用手将宝宝的一条腿朝前推至弯曲状，然后将手抵住不动，宝宝会要伸直弯曲的腿，从而将身体蹬向前行。妈妈用同样的方法将另一只腿推至弯曲状，于是宝宝就交替着蹬腿朝前爬行了。抵足爬行刺激度较大，最好由爸爸拿玩具在前面逗引，以吸引宝宝的注意力。

由于刺激度与动作难度都较大，妈妈实施抵足爬行练习时宜视宝宝当下的具体情形灵活应对。曾见过不少这样的情形：在做抵足爬行时，宝宝已很不耐烦了，一边哭着一边无奈地像个小蚯蚓似的向前拱着，妈妈却仍没停手的迹象……他（她）还是你那可爱的小宝宝吗？不，此刻的他（她）在你眼里已是机械体。宝宝也许既难过又迷惑：平日里亲近可爱的妈妈，怎么会是眼前这个"冷酷无情"的人？

在具体的、可量化的教养手段面前，我们经常会不由自主地忘了"培养亲密母婴关系"这一核心要务，我们舍本求末了。当宝宝已在哭泣时，就请及时停下你那望子成龙的手吧。

俯卧打转。6个月月龄时，让宝宝俯卧在床上，用玩具在其一侧逗引，宝宝会撑起双手，以腹部为支点，双脚划动着朝玩具方向转动。连续在一侧逗引，宝宝就会随着玩具打转了。俯卧打转会为以后的匍匐爬行打下基础。

坐。4~6个月月龄阶段，大多数宝宝会完成由靠坐、蛤蟆坐到独坐的过程。坐姿将大大拓宽和改变宝宝的视野，使其能获取更丰富的视觉刺激；同时也将宝宝的双手释放出来，以从事更多、更复杂的精细动作。

让宝宝靠坐时，用小枕头、小被子之类的柔软织物垫在宝宝背部，让宝宝双脚自然朝前伸直或半弯曲地坐着。4个月大的宝宝还不能很稳地坐着。刚开始靠坐时，宜在宝宝左右侧放置些柔软织物协助其坐稳。无论是在床上还是沙发上靠坐，大人都不能让宝宝单独坐着，防止其向前扑倒或跌落至地下。

宝宝脊椎骨仍很稚嫩，练坐时间不宜长。初练靠坐时，靠坐三四分钟即可，随月龄增长慢慢可延长至10分钟左右。动作练习一定要遵循"循序渐进"的原则一步一步慢慢来，月龄越小的宝宝越应如此。

到6个月左右，用玩具逗引靠坐着的宝宝，宝宝可能会伸手朝前拿面前的玩具，当身体往前倾时，头部及上身的重量会迫使宝宝用双手撑住床面以保持平衡，此时的宝宝就像蛤蟆一样撑坐着了。练"蛤蟆功"可不那么容易，当宝宝呈蛤蟆状撑坐几分钟后，应让其躺下来休息。宝宝蛤蟆坐时，大人应在旁边看护。

宝宝的发展发育速度总是那样的惊人，练习蛤蟆坐半个月后，不少宝宝就能由双手支撑改为单手支撑了。再过上一小段日子，宝宝连单手支撑都不用了，干干脆脆地腾出双手来玩自己心爱的玩具。这时候的宝宝，实际上已经能独坐片刻了。

拉腕坐起。拉腕坐起能让宝宝感知不同的空间区位，并为坐立提供准备。具体做法是，宝宝仰卧着，妈妈伸出拇指让宝宝抓住，其他手指环握住宝宝手腕（宝宝的整个手腕应在妈妈的手掌环握中，可防止手腕拉伤，这种手法称为环握法），慢慢地将宝宝拉至坐起，稍停片刻，再慢慢回放宝宝至仰卧的姿势。妈妈可编些"宝宝睡、宝宝起，宝宝坐起吃手指"之类有节律的儿歌来配合动作。

有的妈妈可能会担心拉腕坐起之类的动作练习会伤到宝宝的关节，但在育儿实践中，只要动作轻柔，伤到宝宝的情况很少见。而且，当宝宝感到别扭或不舒服，他会立刻哭闹，或有难受的表情，才不会跟你客气呢。做此类动作练习，只要动作轻柔缓慢且规范，同时注意观察宝宝表情，就可以规避掉受伤的风险。

有产科医生做过这样的实验，将自己的手指放入才出生几小时的新生儿手中，新生儿会因抓握反射抓住医生手指，这时医生顺势就可以将宝宝整个身体提起来。没出生多长时间的小生命，就可以用小小的双手拉撑起自己的整个身体来，他们可远没你想象的那么脆弱。

在本阶段后期，妈妈也可以效仿医生这种做法，用手指或条状、棍状物件让宝宝抓着，妈妈透过收拢自己的手臂或拉所抓物件顺势拉宝宝，部分手臂力量较强的宝宝能将其拉至坐起。

蹦蹦跳。妈妈坐着，双手持宝宝腋下将其抱起站立在自己双腿上，再将宝宝身体往下压，使宝宝双腿自然弯曲，呈半蹲状，然后用手把宝宝身体往上提，宝宝双腿会自然伸直，这就完成了一个蹦蹦跳的动作。练习过程中，注意不要让宝宝的脚跳离你的双腿。

"蹦蹦跳、蹦蹦跳，宝宝跳起一丈高，要和月亮比高高"，妈妈可一边做一边唱。常练习蹦蹦跳的宝宝，当其长到五六个月大，妈妈把宝宝抱到双腿上，嘴里说"蹦蹦跳"时，宝宝就会自己蹦跶起小腿来了。

和踢腿练习一样，蹦蹦跳可以有效锻炼宝宝的腿部力量，为日后行走打下坚实基础。蹦蹦跳同时伴有亲密的母子交流，宝宝会有愉悦的情绪体验。若宝宝还不会跳，可将宝宝抱在腿上站立一会儿，这样也可以增强宝宝的腿部力量。

骑大马。妈妈跷起二郎腿，双手扶着宝宝腋下让宝宝坐在自己大腿上，将着地的那只脚跷起，上下颠腿，使宝宝的身体随之上下颠动。"嗒嗒嗒、嗒嗒嗒，我的宝宝骑大马；找妈妈，找爸爸，快来一起坐大马。"

坐飞机。宝宝呈俯卧状，妈妈一手托住宝宝胸部，另一只手抓住宝宝两脚踝处，将宝宝身体托起来，使宝宝身体挺直，头向上抬起，然后朝头部斜上方做飞机起飞状。刚开始速度要慢，幅度要小，等宝宝适应并喜欢上坐飞机后，慢慢稍微增加点速度和幅度。

举高高。举高高是宝宝非常喜欢的游戏之一，有的宝宝百玩不厌。它为宝宝带来强烈的、快乐的情绪体验的同时，能有效地刺激宝宝前庭神经的发育。

"举高高，举高高，我的宝宝长高高；比妈高，比爸高，我的宝宝个最高"，爸爸双脚分立，脚跟站稳，双手托住宝宝双腋，一边唱着儿歌一边将宝宝垂直向上举过头顶，和宝宝一起玩刺激的举高高游戏。

由于空间感、视觉感、本体感的变化，使宝宝感受到不同往常的新异刺激，宝宝通常都会兴奋得咧嘴大笑。若爸爸用兴奋的神情激励宝宝，宝宝更会兴奋地发出大叫声来。每举几次后，把宝宝收回怀里轻轻抱一会儿，或是亲一亲宝宝，让宝宝的情绪和安全感都有一个缓冲。举过几次后，注意让宝宝休息一下。

第一次做举高高时，举的高度不要过高，举到宝宝和爸爸双目平视的位置即可。密切注意观察宝宝的表情，当宝宝害怕时要及时终止，或是将宝宝举起来后停在高处，让宝宝从高处看世界。这个"温柔版"的举高高侧重给宝宝不同的视觉区位和视觉刺激。

当宝宝由刚开始的紧张变为喜欢后，爸爸可创新花样来玩，做做仰卧托举、俯卧托举。爸爸一手托住宝宝颈背部，一手托住宝宝臀部，将宝宝仰面朝天往上举，也可以双手托住宝宝胸腹部，使宝宝俯卧着朝上举。变换宝宝的身体姿势，能给其带来不一样的视觉冲击和新奇刺激。

特别温馨提示各位妈妈、爸爸：10个月内的宝宝脑组织尤为稚嫩，在玩坐飞机、举高高、荡秋千等晃动类游戏时，晃荡幅度一定要小、速度一定要慢要柔，以免晃荡到宝宝稚嫩的脑组织。

伸手够物。在本阶段，宝宝的动作精确度逐渐提高，伸展胳膊时能在空中纠正自己的动作，慢慢地可以准确地伸手抓握住物件了。对4～6个月的宝宝而言，手部动作可能是他们获取外围物件信息最重要的手段之一。

当宝宝能做出双手张开向前伸的动作时，可以开始对其进行伸手够物的练习了。抱宝宝坐在桌前，拿一个宝宝喜欢的玩具放在离其手部十几厘米远的地方，让宝宝伸手去拿。妈妈可调节玩具的距离来增减练习的难度。

够取静物较熟练后，可让宝宝练习够取吊物了。挑一个适合宝宝抓握的玩具，用绳子系着垂挂在宝宝伸手能够着的地方，晃动玩具逗引宝宝伸手够取。

有的宝宝会用手乱拍面前的玩具，而不抓握它。不要紧，就让他尽情地拍打吧，这也是很不错的动作练习。有的宝宝则不理睬面前的玩具，这时妈妈可拿住宝宝的手去抓握下玩具；或让晃动的玩具静止下来，降低宝宝够取的难度。当宝宝自己伸手主动够取玩具后，应让其拿到手并玩上一会儿。

宝宝动作较熟练后，可将玩具换成体积更小的，以增加抓握的难度。有点挑战，宝宝反而觉得更有乐趣。到5个月左右，宝宝会由双手抱物发展到用一只手准确地抓握住物件了。

摇晃玩具。能发出声响的玩具是本阶段宝宝的最爱。拿一个能发声的带柄玩具，如哗啷棒、拨浪鼓、小摇铃、小沙锤等，给宝宝握着，妈妈握着宝宝手摇晃玩具使其发出声响，引起宝宝的注意和兴趣，并鼓励宝宝主动摇晃。

在宝宝脚腕处系戴一个铃铛，宝宝会很兴奋地踢脚让铃铛发出声响。但铃铛不适宜长时间系戴，特别不能一戴上就不取下来。月龄较大的宝宝自主运动较多，会造成响声过多，容易导致刺激过度。

摇晃玩具练习虽简单，却有很好的发展价值。所谓成长支持，没有高级、低级之分，也没有简单、精妙之分，唯有适合宝宝的，才是最好的。

花样抱之跪抱。在宝宝还不能站立前，练习跪立是一个有效的过渡。日后宝宝爬行时需跪在地上，跪立可以为其打基础。

妈妈坐在沙发上，双手扶宝宝腋下，让宝宝屈膝跪立在自己双腿上。妈妈可逗引宝宝或唱儿歌给宝宝听，也可以和宝宝说说话。母子间的亲子互动不但可以增加跪抱的乐趣，也可以在宝宝出现不配合时吸引宝宝。每次跪抱的时间不宜过长，二三分钟即可。

温馨提示

　　上一阶段实施的托抱、竖抱、坐抱等花样抱以及被动操，本阶段宜继续练习，它们仍是适合宝宝的很好的动作练习。

4. 亲子游戏

随着宝宝自主活动能力的加强，游戏开始成为宝宝最喜爱的探索、学习方式，并逐步发展为除喂养外宝宝最重要的日常生活内容。

宝宝在游戏中获得更多、更复杂的动作技能，获取更多、更丰富的感知及情绪体验，发展出社交能力和交往技巧，促进认知的形成和发展。和吃睡一样，游戏是孩子正常生长发育的基本需求。苏珊·伊萨克更将游戏视为儿童理解自己周遭世界的主要途径。

亲子游戏的原则。"兴趣为王，自主为魂"是进行亲子游戏时应遵循的核心原则。

　　和我们成人着眼于游戏的发展价值不同，宝宝玩游戏却是因为好玩而玩，仅此而已。对宝宝来讲，兴趣是第一动力，也是第一前提。一个宝宝不感兴趣、从中无法体验到快乐的游戏，其发展价值也荡然无存。无论是母子互动的亲子游戏，还是日后宝宝单独玩耍的自主游戏，都应秉承"兴趣为王"这一游戏原则。"自主为魂"强调的则是，在游戏过程中充分尊重宝宝的自主性，让宝宝跟随自己的意愿进行游戏。

　　亲子游戏可分为开放式游戏和封闭式游戏两大类。没有任何限制，随由宝宝自由玩耍的游戏我们称之为开放式游戏（又称自由游戏），如拿着积木敲打摔扔，或自由自在地玩球等等。封闭式游戏（又称结构性游戏）有特定的玩法，多数有大人的协助、引发或参与，如积木垒高、串珠等等。

　　我们宜以开放式游戏为主、为先，封闭式游戏为辅、为后。开放式游戏体现宝宝的自由意志，实现宝宝的自我意愿，由宝宝自主发起，因而游戏可能会更符合和贴近宝宝当下的动作能力和心理特点。我们永远不会比宝宝更懂得哪些游戏或探索更匹配他当下的能力和兴趣。

　　在玩封闭式游戏时，宜遵循"示范—跟随"的原则。妈妈就游戏或动作进行示范，示范后让宝宝自己决定是否跟随。妈妈不应强迫宝宝跟随自己进行游戏或动作练习。示范时宜遵循简洁的原则。宝宝的思维还很简单，越简洁宝宝越容易接受。

　　在进行封闭式游戏的过程中，时常会出现宝宝不遵从大人的要求而自己改玩开放式游戏的情况，这时妈妈宜停止封闭式练习，让宝宝自由地玩开放式游戏。

　　在游戏过程中，宝宝肌肉容易疲劳，注意力也容易转移，会随时终止游戏。无论是动作练习还是亲子游戏，宝宝都有可能练习一两次或是玩上一两分钟就甩手走人了。妈妈似乎觉得很无趣，甚至会怀疑就这几下子能有什么发展价值。但对宝宝来说，这是再正常不过的现象。随着宝宝月龄的增大，动作练习和游戏的时间会慢慢地延长。妈妈放心地遵照宝宝的发展特点，顺应着给宝宝支持即可。即便只是那么两三下简单的动作，也是很有价值的。

　　当宝宝月龄较小时，由妈妈发起的封闭式游戏较多；随着宝宝月龄的增大，开放式游戏的比重会逐步增多。本阶段宝宝月龄小，亲子游戏多由妈妈发起，但宝宝还是很乐意也很渴望与自己最爱的人一起互动的。

躲猫猫。5个月月龄后，宝宝对外界事物能形成具体的印象，可以和我们玩躲猫猫的游戏了。躲猫猫对宝宝形成客体永久性的认知非常有帮助，是宝宝最喜欢的经典游戏之一，会伴随宝宝的成长数月甚至数年之久。

妈妈用手帕或毛巾，遮住自己的脸，并问："宝宝，妈妈在哪里？"刚开始玩躲猫猫的宝宝会疑惑：听得见妈妈的声音，怎么看不到妈妈的脸？这时，妈妈把手帕拿下来，对宝宝兴奋地说："妈妈在这里！"宝宝会顿显兴奋之情。当身边没有手帕时，妈妈可双手并拢将脸遮住，叫唤宝宝后将双手拿开让宝宝看到，这样一个简单版本的躲猫猫也会让宝宝高兴不已的。

6个月月龄左右，妈妈把手帕盖在宝宝脸上时，部分宝宝会自己用手把手帕拿开，然后对着你咯咯地笑。大一点的宝宝有时还会主动发起与妈妈的躲猫猫游戏。

在玩躲猫猫的过程中，妈妈宜随时观看宝宝的情绪或动作，当宝宝没那么高的兴致或扭过脸去时，妈妈应终止游戏，因为宝宝觉得玩够了。

照镜子。抱宝宝到镜子前，让宝宝与镜中的自己四目相对。"镜子里的小美女是谁呀？""原来是××呀！"妈妈可用语言引导宝宝观察自己，虽然他还不知道镜中会动的"大玩具"就是自己；也可以指着宝宝的鼻子告诉宝宝，"这是什么呀，哦，原来是宝宝的鼻子……"兴奋的宝宝还会用手去拍镜中的自己。

小西行郎教授认为，抱宝宝照镜子，对其自我认识能起到很好的作用。到7～9个月时，宝宝会对镜子中自己和他人的形象更感兴趣。随着月龄的增大，宝宝会慢慢感知到自己与镜子里的形象在行为上有某种关系或联动。1岁后，宝宝开始逐渐明白镜子中的形象原来就是自己。小西行郎教授则认为，宝宝在7～9个月月龄时就知道镜子中的形象就是自己了。

五官谣。"小鼻子，在哪里？鼻子鼻子在这里。"（妈妈用手点点宝宝的鼻子）"小耳朵，在哪里？耳朵耳朵在这里。"（妈妈用手摸摸宝宝的耳朵）"小眼睛，在哪里？眼睛眼睛在这里。"（妈妈用手捋捋宝宝的眼睑）"小眉毛，在哪里？眉毛眉毛在这里。"（妈妈用手捋捋宝宝的眉毛）"小嘴巴，在哪里？嘴巴嘴巴在这里。"（妈妈用手点点宝宝的嘴巴）

妈妈也可唱"脑袋圆又圆，鼻子在中间；嘴巴在下面，耳朵站两边；小手抓东西，小脚踢又踢；胳膊晃又晃，小腿踢又踢"，一边唱一边用手指点点宝宝的身体部位。

五官谣既是一种语言练习，又是一种触觉练习。在玩的过程中，妈妈还可以把它扩展到宝宝的其他身体部位，如膝盖、肩膀、拇指、食指等。

切萝卜。"白萝卜白萝卜，切、切、切""红萝卜红萝卜，捏、捏、捏"，妈妈一边说着《切萝卜》的顺口溜，一边做"切"或"捏"的动作。

当念"白萝卜"时，妈妈用指腹在宝宝胳膊上轻挣；当念"切、切、切"时，妈妈用手掌做刀状在宝宝胳膊上轻切三下；念到"红萝卜"时，妈妈用指腹在宝宝手掌上轻挣；念叨"捏、捏、捏"时，就在宝宝手掌或手指上轻捏三下。如此反复数次。

捏完左手捏右手，捏完手部可接着捏脚部。只要宝宝不抗拒，躯干和四肢都可以给其切到或捏到，给宝宝不同部位的触觉刺激。裸露在外的身体部位，如手脚等，能与妈妈的手掌直接体肤接触，玩起来触觉效果会更好。当宝宝衣物穿戴不多时，就可以挣起他的衣袖、裤脚来玩。

斗斗虫虫飞。和躲猫猫一样，"斗斗虫虫飞"也是对宝宝发展非常有益的经典游戏之一，对发展宝宝手部精细动作、手眼协调能力很有帮助。

妈妈抱宝宝坐在自己怀里，拿住宝宝的两个食指，将两个食指对碰一下，同时说"斗斗"，再对碰，同时再说"斗斗"；随即将宝宝双手拉扯开来作飞行状，同时说"虫虫飞"。也可以请爸爸参与进来，请爸爸面对着宝宝做示范，妈妈则协助宝宝模仿爸爸的动作。

斗斗虫虫飞

由于宝宝的手指功能分化还不是很成熟，刚开始玩时，妈妈可协助宝宝伸出食指。经过一段时间的练习，当宝宝能比较准确地食指斗着食指后，妈妈可尝试下中指斗中指的玩法。经常玩"斗斗虫虫飞"的游戏，可促进宝宝手指功能分化，为下一步更复杂的手部精细动作做准备。

4个月的宝宝就可以玩"斗斗虫虫飞"了。当宝宝长到6个月，妈妈说"斗斗虫虫飞"时，宝宝就会自己伸出食指来。

等宝宝月龄比较大后，还可以尝试妈妈、宝宝对对碰。如妈妈的拇指与宝宝的拇指对对碰，或妈的食指与宝宝的食指对对碰。但目前最好不要两种玩法混着来玩，宜在宝宝能熟练地进行手指对碰后，再与妈妈玩对碰。

鼻子对对碰。自己亲亲的宝宝，总是亲也亲不够、爱也爱不够，母爱"泛滥"的妈妈会不由自主地用自己的鼻子去碰碰宝宝的鼻子，这就是妈妈都爱玩的鼻子对对碰游戏。不用表达，此刻"泛滥"出来的母爱宝宝一定收得到，看看宝宝乐得开了花的神情就知道了。

可先给宝宝来点小前奏，在对碰鼻子前，妈妈可用指尖轻轻地点点宝宝的鼻子，说"妈妈又来了哦，小鼻子哪里跑"，再一边发出"嘟、嘟、嘟"的声音一边对碰宝宝鼻子。由于宝宝的鼻子很稚嫩，毛细血管丰富且易被外力挤压至破裂，所以对对碰时不能用力，轻轻碰触即可。

鼻子对对碰是宝宝很喜欢的亲子游戏，也是宝宝最期待的一种逗引。鼻子对对碰可以持续很长时间，其间你带给了宝宝多少爱意多少笑，就带给了宝宝多少价值无穷的成长支持。是啊，这人世间，还有什么是比爱更好的成长支持呢？

浴巾荡秋千。用宝宝常用的大浴巾或大毛巾，里面蕴含着宝宝熟悉的味道，把宝宝放在浴巾中间，妈妈、爸爸抓住浴巾的四个角将宝宝抬起来，让宝宝舒舒服服地窝在里面，然后轻轻摇晃这用爱搭成的秋千。这头妈妈，那头爸爸，中间宝宝，这就是完整、快乐、幸福的一家子。

浴巾荡秋千

"摇啊摇，摇啊摇，摇到外婆桥；外婆夸我好宝宝，糖一包，果一包，还有苹果还有糕，高高兴兴吃个够"，妈妈唱着宝宝喜欢的儿歌，为游戏增添了更多的乐趣。

刚开始给宝宝做浴巾荡秋千游戏时，动作要缓慢，时间也不要过长，让宝宝有一个逐步适应的过程。在玩的过程中，随时观察宝宝的表情，当宝宝害怕或疲倦时应及时终止游戏。

当宝宝爱上这个游戏后，可尝试着玩点更刺激的：让宝宝俯卧在浴巾上，宝宝头部伸出毛巾外，妈妈爸爸拉住浴巾四角将宝宝提起，一齐前后或左右晃动，给宝宝不一样的新鲜刺激。

浴巾荡秋千的游戏可以伴随宝宝很长时间。只要宝宝喜欢，无论宝宝处在哪个发展阶段，都可以和宝宝一起玩一玩。我女儿3岁多了还经常要求我们陪她玩，有时实在没时间，她居然自己将毛巾铺好在床上，然后躺上去等我们，十足的"小无赖"。

浴巾荡秋千和举高高、坐飞机练习一样，能刺激宝宝前庭神经的发育，并使宝宝感知积极的情绪体验。

扯大锯。在本阶段后期，宝宝已有了一定的抓握能力，妈妈可以尝试着和宝宝玩玩扯大锯的游戏。"拉大锯、扯大锯，姥姥门前唱大戏；喊姑娘、请女婿，大家一起看大戏"，妈妈唱着儿歌，与宝宝各执丝巾的一端，一拉一推地玩扯大锯的游戏，以锻炼宝宝的手部力量。

刚开始时，妈妈动作要轻、力度要小，试探着拉扯宝宝手中的丝巾。妈妈轻轻地拉、轻轻地放，让宝宝的手随着自己手的拉放而前后动着就可以了。在玩的过程中，妈妈要让丝巾始终保持在宝宝手里，不要让其被扯脱。

若宝宝手部力量还不够，不太容易抓稳丝巾，可将丝巾系个小结，或是妈妈直接拉住宝宝的手玩扯大锯的游戏。等宝宝月龄较大后，再玩扯大锯时，就可以配合整个身体的动作来做了。

小小不倒翁。不倒翁是本阶段宝宝的代表性玩具之一。宝宝4个月大甚至更早就可以开始玩不倒翁了，玩到其七八个月大时仍很喜欢。

"不倒翁，站得稳，推一下，摇一摇，摇摇摆摆又站稳"，妈妈配着儿歌来推玩不倒翁。第一次玩不倒翁时，妈妈可找来些能竖立的玩具，在宝宝面前一字排开地竖立着，再将不倒翁放置在玩具中间，然后将玩具一个一个地推倒。其他玩具都倒下去了，只有不倒翁倒下又重新站立起来，宝宝会觉得很新奇，也想拍拍或玩玩这个神奇的玩具。当宝宝不会拍打或推倒不倒翁时，妈妈可握着宝宝的手协助其玩耍。

积木换手。积木是一款非常适合0～3岁宝宝玩耍和探索的经典玩具。根据宝宝不同月龄阶段的能力水平，可以匹配或易或难的不同玩法。积木的各种不同玩法，对宝宝的认知发展、精细动作、专注力等诸多方面都有很好的支持作用。

在6个月月龄左右，当宝宝右手拿着积木玩时，妈妈可从右侧递给宝宝另一个积木，看宝宝会不会将右手的积木换至左手再来接积木。如果不会，妈妈可示范给宝宝看，自己拿一个积木从一只手递到另一只手。宝宝的模仿能力很强，在观察你换手的过程中就开始了学习，久而久之，宝宝不知不觉中就学会了换手。

有的妈妈会拿住宝宝的手，手把手地将宝宝手中的积木递至另一只手。但本人不建议这么做，还是让宝宝遵循自己的成长节奏，慢慢发展到自己发现并解决换手的问题会更好。当宝宝还不会换手时，那就静候其长大点再说。

找灯灯。妈妈指着屋顶的吊灯，引导宝宝抬头看，并说"灯灯"。宝宝注意力从灯转移开一小段时间后，妈妈又可以重复刚才的动作，重复两三次即可。亮着灯时就不要玩"找灯灯"了，防止灯光伤着宝宝眼睛。

经过一段时间练习后，妈妈可试着不带手势说"灯灯"，观察宝宝是否会将目光投向灯。当宝宝会找灯后，可以再玩找电视和其他显眼的物件。找新的物件时，最好是一次只找一个物件。

和"巡家"时给宝宝介绍家具有所不同，找灯灯带有特定的指向性，侧重练习宝宝将语音与所指物件配对的能力。

胸垫游戏。到第六个月时，宝宝玩玩具的能力和时间都有所增长，这时可以让宝宝俯卧着，在胸部垫上一个宝宝用的小枕头或海绵靠垫之类的，再拿宝宝喜欢的玩具给他（她），让他（她）趴着玩玩具。这个游戏既可以锻炼宝宝的心肺功能，也会锻炼宝宝的颈背部肌肉和手部肌肉。

提供适合的玩具。玩具，是宝宝成长舞台上不可或缺的重要道具。小宝宝刚来到这个世界，妈妈、爸爸早早就为他准备了不少好玩的玩具，这对宝宝成长是很有帮助的。

为0～6个月的小宝宝选购玩具，妈妈可多选购些带响声的、色彩鲜艳的、适合宝宝抓握的玩具。如响声清脆的摇铃、哗啷棒，低沉悦耳的木质拨浪鼓，好听的电子音乐玩具等。不同玩具发出的不同响声，能给到宝宝不同的声响刺激。

今日绝大多数玩具都由塑料制造而成，妈妈为宝宝购买玩具时，可有意识地多选择些其他材质的，一些自然材质的东西，如小木块，似乎有种生命感，更受宝宝喜欢；还可多选购些经典玩具，如木质积木、触觉手球、不倒翁、皮球、摇铃、沙锤、小布偶等。购买积木和球形玩具时，应查看积木和球形玩具的大小，其直径为3～4厘米最为合适。太小容易被宝宝误吞，太大又不适合于本阶段的宝宝抓握。

购买色彩艳丽的玩具时，宜着重看玩具是否环保卫生，因为人造玩具在上色的过程中有可能会带上有害化学物质。宝宝喜欢什么东西都放到嘴里吃，带有化学物质的玩具会对宝宝的健康不利。妈妈宜少让宝宝咬这类玩具，或少咬颜色鲜艳的部位。

购买玩具时，应选择没有锐角的、较光滑的玩具，防止宝宝被锐角划伤。有小珠子的摇鼓，或是有小零件的玩具，也应特别注意不要让宝宝将小珠子或小零件咬下来后误食。建议妈妈到信誉好的大型商场，为宝宝选购品牌较好的、正规大厂出的玩具。从那里选购来的玩具在环保卫生、零件牢固度上可能会更有保障一些。

妈妈也可亲手为宝宝做些自制玩具。自制玩具不仅省钱，它还比加工玩具更天然、更安全卫生，还会很受宝宝的欢迎。妞妞妈妈动手制作的两个布袋玩具，一直都是妞妞最珍爱的玩具。妞妞妈妈找来两块不同质地的小块布料，用针线缝成两个小布袋，里面分别装满米粒和黄豆，再将袋口缝起来，两个简易的布袋小沙包就做成了。小沙包捏在手里很舒适，妞妞很喜欢。

一些带响声的玩具也很容易制作。用适合宝宝抓握的塑料或钢制小容器，里面装上豆类或小石子，一摇晃就会发出响声。选择的小容器不能是细长的硬物，防止宝宝放入嘴中吃时戳伤喉咙；也不能有锐角，不然会划伤宝宝的手。像小布袋之类的自制玩具，则不能留有线头，否则线头容易缠绕住宝宝手指导致受伤。妈妈制作玩具时，应注意到这些小细节。时刻提醒自己：安全无小事。

5. 抚触按摩

满3个月月龄后，是给宝宝进行全身精细按摩的最佳时机。做全身按摩时，宜按从下至上、从前至后的顺序，从腿脚、腹、胸、胳膊、手、脸再到背、臀，依次给宝宝进行按摩。皮肤是我们人体最大的感觉器官，经由它实施的全身按摩能带给宝宝丰富的触觉刺激。

在进行腿脚、手臂、脸部按摩时，在原有的拉纤式、滚搓式等手法的基础上，增加挤奶式、旋推式、按揉式等手法。

腿脚按摩：(1)挤奶式：妈妈一只手握住宝宝一只脚的脚踝，另一只手的拇指与其余四指握成C型，抓握住宝宝的小脚，像捏橡皮管似的轻捏，从靠脚踝处开始顺捏至大腿，就像挤奶似的；捏按时可以带或不带旋转。(2)旋推式：托住宝宝一只脚，用拇指指腹绕脚踝做顺时针的旋推。旋推式刺激度较大，可视宝宝的情形而定。

挤奶式

旋推式

手部按摩：(1)捏按式：拇指与食指配合，逐一轻捏宝宝的手指。(2)按揉式：妈妈除拇指外的其他四指并拢，轻轻覆盖在宝宝手背上，然后轻轻按揉。

捏按式

按揉式

脸部按摩：(1)擦颈式：妈妈的食指、中指、无名指轻轻按住宝宝耳背，向下巴处匀速滑动，至颚下淋巴处稍停并轻轻按住一小会儿；如此反复几次。

全身精细按摩除四肢及脸部外，还包括腹部、胸部、背部、臀部的躯干按摩。

擦颈式

腹部按摩：宝宝对来自腹部的触觉刺激非常敏感，我们可从最简单、最轻柔的静捂法开始。(1)静捂法：妈妈将双手微微搓热后，轻轻柔柔地捂在宝宝腹部，没有任何动作，让宝宝慢慢地感受和适应这种接触。刚开始接触按摩的宝宝，或是接触过一段时间但当下对按摩"半推半就"甚至抗拒的宝宝，都可以用这个手法作为按摩起始手法。(2)竖一式：将整个手掌横着覆盖在宝宝上腹部，由上而下顺滑至下腹部。(3)分推式：两拇指指腹放在宝宝腹部中央，向两外侧捋摸分推。(4)顺时针式：将手掌覆盖在宝宝右上腹，以顺时针方向画圆。(5)"I LOVE YOU"式：手掌放在宝宝左上腹，向下顺捋至左下腹，就像在写

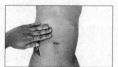
I LOVE YOU 式 1

I LOVE YOU 式 2

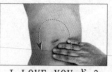
I LOVE YOU 式 3

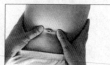
分推式

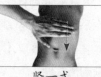
竖一式

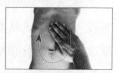
顺时针式

大写的英文字母"I"；再将手掌放在宝宝右上腹，横向捋至左上腹，然后垂直向下捋至左下腹，就像一个倒写的"L"；第三步将手掌放在宝宝右下腹，向上捋至右上腹，再平捋至左上腹，接着下捋至左下腹，就像一个倒写的"U"。"I LOVE YOU"式的手法走向与人体肠道的走向及食物由进到出的走向是一致的，故有促进消化和排泄的作用，对便秘或腹胀的宝宝有帮助。西尔斯博士也推崇用"I LOVE YOU"式手法来帮助腹胀的宝宝。但此手法对宝宝的刺激比较大，宜根据宝宝当下的情况灵活使用。

温馨提示

为宝宝进行腹部按摩时，注意不要按摩宝宝的肚脐。

　　胸部按摩：(1)心形式：双手放在宝宝胸部中间线上，向上向外捋出后画一个心形。(2)交叉式：右手掌放在宝宝左下胸，斜着向上按摩至右上肩；左手掌则从右下胸按至左上肩，并轻轻捏按肩膀。

心形式

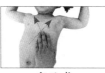
交叉式

　　为宝宝进行胸部按摩时，不管是男宝宝还是女宝宝，都不要按摩宝宝乳头。头顶、肚脐及乳头这三个部位，是按摩禁区。

　　背部按摩：(1)竖一式：将整个手掌横着覆盖在宝宝上背部，由上而下顺滑至下背部。(2)分推式：两拇指腹放在宝宝背部中央脊椎处，向两外侧捋摸分

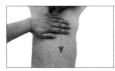
竖一式

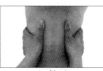
分推式

推。相对其他部位，背部比较厚实些，可稍稍增加点按摩的力度。按摩时注意不要按压宝宝的脊椎。

　　臀部按摩：整个手掌覆盖在宝宝臀部，稍带一点旋转似的揉按。和背部一样，臀部也是宝宝比较喜欢被按摩的部位。

　　0～3个月阶段所介绍的按摩手法，以及本阶段新增的手法，一起形成全面的

全身精细按摩手法。由于全身按摩手法较多，刚开始做全身按摩时，不要期待能将所有手法都做完，也不适宜一下子给宝宝这么多的触觉刺激。妈妈可根据宝宝的喜好，选做些宝宝乐于接受的手法。等宝宝喜欢上或适应了较全面的手法时，就可以细细地为宝宝送上丰盛的按摩大餐了。

当按摩做完后，也可用静捂法作为最后的结束语，并送上你对宝宝的夸奖："宝宝真棒，谢谢你的配合。"当然也不妨夸夸自己："宝宝，感觉怎么样？妈妈的手法还不错吧？"当全套按摩完成后，至少让宝宝好好休息半个小时。更辛苦的是妈妈，从按摩准备到按摩结束，妈妈要做的事情可真不少，也该好好休息一下了。

随着按摩次数的增多，比较享受按摩的宝宝，其接受按摩的时间慢慢可达10分钟甚至更长。

6. 三浴锻炼

每日的洗澡课。在众多的刺激手段中，我实在找不到比给宝宝洗澡、做抚触按摩更好的触觉刺激手段了。在本书写作过程中，我详尽参考的育儿书籍有70多本，在所有育儿书籍里，洗澡、按摩无一例外是备受推崇的教养手段。

宝宝月龄小，大部分时间都在睡觉，觉醒的时间还不太多。我们更应在有限的觉醒时间里，为宝宝选择并提供最有价值的成长支持。把洗澡当成是宝宝、妈妈的每日一课，好好地享受、好好地坚持，无疑会带给宝宝极大的成长支持。坚持一段时间后，你会发现，不知不觉中，洗澡已成为宝宝很享受的一件事情了。

相比上阶段，本阶段宝宝的活动能力已有大幅度的提升，更加的机警活跃，这时妈妈可教宝宝用手拍打水面或浮在水面的小鸭子，让宝宝在水中自由嬉戏。拍打水面时，水面产生的反弹力、层层波动的水纹、溅起的水花都会带给宝宝不同的触觉、视觉、听觉刺激。妈妈边给宝宝洗澡，边和宝宝说话，或给宝宝一些小玩具拿在手里玩，让洗澡成为一段难得的、高品质的亲子时光。

睡在阳光里。冬日暖阳，在无风的日子里把窗户打开，让宝宝在照进室内的太阳光下午睡。不要隔着玻璃晒太阳，因为玻璃会将阳光中的部分紫外线隔离掉，这样就起不到杀菌的作用了。

春秋季节里，可带宝宝到花园的树荫下，太阳光透过缝隙斑斑驳驳地落在宝宝身上，让宝宝惬意地、舒舒服服地睡上一觉。妈妈也许还会发现，此刻身旁的花花草草，竟透出宁静而平凡的美。这种惬意放松的感觉，会驱散因日复一日抚养宝宝带来的疲惫感。

7. 语音锻炼

语言是我们最重要的沟通工具，也是人类最杰出的智力成果之一。学习语言，对宝宝认知和思维的发展都有不可小视的促进作用。

在0～1岁阶段，宝宝处在语言准备期，虽然还不会开口正式说话，但已为日后进行语言表达积极地做准备了。事实上，一出生，宝宝的语言学习就开始了。他们积极地模仿发音，潜移默化中储备词汇。突然有一天，也许是1岁左右，也许会更早，他们会开口喊"妈妈、爸爸"了。更有一天，也许在1岁半左右，宝宝竟"喋喋不休"地开始进行大量的语言表达。

语音练习。本阶段的宝宝开始热衷于发声，整天咿咿呀呀的。当妈妈和他说话时，他会盯着妈妈的嘴看，并在适当的时候有所回应，就像是你一言我一语似的，这时的宝宝已经学会轮流与等待了。

和宝宝说话时，宜和宝宝面对面，以方便宝宝观察你的口形和表情。当宝宝和自己交流时，不要打断宝宝的发声，等宝宝发声完后再报以回应。妈妈表达完后，应懂得适时停顿以等待宝宝回应。

语音练习并不需要刻意为之，可融于日常生活中自然而然地进行。"宝宝，看谁来了？""这是什么呀？哦，是宝宝的奶瓶"。在日常生活中与宝宝聊家常似的进行即可。

统一单纯的语言环境。现在跨省的婚姻很多，爷爷奶奶、爸爸妈妈一大家子在一起，南腔北调都有，这不利于宝宝学习语言。建议将普通话作为家庭成员沟通的主体语言，并在和宝宝交流时一定使用普通话。

在没有学会一种主体语言前，同时教宝宝普通话和方言，或让宝宝处在多种不同语言的环境中，会影响宝宝学习语言的兴趣和效率。在家庭成员使用多种语言与宝宝交流的家庭，其宝宝的语言理解能力发展相对会迟缓，开口说话的时间也有可能相对推迟。

秉承"一致"的教养原则，家庭成员应协商一致共同使用普通话。有些祖辈还不会讲普通话，妈妈、爸爸可多用普通话和他们对话，以提高他们的普通话水平。爷爷、奶奶帮带孩子的家庭，若老人更习惯和自己儿子用家乡话交流，讲普通话的儿媳可在平日里有意识地主动多和他们沟通，慢慢地他们的普通话水平也就提高了。

孩子爸妈则需坚定地使用普通话，树立讲普通话的榜样。也叫宝宝用普通话喊"爷爷、奶奶"，营造讲普通话的氛围。这样坚持一段时间，大家就会很自然地都说普通话了。

没有普通话基础的南方农村家庭，则可直接用家乡的母语教孩子。虽是方言，但语言环境是统一而单纯的，不会对宝宝的语言能力发展产生不利影响。以方言为单纯语言的宝宝长大后，学习普通话也会是比较轻松的事情。

单一的乳名称谓。有的妈妈称呼自己的宝宝时，恨不得把大名、乳名、所有亲昵的词都用上，如"尧尧、宝贝、乖女、小心肝、张欣妮"，爷爷、奶奶也许还有他们另外的叫法，这是不适宜的。

本阶段的宝宝，还不理解什么是"尧尧、宝贝、乖女……"，更不理解它们的语义。他们只知道，它们是不同的声音。当妈妈经常用同一个特定的声音来唤起自己注意并特定指向自己时，宝宝才会明白这个特定的声音可能代表着自己。

森林里的野狼也会通过特定的、不同的嚎叫来传达意图。有的嚎叫是警告入侵者；有的叫声是与同伴交流；有的则是呼唤自己的幼崽。在多次听过狼妈妈叫唤自己的声音后，狼宝宝就会知道这种叫声是妈妈在叫唤自己，而不会去理睬妈妈的其他叫声。在认知发展到一定程度前，小宝宝在这方面就类似于这样的小狼崽。

秉承"一致"的教养原则，应给宝宝取一个固定的、可爱的名字，所有家庭成员都用这个名字来叫宝宝。单一、一致的称呼有利于宝宝感知和建立名字与自己的一一对应关系，更早明确名字的特定指向意义。如确定用"尧尧"作为宝宝的口头常用名后，经过一段时间，宝宝就会知道大人嘴里的声音"尧尧"是指自己。

一般来讲，宝宝都会有大名（正式的名字）和乳名两个名字。在这两者间，本人倾向于用乳名来固定称呼宝宝。乳名大多琅琅上口、音节重叠易记且充满爱意。当宝宝长大一点，尤其是开始进行同伴交往时，乳名更容易被周围的人记住并叫唤，这对构建宝宝的社交自信、开展同伴交往是有利的。相反，大名就没那么容易被人记住并叫唤了。到了上幼儿园要用大名时，已3岁左右的宝宝是很容易理解和接受自己还有一个大名的。

当宝宝与名字建立了稳固的一一对应关系后，妈妈就可以"尧尧，我的小心肝""尧尧，我的小宝贝"叫宝宝了，想怎么亲昵都行。慢慢地宝宝也会知道，"小心肝""小宝贝"等昵称也是在指代自己。但即便如此，日常生活中仍请多使用乳名。

名字的特定指向性，是开启宝宝认知之门最早的钥匙之一。跟踪研究发现，对自己名字理解越早的宝宝，其自我意识发展越好，语言理解能力也越强。越早建立并使用单一的称呼，就越能帮助宝宝及早建立对自己名字的感知和理解。

每次和宝宝交流时，请先叫出宝宝的名字。若每次交流时都坚持这么做，细心的妈妈就会发现，说话前叫唤宝宝的名字，比不叫唤名字直接说话更能引起宝宝的注意。而且，它对宝宝来讲，还是很重要的一堂社交课。它使当下的母婴交流更顺畅的同时，也会让宝宝日后知道，每个人或物都是独立个体并有特定的称谓，且直接称呼对方是发起交流最简单、最有效的方式，也是尊重对方以获得良性互动的举动。

到宝宝6个月大时，就可以和宝宝玩"唤名回头"的游戏。故意躲到宝宝背后，呼唤宝宝的名字，宝宝会回头寻找，这时妈妈再给宝宝一个灿烂的笑容或一个温暖的拥抱。

指物说名。拿一个苹果在宝宝面前摇晃几下，当宝宝盯着苹果看时，说"苹果"；然后稍作停顿给宝宝反应的时间，再重复说"苹果"。练习几次后，就拿苹果给宝宝用手玩玩。

但很多妈妈会这么说，"宝宝，你看，这是苹果，红色的苹果"，生怕宝宝听不懂。实际上宝宝真是不懂，他不知道你手里摇晃的东西是叫"你看"，还是"红色"，或是"苹果"。妈妈的这种表达方式若仅仅是和宝宝进行语言交流，和宝宝说说话，给宝宝听觉刺激还尚可，但要用到有特定指向意义的指物说名上就不合适了。

指物说名时，应简单到只说名字，然后重复说名字。也就是说，当宝宝盯着苹果看或是你将苹果拿给宝宝时，只需说简简单单的两个字：苹果。如果你嫌说得少，请重复说：苹果。这就是认知领域最重要的原则之一：单一认知原理。

单一认知法词语袒露，直指对象，是认知领域最直接、最高效、最少歧义的认知法。它不仅在指物说名时可用到，日后宝宝学习色彩、认识图形、学习动作技能时都会被广泛地运用。育儿实践证明，它是最好的认知法之一。蒙台梭利对单一认知法也极为推崇。日后你也许会发现，单一认知法的贡献不仅在于让孩子高效直接地认知事物，更有助于孩子未来成长为逻辑缜密、条理清晰的人。

在重复的单一指认中，宝宝就会将眼前这个红红的东西与"苹果"配对起来，随着宝宝月龄的增长，即使苹果不在面前，当你说"苹果"时，宝宝会用眼朝远处的苹果望去。

通过指物说名发展宝宝认知时，用真实的物件效果更好。与图片相比，真实的苹果传递给宝宝的不仅是平面视觉上的信息，而是色、香、触感俱全的立体感知。更重要的是，通过真实感知建立起来的认知，会让宝宝形成一步到位、直达本质的认识方式。一些著名的儿童教育家，如蒙台梭利、孙瑞雪等，在实施教养或教育的过程中，都尽可能使用真实的物件来施教。他们用新鲜的水果在课堂教孩子认识，带孩子去医院现场观摩医生看病，他们把动物课放在动物园里边看边解说。与图片所表达的间接信息不同，孩子获得的信息真实而立体，且直达真相与本质。

妈妈不妨买些不同品种的水果回来给宝宝吃和玩，既有利于宝宝的健康，又有益宝宝的认知发展；不时带宝宝到社区去看小猫、小狗、麻雀、金鱼、小蚂蚁、蚯蚓、蜗牛、毛毛虫之类的小动物和昆虫；在菜市场的鸡鸭鹅销售处，带宝宝以适当的距离静静观看（不能靠太近，防止家禽身上的细菌感染宝宝）；还可定期带宝宝去逛逛动物园、植物园、公园等，尽量让孩子多认知真实的物件。

给宝宝指物说名时，所指对象的名称应是中等抽象的，不要太细化。譬如，抱宝宝外出时，看到一只狗，应对宝宝说："狗狗。"不需要说得太细化，如"哈巴狗、大黑狗"。 太细化并不利于宝宝日后进行认知上的归类，因为宝宝现阶段的认知能力还没到这一步。中等抽象的名称则有利于宝宝对认知到的事物进行归类，如不同形状的狗都会归类于狗，猫则是另一类。

1～2岁间，随着认知的发展，宝宝对事物的分类就会更细致化，如从车这个大类中细分出大卡车、小汽车来。2岁后，宝宝就能从小汽车这个小类别中再细分出宝马、奥迪、大众等更细致的车型来了。

指物说名时，应一物一名称。遇到邻居家的小狗，妈妈说"狗狗"，爷爷说"小狗"，奶奶说"汪汪"，爸爸则说"这是邻居家的多多"，小宝宝彻底被弄"晕菜"了。尤其是当宝宝长到快1岁，认知到每个物件都有相对应的特定名称时，这种众口不一的名称更会扰乱宝宝的正常认知。所以从一开始，就让我们给宝宝单一而正确的名称吧。还是举小狗的例子，我们可以先指它说名为"狗狗"。今天它的名字叫"狗狗"，明天它还叫"狗狗"，三个月后它仍然叫"狗狗"。在不断的重复中，宝宝就会知道这个可爱的小动物是"狗狗"。

当宝宝的认知发展到一定程度，能将"狗狗"这个名词与小狗配对后，妈妈可以在小狗"汪汪"叫时，告诉宝宝小狗生气时会"汪汪"叫。慢慢地，在不断的告知中，宝宝又会将"汪汪"与狗狗的叫声配对起来。再大点，宝宝不仅知道邻家的小动物是条小狗，它还有一个好听的名字叫"多多"，喜欢"汪汪"地叫。倘若宝宝的认知能像这样一层一层地逐步深入、有序发展，这对其未来形成逻辑缜密、条理清晰的思维方式是大有益处的。

很多家庭有多位抚养者，晚上爸爸、妈妈带，白天爷爷、奶奶（外公、外婆）或是保姆带。同是小手绢，有人会教宝宝说毛巾，有人则教宝宝说手帕，这也不利于宝宝语言和认知的发展。爸爸、妈妈下班回家后，宜抽点时间和白天的带养者交流、分享下宝宝当天的情况。在指物说名这方面，妈妈、爸爸可跟随老人的叫法以达成一致。如老人用"毛巾"来称呼手帕，则妈妈、爸爸可改口也叫毛巾。

也许有妈妈会疑惑：养个小宝宝，要弄得这么复杂吗？可也有妈妈会这么想：这么简单的事情，应该是顺理成章的呀！这，便是思维模式的差异。逻辑缜密、条理清晰的妈妈，几乎会自然而然地"一物一名称"地教宝宝，而并不觉得需要另费心思。相反，条理没那么清晰的妈妈，你请她这么做，她做起来可能都会觉得有点别扭。

条理清晰的思维模式，能让我们高效而深刻地认知、理解事物。在我们身边，总有这样的人，无论大事、小事他总能一眼洞穿事物的本质，直抵问题的核心，展现出不同于旁人的智慧品质，他们毫无例外个个都是思维条理性很强的人。蒙台梭利在她的教育实践中，也一直身体力行地践行这样的单一认知教育方法，以期带给孩子直达本质的认知方式。

在婴幼儿时期，没有特定的方法能将思维模式专门地教给宝宝，而是在长时间的朝夕相处中、在平凡的日常生活当中，你的思维模式便在耳濡目染间教给了你的孩子了。

当你觉得这么做有点复杂或难度时，就请坚持一下吧。坚持一段时间后，就会形成习惯了。在带给宝宝成长益处的同时，你实际上也在和孩子一道成长。

8. 自理能力培养及习惯养成

自理能力的培养是发展宝宝独立性的重要手段。独立性被誉为心理素质的"第一基础"。自信心、坚持性、合作性、竞争性、独创性等优秀素质都是在独立意识的基础上产生、发展起来的。可以这么讲，没有真正的独立性，就没有真正的自信心，没有真正的坚持性、合作性与竞争性。宝宝自理能力越强，就会越独立、也会越自信。

你眼前这个完全依赖你的照料才能生活的小婴儿，在接下来的两年多时间里，只要能得到充分的自我锻炼机会，减少甚至杜绝大人的"包办代办"，他将会逐渐成长为一个吃、喝、洗、拉全部自理的小能人。

生活就是宝宝最好的历练舞台。培养宝宝的自理能力，就从吃、穿、住、行等平常小事做起，让宝宝在简单的自我服务中，一点一滴地累积自理能力。

捧瓶喝水。本阶段，妈妈可协助宝宝达成自己捧瓶喝水（喝奶）的能力。宝宝要喝水时，妈妈握住瓶底，让宝宝双手捧住瓶身，一起将奶瓶送往宝宝嘴里。宝宝喝水的过程中，妈妈手持瓶底把控瓶身的倾斜度，以控制水流量，防止宝宝呛水。

随着练习的增多，妈妈在持瓶过程中尝试着减少手部的力量，让宝宝增加握瓶的力量以保持瓶身的平衡，就这样将持瓶的主导权慢慢地转移到宝宝手里。宝宝一天一天地熟练，假以时日，随着手臂力量的增强，就能独自持瓶喝水了。

玩勺。到10个月左右，宝宝就要开始学习使用人生中的第一项工具进行自我服务：用勺吃饭。用勺吃饭需要宝宝具备很高的动作技能，因而也需要一个较长的成长过程，我们应给宝宝充分的时间去发展这项重要能力。要发展这一重要的自理能力，可从玩勺开始。

在宝宝5个月左右，我们给宝宝喂辅食时，宝宝会伸手抓你手中的勺子，这便是宝宝想要通过玩勺学习吃饭的倪端，他在向我们传递"我要试试"的信息，这时我们就应该让宝宝开始练习玩勺了。

先把勺子给宝宝当玩具玩，他颠拿、顺取也好，敲打、扔摔、啃咬也好，不要限制宝宝，让宝宝尽情地玩。当宝宝玩勺时，妈妈应在旁边看护，防止勺子戳伤宝宝口腔喉咙。妈妈、宝宝应把玩勺当成一项每日必修的成长事件来做。当宝宝玩勺、练习用勺吃饭四五个月后，到10个月左右大时，有的宝宝就能初步用勺将饭送入嘴了；到2岁左右，宝宝就能自己用勺独立吃完一顿饭。

有的宝宝3岁大了，还要妈妈满屋子追着喂饭。吃一顿饭往往要一个多小时，不但妈妈很累，对宝宝的自理能力和身心发育也没有好处。宝宝的一些生活能力及习惯，在宝宝萌生出自我服务意愿时，就应该顺应并支持这项能力的发展。对宝宝的成长来说，限制是扼杀，而包办、代办也是扼杀，请千万不要剥夺孩子自我成长的权利。

习惯形成与规律巩固。本阶段，宝宝的日常生活开始形成一些规律了。宝宝吃饭、睡觉、洗澡、户外玩耍等例行事项开始在比较固定的时间段来完成，这是很好的现象，妈妈应帮助宝宝巩固这种规律。

开始引导宝宝形成一些行为习惯，如临近开饭时间时，妈妈应引导玩耍中的宝宝将节奏慢下来，将兴奋度降下来，为准时开饭提前做好准备。当6个月大能独坐后，宝宝就应该入宝宝餐桌进餐了。让宝宝坐入餐桌后才进餐，能让大月龄的宝宝感知到进餐是很正式的一件事。虽然宝宝现在还小，但不妨从一开始就让宝宝养成正规进餐的好习惯。

对尚未养成习惯与规律的宝宝，妈妈尽量在相对固定的时间，用相对固定的事项，日复一日地重复同一喂养或教养事件。日积月累中，规律会慢慢养成。譬如每天早上的黄金时光、晚上睡前柔软时光中的日常例行事项，都可以让宝宝形成习惯。倘若问什么时间开始培养宝宝的习惯和规律最好，答案是今天。

提倡引导式教养的艾盖瑞博士及贝南罗特博士强调：秩序及规律是使宝宝快

乐且满足的两个最有力的因素，有利于培养宝宝内在的秩序感和安全感。通过妈妈适当的、循序渐进的引导，使宝宝的生活作息日渐规律化，可为宝宝提供且维持一个稳定的外部环境，有益于宝宝身心的健康成长；同时也可使宝宝的新陈代谢系统、神经系统更加稳定。

但建立规律也应遵循宝宝的个体特点，顺应宝宝当下的发育状态一步一步来，不可强迫式地建立所谓规律。每个宝宝的气质秉性不一样，多数活跃性强的宝宝建立规律的过程会相对长一些，他们活泼好动、容易兴奋且热衷于追求新异，妈妈应做好长期协助的思想准备。

第五章

7～9个月宝宝的教养

(180～270天)

重复是孩子的智力体操。

——皮亚杰（Jean Piaget）

第一节　7～9个月宝宝的身心特点

真是愁生不愁长啊，转眼间宝宝已半岁多了，身板也开始变得"硬朗"起来。愈发彰现"自主"的小宝宝，在经历了适应期、互动期后，开始进入更为自主的探索期，迎来了属于自己的大探索时代。

这个时候的小宝宝已经能完全自主地独坐了，但不甘"寂寞"的他并不满足于一个人傻呆呆地坐着，学会爬行将是宝宝接下来最重要的发展任务，自主活动空间也将随着爬行能力的增强而急剧扩张开来。

宝宝手指功能开始分化，更多的手部精细动作开始展现出来，开始进入用手探索的敏感期。自此，宝宝开始口手并用地探索世界。捏、摇、扔、摔等将会成为宝宝玩得很"溜"很"爽"的经典手部动作。双手的配合能力也在发展，已经能够进行左右换手及对敲了。宝宝会大量地、不厌其烦地、一遍又一遍地重复练习手部动作，好像怎么玩也玩不够似的。宝宝大量的、以玩耍为主要形式的手部动作练习，将为下阶段紧随而来的按物件属性进行操作打下基础。

伴随着自身诸多能力的发展，面对新奇世界的诸多"诱惑"，是时候结束"动眼"多过"动手"的时代了。对家里的一切家伙什，宝宝都要来一番大探索，亲自动手对它们来一番五花八门的"研究"。反过来，"研究"又将推动宝宝感知觉、认知的发展，为大脑的发育提供丰富的外源刺激。

如果说大脑的发育及自身能力的增长为大探索创造了生理条件，经过半年多与妈妈的亲密交往，在妈妈敏感、一致、稳定的抚养下，宝宝与妈妈间建立的安全依恋将在本阶段进一步稳固和发展，形成最初的真正的依恋，这将为宝宝进行大探索创造内在的心理条件。两者完美的结合，使宝宝得以更自由自在、大胆地进行自主探索。

有学者认为，从本阶段开始，宝宝就已进入情绪发展的敏感期。本阶段的宝宝，情绪情感更为丰富，恐惧、害怕等情绪开始外显出来，对陌生的新鲜事物往往会开始表现出警惕。如宝宝头一次见到又唱又跳的电动玩具娃娃，可能会先观察一下，慢慢熟悉后再伸手摸摸或够取。新鲜刺激虽能给宝宝成长上的支持，但应在宝宝感到安全的前提下实施。

随着情绪情感的发展，宝宝对待抚养者和陌生人的态度更加泾渭分明。宝宝对妈妈等抚养者更加亲密，对陌生人更有距离感，也更加认生，故有"七月怕"或"八月怕"的说法，也更加懂得大人的表情、情绪、情感所携带的信息。当大人表扬他（她）时，他（她）会得意，受到批评则会不高兴。宝宝情绪的分化与丰富、情绪能力的蓬勃发展，将贯穿整个头三年甚至学前期，并将在头三年中奠定一生的情感底色。

随着认知能力的日益增长，宝宝会开始明确表达自己的意愿、彰显自己的主张、更主动地参与到互动中来，妈妈说"抱抱"时他（她）会主动伸出手来。有的宝宝开始表达喜好，萌生出选择的意愿，我们也应顺从和尊重宝宝的选择。

随着客体永久性的发展，宝宝开始对拥有物件有所知觉，此时要拿走宝宝手中的玩具变得没那么容易了。这时候，我们应该尊重和呵护宝宝的这种 "拥有感"，不要硬抢宝宝手中的玩具，而应通过交换或转移注意力等方式来获取。

在语言方面，宝宝开始进行大量的发音练习，并能听懂"再见"之类的简单语，也明白"妈妈""爸爸"等称谓，这也使得宝宝与家人的互动有趣不少。

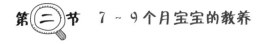

第二节　7~9个月宝宝的教养

1. 亲子教养

情绪感染。0~3岁是我们一生中情绪能力发展的关键期。滋长积极情绪、调节消极情绪、自由顺畅地表达情绪是培养宝宝情绪能力的三条基本路径。

滋长宝宝积极情绪的主要途径有逗引、情绪感染、运动、自由玩耍、自主探索。它们都是滋长宝宝积极情绪的最佳手段，是宝宝获取积极情绪体验的重要来源。它们能让我们的孩子有一颗快乐的心。

本阶段的宝宝开始进入情绪敏感期。当6个月大时，宝宝就能辨别他人的情绪了。宝宝可以根据对方的情绪来调节和转变自己的情绪。如妈妈笑着和宝宝说话，或愉快地逗引宝宝，宝宝会报以微笑或高兴的表情；若换以生气或难过的表情对宝宝，宝宝也会慢慢"晴转多云"，表现出难过的神情甚至哭起来。

妈妈愉快、惊奇、高兴的表情，很容易感染和唤起宝宝同样的情绪体验。同时，宝宝也能意识到，自己积极的情绪表达更容易得到妈妈的认同和鼓励，从而更积极地学习和模仿这种情绪表达。

一个快乐的孩子背后，总站着一位快乐的母亲。想让孩子成为高情商的人吗？那请你先做一个快乐的妈妈吧。"笑一笑，能让妈妈十年少；笑一笑，能让宝宝情绪好。"妈妈以愉悦、快乐的心情和宝宝相处，亲切柔和地和宝宝沟通、互动，陪伴宝宝亲密玩耍，对其是极好的情绪滋养。

要感动别人，先感动自己；要感染别人，先愉悦自己。情绪是装扮不出来的，表演出来的情绪宝宝一下就能感知到。和宝宝在一起，妈妈须先做足自己的情绪功课，释放掉负面的情绪，放松下紧张的心情，以明亮的心境与宝宝亲密相处。儿童教育家孙瑞雪认为，情绪是衡量爱的关键。你是否真正爱宝宝，看看自己的情绪就知道。

对于0～3岁的宝宝来说，妈妈便是宝宝的活教材。在情绪上，妈妈更是宝宝的情绪榜样。妈妈的一言一行包括情绪状态都会被宝宝感知和模仿，这种模仿虽无法察觉，却是细微到情绪状态、情绪表达、情绪调节的各个环节。而且这种感知和模仿就发现在此时此刻，甚至是时时刻刻。等宝宝长到3岁或更大，无论是言谈举止还是情绪反应模式，很多妈妈都可以从宝宝身上找到自己的影子。从来没有刻意教过，都不知道宝宝是怎么学成这样的。

在宝宝头三年的教养中，言传收效甚微，身教却极其深刻。耳濡目染是种极有力量的影响方式，它润物细无声地将影响植入孩子的骨髓。从这个层面来说，教育与其说是教宝宝，不如说是教自己。你教会自己做一个乐观、快乐、自信的人，宝宝自然会是个同样乐观、快乐、自信的人。

教养的本质，是父母的自我修为。教养孩子的前提，就是不断地修为自己。你修为所能达到的高度，甚至会让你自己都吃惊。我的大表妹就是这样一个活生生的例子。大表妹是一个雷厉风行的干练女性，令行禁止般地管理着一只由清一色男人组成的工程队，摧城拔寨似的为公司高效搞定一个又一个基建工程。在春节的一次家族聚会中，当我见到阔别了一段时间的大表妹时，印象中那个严肃强悍的"女强人"，身上竟散发出柔和平静的气质来，让我备感诧异。见到她时，她正陪着2岁多的女儿在庭院里玩沙，慈爱而极尽耐心。是什么让一个强悍的"男人婆"，开始尽显女性的柔美和母性的光辉？大表妹笑称：被女儿"磨"成这样子了。

生养孩子，可以视为是母亲的第二次人生。养育孩子的过程，也是母亲不断自我完善、自我成长的过程。其中，情绪能力的增长尤为重要。如果你的童年不幸在一个情绪不被关注和理解、时常受到压制的家境中度过，可能会致使成年后的你容易发脾气，不太容易控制自己的情绪，或是心态相对消极等等。若真如此，请先接纳当下这个真实的自己。你当下的状态，可追溯至久远的童年，那时的情形并非由你掌控，因而不是你的错。也请原谅抚养你的人，他们爱你，只是不懂得如何正确地去爱。当你察觉自己的情绪状态不好时，请选择改变，现在正是你修炼自己情绪最好的契机。身边这个可爱的宝宝，就是辅助你修炼的最好伴侣。与孩子亲密相处，用孩童般的眼睛看待问题，心里充满着纯纯的爱，这些都有助于你的心灵回到类似童年的起点，重新构建更完整的自我。

为了孩子，你春蚕吐丝般地付出；同时，孩子也回馈给你无上的天伦之乐。这种彼此倚重、深切的爱，是支持你辛劳前行的重要动力。请记得满怀爱意，请记得心存感恩，为孩子也为自己，做一个快乐的女人。

情绪调节。调节消极情绪四步骤：认同、共情、释放、抚慰。妈妈根据宝宝所遭遇的具体事件灵活运用这四个步骤，能有效地协助宝宝从消极情绪中走出来，恢复平静。在妈妈的耐心呵护下，宝宝的自我情绪调节能力会在日积月累间慢慢滋长起来。

消极情绪，它不仅是我们人生中不可避免的，甚至是必要的组成部分。譬如恐惧，让我们远离悬崖、远离危险，以保全性命；愤怒，让我们在危急时刻迸发出惊人的能量以自救；羞愧，避免我们成为毫无廉耻、无情伤害他人的人。消极情绪，是我们正常情绪的组成部分之一，不应将其视为洪水猛兽。

而且，从情绪心理学的角度来看，我们越是拒绝消极情绪，消极情绪就越是强大。很多成人因控制不好情绪自责，无数次地暗下决心要让自己少发脾气。然而，他们越是这样地不接纳消极情绪，他们越是做不到少发脾气，其结果只会导致他们在内心进一步地否定自己。当我们接受消极情绪，接纳它为我们生活中正常的一部分，以平常心来对待，它的消极力量就会大大地减弱。当宝宝处于消极情绪中时，我们所要做的，是认同并接受他当下的情绪状态，为其提供抚慰并静候其平静下来。

随着月龄的增大，宝宝实现自我主张的意愿也越来越强，同时遭受挫折的概率也随之增多。如爬行时撞到头、玩具被抢、想玩垃圾桶被阻等诸多不如意的事情时有发生，它们都会让宝宝感受到挫败和难过。

当宝宝感到难过或沮丧时，妈妈首先要做的事情便是认可和接受。这时，妈妈可蹲下来，表露出理解、同情的神情（共情），轻轻地抱着宝宝并安慰他："宝宝难过了，妈妈知道的，想哭就哭一会儿吧。"（认同与释放）轻轻地抚摸着宝宝的背脊，吹吹宝宝被撞的额头（情绪抚慰），同时让宝宝在不受压制、不被打断的自由哭泣中，将消极情绪释放掉，情绪也会随之慢慢地平复下来。

消极情绪得到理解和认可，并被允许通过哭泣、发怒等途径释放出来，宝宝的紧张和不安就会大为缓解。这时，宝宝自身内在的情绪转化机制就会不受到干扰地进行自我调节，就能慢慢平静下来。若宝宝的消极情绪每次都能得到理解、认同并被允许释放出来，宝宝的自我情绪调节能力也会随之慢慢滋长起来。

在往后的岁月里，随着宝宝月龄的增大、认知能力的增强，在理解、认可宝宝消极情绪并允许其释放的基础上，我们可相应地增加、丰富情绪抚慰、情绪调节的内容。如1岁半后，可在拥抱、抚摸背脊等动作抚慰的基础上，增加"妈妈爱你，妈妈理解你"等语言方面的抚慰；到2岁半后，则可以教宝宝通过深呼吸等来调节自己情绪。

但有些家长处理宝宝消极情绪时，并非会按照"认同、共情、释放、抚慰"的方式来处理，有的甚至连认同宝宝的情绪都做不到。如有的家长会采用哄劝方式，以"没事、没事，不哭、不哭"来回应宝宝；有的采用打断或转移注意力的方式——"看，你爱吃的棒棒糖来啦""你喜欢的小摇鼓来啦"，用宝宝喜欢的东西来转移注意力或打断宝宝哭。对一些大月龄的宝宝，有的家长直接采用威胁的方式逼迫宝宝停止哭："不许哭，你是男娃娃，像什么样？""再哭保安就来把你抓走了。"还有的家长则会这样：当宝宝撇嘴表示难过时，宝宝那楚楚可怜的模样反而把家长逗笑了（反共情），家长于是笑着安慰宝宝。哄劝、打断、转移注意力、威胁等方式都是不妥当的，它们都打断了宝宝情绪正常的释放途径，不利于宝宝释放并转化情绪。

平时自我情绪尤其是消极情绪没能得到他人认可的孩子，大多容易产生自卑感，对自我有负面印象，且情绪调控能力较差，也更容易表现出反叛来。研究发现，叛逆的孩子一般成长在一个父母管教严格、不懂得体贴他人情绪的家庭。除了自我意识敏感期、青春期等正常的反叛期外，叛逆的真相是，一个内心没有得到成长、心理不成熟的人在用幼稚的方式显示他的强大。一个真正成熟的人其实是平和的，而非叛逆的、攻击性的。

在我们人生的任何一个阶段，包括成年期、老年期，消极情绪得到理解、认可并被释放出来，都是处理消极情绪的第一课。我们协助宝宝处理消极情绪时，理解、认可、释放也是首要的、必须做的第一步。不管宝宝长到多大，我们都应允许他自由地释放出自己的消极情绪来。在宝宝释放情绪的过程中，我们应做到不打断、不干扰。

特别提醒有男宝宝的家庭，切不可有"男孩子不许哭"的错误观点。请相信我，真正的男人不是压抑出来的，而是滋长出来的。压抑、压制只能制造出一个冷硬的男人外壳，里面却可能是一个心理问题丛生、矛盾的内在。我们只有在遵从孩子发展规律的基础上，顺应和支持孩子，才有可能协助孩子成长为意志坚定、有强烈自我主张的真正男人。

无论男孩还是女孩，如果他的父母懂得关怀、体贴他（她）的情绪，那么这个孩子应该是个充满安全感、豁达自信、热情友好且受欢迎的人。因为在他的成长过程中，情绪没有被挤压，得以在自然的状态下健康成长。

婴幼儿期获得的情绪能力，是我们一生所能获取的情绪能力的根基，它将奠定我们一生的情感底色。有儿童心理学家将婴幼儿期获得的情绪体验称为元情绪。成年之后，我们的情绪情感仍会深受元情绪的影响。元情绪，这个"情绪背后的情绪"，常以潜意识的方式悄无声息地影响甚至支配着我们的情感生活和内心体验。发展学家之所以将0～3岁的教养称为"人生之根"的教养，这便是缘由之一。若妈妈能认识到这一点，并于实践中很好地滋长宝宝的积极情绪体验，协助其调节消极情绪，鼓励其进行顺畅自由的情绪表达，将使宝宝一生受益。宝宝未来是否是个高情商的人，很大程度上就决定于你此时是否滋养了孩子的情绪能力。

在妈妈耐心的呵护下，宝宝到3岁时，就能拥有较好的情绪能力，同时也为未来拥有更强的情绪能力打下坚实的基础。相反，情绪能力得不到好好滋长的宝宝，有的到了四五岁都可能只会通过大哭大闹来表达和宣泄情绪。

杜绝负面逗引。很多大人喜欢对宝宝进行负面逗引，如拿玩具假装给宝宝，却就是不让宝宝拿到，或是假装要抢宝宝手中的玩具，直到把宝宝弄哭才罢手，还嘲笑宝宝"小气鬼，真小气"；一受到批评，宝宝可能就会瘪嘴表示难过，有人觉得这很好玩，于是就故意以"批评"的方式逗宝宝难过后再来哄；宝宝长大点后，有些家长利用宝宝的嫉妒心理，故意和别人做出很亲热的样子，把宝宝晾在一边，看到宝宝嫉妒的样子就觉得很好玩……诸如此类的负面逗引，都是绝对不应发生的。

逗引者是觉得好玩了，却浑然不知它对宝宝的负面影响。负面逗引会混淆宝宝的认知，并带给宝宝负面的情绪体验。请一定记得，宝宝是最真的人，千万不要对宝宝进行负面的逗引，也不要和宝宝开玩笑。0～3岁的宝宝，还没有能力区分"玩笑"和"真话"，也无法区分逗引的"真"与"假"。对宝宝而言，玩笑也是真的。

我不介意大人对号入座，以检点自己有过多少这样的不当行为。妈妈则应坚决地制止任何人对宝宝进行负面的逗引。

读懂宝宝心。满半岁后的宝宝，已不满足于做旁观者了，开始更主动地参与到母婴互动中来，更明确地向对方传递自己的"意愿"。这时候，读懂宝宝的意图是非常重要的。只有读懂宝宝的意图，妈妈才能实施真正意义上的敏感抚养。

宝宝会与你对视，回应你的逗引，甚至伸手抓抓你的脸来表示对你的亲热，让你感觉到，这个可爱的小家伙已是个日渐独立的、有支配力的小人儿了。当想你抱他时，他会向你直直地伸出双手，眼睛充满着渴望，仿佛在说"妈妈你快来抱抱我呀"。这时妈妈可一边抱宝宝，一边表达对宝宝意图的理解："哦，宝宝想要妈妈抱了，妈妈知道了，妈妈抱、妈妈抱。"在母婴交流过程中，妈妈每次都能向宝宝明确表达自己理解他的意图，有利于宝宝更积极地进行表达，也有利于其自信心的构建。

当他需要你陪时，会朝你哼哼唧唧地哭，得到你的陪伴哭声即止。是的，这个可爱的小家伙，他知道应该哭到什么程度，能唤起妈妈、爸爸的行动就行了，何必浪费自己的精力呢？面对表达意愿日趋强烈的宝宝，妈妈应从细微处理解、回应宝宝的意图，做个懂得宝宝心的好妈妈。

不。懂得"不"的含义并会表达"不"，是宝宝心理发展上的一个重要里程碑。宝宝懂得"不"，是从妈妈对自己表达"不许"的过程中习得的。从本阶段开始，宝宝在与妈妈的交往中，会慢慢地读懂"不"的含义。

如宝宝着急要喝刚泡的烫奶，妈妈可蹲下来与宝宝平视，告诉宝宝"烫"，并伴有摇头或摆手的手势，还可以拉宝宝的手摸摸奶瓶，在告诉宝宝烫的同时让其感受烫的感觉。经过一段时间后，宝宝就会知道"烫"的奶是不能马上喝的，也知道摆手是表示"不行"的意思。与听懂词汇"不"相比，宝宝会更先认识和领会摇头或摆手等表达"不"的手势语。

陪伴宝宝。尽管其他抚养者陪伴宝宝的时间开始超过妈妈，宝宝也更依恋自己的"代职妈妈"，但仍不能替代妈妈在宝宝心目中的独特位置。在整个0～3岁阶段，妈妈都应多花时间来陪伴宝宝。

我身边那些已有宝宝的女性朋友，除工作时间外，几乎是不约而同地减少聚会、减少应酬、减少个人的休闲时间、关掉电视来全心全意陪伴宝宝。自有了宝宝后，朋友聚会时几乎再也见不到她们的身影。我将她们笑称为"从地球上消失的人"，要她们重返地球，至少等到两三年之后。

尽管不能像以前一样全天候地陪伴宝宝，妈妈也不必因此内疚或难过，只要和宝宝在一起时，全心全意地陪伴宝宝，陪宝宝玩耍嬉戏、互动沟通，高质量地度过难得的亲子时光，一样可以抚养出优秀的宝宝来。

分离焦虑。宝宝一天天地长大，对妈妈的信任与依恋也一天天地加深。当妈妈离开宝宝时，宝宝会哭闹，这就是典型的分离焦虑。

排除天赋秉性方面的因素，如果宝宝的分离焦虑表现得适度，且安抚效果好，则表明宝宝比较有安全感，与你有较亲密的情感连接，母子间开始构建起了良好的安全依恋，也表明你的教养是敏感而科学的；若宝宝情绪表现很极端，如反抗过于激烈，且安抚效果不好，或是对你的离去或归来反应冷淡，表明宝宝没有与你建立起安全依恋，那妈妈你就要反思了。育儿无捷径，还是从敏感、亲密、一致、稳定的教养方式入手，长期地实施敏感的喂养与教养，重建宝宝与你的安全依恋吧。

分离焦虑是宝宝成长过程中的正常现象，会伴随宝宝的成长一段时间。分离焦虑在七八个月月龄时达到高峰。之后，随着宝宝月龄的增大、心理的日渐成熟和独立，会慢慢消减。到宝宝1岁半至2岁间，又会重新出现一个分离焦虑的小高峰，之后宝宝会越来越独立，直至很理性地对待妈妈的离开。

在半岁至1岁间，尤其是宝宝分离焦虑较厉害时，家长不宜过多地带宝宝到陌生家庭去串门，或经常带宝宝到完全不熟悉的陌生环境中去，也不宜带宝宝外出长途旅行。在此期间，宝宝的第一抚养者尽量不要更换，也不要与第一抚养者长时间分离。

满2岁后，日渐强健的宝宝会逐渐体会到精彩的外部世界比妈妈更有趣，会开始主动离开妈妈，投入到充满新奇感的主动探索中去，分离焦虑也随之慢慢减少。一般来讲，女孩在3岁左右已经能较好地适应离开妈妈；男孩相对稍晚点，但到4岁左右一般都能适应与妈妈分离。但安全依恋建立得不是太好的宝宝，分离的时间相对晚些。

提供安慰物。宝宝越来越认识到自己和妈妈都是独立的个体，妈妈不时的分离是不可避免的。为宝宝提供安慰物，能对宝宝起到抚慰的作用。

柔软的奶巾、小毛巾、毛绒玩具等，有着温暖、舒适的触觉，成为宝宝最喜爱的安慰物之一。宝宝都喜欢拉扯妈妈的头发，也是因为妈妈的头发能给宝宝舒服的触觉，只可惜妈妈的头发不能用来做安慰物。本人不太建议用安抚奶嘴，也不建议让宝宝含着奶嘴入睡。如果把握不好，出现宝宝已较大月龄了却仍不能有效与安抚奶嘴或奶瓶分离的情况，这会对其牙齿发育不利。

有人担心安慰物会让宝宝形成依赖的心理。但在我看来，安慰物就像个物化的妈妈，给宝宝慰藉和力量。妈妈不可能时时刻刻在宝宝身边，安慰物正好给宝宝很好的慰藉，这对宝宝心灵的成长是有益的。

宝宝对安慰物的依恋，会经历一个由强烈逐步走向弱化的过程。宝宝能顺利完成与妈妈的分离，就能完成与安慰物的分离。我们与其关注宝宝是否会对安慰物产生依赖，不如关注宝宝心理独立性的发展是否完善。一个与妈妈建立了稳固安全依恋和良好母婴关系的宝宝，是不会对安慰物产生病态依恋的。

宝宝对安慰物产生过于强烈的需求（有的严重至类似成瘾）的原因，是因为只要自己需要，安慰物随时随地都在自己身旁，而那个较少陪伴自己的妈妈，却总是来去无影踪。宝宝对安慰物不正常的迷恋，从某个方面映射出你未能给宝宝正常的安全感。若宝宝恋物成瘾，那就应多花时间陪伴和关爱宝宝。

在韩国，儿童心理专科医生在给有强烈恋物情结的大月龄宝宝做治疗时，会开出游戏治疗的药方，引导妈妈与宝宝重塑安全依恋。医生会要求妈妈与宝宝一起玩宝宝小时候玩过的游戏，如躲猫猫、手指游戏等，再现温情的婴儿时光，重新构建安全依恋。当安全依恋慢慢建立起来后，宝宝对物品的依恋就会慢慢消退。但宝宝年龄超过3岁后，重建安全依恋就要付出数倍的艰辛努力，所以妈妈一定要珍惜0～3岁这段建立安全依恋的黄金时光。

认生。当你的宝宝对陌生人表现出观望、警惕甚至害怕的神情时，说明宝宝又长大了，能将亲近的人和陌生人在心理层面区分开来了。当宝宝对陌生人表现的焦虑很明显时，就是我们所说的"认生"了。

认生，是宝宝发展到一定阶段后自然产生的一种自我保护方式。切不可将"认生"与"胆小"画等号，它们是风马牛不相及的两件事情。认生是宝宝成长过程中很正常的发育现象，妈妈在这个事情上不需要过于执拗，更不要强迫宝宝接受陌生人。宝宝日后成长到一定的阶段时，自然而然就不再害怕陌生人，甚至还会热情地与有眼缘的陌生人展开交往呢。

现阶段，当宝宝认生时，最好的方法是认同宝宝的恐惧感，不强迫宝宝接触陌生人。当宝宝遭遇陌生人时，先和陌生人保持一定的距离，让宝宝觉得自己是安全的；妈妈可先积极地和陌生人打招呼，用积极亲切的语调向宝宝介绍陌生人。妈妈对陌生人这种友善的态度可降低宝宝的焦虑。陌生人如果能先和宝宝进行一些非接触的互动，如回应宝宝的一些信号，或微笑着逗引宝宝，更容易让宝宝接受。

很多陌生人在宝宝适应之前就很热情地想要抱宝宝，自然会遭到宝宝的拒绝甚至反抗，宝宝仿佛在说"你是谁呀，我都不认识你"。当宝宝不喜欢或害怕眼前这个陌生人时，妈妈不妨礼貌地告诉对方，现在宝宝很认生，我们就不惹他害怕了，委婉而智慧地回绝对方"爱"的举动。有的妈妈碍于面子不好回绝对方，任由对方将宝宝抱过去，看着宝宝在对方怀里打挺哭闹。为什么要让宝宝增加一次消极情绪的负面体验呢？为了宝宝的成长，请做一个勇敢的、善于拒绝的妈妈！

逗引之搔痒痒。经常逗引宝宝的妈妈，你是有很多创意，还是黔驴技穷了呢？不管哪种情况，你不妨试试搔痒痒，宝宝会很喜欢的。

妈妈用手指轻搔宝宝的腋下，同时发出逗乐的声音，逗引你的宝宝咯咯咯地笑个不停；也可以搔宝宝的其他身体部位，变换着刺激宝宝。但妈妈应注意，不要在宝宝刚睡醒或情绪不高的时候搔痒痒。

不硬抢宝宝手中的玩具。小西行郎教授认为，本阶段的宝宝开始以自己的方式对游戏或玩具有所设想。硬抢宝宝手中的玩具，会打断宝宝的设想，也打断了宝宝进行感知与体验。更重要的是，硬抢宝宝的玩具，会剥夺宝宝对外在物件的把控感。把控感的丧失，会增加宝宝面对强大外部世界的无力感与不安感。妈妈可通过玩具交换、转移注意力或让其玩得尽兴后自己放弃的方式来拿取宝宝手中的玩具。

2. 动作练习

爬行练习。在幼儿园里，你总能见到几个感觉统合失调的孩子。在嬉戏玩耍中，他们摔倒或撞到头的概率要远多于其他孩子；有的上课时会出现坐立不安、注意力不集中的情况。在这些感觉统合失调的孩子中，因为爬行不足导致的占大多数。

爬行是本阶段最重要的动作练习之一，具有很高的发展价值。随着爬行的日渐熟练，宝宝的视野和活动范围急剧扩大，获得的五觉刺激更为丰富，为大脑的发育提供了很重要的外源动力，有益于大脑神经突触的生长发育。爬行不仅对宝宝发展手眼协调能力、感觉统合能力、增强肌肉力量有非常好的作用，还能带给宝宝无尽的乐趣，使宝宝获得非常积极的情绪体验。当小家伙翘着屁股到处爬呀爬时，妈妈也会很开心：这个好动的小家伙，真是可爱极了。

经过上阶段抵足爬行练习和俯卧打转练习，有的宝宝已能匍匐爬行了。对于不能匍匐爬行的宝宝，可在其有爬行意愿的情况下继续练习抵足爬行，同时，还可以增加一项"蛤蟆提"的练习。

让宝宝俯卧，妈妈用手抓住宝宝双脚慢慢往上提，让宝宝凭上肢支撑起上半身，样子就像倒提蛤蟆一样。刚开始进行"蛤蟆提"练习时，动作要慢，也不要提得太高。"蛤蟆提"能很好地增强宝宝手部和上身的力量。爬行时，当手臂有足够的力量将上半身撑得更高，躯干的倾斜就能使宝宝的脚尖更好地着地，这样宝宝的脚就能更好地使上力了。当手脚都能使上力时，宝宝的自主爬行很快就会到来。

除了"蛤蟆提"，妈妈还可以在练爬初期为宝宝提供少量的"助力"。妈妈用双手掌抵住宝宝的脚心，让宝宝向前爬时小脚有个"蹬踏板"，这样宝宝的双脚就能使上力了。爬行初期为宝宝提供几次"助力"，有利于宝宝积累爬行的成功经验。

若宝宝的爬行明显滞后，妈妈可用双手托起宝宝的胸腹部，让宝宝手膝着地，并稍稍用力将宝宝身体往前送，协助宝宝进行手膝爬行。但一般情况下，我建议妈妈不要这么做，还是让宝宝自己完成手膝爬行、手足爬行的整个成长过程，毕竟爬行明显滞后的情况很少见。

多少泥巴地里摸爬滚打成长出来的孩子，他们强健聪明、大胆果敢。请相信孩子自我成长的神奇力量，该野蛮生长的时候就让其野蛮生长。手膝爬行、扶物站立，独走等重大动作，都应让宝宝自己独立来完成，我们提供诸如抵足爬行之类的前延准备动作练习以及少许必要的协助即可。

练习爬行前，先为宝宝准备好一个安全、适宜的爬行环境。妈妈应将电源插座搁置在宝宝够不着的高处；将闲置的电源插孔用胶布粘住，防止宝宝用手指抠挖。将爬行区域里的危险物品收走，如剪刀、水果刀、针、开水瓶等等。

爬行时，给宝宝准备一个爬行垫，或用大块的厚泡沫垫拼成一个较大面积的爬行区域。当宝宝的爬行能力增强，爬行区域扩大时，可将地板拖干净，让宝宝在家里自由自在地爬行。宝宝在练习爬行的过程中，实际上也是在探索周遭环境的过程，所以妈妈千万不要以地板脏为由而阻止宝宝大范围地自由爬行。

3、4月份出生的宝宝，爬行敏感期到来时可能正值寒冷的冬季。由于穿戴较多，不太方便爬行，这时妈妈得想办法创造条件让宝宝进行练习。如通过电暖器等加热房间，让宝宝只穿少量衣物进行练习等等。所穿衣物要宽松，以方便宝宝施展动作。千万不能怕麻烦，一定得让宝宝得到充分的爬行锻炼。

当宝宝开始会爬行时，可能出现五花八门的爬行姿势，如倒退爬、打转爬等等。这些都是很正常的现象，不必刻意纠正，权当宝宝可爱就行了。当宝宝会向前爬时，妈妈可用玩具逗引宝宝，让宝宝更有爬行的乐趣。如将球在宝宝前方缓慢地滚动，逗引宝宝爬过去追；快要抓到时又稍稍向前滚一点，让宝宝接着追。这样重复逗引两三次后，让宝宝成功追到球并拿在手里玩上一会儿。

当宝宝比较熟练地掌握爬行后，让其进行大量自由爬行的同时，可进行些难度稍大的爬行练习，如曲线爬、坡度爬、障碍爬等。妈妈拿玩具在宝宝一侧前方逗引，引宝宝呈曲线或S形爬行；在爬行前方放置一些大枕头、沙发靠垫之类的障碍物，让宝宝绕道爬或直接爬过障碍物。当宝宝爬行能力较强时，可在有一定坡度的地方练习向上爬、向下爬，甚至尝试让其练习向上爬台阶。

可买些爬行类的玩具，为宝宝增添爬行的乐趣。如圆桶型长条帐篷，就像是个长长的小隧道，宝宝可从这头经由圆筒爬到那头。宝宝不敢爬时，妈妈可先示范爬一次，小宝宝就会像小尾巴似的跟着爬了。也可以找个大的纸箱来，将两头打开并用胶布将箱身缠牢固，做成一个自制的纸箱隧道，妈妈、宝宝一起玩过纸箱隧道的游戏。

更有乐趣的是妈妈、爸爸、宝宝一家三口一起玩的爬行亲子游戏，如"爬坡坡、钻洞洞"。坡坡是什么？坡坡是爸爸的腿、坡坡是爸爸的肩、坡坡是爸爸宽阔的胸膛。在宽大的床上，或是在干净的地板上，妈妈在一侧逗引，或伸开双手展现拥抱宝宝的姿势，引导宝宝从另一侧爬过爸爸的腿或胸膛。这时的爸爸是何等开心，宝宝又是何等快乐！

玩"钻洞洞"时，爸爸趴在地板上，腰背呈拱门状隆起，形成一个拱桥，妈妈引导宝宝从拱桥中爬过来，再绕过去，又从中爬过来。若妈妈身材够娇小，不妨带宝宝一起爬，从丈夫身躯下爬过，说不定你的小尾巴已在后面跟着你了。

当只有妈妈一个人时，可拿一个宝宝很喜欢的玩具放到自己的一侧，让宝宝从另一侧爬过自己仰卧着的身体去够取玩具。宝宝爬行能力较强时，妈妈可稍稍提高腹部或侧卧着，增加"坡坡"的高度和斜度，以给到宝宝新的挑战。

或在开阔的客厅中央，妈妈欢快地爬着，让宝宝尾随着你。有些妈妈会尝试着玩追逐宝宝的游戏，可宝宝往往不会很好地配合，很不给妈妈面子，那是因为此时的宝宝还不懂得被追逐的意思。想要宝宝被追逐，耐心等到宝宝1岁多以后吧。

在宝宝爬行的这一段时间里，母子俩尽享这妙不可言的天伦之乐。但美好总是那么短暂，很快宝宝就将精力放到了学习难度更大、更具挑战性的行走上了。多年以后，多少妈妈仍难以忘怀这段美妙的亲子时光，宝宝爬行时小屁股一扭一扭的情形仍历历在目呢。

宝宝也从爬行中收获满满，单是从中获得的无上快乐以及积极的情绪体验，其成长价值并不见得比动作锻炼本身来得低。一个能让宝宝乐不可支的游戏或练习，其背后的发展价值往往是一举多得的。

爬变坐。把宝宝喜欢的玩具，放在不远处，引导宝宝爬过去拿；宝宝拿到后，一般会要坐起来玩一会儿。如此反复，让宝宝多做爬变坐、坐变爬的动作练习。"爬变坐、坐变爬"能锻炼宝宝多种动作技巧，为宝宝更高效、更自由地探索外部世界提供自身能力上的支持。

扶物站立。能独坐的宝宝，出现屁股离"座"、伸长双手想要够取面前的玩具时，他对站立已蠢蠢欲动了。这种情况多发生在宝宝七八个月时，这时妈妈可双手扶宝宝腋下使其站立，开始进行扶物站立练习了。上一阶段的蹦蹦跳练习也增强了宝宝的腿部力量，使扶物站立练习更为顺利。

采用站立的姿势时，宝宝全身的肌肉就会互相协调运作，以保持身体的平衡，很好地锻炼了宝宝的平衡感和腿部力量。但此时宝宝的腿部还不能长时间地负重，站立的时间宜控制在10分钟内。由于宝宝还不能自己坐下来，站立一段时间后，请妈妈记得扶宝宝坐下来。若等到宝宝撑不住了自己跌倒下来，他可能已超负荷站立了。

从妈妈双手扶宝宝站立，慢慢发展到单手扶，再到宝宝自己扶着茶几或沙发站立，宝宝的腿部力量会越来越强，平衡感也越来越好。到10个月时，有的宝宝就能自己抓住椅脚站立起来。到11个月时，有的宝宝就能双手松开扶持物独站一会儿了。

滚。已会由仰卧翻身至俯卧、由俯卧翻身至仰卧的宝宝，可继续练习使之能更熟练地连续滚来滚去。

在床上滚一滚，是何等惬意的事情啊。当能较熟练地滚来滚去时，滚对孩子而言已远不是一种动作练习了，那是孩子在用滚来表达一种惬意、表达一种自在、表达一种享受、表达快乐的情绪。让我们用欣赏的眼神来鼓励宝宝用自己的身体进行表达，他们在表达自在的同时，也在表达对你的信任和感激。

让孩子在柔软的床上滚一滚，在凉硬的地板上滚一滚，在户外暖阳照射下的青草地上滚一滚。妈妈不妨让自己也做回大孩子，与宝宝一起滚来滚去。躺在青草地上，慢慢地闭上眼睛，青草的气息、泥土的味道，是否把你这个大孩子也带回了那已远逝的童年时光？

提小狗。宝宝仰卧，妈妈将宝宝双手双脚并在一起后抓牢，像提小狗似的把宝宝提起来，然后上下做升降运动。抓宝宝手脚时，宜以环握法用整个手掌环握住宝宝脚踝及手腕，减少重力对脚踝和手腕的拉扯。

开始前可给宝宝做些准备活动，如通过拉伸、搓揉放松宝宝的胳膊和腿脚。提起宝宝时动作要轻柔。头几次练习这个动作时，做上几组即可；动作幅度也不宜过大，让宝宝逐渐适应。

经过一段时间练习，当宝宝比较适应后，将宝宝提起后做左右摇摆，或小幅度的旋转动作。这种非常规的动作练习，能给宝宝不一样的刺激。不少小宝宝尤其喜爱这类较刺激的动作或游戏。

举高高。经过无数次的举高高练习，宝宝仍一如既往地喜爱这个刺激的动作游戏。有的宝宝连续玩了几十次还不肯罢休，直到将爸爸累得精疲力竭投降为止。有的宝宝则是哪天没有玩举高高，他还会提示你呢。

到本阶段，爸爸可以尝试着为宝宝进行单手托举了。单手托举能将宝宝举得更高，也更刺激，宝宝自然会更喜欢。但单手托举难度更高、危险性更大，爸爸在感觉自己有点累时应及时停下来，因为体力不支是很容易导致意外发生的。

敲打摔扔。手，被誉为人的第二大脑。在大脑皮质中，与手相关的部位所占比例最大。来自手部的刺激越多，越能刺激大脑神经突触的生长，并使之形成更丰富的神经回路，使大脑处理信息的能力越强。因而有人说，人生之初的智慧，源于指尖上的舞蹈。

之前还只会五指并拢"一把抓"的宝宝，满6个月后，随着大脑的迅猛成长，手指功能出现分化。率先分化出来的是拇指，紧接着是食指。拇指、食指的先后"独立"，让更多的手部精细动作成为可能。

不经意间，宝宝喜欢上了敲打摔扔，原来的"小可爱"摇身一变成了"小破坏"了。拿到手的东西，大都逃不过被宝宝敲打摔扔的命运。你在收拾残局，宝宝却在起劲地扔着东西，嘴里有时还发出兴奋的"啊啊"声，仿佛很爽的样子，让你哭笑不得。这时的你也许在想：天啊，哪里有卖宝宝手铐的？

当宝宝迷恋上敲打摔扔，标志着他已开始进入用手探索的敏感期。敲打摔扔是控制感很强的动作，宝宝在练习时能强烈地体验"我能"的感觉，对其心理发育很有帮助。在进行敲打摔扔的过程中，宝宝的手部及相关肌肉会得到充分的锻炼，并组合发展出新的手部动作和技巧。我们不但不能阻止宝宝敲打摔扔，反而应鼓励和支持宝宝练习，只是又得劳累亲爱的妈妈了。

宝宝拿积木往地上扔时，就在积木落地发出声响的同时，若妈妈嘴里也模仿着发出"砰、砰、砰"的声音，会大大地放大宝宝的控制感及玩耍的乐趣。妈妈把滚到远处的积木拿回来给宝宝，或放在宝宝容易够着的地方，方便宝宝进行重复练习。这可不是纵容宝宝使坏，而是在协助宝宝更好地发展自身能力。

抱宝宝坐在婴儿餐桌里玩时，可能会让宝宝有新的认知发现。当宝宝把餐桌上的积木扔下桌后，积木可能会滚到宝宝看不到的地方，这时宝宝会疑惑："咦，刚刚还在的积木，怎么不见了？"当妈妈把积木捡回桌时，宝宝又会发现："咦，不见的积木又回来了，原来它还在！"这时的摔扔积木练习，不仅是一种很好的手部动作练习，还和躲猫猫一样，对宝宝发展客体永久性很有益处。

也可以为宝宝准备一个透明的敞口大罐子（或鞋盒之类的），再给宝宝七八个小玩具，让宝宝紧靠罐子往里扔。或将罐子搁置在宝宝右手正下方，以提高积木入罐的成功率。当玩具全部扔入罐子里后，还可以引导宝宝自己拿出来或拨倒罐子使其倒出来，再重复玩扔入的游戏。此外，妈妈还可买些敲打玩具来给宝宝玩耍，如手敲琴、手敲鼓、沙锤棒等。

在本阶段，宝宝会不断地重复敲、打、摔、扔的动作，看的人都觉得腻了，他还在不厌其烦地重复着。宝宝每重复一次，大脑中相对应的神经回路就加强了一次；而神经回路的每一次强化，都会让动作变得更加的熟练。正如皮亚杰所说，重复是孩子的智力体操。宝宝不厌其烦地反复摔打，那是他在勤快地做着大脑体操呢。面对这种情况，我们不要不耐烦，更不要打断或禁止。不知道妈妈你此刻是否想测试下自己的耐心指数？测试很简单：孩子的重复次数，就是妈妈的耐心指数。

拍拍手、对对敲。拍手时，妈妈一边有节律地说"拍拍手、拍拍手，两只小手交朋友；拍一拍、拍两拍，我们都是好朋友"，一边示范给宝宝看，引导宝宝模仿。也可让宝宝双手各拿一块积木，双手对敲，或轮流敲击桌面。积木撞击发出的声响会让宝宝觉得更有趣。瞧他那专注的神情和兴奋的劲头，活脱脱就是一打击乐手。

"拍拍手、对对敲"练习简单易行，随时随地都可以进行，能很好地锻炼宝宝双手协作的能力，是本阶段最常用的动作练习之一。

手指操。"大门开开、二门开开、中门开开、小门开开、五门全开"。握拳后配合儿歌依次将拇指、食指、中指、无名指、小指逐一打开。念儿歌时要慢，以匹配宝宝的动作速度。现阶段的宝宝还无法将全部手指一一打开，当宝宝不会自行伸手指时，妈妈可协助宝宝将相应的手指伸出，如此反复数次。

温馨提示

上阶段所进行的拉腕坐起、蹦蹦跳、坐飞机、骑大马等动作仍可以继续进行练习。

3. 亲子游戏

为了减少大脑信息储存，提高大脑思维效率，成人都拥有一种称为"工作记忆"的记忆力。如短时间内记住电话号码，用完后很快就将其忘记的这类记忆力，就是所谓的工作记忆力。六七个月大的宝宝开始拥有这种记忆力，这使得宝宝得以进行日渐复杂的游戏了。

黏人的胶带球。剪一小段胶带，反向捏成球状，便成了黏人的胶带球了。把胶带球放到宝宝手里，看宝宝会做出什么反应。有的宝宝可能会用另一只手去扯球，有的会甩手，你的宝宝会怎样处理呢？妈妈不要急着教宝宝，尽量让宝宝自己发现问题并找到解决方案。

当确定宝宝不知道怎么玩时，妈妈可示范给宝宝看。如示范甩手的动作，同时配有夸张的表情和语调："哎呀呀，好黏人啊，甩甩甩……"宝宝可能会觉得好玩又想要试试了。当宝宝已知道怎么玩单个的胶带球后，妈妈可将数个胶带球粘连在一起，形成胶带球链，看看宝宝又会使出什么新花样来玩。

有的宝宝可能还没发展到这一步，那就不要勉强，宝宝成长得很快，过段时间再拿出来试试时，他可能就有解决方案了。其他的游戏也是一样，当你发现宝宝能力确实还未达到时，就往后延迟一下，等宝宝具备能力了再玩，一切都顺应着宝宝的发展节奏来。

玩耍结束后，记得用宝宝洗手液将宝宝小手细细洗干净。将玩过的胶带球扔弃掉，因为胶带球很容易粘满灰尘或细菌。胶带球制作很简单，下次再玩时重新制作便可。

小红花儿贴贴贴。购买一些不同图案、不同形状的贴纸，如印有小红花的彩贴，和宝宝做贴纸游戏。在育儿实践中可以发现，几乎所有的小宝宝都很喜欢"小红花儿贴贴贴"之类的亲子游戏。

将贴纸贴在宝宝手背上，看看宝宝会怎样反应，他会觉得好奇吗？他会用另一只手去撕吗？当宝宝知道用手撕手背上的贴纸后，可适当增加点难度，将贴纸贴在脚背等相对较远的身体部位，并将贴纸换成较小的贴纸。若再增加难度，则可将贴纸贴在手肘等不太容易撕取的地方，或贴在额头等宝宝自己看不到的地方。贴在额头处时，宝宝能否单凭触觉感知到具体位置并将其撕下来呢？如果不能够，妈妈可抱宝宝到镜子前，在镜子前将贴纸贴上额头，看宝宝能否撕下来。妈妈可根据宝宝当下的发展情况来选择合适的玩法。

若宝宝月龄较小，可将贴纸贴在地板或其他物件上，或贴在妈妈自己的手背、额头处，让宝宝撕取。等宝宝熟练后，再循序渐进地增加难度，增多花样。

大量的育儿实践证明：多次的失败体验会让宝宝失去再尝试的兴趣。所以无论是玩亲子游戏还是做动作练习时，妈妈一定要注意把握好其中的难度，避免给宝宝过多的失败体验，并在宝宝遭遇困难时提供适时适当的协助。在遭遇一次或几次失败后，应协助宝宝成功地完成一次，以获得成功的体验。部分秉性好动、活跃性较高的宝宝，其耐心可能更弱一些，可适当减少让其失败的次数。

玩具电话按按。妈妈把玩具电话拿在手里，在宝宝面前饶有兴趣地按着按键，发出"嘀嘀嘀"的声音，逗引宝宝注意，看看宝宝会不会模仿。示范完后，将玩具电话交给宝宝试试，宝宝不会的话妈妈可握着宝宝的食指按按。

电视遥控器也是宝宝很喜欢的东西，在电视机处于关闭状态时可以给宝宝玩玩按按，说不定他对这个奇异的东西期待已久了。电灯开关等也可以让宝宝试试，它们对锻炼宝宝的食指是很有帮助的，还能让宝宝开始感知简单的因果关系，如"上按灯开，下按灯关"。

手指捏捏捏。9个月左右，拇指、食指的分化让宝宝能捏起东西来了，这时可以让宝宝做拇指食指对捏的练习。这个被称为钳形抓握的手指动作，是宝宝精细动作发展上的一个里程碑，它是许多手部协同动作的基础。在钳形抓握的基础上，宝宝会发展出很多更复杂的手部精细动作，如揪、捅、插、按、撕、拧等。

给宝宝一些小物件，如葡萄、红枣、大木珠、瓶盖或揉捏而成的小纸球等，让宝宝自己练习捏取。刚开始练习捏取时中指也会参与进来，慢慢地就可以单靠拇指食指对捏了。当宝宝能钳形对捏后，妈妈可试着换小一点的物件，如豌豆，甚至更小一些的物件如米粒、葡萄干等，进一步锻炼其精细度。在玩之前，应将所玩物件以及妈妈、宝宝的手清洗干净。

宝宝捏取物件时，往往很投入。妈妈可把宝宝放在地垫上，让宝宝自己一个人玩。妈妈在旁边静静地看护，不去打扰他，这可是培养宝宝独处、发展其专注力的好机会。

捏较小的物件时，妈妈一定要在旁边看护，防止宝宝吞食小物件。异物误入气管是能导致宝宝死亡的高危意外，妈妈不能掉以轻心。

捏果泥。水果是宝宝饮食必要的组成部分，让宝宝自己捏果泥吃，在补充营养的同时还获得多层刺激。给宝宝穿上罩衣，把宝宝手洗干净，将宝宝餐桌擦拭干净，让宝宝坐在餐桌里自己吃水果。妈妈将香蕉、草莓、葡萄、火龙果之类容易捏烂的水果拿给宝宝时，宝宝就会自己边"做"果泥边享受美味了。

香蕉果泥之类的黏稠物能给宝宝很不一样的触觉感受，加上其随宝宝抓捏而改变形状的特性，会特别受宝宝喜爱。宝宝会将其捏得满手满碗都是，还一边捏一边吃，活脱脱就一"小猿人"。

给宝宝吃葡萄时，应将皮和里面的核去掉。妈妈还可以将葡萄核洗净后保留起来，日后可用作宝宝捏取的玩具。这样做虽然麻烦点，但这个玩具是纯天然的哦。

第三块积木。给宝宝两块积木，让其一只手一块积木地拿着，这时妈妈再拿一块积木递到宝宝面前，看看会发生什么情况。当两只"不得闲"的手遇上第三块积木，宝宝将学会松手放掉其中一块积木，再来拿第三块积木。

通过多次的练习，宝宝将学会由本能似的松手让玩具掉到地上，发展到主动放下手中的玩具，"拿起"和"放下"玩具变得更熟练起来。自"抬头挺胸"做人后，我们的宝宝又学会"拿得起、放得下"了。

捡积木。将积木连同积木箱一起拿来，将积木倒在地垫上，引导宝宝将积木捡回积木箱。或是在宝宝玩完积木后，请宝宝一起动手将积木捡回积木箱。"宝宝，玩具要回家了，我们把它们捡回去吧。"然后一个一个拿起积木放入积木箱中。当宝宝看完你的示范后，鼓励宝宝动手捡积木。

捡积木比较熟练的宝宝，可接着做积木搬家的游戏。为宝宝多准备一个小纸盒，如大小合适的鞋盒，请宝宝将积木从积木箱中拿出并放入旁边的小纸盒中，做积木搬家的游戏。玩的时候，有的家长会将整箱或大半箱的积木都拿给宝宝，结果宝宝怎么搬也搬不完，慢慢地宝宝就觉得不那么好玩了。给宝宝五六个积木即可，让宝宝搬到盒子后又搬回积木箱。这样宝宝每完成一次搬运，心里都会有成就感。

捧球。玩球是宝宝最喜欢的游戏之一。拿个色彩鲜艳、体积较大的球给宝宝，让宝宝双手捧着，练习捧球；或是面对面坐着，妈妈拿球滚向宝宝，让宝宝捧起球来玩。但还不能期待宝宝会自己滚球，那可是1岁多才会的动作技巧。

拍倒转环。妈妈、宝宝面对面地坐在地板上，妈妈用手转动圆环后再将其拍倒。示范完后再转动圆环，鼓励宝宝伸手拍。有的宝宝会"啪"地一下就将圆环拍倒；有的宝宝则会比较谨慎，慢慢地伸手试探似的点触下圆环。宝宝不同的天赋秉性，在举手投足间开始慢慢显露出来。但他们发现自己能一下改变运动着的圆环时，都会喜欢上这个游戏的。

妈妈选择圆环时，宜选择重量轻点的。重量轻的圆环转动时的旋转力量较小，这样就不会打疼或伤到宝宝的手。

玩活动健身架。活动健身架是种多功能的宝宝玩具，也是最适合本阶段宝宝玩耍的好玩具之一。宝宝玩活动健身架时，可能会爬到健身架下，一只手支撑身体，另一只手伸出够取健身架上的小挂架。别小看这个动作哦，它需要宝宝具备一定的手眼协调能力，能协调身体多部位的肌肉参与才能完成，也需要小手有一定的力量来支撑身体。若是宝宝自主爬行到活动健身架下，还需判断自己身体与小挂件之间的距离，这对宝宝的感知发展也是有帮助的。

妈妈可多引导宝宝玩活动健身架，如拨弄上面的小挂件、小配件，引导宝宝也来拨一拨、摸一摸等等；也可以让宝宝躺在活动健身架下，协助宝宝用小脚踢小挂件。

抽纸巾。很多宝宝都有过抽纸巾的经历。一眨眼的工夫，妈妈只是到厨房洗了洗菜，回到客厅时已是满地的纸巾，宝宝还在全身心地投入其中，一张一张地将纸巾从纸巾盒中抽出，潇洒地将其撒落在地，全然没有发现"气坏"了的妈妈。

宝宝抽纸巾时所达到的专注程度，是玩很多其他游戏时所达不到的，因为太过投入，以至于把妈妈都忘了。这个看似有点"破坏性"的游戏，却是很多宝宝真正意义上独自一人长时间玩耍的开始。抽纸巾以及日后会出现的玩水、玩沙等游戏，能让宝宝非常投入、非常专注，这对宝宝专注力的发展极有益处。

请不要以浪费纸张为由阻止宝宝玩抽纸巾的游戏。妈妈可将纸巾盒拿到床上或干净的地垫上，这样的话被抽出来的纸巾仍很干净，可以继续使用。妈妈可将纸巾稍作平整后叠起来，以备重复利用。

妈妈可找些丝巾、手帕、纱布、碎布料等柔软织物，角对角地将它们系成一根长布条，再将布条上的每块织物拉扯平整后塞入空纸巾盒中。最后塞入空纸巾盒的织物要露出一点角来，让宝宝发现并用手拉扯。织物之间的颜色、形状、大小要有差异，让宝宝知道它们是不同的物件。当宝宝将第一块黄手帕拉扯出来后，黄手帕与下一块织物连接的结会抵住纸巾盒口，使拉扯稍有停顿并伴有声响发出，仿佛告诉宝宝马上会有下一个不同的玩具登场了。当连着的结被拉出时，下一张"纸巾"白纱布就被拉出呈现在宝宝眼前。

由于宝宝拉扯的速度较快，妈妈最好做两根长布条。当宝宝玩其中一根时，妈妈可将另一根塞入纸巾盒中备用。不过，有的宝宝对这个自制"纸巾"的兴趣明显不如真正的纸巾。

但宝宝也就是最开始玩的那一段时间兴趣最浓，会被纸巾盒深深吸引。随着玩的次数增多，宝宝的兴趣就会慢慢下降，到那时，妈妈就可以让宝宝偶尔玩玩了。

揉纸团。找来一张纸巾，将其分成若干个小方块，和宝宝一起将其揉成纸团。妈妈先示范揉一次，再握着宝宝的手揉，揉完后将其扔进面前的小碗里。鼓励宝宝模仿你的动作，但不强求他能完整完成。

宝宝能较熟练地揉纸团后，可将纸巾换成不同质地的纸，如白纸、锡纸等，给宝宝不同的触觉感受。

撕纸。坦率地讲，破坏或毁灭，有时会让人有很爽的快感。即便是大人，生气的时候也会用撕纸来发泄不满。对于撕纸，小宝宝也是情有独钟的。至于撕纸时小宝宝是不是也感觉很爽，那就没有专项研究来佐证了。但可以确定的是，随着撕纸的动作，手中的纸张改变了形状，小宝宝会觉得很新奇；于是再撕，形状再变，小宝宝觉得好玩极了。

在撕纸的过程中，宝宝一次又一次、不断确认自己小手的能力，并不断累积"我能"的控制感。所谓自信的感觉，就是在诸如此类的、并不起眼的小事中慢慢累积、慢慢滋长起来的。

妈妈先准备一小块纸张，示范给宝宝看，然后再让宝宝自己动手。纸张要选用柔软易撕的，如纸巾等。最好不要选用较硬的书籍纸张，因为这类纸张的边口可能会割到宝宝手指。不得已要用这类纸张时，妈妈可先将纸张揉软揉皱后再给宝宝，可有效减少割手的情况发生。尽量不要选用报纸，因为它油墨太重，很不卫生。

由于宝宝还处在口腔敏感期，什么东西都喜欢往嘴里送，小纸片也不例外。当宝宝练习撕纸时，妈妈应在旁边看护，防止宝宝吞吃纸片。少数必须禁止的事情，应明确地对宝宝说"不"，吃纸就是如此。当宝宝把纸片往嘴里送时，妈妈应发出明确的禁止指令：摆手并说"不"，同时把纸片从宝宝嘴里拿走。这个阶段的宝宝已经开始理解"不"的含义，妈妈明确的禁止指令有利于宝宝明白行为的边界。

通过多次禁止，宝宝还是撕下来就吃，而且次次都吃，怎么办呢？那就只能在满足口腔探索与撕纸间做二选一的抉择了。这个时期的宝宝，更应很好地满足他对口腔探索的需求，至于撕纸，那就等一等吧，可以推后到宝宝更热衷于用手探索时再练习。

10个月月龄后，宝宝用手探索的行为越来越多，那时的宝宝可以熟练地撕纸，还能将纸撕成条形的；30个月月龄时，可以进行定型撕纸了，宝宝能按照自己的意愿将纸撕成四方形、三角形等。

有些爱上撕纸的宝宝，见到纸就撕。当遭遇这种情形时，妈妈可将纸类搁置在宝宝拿不到的地方。无需跟宝宝讲道理，因为他们还听不懂。对认知发展到一定程度的大月龄宝宝，则明确告诉他哪些纸是可以用来撕的，其余的则都不可以。并将可以撕的纸张归类在一处，旁边放置废纸篓，让宝宝明白只有这些纸可以撕并须回收至篓里。

躲猫猫之找妈妈。到本阶段，妈妈不仅可以用手帕遮住自己的脸来和宝宝玩躲猫猫，还可以把手帕盖在宝宝脸上，因为本阶段的宝宝已会伸手将盖在自己脸上的手帕拿掉。躲猫猫用的手帕要厚一点的，不要透光。

当宝宝会爬行后，可尝试玩找妈妈的游戏了。妈妈躲在门背后，探出头来对宝宝说"妈妈在哪里"，然后就躲进门背后，逗引宝宝到门背后来找自己。当宝宝找到自己时，妈妈表现出兴奋的神情，给宝宝一个热情的拥抱，并夸奖一下宝宝。

也可以躲到落地窗帘后，叫宝宝的名字，引宝宝来找。等宝宝长大点后，宝宝会自己跑进窗帘里，要你去找他呢。

找玩具。从看不见的东西就是"不存在"，到理解看不见也"存在"，是宝宝认知上的大进步。随着客体永久性及记忆力的发展，到7个月左右时，就可以试着和宝宝玩玩找玩具的游戏了。

选择玩具时，最好选宝宝很熟悉的、能将玩具名称与玩具配对起来的，如积木、小木珠、小沙锤等。把小沙锤放到宝宝面前并让宝宝看着，再用手帕将小沙锤盖上，问宝宝"小沙锤在哪里"，看宝宝会不会伸手把手帕扯开找到它。若宝宝较小，可将小沙锤的锤把露出一点来，以提示宝宝。

或是妈妈将两只手伸到宝宝面前，放一个小积木在其中一只手中，当宝宝面将两只手抓握起来并问宝宝："积木在哪里？"看看宝宝能不能猜中。当宝宝猜中时，妈妈应高兴地说"猜中"并夸奖宝宝，然后再换只手试试，看宝宝还能不能猜中。

有些妈妈见宝宝能很顺利地指认出手中的积木来，于是当着宝宝面握起双手后，将双手往自己身后藏一藏再伸回宝宝面前，结果宝宝就不容易猜中了。积木离开视野后还能猜中，多数宝宝要到1岁多才做得到呢。

百宝箱。本阶段的宝宝，不少已开始显现出自主选择的意愿了。百宝箱游戏，就是一个旨在锻炼宝宝自主选择能力的游戏。妈妈不妨每天挑出一个时间段来，陪宝宝玩玩百宝箱的游戏。

将宝宝最喜欢的玩具收集在一起，放入一个敞口的箱子中，然后将这个百宝箱抱到宝宝面前，让他挑选自己最喜欢的玩具。当宝宝挑定一个或两个玩具后，妈妈就将百宝箱拿走。只有等到明天，百宝箱才能重新回到宝宝面前来。玩百宝箱游戏，次数无需多，一天一次就行。

有的妈妈把百宝箱抱到宝宝面前后，就不管了。宝宝一会儿拿拿这个，一会儿拿拿那个，玩具撒落一地。什么都要，就等于什么也没选，这实际上起不到锻炼宝宝选择能力的作用。而且，在同一时间段给到宝宝较多的玩具，反而容易导致宝宝三心二意，不利于培养宝宝的专注力。

在往后的日子，随着月龄的不断增大，宝宝的自我选择意识也会越来越强。他们会想要自己决定穿什么鞋子、穿什么衣服，甚至是玩什么游戏，若妈妈能尽可能尊重宝宝的选择，则对其自我主张及意志力的发展有非常好的作用。

爸爸的口袋。若在夏季，爸爸穿一件有口袋的衬衫或T恤，再插一支笔在自己的口袋里，当爸爸抱着宝宝时，宝宝就会伸手扯出你的笔拿在手里玩。过段时间，爸爸可将笔换成其他的东西，如手帕。用不了多久，宝宝就会把你的口袋当成百宝箱了。倘若你哪天忘了往口袋里装东西，宝宝扯开口袋看见里面空空如也，会露出不解的神情的。

宝宝感兴趣的不只是爸爸的口袋，妈妈头上的发夹、衣袖衣领的蕾丝边，或是衣服上的小饰物，都是宝宝眼中不错的玩物，都想要拉拉扯扯一下。

看照片。很多家庭都摆放或挂有一些照片，如妈妈爸爸的结婚照、一大家子的全家福、宝宝的照片等，这时妈妈可以教宝宝认照片上的妈妈爸爸、爷爷奶奶。指认一段时间，当你问"爸爸在哪里"时，宝宝就会抬头朝照片上的爸爸看去。

户外游戏之拔草打滚。大自然是最好的嬉戏游玩之所。带宝宝到户外，找一块浅草地，让宝宝拔拔草、打打滚。打滚前，请先细致查看草地上是否有尖锐之物或动物粪便等。玩的时候，妈妈应在旁边看护宝宝，防止宝宝将拔下来的草往嘴里送。

出发前记得带上水，以便需要时给满是泥浆、草浆的宝宝洗手。回到家后，再次用婴儿香皂或婴儿洗手液给宝宝洗手，并用清水冲洗干净。

上一阶段开始练习的五官谣、切萝卜、斗斗虫虫飞、鼻子对对碰、浴巾荡秋千等游戏，本阶段仍可以继续进行练习。

认五官时，可唱相对复杂一点的五官谣了，如"小眼睛，亮晶晶，样样东西看得清；小鼻子，用处大，分辨香臭全靠它；小嘴巴，真能干，说话吃饭样样行；小耳朵，真是灵，各样声音听得清；大家团结在一起，美好世界分外明"。

4. 抚触按摩

当宝宝开始学爬行，不少妈妈就开始怀念宝宝安安静静躺着享受按摩的乖巧样子。那段美妙的蜜月期呀，母子俩就像一对相依相偎的情侣，享受彼此依赖的体肤之亲。现在，活动能力渐强的宝宝，有的开始不那么乖巧地配合你进行抚触按摩了。但就算宝宝再怎么不配合，妈妈可不能气馁，也不能就此投降。抚触按摩是如此重要的教养手段，不要轻言放弃哦。

妈妈要按摩，而宝宝要爬要玩，母子俩就像猫捉老鼠似的打起按摩游击战。按摩手法已很娴熟的妈妈，已能灵活应对各种情况了。当宝宝爬时，妈妈立刻瞄准这个机会给宝宝进行移动的背部按摩；当宝宝坐下来玩手中的玩具时，妈妈见缝插针地给宝宝按摩手脸之外的部位……

有的妈妈则会拿来宝宝最喜爱的玩具，让宝宝躺着玩玩具。妈妈哼着儿歌、童谣，或是用顺口溜配合宝宝的手部动作，让小家伙玩得更起劲，同时双手娴熟地给宝宝做按摩，真正是逗引按摩两不误。懂得宝宝喜好的妈妈，是能将原本不再那么简单的按摩变成一种好玩的亲子互动游戏的。面对日渐顽皮的小宝宝，自信的妈妈仿佛在说：小家伙，放马过来吧，妈妈兵来将挡、水来土掩，有的是办法！

当然，仍有不少宝宝会乖巧安静地享受全身按摩。若你的宝宝就是其中之一，也许是你的按摩手法让宝宝太享受了，不吝夸奖一下自己吧。

对学爬或会爬的宝宝来说，手臂、腿、膝盖、背部是爬行时使用较多的部位，按摩时可适当多按几下。多按按这些部位，能帮助这些部位的肌肉进行恢复。同样道理，当日后宝宝会行走或跑跳时，妈妈也可适当增加腿脚的按摩。

5. 自主探索

7～9个月阶段，被称为宝宝的大探索时期。爬行，极大地扩大了宝宝的活动范围，让渴求已久的自主探索终于到来。以前的活动大都在身体周围伸手可及的狭小范围内，现在却急剧地扩大了数十倍。宝宝能大范围、自主地探索周遭新奇的外部环境，将为自己的成长开拓一个全新的舞台。

自主探索是最好的学习。"过去时光，小溪、草地和树丛，大地每一样寻常风物，在我眼中，都有夺目的光辉射出，瑰奇、绮丽、清新，恍如属梦"，这就是华兹华斯笔下描述的孩子眼中的世界。

是啊，无论是小溪、草地、树丛，还是茶几、椅脚、墙面、牙签、拖鞋，甚至是地板上的小颗粒，对宝宝来说，哪样不是新奇之物？以前只能通过视觉感知的东西，现在终于可以动手摸摸、捏捏甚至尝尝了。就在摸摸、捏捏、尝尝、摔摔打打的过程中，宝宝获得了丰富而深刻的感知体验。

当宝宝把小勺放入嘴中咬时，小勺的软硬、冷暖、形状、大小、光滑感等诸多信息会源源不断地输入宝宝的大脑，并在大脑中汇集成立体的感知。宝宝一次又一次地重复"品尝"，小勺就在其脑海中清晰地印记下来，变得生动而立体。在好奇心的驱动下，宝宝会对家里一切感兴趣的东西，都亲自动手来一番五花八门的"研究"。这种无所限制的自主探索行为，无疑为宝宝蓬勃发展的大脑提供了极为丰富的感知刺激。

还有很多是我们成人无法用肉眼察觉到的，如在玩积木时感知空间，在玩球时感知位置，在摔打玩具时感知动作与响声之间的因果联系等等，这些看不见的发展成果都在宝宝看似幼稚的探索过程中得以完成。这些都是我们无法教给宝宝的，唯有宝宝自己通过探索和体验才能获得。对宝宝来讲，自主探索和自由玩耍，就是他们学习和理解外部世界的最好方式。我们应相信我们的孩子是强大而能干的学习者，我们所要做的是，营造一个物质丰富且安全卫生的环境来，让孩子尽情地自主探索。

不干扰、不打断。宝宝进行自主探索时，我们应做到"不干扰、不打断"。自主探索不被干扰和打断，宝宝获得的感知体验就会完整而深刻。

但生活中常可以见到这样的情景：宝宝正全神贯注地把玩着自己的小脚丫，或是定定地盯着自己的小手看时，妈妈却递给宝宝一个毛绒玩具，让"无聊"的他玩"更有趣"的毛绒玩具。也可能是摔扔积木正起劲的时候，要么是妈妈突发奇想要带宝宝外出，要么是随手拿根果条喂宝宝，玩兴正浓的宝宝就很随意地被打断了。就在不经意间，它们打断了宝宝正在进行的动作练习，打断了宝宝快乐兴奋的情绪体验，打断了宝宝聆听积木滚动带来的声源刺激，打断了操作积木时的把控感……

还有一样更不容易被察觉的打断：宝宝正好奇地盯着一只小狗看，妈妈却看到了娇艳美丽的花，妈妈引导宝宝说"宝宝看，多漂亮的花"，于是宝宝不得不将注意力从小狗转移到花上来。这，我们称之为"隐性的打断"。有意无意的打断、干扰，都不利于宝宝对当下的探索形成完整的感知体验，也不利于宝宝形成专注的品质。随意打断，我将其称为成人的十大劣行之一，它是宝宝专注力发展的最大杀手，对宝宝专注品质的形成造成很大的障碍。

专注力是智力发育、思维能力发育的基础，是学习、思考、记忆、探索的先决条件。在整个0~3岁阶段，专注力都是宝宝应形成的最重要的能力之一。它对未来宝宝的学业表现和成人后的工作表现都有重要影响。不仅如此，更有儿童教育家认为，专注是儿童形成所有品质的关键。

无法专注，就无法进行高效的深度思考，思维的品质就会大打折扣。一般来讲，专注力好的宝宝，其探索学习的效率会更高，效果也会更好。在玩耍或探索的过程中，宝宝越专注，其体验就越会深刻，感知就会越完整。

只要不受到干扰和打断，宝宝的专注力就能自然形成。家长应为宝宝专心地玩游戏、专心进行探索提供一个安静的、少干扰的环境。宝宝独立进行游戏或探索时，家长尽量减少中途加入的所谓引导，让宝宝在自由自主的状态下独立地进行。只有在游戏进行不下去，或是宝宝需要协助以及宝宝主动要求你参与互动的情况下，妈妈才可及时提供必要的协助，或参与进来。

我女儿在进行自主探索时，我都一直秉承"不干扰、不打断"的原则，尽可能地让女儿进行不受干扰、完整的探索。即使是在大人参与的亲子游戏中，对宝宝自我操作的环节我也尽量减少干扰或所谓的引导，尽可能让她的体验更连贯、更完整。

女儿7个月大时，对小区里的小狗特别感兴趣。我每次抱她出去玩，一见到小狗，她就定定地看，我则抱着她，静静地等待，让她不受打扰地欣赏小狗。有时小狗跑到她身后了，她还扭过头追着看，我便顺应着转过身来，方便女儿接着看，直到小狗跑远。

我对女儿专注力的细致呵护，协助女儿很好地发展了自己的专注力。在她还小的时候，没有什么特别明显的表现。当女儿长到2岁4个月，在亲子园上"1对1"比较静态的亲子课时，平时玩起来比谁都疯的她，独自一人坐在小板凳上，很投入地听老师讲故事，在老师的协助下玩各种手部动作游戏，全程45分钟，一下都没离开她的小板凳。这么小的孩子，展现出的那种专注度，让我感动，也让老师惊叹。

满足是最好的阻止。小家伙屁股一扭一扭地爬来爬去，到处搞"破坏"，不是将垃圾桶打翻，就是将鞋子撒落一地，大人成天给他收拾残局。懂宝宝发展规律的妈妈，会顺应和支持宝宝，协助其更好地探索，累并快乐着；不懂宝宝发展规律的家长则可能会阻止宝宝的探索行为，甚至呵斥宝宝。

我见过比较极端的家庭，为防止宝宝"捣乱"，家长将家里好多东西都收起来，搁在宝宝够不着的地方，连垃圾桶都不例外。在整个家里，尤其是客厅，1米以下几乎是光秃秃的。看到这种情形时，我突然有种想哭的感觉，心里特别怜悯那可怜而无辜的孩子。这样光秃秃的环境，对宝宝的成长无异于那寸草不生的沙漠啊。

满足才是最好的阻止。宝宝产生自主探索愿意时，若能满足并使其得到充分的发展，他就会顺利地完成这个阶段的发展任务，进入下一个更高的发展阶段，这是宝宝发展发育的基本规律之一。家长充分满足宝宝玩耍、探索的愿望，陪伴他尽情地玩耍，是实现宝宝良好发展的最好的方式之一。

当我女儿迷恋上捭打敲扔时，我不厌其烦地将地上的积木捡起来递给她，并配合她扔的动作嘴里发出"砰砰"的声响。有时会重复好几十次，直到她自己不玩了，或感觉她兴奋度开始下降为止。没过太长时间，手部动作发展得很好的她，对疯狂的敲打就没那么热衷了。后来，她又喜欢上了牙签，我也没阻止她，而是小心翼翼地在旁边看护她，防止她被戳伤。包括将鞋架上的鞋子扒拉下来，一开一关推拉厨房的门，不厌其烦地玩抽屉等看似"捣蛋"的行为，我都一一满足她。我所做的就是全力以赴地当好她的后勤部长和安全保镖，随时为她收拾残局、小心保护她的安全。果然不出我所料，当她尽情地玩过一段时间后，发现这些"游戏"也不过如此时，玩的兴趣就大大降低了，转而去玩新的游戏了，"捣蛋"行为就这样自行消失了。满足孩子的需求，不但能协助孩子成长，也顺利解决了令你头疼的所谓"捣蛋"行为，何乐不为呢？

满足的反面，是限制。儿童发展学家卡德维尔与布莱德利在研究幼童心智表现时，其中一项指标就是，观察期间父母干涉或者限制孩子的次数不多于3次。过多地干涉和限制孩子的自由活动，对孩子的智力成长是一种看不见、却很有力的钳制。正因为限制的负面影响，我将"操控限制"列为成人的十大劣行之一。请谨记我的苦心良言：少点限制、少点限制、再少点！

尽可能地满足孩子，不干涉打断、不操控限制，说起来容易做起来难。这需要父母不断地进行自我修为，不断地成长进步才可以做得到。教育界之所以一致认为，教养与教育的本质是父母的自我修为，是因为一个不成长进步、不修为自我的父母，是无法给孩子最好的成长支持的。

6. 语言学习

和宝宝多说话、多互动。本阶段的宝宝主动参与交流的意图更强烈了，学习语言的意愿也更积极了。他会大量观察、学习、模仿大人进行发声练习。宝宝理解并最终学会使用一个词，要重复听这个词200遍以上。这时候的你，应多和宝宝说说话，多和宝宝互动沟通。

善用日常生活事件，如穿衣、吃饭、洗澡、玩耍等，自然地和宝宝说话沟通。如给宝宝穿裤子时，可跟宝宝说"裤子，裤子（将裤子指给或示意给宝宝看）""裤子给谁穿，不给妈妈穿，不给爸爸穿，给亲爱的宝宝穿"，让宝宝重复多次地听到"裤子"这个名称。在教宝宝语言的过程中，不少以前不太爱说话的妈妈，都发现自己原来竟有如此好的语言天赋！

多说常用语。宝宝掌握词汇和语言，往往是从自己最常用、最熟悉的单词开始的，如妈妈、爸爸等。反复教宝宝这些词汇，让宝宝多听，对宝宝语言发展有益处。

对"谢谢""再见"等礼貌常用语，也许妈妈早就在教自己的宝宝了。当爸爸拿玩具给宝宝时，妈妈在一旁说"谢谢"，并伴有点头或鞠躬等动作，鼓励宝宝模仿。让自己的宝宝掌握这样的礼貌常用语，在往后的成长岁月中，能提高宝宝的可爱度和受人欢迎的程度哦。

一些最常见的物件或动物，如小勺、小狗等等，继续以指物说名的方式教宝宝，丰富宝宝的词汇和认知。

恰用手势语。由于宝宝语言能力还有限，适量的手势语，可协助母子俩进行交流，如说"再见"时摆手，说"打电话"时用手握拳放耳边，说"睡觉"时双手合十后将头偏倚在手背上。重复使用固定的手势，是学会手势语的关键。

使用手势语的同时一定要有语言表达，不能让手势语成了哑语。且使用手势语不能过量，以防宝宝养成依赖手势语进行交流的习惯。宝宝很聪明，6个月大时就可能学会10种以上的手势语。有的宝宝过分依赖手势语，结果导致了语言发展滞后。若发生这样的情况，则真是舍本求末了。总的原则是，手势语是用来协助而不是替代语言学习的。

儿歌。"爸爸的爸爸叫爷爷，爸爸的妈妈叫奶奶……妈妈的爸爸叫外公，妈妈的妈妈叫外婆……"这首琅琅上口的《家族歌》，你一定知道吧。《家族歌》节奏简明轻快，很适合宝宝听。歌词简单而重复，主要由宝宝熟悉的词汇（如爸爸、妈妈）组成，且有多次的重复，这都非常有利于宝宝在听儿歌的同时学习词汇与模仿发音。

"小宝贝，甜嘴巴，喊妈妈，喊爸爸，喊得奶奶笑掉牙。"妈妈一边唱，一边配以动作和表情，如用手指点点宝宝嘴巴，或张大嘴巴露出夸张的表情，会让宝宝觉得更有趣。

还有很多耳熟能详、脍炙人口的儿歌，都可以唱给宝宝听。如"小老鼠，上灯台；偷油吃，下不来；喵喵喵，猫来了，叽里咕噜滚下来"，又如"小白兔，白又白，两只耳朵竖起来，爱吃萝卜爱吃菜，蹦蹦跳跳真可爱"。

还有一些很美的场景，如月光洒落床前，就和宝宝唱"月亮光光，装满筐筐，抬进屋去，全都漏光"，是不是连妈妈自己都觉得很美很有意境呢？在风清月高的夜晚，也可以和宝宝数星星，给宝宝唱着《数星星》的儿歌："京京和清清（或改成自己宝宝的昵称），门前数星星。一二三四五，数也数不清，跺脚埋怨小星星，不该胡乱眨眼睛。"

在给宝宝进行动作练习或亲子游戏时，也可尽量配上儿歌。如拉绳或拔河时唱"拔萝卜、拔萝卜，嘿哟嘿哟拔萝卜，嘿哟嘿哟拔不动，小朋友，快过来，快来一起拔萝卜"。儿歌能让简单枯燥的动作练习变得生动有趣起来。

儿歌是很重要的一种语言学习方式，妈妈不妨多挑些简单明快、短小重复的儿歌唱给宝宝听。妈妈平时可随口自编些儿歌。刚开始编时你可能觉得有点难度，坚持一段时间后，慢慢就会发现自己编唱自如，且越来越溜，甚至是才华横溢了。

7. 同伴交往

皮亚杰说，宝宝有两个世界，一个是父母为主体的大人世界，另一个是与同伴为伍的同伴世界。对宝宝来说，同伴关系是迥异于亲子关系的另一重要关系。在同伴交往中，宝宝能发展社交技巧，观察、学习并发展社会关系。

大约6个月大时，宝宝之间开始出现同伴互动，如对小伙伴微笑或发出"啊啊啊"的声音。当遇到其他妈妈、宝宝时，妈妈可先自己热情地和对方家长打招呼，亲切地唠唠家常，妈妈交流交往的过程便是对宝宝最好的示范；之后再引导宝宝自己观察，和小同伴打招呼、握握手。熟悉一点的可引导或协助他们做做拥抱等动作。

妈妈都会带宝宝到社区或附近的小公园玩耍。经过一段时间的接触，若妈妈能自发在相对固定的时间段带宝宝出来，无形中就组织了一个属于小宝宝的聚会，这对宝宝发展同伴关系是很有帮助的。若有同城的年龄相仿的堂表兄妹，也可让他们多多来往。

在发展同伴关系上，尊重和顺应宝宝尤其重要，绝对不要强迫宝宝。同时，也要尊重自己宝宝的天赋秉性，如害羞一点的宝宝发展同伴关系可能稍晚或稍慢一些，妈妈不可心急。

到10～12个月月龄后，宝宝对同伴的兴趣会越来越大。但相对复杂的同伴交往要到宝宝1岁至1岁半才出现，如懂得轮流交替、彼此模仿等等。

8. 自理能力培养

玩勺。当宝宝玩勺玩得较"溜"时，再给宝宝一个碗，里面放些去核的大枣，让宝宝试着用勺子舀起往嘴里送。当试过多次宝宝仍不成功，可适当协助一下宝宝。

当大人进餐时，把宝宝抱进他的小餐桌，作为正式的家庭成员坐到一起来进餐。给宝宝准备好专用餐具，系上围嘴，盛上少量宝宝饭菜，让宝宝用勺子练习自己吃。宝宝刚开始练习吃饭时，与其说是吃饭，不如说是玩饭。他们特别喜欢用勺子在碗中搅拌，或是用手抓，也可能开始模仿大人尝试着用勺将食物往自己嘴里送。

宝宝玩饭时会将饭菜弄得满桌、满地都是。进餐前，不妨在宝宝餐桌下垫一张较大的油布，饭菜落到油布上，收拾起来会方便很多。给宝宝盛饭时，盛的量可少些，这样浪费也会少点。

相比之下，妈妈直接喂食就要简单方便得多，也不用花力气打扫宝宝玩饭留下的狼藉战场，于是限制宝宝玩饭成了很自然的事。当宝宝的能力得不到滋长，依靠成人也就成了情理之中的事，当将来遭到妈妈"连饭都不会吃"的埋怨时，宝宝实在是很冤枉的。

眼见宝宝自主吃饭似乎没多少长进，望着满桌都是宝宝拨弄出来的饭菜，这时妈妈是很容易放弃的。但请相信，花上几个月的耐心协助，达成宝宝能自己吃饭的能力，与宝宝长达两三年都需要被人喂食相比，前者应该划算得多。

我女儿2岁多就能较熟练地使用筷子自己吃饭，大人把饭盛给她就不用管了。身边不少仍追着喂宝宝饭的朋友很羡慕，殊不知从女儿玩勺、玩饭开始，我们"忍耐"女儿"胡作非为"的行为有数月之久。当看着女儿和我们一起围在餐桌前，大人似的一起进餐时，女儿获得的远不只是自主吃饭这项自理能力，其间获得的"我能"的感觉、独立的感觉、与大人平等的感觉，都在潜移默化中滋养着女儿的心灵。

持杯喝水。这个阶段的宝宝，已经具备自己持杯喝水的能力。妈妈大胆放开自己"服侍"的手，让宝宝自己捧着杯子喝水。也慢慢教宝宝认识喝水这个事件。宝宝长大点，想要喝水时，宝宝就会自己指着水杯表示要喝水了。

配合穿衣。虽然宝宝要到下一个发展阶段才懂得配合穿衣，但妈妈给宝宝穿衣时，也可通过语言开始提醒宝宝配合。如给宝宝穿上衣时，可以告诉宝宝："宝宝伸手，妈妈要给宝宝穿上衣了。"如宝宝不会伸手，妈妈伸手示范一次，或抓着宝宝的手伸一下，并用语言告诉宝宝"伸手"。

妈妈无需将此事当成一项训练来做，很自然地提醒宝宝就行，无需强迫，宝宝到下一阶段自然而然就会配合你的动作了。

第六章

10 ~ 12 个月宝宝的教养

(270 ~ 365 天)

你或许拥有无限的财富 —— 一箱箱的珠宝与一柜柜的黄金，但你永远不会比我富有 —— 我有一位读书给我听的妈妈。

—— 史斯克兰·吉利兰
(Strickland Gillilan)

第一节 10～12个月宝宝的身心特点

昨日还是襁褓里的小婴儿，如今将满周岁。伴随行走能力的来临，在经由俯卧抬头、翻身、独坐、爬行等一个又一个里程碑式的动作发展，曾经那个"无助"的小宝宝，如今终于迎来了属于自己的、真正意义上独立时代的开端。在学步的过程中，宝宝迈向独立自主的步伐骤然加大。

经过大量的随意运动后，神奇的小手也开始按照事物属性进行操作了，如拧瓶盖、按电子琴上的音乐开关。尤其对妈妈的化妆盒感兴趣，里面口红之类的小宝贝，宝宝都想拿来拧拧转转。有的宝宝甚至会模仿妈妈在自己嘴上涂一涂。宝宝能按事物属性进行操作，这不仅是动作发展上的进步，更是认知上的进步。

与独走一样令人惊喜的是，这个阶段的宝宝，开始尝试创造性地解决问题。如果说"二月革命"只是一些智慧特征萌现的话，本阶段宝宝创造性地解决自己遇到的问题，则是真正的智慧行为了。

宝宝短时记忆得到发展。把东西在宝宝眼前藏起来，立刻问宝宝，宝宝能记得在哪里。记忆与认知的发展，使宝宝对图画书感兴趣起来。以前宝宝用整只手进行指示，现在可以用手指进行指示了，这表明宝宝能明确地将所指示的东西确认为"这个"或"那个"。

在交流方面，有的宝宝会喊妈妈了。当听到"给妈妈吃"时，宝宝会将手中的东西拿来喂妈妈，也能配合妈妈的一些简单指令，如给他穿衣时会伸手，配合妈妈帮自己洗澡等等。

10～12个月的宝宝，情绪情感日渐丰富，表达也更加细致、精准。不仅有愤怒、害怕、焦虑等情绪，当妈妈搂抱别人或假装和布娃娃亲热时，还会表现出嫉妒的样子来。宝宝开始会察言观色，对妈妈的心情已有点似懂非懂的了，对喜欢而不被允许的事情，开始表现出倔强，会通过身体动作表示"不"，自我意识逐步彰显。

1. 亲子教养

给情绪情感命名。宝宝用语言描述、表达自己的情绪，是很好的疏导和调节自己情绪的方式和手段。给情绪情感命名，有助于宝宝认知、辨别自己和他人的情绪，为宝宝将来自由顺畅地表达自己的情绪情感打下基础。认知、辨别、表达情绪是滋长情绪能力很重要的一步。

给情绪情感命名，戈特曼博士将其形象地称为给情绪情感贴上标签。为情绪情感贴上标签后，当孩子遭遇情绪变化时，更容易辨别自己正处于何种情绪中，应采用什么样的方式来应对。也许未来的某一天，正处在消极情绪中的孩子对你说"妈妈，我很生气，我要静一静"，你是不是感到很欣慰呢？

宝宝学会的第一个情绪名称大多是"高兴"或"开心"。宝宝爱笑，加上妈妈积极情绪的感染，宝宝对这种快乐情绪的认知和体验最多。当宝宝高兴时，妈妈适时给宝宝语言提示："哦，宝宝高兴了，高兴了"，宝宝就能将自己这种快乐的情绪感受与"高兴"这个词汇配对起来。

随着宝宝情绪情感的进一步分化，"生气""难过"等消极情绪也许更需要被准确地表达出来。妈妈应该也有过这样的经历：当生气或难过时，找自己的闺密倾诉一番，噼里啪啦讲完后，基本上就不需要闺密安慰了。

消极情绪能被表达出来，并得到理解，本身就是一种很好的疏导。在宝宝成长过程中，自然少不了生气、难过的时候，妈妈在给宝宝安慰的同时，很自然地顺带告诉宝宝这种情绪的名称。妈妈一边伸手抱宝宝，眼睛看着宝宝说"宝宝生气了，妈妈知道的"，一边揽宝宝入怀，抚摸宝宝背部安慰他。

妈妈可借助布娃娃、玩具狗等宝宝心爱之物，模仿消极情绪并命名。妈妈可将布娃娃的嘴角往下撇，妈妈自己也做出难过的神情，告诉宝宝布娃娃难过了，引导宝宝观察；妈妈还可做出安慰布娃娃的动作，鼓励你的宝宝也抱抱布娃娃。

认知发展较早的大月龄宝宝，听从妈妈的指令安慰难过的布娃娃时，说不定还会自己做出抚摸布娃娃的安慰动作来呢。

笑一个。你说"笑一个"时，本阶段的宝宝就会笑一个给你看了。即使当下没有什么特别让人高兴的事，当接到你"笑一个"的邀请时，宝宝通常还是不会驳你面子的。当宝宝"制造"出几次笑容来后，其心情还真会变得更快乐起来。好心情是可以创造出来的，小宝宝这么小就有这神奇的本事，妈妈你呢？

但请妈妈注意，不要动不动就要求宝宝笑一个，宝宝也会烦的。谁也不喜欢被人操控，宝宝也是如此。宝宝月龄再大点后，就不要再要求宝宝这么做了。对大月龄宝宝来说，"笑一个"已是典型的操控行为了。

赞美宝宝。"好棒！""宝宝真棒！"很简单的话，却很有"营养"。不要忽视语言的能量，正面的语言很有"营养"，负面的语言却很有"毒性"。就让我们从此刻开始，多说正面的语言。

宝宝的思维还很简单，不能通过内省或思考的方式来进行自我评价和自我认知。他们唯有通过外部环境，尤其是父母对自己的评价和反馈来感知自我，建立自我认知。父母的评价和赞美，就像一面镜子，宝宝从中获取自我认知："哦，原来我是可爱的""我是受欢迎的""我是值得爱的""我是被关注的"……在自我认知的基础上，会慢慢形成内在的自我认同。而积极的自我认同（也就是高自我价值感），则是心理自信的源泉。

积极敏感的喂养，是父母用行动告诉宝宝他是可爱的；赞美和表达爱，是父母用语言告诉宝宝他是优秀的，是值得被爱的。两者就像一对天使之翼，呵护宝宝心灵的成长，守护他成长为一个自信的人。从一开始，就请用积极正面的语言滋养宝宝的心灵，支持宝宝形成积极的自我认知。

当宝宝成功将三块积木叠高起来时，应由衷地及时给出"宝宝真棒"的赞美。妈妈由衷的赞美，能加倍放大宝宝的成就感。夸奖宝宝时，要与宝宝有目光的交流，以及由心而发的高兴表情和喜悦神态，不要让宝宝觉得你的夸奖只是应付了事或言不由衷。

夸奖宝宝的言辞和语调都不要过于夸张。诸如"宝宝太棒了，太了不起了，宝宝你第一"此类有点过激的话，尽量少说或不说。惊喜夸张甚至是大呼小叫似的语调也不适合用于夸奖宝宝。由衷而带着微笑的夸奖，既让宝宝收得到你的赞美，又不至于侵蚀宝宝对挫折的承受力。

当宝宝拿东西送给你，或做了你的小帮手时，请对宝宝说"谢谢"。让母子间的日常交流，哪怕是一举一动、一言一行都充满爱和温暖。就让"好棒""谢谢"这样朴实、平常而又正面、温暖的词语成为母子交流的日常用语，伴随宝宝成长的每一天。

说到底，教养孩子有很多奥妙吗？没有！教养很简单，有时简单到"宝宝真棒"这么一句温暖的话。但简单的事情往往被人忽视，即便它威力无穷。还不太习惯夸奖宝宝的妈妈，刚开始时请坚持去做、不懈地去做，慢慢地就会内化成一种习惯了。做一个口吐莲花的妈妈，让这些美妙的语言，成为滋养宝宝的心灵鸡汤。

赞美的艺术。 很欣赏朋友的一段心灵独白："我无需从任何人那里需要什么，我无需向任何人证明自己；只要我仍在担忧别人怎么对待我，我就仍归属于别人。只有当我不再要求外在的赞赏时，找才能归属于自己。"

一个内心宁静而强大的成人，举手投足间会自然透出自信和从容来。即使没有掌声，没有赞美，依然肯定和认可自己，他已不再需要从别人的赞美中获取力量和满足。然而，这种强大的内心力量，恰恰来源于生命之初别人尤其是父母的赞美。我们每个人都要经历一个由外在赞美到内在肯定的过程。

2岁前夸人，2岁后夸事。 对现阶段及2岁前的宝宝，我们可用"好棒""真厉害""宝宝好可爱，妈妈好爱你"之类的话来夸奖宝宝。宝宝会将这种赞美视为对自己行为和自己本身的认可。

到2岁后，随着宝宝认知能力进一步增强，宜由笼统抽象的夸人逐步改为具体实在的夸事。如对刚刚完成拼图的宝宝说"把最后一块拼图放进去时是不是很高兴"；对自己拿着扫把扫地的宝宝说"宝宝能扫地了，真棒"；宝宝成功串完一串珠链时可说"宝宝串的珠链好漂亮，妈妈好喜欢"；或对搭积木的宝宝说"宝宝又垒高一块了"；当宝宝费力地用棍子将沙发底下的小汽车挑出来时，可对他说"小汽车终于拿出来了，是不是很开心"。这种具体实在的夸事方式既给了宝宝认可，也有助于宝宝学会肯定自己的努力。

当宝宝更大点，家长用具体夸事的方式鼓励或称赞宝宝时，可将宝宝所做的事描述得更细致。如"你的儿歌朗诵得很清晰，一字一句都很顺畅。""才一小会儿，你就捡了这么多纸屑，你是怎么做到的"。这种具体细致的夸奖让宝宝更容易理解和接受，也会让宝宝更清晰自己下次努力的方向。

对2岁多及更大年龄的孩子，如果还是一味地夸"宝宝真聪明""宝宝真棒""你很能干"，久而久之有可能导致宝宝害怕失败，并对挫折失去应有的承受力。年龄越大的孩子，"真聪明"之类的评价性夸奖会对其构成越来越大的压力，使他们产生退缩行为，并失去原有的好奇心和探索欲。他们有的甚至可能会为了取悦成人、达成成人的期许而努力使自己看上去"更聪明"，这些都致使他们偏离了儿童应有的发展轨迹。我们断然不要这样无谓的夸奖，以免造成宝宝不必要的压力。

无论大宝宝还是小宝宝，夸奖都应适时适量。不要整天都将赞美的话挂在嘴边。凡事有度，过多的赞美是不"值钱"的。在宝宝为某事做出努力，或取得某种进步时夸奖宝宝，会更好更有效。

若我们能跟随宝宝的发展状态，平实、诚恳而又适量地赞美他们，有助于宝宝形成积极的自我认知。随着时间的推移，这些外在的评价和赞美就会慢慢地内化为每个孩子对自己的认识和评价。

到3岁左右，宝宝关注身边的人尤其是父母对自己的认识和评价会达到一个小高峰。若我们懂得赞美的艺术，孩子就有更高的概率成长为内心宁静而强大的人，而这也正是我们所愿。

读懂手势语。相比以前，宝宝的手势语进一步丰富。如宝宝指着布娃娃，发出"嗯嗯"或"啊啊"的声音，他想表达的意思可能是"要这个"或"有这个"，也可能是"这是宝宝的"。妈妈应细心体会，弄懂宝宝的手势语，以便更顺畅地进行母婴交流。当你弄懂宝宝这次的意思是"要这个"时，你把布娃娃拿给宝宝后，宝宝立刻就"安分"了。

宝宝的手势语都是模仿大人发展出来的。当你实在弄不懂宝宝的手势语是什么时，不妨问问白日里照看他的祖辈或保姆，或许你所不懂的手势语就是宝宝从他们那儿学来的。当妈妈下班后，可和其他主要照看者交流交流宝宝这段时间学会的手势语，在大家达成一致的教养手段的同时，也分享了宝宝成长的乐趣。

给宝宝独处的机会。世界上所有的爱都是为了相聚，只有母爱是为了分离。孩子的成长过程，就是一个逐步走出大人庇护、走向独立的过程，也是心智逐步成熟、分离母体的过程。大量的亲密陪伴与偶尔的适当分离，有助于宝宝与母亲建立更亲密的母婴关系，同时又让宝宝的内在更独立。亲密而独立，是对母婴（亲子）关系的一种完整诠释。

宝宝并不是我们想象的那样一直需要有人陪伴。当宝宝满9个月大后，能自顾自地玩上一小段时间了，这时妈妈应开始有意识地给宝宝独处的机会。适当地让宝宝学会一个人玩耍、一个人看识图卡片。刚开始时间不用太长，3～5分钟即可，之后再慢慢延长独处的时间。

当宝宝在玩非互动游戏或玩具时，妈妈可择时悄悄退至一旁，让宝宝独自玩耍。偶尔宝宝眼神求助时，妈妈可提供协助或鼓励宝宝独自再玩一会儿。刚开始时妈妈尽量不要离开宝宝的视野，如果宝宝发现妈妈不在了，会因为分离焦虑哭闹起来，玩耍也就无法进行了。

同时培养宝宝白天独自睡觉的习惯。把宝宝哄睡后，让宝宝一个人睡着。妈妈可以在客厅休息、放松下自己，当听到宝宝哭声时应立刻前往予以安慰，并告诉宝宝妈妈就在身旁。

短暂分离练习。宝宝满9个月后，客体永久性开始形成，它是宝宝认知发展上的重大成果。宝宝会慢慢感知到，当身边的人或物看不见时并不等于消失不在了，他们仍客观存在。譬如，妈妈可能会暂时离开，消失在自己的视野中，但宝宝知道妈妈还在，还会回到自己的身边。客体永久性的逐步形成，为短暂分离练习提供了可能。

当宝宝有一定的独处能力后，妈妈可有意识地尝试短暂的分离。短暂分离练习有利于宝宝独处能力的培养，也有助于宝宝更坚定地走向自强自立。

刚开始时，妈妈可从宝宝玩耍的房间走到另一个宝宝看不到的房间。走之前亲切地告诉宝宝："妈妈要走开一下，一会儿就回来。"宝宝见妈妈不在了，就会哭闹，妈妈可用声音提示宝宝妈妈就在旁边。过一小会儿后，妈妈就回到宝宝身边，并对宝宝说"妈妈回来了"，同时搂抱宝宝并提供安慰。

提示语很重要，每次妈妈离开、回来时，应说同样的提示语，说提示语时要看着宝宝的眼睛，也要让宝宝看着你，以确保他听进了提示语；要固定地使用同一提示语，如每次回来时说的都是同一句话"妈妈回来了"。经过多次的短暂分离练习，每次听到的都是"妈妈要走开一下""妈妈回来了"，慢慢地，宝宝就能将提示语与妈妈离开或回来这个行动进行配对认知。

　　宝宝很投入地玩耍或专注在某个事物上时，不要进行短暂分离练习，以免打断宝宝正在进行的自主探索行动。妈妈能利用日常生活事件进行短暂分离练习则是更好的选择，如要到厨房做饭，或是上洗手间等等。这时候，请妈妈坚持给宝宝分离的语言提示，办完事情回来后对宝宝进行问好和爱抚，这样就能很好地将日常生活中的片刻分离变成不错的短暂分离练习。

　　妈妈宜循序渐进、适时合理地重复短暂分离练习，次数不能多，每天一两次即可。时间一长，宝宝就能慢慢感知到，妈妈走开一会儿还会回来。当宝宝认知并确认到这一点后，就可能慢慢地适应妈妈的分离了。日后妈妈不得不较长时间离开宝宝时，短暂分离练习能有效地起到过渡的作用，宝宝也能较好地适应妈妈较长时间的分离。

　　没有短暂分离的心理过渡，宝宝面对妈妈较长时间的分离会表现出强烈的不安，情绪波动较大，以至于很多妈妈不得不玩"消失"，悄悄地趁宝宝不注意时溜走。但宝宝还无法理解你的突然消失，玩"消失"只会让宝宝感知到：即便妈妈此刻就在自己身边，但随时都有可能无缘无故地消失不见，这会带给宝宝强烈的不安全感和不确定感。这种不安全感和不确定感会带给宝宝不好的心理影响，对安全依恋的形成会产生负面冲击。

　　很多玩"消失"的妈妈就是见不得宝宝哭闹，心里很难过。但实际上玩"消失"时宝宝同样会哭，只是妈妈听不到而已。短暂分离练习时宝宝肯定也会哭，相比较而言，这种哭就要有价值得多。很多育儿专家、育儿工作者都呼吁家长，尽量不要跟宝宝玩"消失"。可道理都懂，却就是做不到，很多妈妈还是忍不住地悄悄溜走。你，会是那个知道并能做到的优秀妈妈吗？

　　当宝宝成长到一定阶段时，倘若宝宝的安全依恋建立得很好，独处能力和心理自立能力得到了较好发展，再加上平时恰到好处的短暂分离练习，且宝宝又与家里白天的第一抚养者建立了安全依恋，宝宝日后才有可能大大方方地和要去上班的你说再见。

　　但即便是安全依恋形成得很好的宝宝，也不适宜与妈妈（或扮演妈妈角色的其他第一抚养者）长时间分离。尤其是周岁前，与妈妈、爸爸有过长时间（如一个多月）分离经历的宝宝，其中部分成年后仍可能会对分离表现得极为敏感。

尊重宝宝说"不"。遇到少数必须禁止的事情时，妈妈会摇头并说"不"，再通过转移注意力的方式把宝宝引导到其他事情上去。有一天，不知不觉中，可爱的小家伙居然也会通过摇头向你表达"不"了。当宝宝说"不"时，我们应予以尊重。

我们要把宝宝手中的玩具拿走，宝宝摇头表示不，但我们还是将玩具拿走了；邻家阿姨要抱宝宝，宝宝扭身往妈妈怀里钻，可阿姨还是把宝宝抱过去了……诸如此类的情形时常发生在宝宝身上，这只会让宝宝感觉到：我说"不"是没用的，我的意志没有力量。长此以往，宝宝内心的力量就滋长不起来，也不能很好地发展自己的意志力。

表达"不"是自由意志的重要体现。正因为它的缺失，我们很多成人一生都因此承受着很多的心理困扰。意志力没有得到很好滋长的宝宝，长大后，可能通过极度不听话的方式来对抗父母，以试图掩盖或弥补自己内在的缺失，因为他对自己的心心已无掌控力。更糟糕的是，当这些宝宝长大成人并为人父母后，也不懂得去尊重自己孩子的意愿。就这样，不尊重"不"、不表达"不"的文化基因代代相传，以至于中国人被人看成是最不善拒绝的群体之一。

对宝宝而言，所谓"我不"，就是"我能"。尊重宝宝说"不"，是滋长宝宝自由意志的重要手段。在本阶段，除危及宝宝安全和健康，以及破坏习惯及规律养成的极少数情况外，我们都应尊重宝宝说"不"。让我们通过尊重宝宝说"不"，来呵护宝宝自由意志的成长。面对宝宝合理说"不"时，就让我们说："好吧，听你的。"亲爱的妈妈，别等了，请现在就说一遍："好吧，听你的。"

不要让宝宝察言观色。小西行郎教授发现，这个阶段的宝宝，面对想玩却被禁止的事情，会产生"妈妈不允许……可是，我还是很想玩……"的心灵纠葛。宝宝对妈妈的手机"心仪已久"，可妈妈不让宝宝玩，当宝宝拿到手机时，会察言观色地看看妈妈会不会发出禁止的命令；即使妈妈发出了明确的禁止命令，宝宝仍会"欲玩又止、欲罢不能"，这对宝宝的探索行为和心理成长是不利的。

妈妈可以将手机设置上锁键，让宝宝尽情玩。当宝宝发现手机不过如此时，也就没兴趣了；或将手机置于宝宝视野之外，不要让手机"诱惑"到宝宝。如手机之类的妈妈不想让宝宝玩耍的东西，要么将之置于宝宝视野之外，要么让宝宝尽情玩耍，尽量不要玩"欲罢不能"的把戏。

　　察言观色是这个阶段宝宝认知能力又得到长足发展的一种表现。但有的父母将察言观色当成是宝宝聪明伶俐的表现，于是创造机会让宝宝察言观色，这是很不好的。也有的抚养者觉得宝宝察言观色很好玩，通过让宝宝察言观色来逗引宝宝，这也是必须禁止的行为。人为地促使宝宝察言观色，只会让宝宝偏离儿童应有的发展轨迹，过分关注外部影响而忽略了内在的成长。

　　成人的十大劣行。用"劣行"两字，似乎有点难听，但就它的负面影响而言，一点也不为过。这样的行为在我们身边比比皆是，以至于熟视无睹。也似乎只有用这两个字，才可能唤起部分自以为是的家长反思与警惕，才可能引起他们重视并痛心改过。若家长能以"劣行"这两个字来时刻警醒自己、审视自己的行为，并即刻加以纠正，则不失为大善之举。

　　成人的十大劣行：随意打断、负面逗引、威胁恐吓、劣迹评说、比较、限制、操控、打骂训斥、嘲笑、开玩笑。较早出现的"随意打断、负面逗引"就是典型的劣行之一。当孩子一天天长大，成人的其他劣行也可能随之而来。

　　"再哭，再哭妈妈就不要你了""妈妈不爱你了""再不听话，门口的保安就来抓你了""老巫婆来吃你了"（威胁恐吓）；"这孩子就爱哭、胆小"（劣迹评说）；"楼上的月月就会洗手，你看你，连手都不会洗""你看睿睿多勇敢！"（比较）；"不许玩沙，会弄脏衣服"（限制）；"来，给阿姨鞠个躬"（操控）；"鼻涕虫，鼻涕虫，煌煌是个鼻涕虫，一天就爱吃鼻涕"（嘲笑）；"你是捡来的""你家有小弟弟了，你妈妈更爱你弟弟了"（开玩笑）……这些在部分家长看来没什么大不了的言行，对宝宝的心灵成长却有不可小视的负面影响。

　　在0～3岁阶段，宝宝在认知上还只是简单直接的直线思维。大人说不要他了，他就真以为你不要他了，内心就会充满恐惧和不安；大人说他哪些表现不如别的小朋友，他就会认为自己真不如别人，慢慢地就会有自卑感。家长认识到宝宝的这一认知特点非常重要。当我们知道宝宝是这种简单直接的认知方式时，就会注意自己的言行，杜绝说负面消极的话，杜绝说反话、玩笑话、话中话，避免带给宝宝不利的影响。

　　有以上劣行的成人，不但不理解宝宝的认知方式，更从内心深处没有做到尊重孩子。假设一下，面前的宝宝突然变成了与你年龄相仿、地位对等、智慧相当的成人，你还会威胁、恐吓他吗？你还会评判、打骂他吗？我相信都不会。就因为在你内心深处，孩子就是个小屁娃，你可以胡来。敬请有以上劣行的成人，内心能升起对孩子成长应有的敬畏心来。

妈妈，作为宝宝最亲近、最信任的人，即使做不到优秀，也至少应是一个没有劣行的妈妈。请记得，别人可以不是，但你必须是孩子心灵成长的守护神。当"再闹，再闹妈妈就不要你了"之类的话一不留神跑到嘴边时，请稍作停顿并转化一下，然后平静而坚定地对宝宝说"请安静，妈妈爱你"。

2. 动作练习

大量练爬。进行动作练习，不应过于追求它有多少花样；反复地练习那些最具发展价值的动作，或许能为宝宝的成长贡献更大的价值。爬行，以及日后将出现的独走、跑、跳、攀爬等，都是最具发展价值的动作练习之一，可让宝宝多练。

在宝宝会走之前，爬仍是宝宝最主要的行动方式。爬行越充分，行走就可能越早到来。在正式学走前，请鼓励宝宝继续进行大量的爬行。

在平地爬的基础上，鼓励宝宝进行障碍爬、坡度爬；让宝宝向上爬台阶，进一步锻炼宝宝的肢体力量和四肢的协调能力。继续在爬行练习中融入玩球、躲猫猫、爬坡钻洞等亲子游戏，引发和激起宝宝更多爬行的兴趣。无需给宝宝买爬行膝垫，即使直接在硬地板上爬行，也不会给宝宝的膝盖带来损伤。

爬变攀。宝宝爬到喜欢的玩具前，采用跪立的姿势腾出双手来玩玩具，不再是以前清一色的坐着玩了。而且，跪立次数越来越多，时间也越来越长，腿部的力量也随之增长。腿部力量越来越强的宝宝想要拿茶几或沙发上的玩具，尝试着双手抓着茶几边缘或沙发垫，尽力将身体往上拉，小脚也使劲往上撑，整个身体呈向上攀的姿态，宝宝的攀爬练习就此登场了。

宝宝撑立到一半的位置将要跌坐下去时，妈妈可在宝宝将跌未跌时轻轻地托一下，协助宝宝站起来，完成由坐到站的全程体验。之后，减少协助的次数，以过渡到由宝宝自己来完成整个过程。在往后的练习过程中，尽可能地让宝宝自己完成，跌倒几次也无妨。若你想让宝宝"野蛮"生长，全程不协助也无妨。

经过不懈的努力，坚强的宝宝将一如既往地取得成功。到10个月左右，有的宝宝就能自己抓住椅脚站立起来，凭一己之力扶物站立了。经过大量反复的练习，宝宝攀爬动作越来越熟练轻巧，他会抓着床沿或床单攀爬起来，也会抓住你的裤脚攀爬起来。说不定哪一天，还顺着床头柜攀爬起来，将他想玩已久的你的化妆盒弄得七零八落的。

扶物站立。做扶物站立练习并不需要妈妈经常刻意为之，跟随宝宝自己的意愿进行就行了。很多时候，让宝宝野蛮生长，才是最好的支持方式。当宝宝站立在齐腰高的小凳或茶几前时，可放些玩具在上面让宝宝自己玩，宝宝自然就会站多一会儿了。到11个月时，有的宝宝就会自己尝试着松开扶持物独站一会儿了。

站变坐。会走前，宝宝的腿部力量还不能支持其较长时间站立，发展由站变坐的能力势在必行了。

在练习攀爬时，宝宝就经历了无数次由半站立跌倒至坐姿的经历，对由站到坐也许并不陌生了。跌倒虽非宝宝本意，但毕竟让宝宝有了由站到坐的体验。有些勇敢的小宝宝跌坐几次后，索性就用这种方式来完成由站到坐。宝宝"咚"地一下一屁股坐下去，接着无所谓似的爬走了。倒是妈妈心疼得不得了：就这么蛮干，小屁股不疼啊？

可过一段时间你就会发现，小宝宝有招了：先是用手拉着茶几边，身体往下探一点，降低屁股与地面的距离，然后再一屁股坐下去。慢慢地，随着练习次数的增多，以及腿部力量的增强，宝宝能弯曲膝盖，一点一点地试着让屁股着地。就这样，经过反复、大量的练习，宝宝终于出色地完成了由站到坐。宝宝就是这样不焦不躁、有条不紊、脚踏实地地逐一完成自己的每一个发展步骤，似乎是在用行动反驳我们：我非蛮夫，而是智慧的行动者。

横跨迈步。行走，就是以站立的姿势向前移动。由于行走难度较大，宝宝很本能地将其分解成站立、移动两个动作来练习，这样大大提高了练习的效率，也大大提升了成功的概率。宝宝能扶物站立片刻后，紧接着便会扶物左右移动，也就是我们所说的横跨迈步。

宝宝扶着茶几、沙发或床沿进行左右侧移，乐在其中。刚开始有的宝宝只会朝一个侧向移动，如只会朝左边移动，不大热衷向右移动。这种朝一侧移动的情况属于正常的发展。此阶段宝宝的四肢已开始分化，出现惯用手等，如宝宝开始喜欢或习惯使用右手，出现我们所说的右利手。当宝宝渐渐学会行走后，双脚的发展自然会越来越平衡，也会学会双向移动，所以妈妈不必为此担忧。

扶手迈步。当宝宝能扶物站立，并开始扶物横跨迈步后，可酌情进行适当的扶手迈步练习了。刚开始时，可让宝宝双脚踩在妈妈双脚上，妈妈慢慢迈着小步，让宝宝先感受感受如何迈步。过段时间，妈妈可双手扶着宝宝腋下，让宝宝尝试着自己迈步走。刚开始练习时，迈步时间不宜过长，应让宝宝有个适应的过程。

经过一段时间的练习，宝宝迈步比较熟练时，妈妈可牵着宝宝双手进行练习。相比扶腋下，扶双手需要宝宝自己有更好的平衡能力，因而可以进一步使宝宝得到锻炼。慢慢地，妈妈再由双手牵过渡到单手牵，直至让宝宝自己抓住你的手指行走。

独走。独走，是自宝宝出生以来，花费一年左右的时间所获得的人类动作的集大成。随着这项重要动作技能的获得，宝宝的认知、情绪情感、独立性及其他动作技能都将大步跨上一个更高、更广阔的发展舞台。

在经历由爬变攀、扶物站立、横跨迈步、独站等动作练习后，宝宝一步一个台阶地稳步成长，到1岁左右，部分宝宝终于能勇敢地独自走几步了。虽只是跌跌撞撞的几小步，但足以让妈妈、爸爸激动不已了。对宝宝而言，也真真是"苦尽甘来终有时，而今迈步从头越"！

练习行走时，妈妈可在宝宝前方几步远的地方蹲下来，用鼓励的眼神看着宝宝，并张开双手迎接宝宝向自己走来。母子间的距离应以宝宝努力下能达成的长度为宜。当宝宝跌跌撞撞而又兴奋地扑到你怀里时，妈妈满是喜悦，宝宝满是成就感。

万事开头难，刚开始宝宝学走一两步时，很容易摔倒，妈妈应随时在旁边看护。此时的妈妈，除了随时为宝宝提供保护和适当的协助外，应尽可能尊重宝宝作为成长主体的地位，减少不必要的所谓帮助，尽量让宝宝自己尝试着走。学习走路不仅是一种动作练习，也是滋长宝宝意志力的好手段。妈妈过多过细的帮助，无疑会阻碍宝宝意志力的发展。

当然，也不能让宝宝过多摔倒，以免宝宝产生过多的挫败感。孩子的成长，是一项平衡的艺术。妈妈宜在协助与放手之间，通过不断的摸索和总结，尽力找到适合自己宝宝的最佳平衡点。

宝宝小试牛刀后，接下来便是一往无前的大量练习了。从蹒跚学步到欢快地奔跑，还有很多东西等待着宝宝去学。漫漫人生路，如今只是开端，但宝宝已勇敢地将光明无限的路坚实地踏在了自己脚下。

在学走上，宝宝们表现出较大的个体差异来。有的宝宝1岁左右就开始学走了，有的宝宝则要到1岁3个月左右才开始。西尔斯博士认为，性格是影响宝宝学走的最大因素之一。性格冲动、活跃性高的宝宝早走路的概率要大过性格温和的宝宝。妈妈宜用平常心来看待这种差异。

看着同龄的宝宝已开始学走路，自家的宝宝却仍在爬，有些妈妈就按捺不住了，就要着手教宝宝学走路，这样做对宝宝的发展是不利的。每个宝宝都有自己的成长节奏，他比任何人更知道应在什么时候开始学步。当生理条件发展到一定程度，学走自然而然就会被宝宝提上日程来。我们所要做的，就是遵照宝宝当下的发展节奏，顺其自然地为宝宝提供成长支持。

在学习走路的过程中，建议妈妈不要给宝宝买学步车。用学步车学习走路会剥夺宝宝极其难得的学习成长机会，且容易导致宝宝感统失调。借助工具获得的成长，与完全凭借自我力量所获得的成长，其成长价值是不可同日而语的。

拉腕垂悬。宝宝站立着，妈妈双手用环握法握住宝宝双手手腕处，将宝宝向上垂直拉起，使宝宝双脚离开地面；稍作停顿后，将宝宝缓缓放下。通俗点讲，就是抓住宝宝双手将宝宝提起来。如此重复1～3次。拉提宝宝时速度要慢、动作要柔。

节节高。妈妈斜靠在沙发上，抓住宝宝双腕处，将宝宝提起使其双脚踩在自己双腿上，顺势将宝宝慢慢往上提，并提示宝宝双脚顺着妈妈身体往上走。宝宝一步一步往上走，身体随之一步一步地升高，故有节节高之称。

跷跷板。妈妈双脚着地坐在床沿上，双脚屈膝并拢，让宝宝踩在自己脚掌上，双手拉住宝宝双腕，妈妈身体顺势往后倒，双脚随之往上跷，将宝宝身体跷起来；妈妈双脚往下压，身体往上起，宝宝随之往下降，就像跷跷板似的。

或做动作幅度较小的双脚跷或单脚跷：妈妈坐在沙发上，双腿并拢向前伸直（或一只腿搭在另一只腿上成二郎腿），将宝宝抱坐在自己的脚踝处，双手拉住宝宝的双手使宝宝身体保持平衡，然后妈妈双脚以膝关节为支点做上下的屈伸动作。

摇摇摆摆。妈妈双手托住宝宝双腋，以宝宝胸部为轴心，使宝宝身体像小摆钟一样左右来回摆动。妈妈同时高兴地为宝宝配上曲儿："小小摆钟摆呀摆，向左摆，向右摆，来来回回摆又摆……"刚开始时动作要轻柔，摆动幅度要小。随着宝宝对这个动作熟悉和适应，妈妈再酌情稍微加大点摆动幅度和速度。

宝宝玩过一段时间后，妈妈以自己身体为轴心将宝宝整个身体左右摆动起来，像个大摆钟似的。摇摇摆摆这个动作练习可以持续数月之久，即使长到较大月龄后宝宝仍会很喜欢。

金钟倒立。抓住宝宝的双脚，将宝宝倒立着提起来，做上下升降运动。宝宝这时看到的是一个完全颠倒的空间，会觉得很新奇。对此类动作，有的宝宝会害怕，有的宝宝却会非常喜欢，妈妈宜根据自己宝宝的情况灵活应对。

练习金钟倒立时可先有个过渡：抱宝宝在怀里，妈妈向下倾斜自己身体时，宝宝身体也会随之倾斜；倾斜的角度由刚开始时的小角度慢慢增大，直到宝宝身体接近倒立状。宝宝在妈妈怀里时都会很有安全感，因而也表现得要勇敢得多。当有过倒立的体验，练习金钟倒立时宝宝就没那么紧张了。

练习倒立的时间不宜长，每次玩三四下即可。每次倒立下去一小会儿就应将宝宝扶至正立状，长时间的倒立会使宝宝大脑充血，这是不好的。

举高高。对胆大一点的宝宝，百玩不厌的举高高又有新玩法了！爸爸双手托住宝宝腋下举过头顶后，再轻轻往上一抛，使宝宝整个身体脱手腾空，让宝宝感受失重带来的特异刺激感。

爸爸还可将俯卧状的宝宝在头顶举着，然后小步朝前跑或转圈跑，头顶上的宝宝像架小飞机似的，随着爸爸的跑动"飞行"或"盘旋"。作为特殊玩伴的爸爸，因能为宝宝提供别样的新鲜刺激，开始日渐受到宝宝的特别珍爱。

若宝宝还不太习惯玩得这么刺激，爸爸就重复玩双手托腋举过头顶的动作即可。动作练习没有高低好坏之分，只有适合不适合之别。只要宝宝享受，重复玩简单版的举高高未尝不可。

若爸爸不在身边，体力较弱的妈妈怎么和宝宝玩举高高呢？这时妈妈不妨用脚来试试，同样能给宝宝无边的快乐和开心。妈妈仰面躺下，弯曲双膝双脚朝上，把宝宝俯卧放在自己双脚脚掌上，抓住宝宝双手，用脚上下举高高。臂短一些的妈妈，躺时可在肩背部垫些东西，将自己上身垫高成斜躺式。母子版的举高高，既锻炼到宝宝，也锻炼到妈妈呢。

转身取物

咚咚咚。咚咚咚是很简单易行的节律动作练习。妈妈把宝宝抱到婴儿餐桌上，用双手有节律地敲着桌面，发出"咚咚咚"的声音，引起宝宝注意和模仿。当宝宝"咚咚咚"地敲桌面时，妈妈也可以模仿宝宝敲。"咚咚咚"是一种很简单的手部节律动作，随手可玩，能培养宝宝的节律感，还可以让宝宝感受等待与轮流。

转身取物。12个月左右的宝宝，已具备转身够取玩具的能力了。拿一个宝宝喜欢的玩具，放到宝宝斜后侧，让宝宝自己转身拿走。

当宝宝正在玩其他游戏时，尽量不要再做这个练习，否则会不断地打断宝宝的注意力，这对其发展专注力是不利的。以牺牲宝宝专注力为代价的练习或游戏，都是不可取的。可在宝宝空闲时，或是游戏过程中需要玩具时，顺手就将玩具放置到宝宝斜后侧，宝宝也就顺便完成了一个转身取物的动作练习了。

上一阶段就开始进行的动作练习，如扶物站立、提小狗、滚等，仍可继续进行。

3. 亲子游戏

随着自主能力的增强，宝宝参与游戏的时间越来越多。游戏与玩耍，渐渐成为宝宝学习、探索最主要的方式。在玩封闭式游戏时，妈妈宜用简洁示范法给宝宝示范。

扔球、捡球。本阶段的宝宝很喜欢"扔"球和捡球。但现阶段的"扔"更多的仍是放手让球掉下来，随着月龄的增大，宝宝会逐步学会真正的扔球。

宝宝尤其珍爱乒乓球。对小而轻的塑料球、海绵球、弹力球也很喜欢。乒乓球的大小正好适合宝宝抓握，扔到地上又会发出"乒乒乓乓"的响声，因而备受宝宝欢迎。被扔到地上的小球很快滚到远处，宝宝会屁颠屁颠地爬着去捡回来。就这样来回地扔和捡，很能锻炼宝宝手部及全身的动作技能。

除了扔球，妈妈也可尝试着教宝宝拍打球。将球放置在地板上，让宝宝用手去拍打。可别期待太高哦，宝宝还不会像成人一样将球拍打得跳离地面，仅仅是拍动球或是击打球而已。

儿童通过不同物体间的空间排列以及物体运动的轨迹来感知空间。运动的小球不仅帮助宝宝发展动作技能，更帮助宝宝具体地感知空间。

排积木。提到玩积木，很多人第一个想到便是积木垒高。但积木垒高还是有点难度的，在宝宝1岁左右开始练习会更合适。对本阶段的宝宝来讲，不如从排积木开始练起。

和宝宝面对面坐在地板上，妈妈拿起积木在宝宝面前一个紧挨一个地排成一排，告诉宝宝"火车开来了"；排完后用手推最尾部的积木，将整个积木像火车般推一小段距离，告诉宝宝"火车开走了"，然后鼓励宝宝自己排一排。

对部分手部动作发展较好的宝宝，当排积木已很熟练后，让其尝试着练习积木垒高也是可以的。

捏豆豆。经过上阶段的抓握练习，宝宝钳形抓握的能力得到大大提升，现在已能捏起豌豆、黄豆之类的细小物件了。将几颗豆子放在茶几或地垫上，请宝宝捏起放入小碗中。或请宝宝将豆子捏起放到你手中，并对宝宝说"谢谢"。通过玩捏豆豆之类的游戏，你很快就会发现，宝宝不经意间就能捏起线头、小蚂蚁之类更为细小的东西了。

钳形抓握是手部精细动作中最重要的基础性动作，妈妈宜让宝宝多练习。钳形抓握能力较好的宝宝，日后学习串珠等难度较高的精细动作时，会轻松很多。

剥糖果。妈妈剥几次糖果给宝宝吃后，有的宝宝就会模仿着自己剥了。但宝宝不宜吃过多糖果，妈妈可用其他东西代替。妈妈可将空糖果纸保存下来，洗净后包裹上小果粒或是买来的小颗粒馒头，再交给宝宝剥开来吃；或是找3～4个红枣之类的小果实，用大小适中的小纸片或锡纸包裹起来，和宝宝玩剥"糖果"的游戏。

示范一次给宝宝看后，让宝宝自己剥剥看。宝宝有可能会撕破纸片后将"糖果"拿出来，这时妈妈可重新用纸片将"糖果"包起来，然后再给宝宝示范一次剥的动作。反复几次后，宝宝可能就会尝试着用手"剥"而不是撕了。

刚开始练习时，妈妈可将糖果纸稍微拧松点，降低宝宝剥的难度；宝宝熟练后，又可以将糖果多拧上几道，增加难度。剥糖果能锻炼宝宝手部精细动作能力，特别是手指间的配合能力和自由操作的能力。

拧瓶盖。随着宝宝手部精细动作技能和认知能力的发展，宝宝可以玩拧瓶盖之类的按事物属性进行操作的游戏了。

找个瓶身较短较细的瓶子，妈妈先将瓶盖拧松一点，然后给宝宝让他（她）自己摸索着试试。多数情况下，宝宝还不会自己拧下来或拧上去，这时妈妈可给宝宝做示范。

做示范时，宜用简洁示范法。当宝宝注意力在瓶子上时，妈妈用缓慢的动作将瓶盖拧上去，让宝宝清晰地看到整个过程。妈妈拧瓶盖时，可说个动作关键词"拧"，也可以一字不提，让宝宝注意力全部集中在动作本身。遵循"示范—操作"的程序，示范完后即刻交给宝宝操作。整个过程请妈妈惜字如金，注意闭嘴，减少干扰；不要"话唠"般地一边示范一边解说："左手拿稳瓶子，右手拿盖，看，对准了，旋转，拧上去啰"，这样做反而会稀释宝宝对动作的理解。2岁前，宝宝理解动作要比理解语言容易多了。在日后将进行的更复杂的动作练习中，如串珠等，也应遵循简洁示范法来示范。

当宝宝不会拧时，可多示范几次给宝宝看，并握着宝宝的手去拧瓶盖，让宝宝感受拧的过程。宝宝拿着瓶盖往瓶子上盖时，妈妈可不时地适当协助下，如帮助宝宝对准瓶口等，使宝宝有几次成功的经验。宝宝有了成功拧上瓶盖的完整感知后，妈妈可放手多让宝宝自己练习。宝宝在玩拧瓶盖的过程中，可能会很专注，请妈妈不要随意打断或打扰。

拧瓶盖练习难度较大，一般需要较长时间的练习才能成功。相当一部分宝宝要等到下一个发展阶段甚至2岁左右才能自主完成拧瓶盖的动作。若宝宝多次练习仍不能顺利完成这个动作练习时，就等宝宝长大点再学。

盖锅盖。厨房里的家什，历来都是宝宝的最爱。在宝宝眼里，锅碗瓢盆、筷勺刀叉的好玩程度一点不比买来的玩具逊色。

快10个月的荣荣最近迷上了玩锅盖。给他熬粥、熬菜汤的小汤锅，专门用来煎鸡蛋的小平锅，一并成了他手中的新宠。他一会儿将汤锅盖盖上，又拿下；一会儿将小平锅盖盖上又拿走，玩得不亦乐乎。一次，随手将小平锅盖往汤锅上盖，咣当一声，小平锅锅盖掉进比它大的汤锅里了。荣荣愣了一下，随即又将汤锅盖盖了上去，把小平锅盖关汤锅里面了⋯⋯

不止是锅盖，家里类似容器的东西荣荣都喜欢。有次，全职带荣荣的荣荣妈妈给自己买了双新鞋，犒劳下辛劳的自己。荣荣妈妈很满意自己的新鞋，回到家后立刻穿上秀给丈夫看。荣荣对妈妈的新鞋不以为然，却看上了漂亮的鞋盒，爬过去玩了起来。当妈妈走回客厅时，只见荣荣嘴里发出"啊啊"的声音在兴奋地玩着，鞋盒里的垫纸被搞得一地都是。

插笔帽。将笔杆插上笔帽可不是件容易的事，但宝宝喜欢。你只需要在宝宝面前示范几次将笔杆插入笔帽中，宝宝可能就会想要模仿了。刚开始，宝宝能顺利将笔杆插入笔帽的概率比较低，妈妈可在宝宝尝试过几次仍不成功时，协助其完成一次。练习的次数多了，宝宝不经意间就能将笔杆插入笔帽中了。

让宝宝玩笔时，先将里面的笔芯拿走，并将笔清洗干净。你不知道宝宝下一步要干什么，说不定就将笔送嘴里了。在玩的过程中妈妈应全程看护，防止被笔戳伤口腔及喉咙。现阶段绝对不能让宝宝独自一个人玩笔。无论哪种游戏，安全都是第一考量因素。

插吸管。插吸管，对宝宝手部精细动作是非常好的锻炼。各种各样的饮料盒及附带的吸管，如软包装的王老吉等，都可成为宝宝很好的玩具。

大人将里面的饮料喝完，将吸管清洗一下后与饮料盒一并交给宝宝玩。妈妈可将饮料盒上的吸管插口上的边料弄干净，增大插口的口径，以降低宝宝插入的难度。宝宝经过反复的练习也可能仍对不准吸管插口，妈妈可偶尔握住宝宝的手协助完成一次。请不要经常协助他，否则可能让他依赖你的帮助；也不要太看重宝宝插不插得进这一结果，重在让宝宝尽兴地玩耍即可。

钓小鱼

钓小鱼。钓小鱼玩具由鱼竿和鱼形木块两个部件组成：一根小细绳，一头系在小木棍上，另一头系着一个带有磁铁的小木珠；另一个部件是小鱼形状的、中心带有一小颗磁铁的小木块。只有小木珠对准小鱼中心的小磁铁时，磁铁相吸才能将小鱼钓起来。妈妈可先示范几次给宝宝看，之后再让宝宝试试。

钓小鱼难度系数大，宜给宝宝足够的时间慢慢练习。若宝宝完不成这个动作练习就不勉强，等宝宝长大点再玩。钓小鱼对宝宝手部精细动作要求较高，到宝宝1岁多甚至更大时仍可以让其玩耍。

捏面团。准备一点面粉，加上少量水，和出一个适合宝宝抓握玩耍的小面团来。柔柔软软又稍带黏性的小面团，能给宝宝不同寻常的触觉感受。拿捏一下就会留下印痕，甩到地上就会变模样，小面团在宝宝心里就像是个小魔具。

先拿一个面团放到盆里，端到宝宝面前，接下来，就看宝宝如何"表演"了。面对这新鲜玩意，宝宝的"表演"一定会有多种可能：对盆感兴趣，摔、打、扔盆；或是将面团倒出来，拿在手里又捏又抠等等。如果宝宝只对盆感兴趣，那就先让宝宝尽情地玩盆吧。等他玩腻盆后，再回头来玩面团的游戏。当宝宝开始将面团拿在手里把玩，面团会随着宝宝的拿捏而改变形状，这会触发宝宝怎样的好奇、观察及"思考"呢？答案不重要，重要的是让小宝宝尽情地"折腾"它。

当宝宝捏面团一段时间，觉得"折腾"它已无多少新意时，我们可以在面团里加入一颗红枣什么的，接着和宝宝一起玩玩"发现"的游戏。当宝宝捏抠面团，无意发现里面有一颗红枣时，宝宝会有什么表情？当宝宝将红枣抠出后，妈妈可再拿一个面团给宝宝，看宝宝会不会接着抠面团以寻找里面的红枣。下次再玩面团时，妈妈可将里面的红枣换成其他东西，如花生、豌豆等等，给宝宝不一样的"发现"感觉。

逛超市。现在和妈妈一起逛超市，宝宝的"节目"就更丰富了。不只是到处走走瞧瞧，更想到处动手摸摸了。摸摸凉凉的大西瓜、抓抓小人书、闻闻蔬菜味，开心的宝宝兴奋地"吸收"着丰富的感觉刺激。妈妈则像超市的导购员一样，为宝宝介绍所见所闻。

每次逛超市，都可以设定一个侧重点或主题。宝宝的月龄越大，主题也应更突出、更鲜明。如这次逛时，妈妈、宝宝可在蔬菜区多做停留，面对各色各样的蔬菜，让宝宝多看多摸多闻多认；下次再来时，可重复上次的主题，也可改逛水果区；顺便买上些宝宝喜欢的果蔬带回家，可继续让宝宝把玩，还可以做菜给宝宝好好地品尝品尝。

当宝宝2岁左右进入秩序敏感期时，超市里摆放整齐、排列有序的商品陈设，让宝宝一目了然地感知到条理与秩序。

上一阶段所进行的小红花儿贴贴贴、撕纸、玩活动健身架、找妈妈等游戏，在宝宝有兴趣的前提下，仍可继续进行。玩撕纸时，可将纸片撕成很小的碎片，再将其放在掌心，和宝宝一起把碎片吹得满天飞舞，一起玩"下雪"的游戏。

4. 认知发展游戏

积木入盒。把积木放入积木箱里，再把积木从里面倒出来，而后又将积木重新放入箱中，类似这样"填满又倒空"的游戏我们称之为容器游戏。

容器游戏非常受宝宝的欢迎，因为它满足了宝宝探索玩具之间关系的好奇心。如大玩具和小玩具有什么关系，小玩具如何放入大玩具里面等等。容器游戏能帮助宝宝发现"里"与"外""大"与"小""容量"与"空间"等概念，滋长宝宝的认知。容器游戏玩法很多样，如用两个杯子来回倒水、捏枣入碗、大碗套小碗、杯中取物等等。

给宝宝一个玩具盒或鞋盒，以及一个积木之类的小物件，看宝宝是否会将积木放入玩具盒中。放入玩具盒后，有的宝宝可能会摇晃玩具盒，听撞击声；有的宝宝会将积木倒出来。若宝宝只对玩具盒感兴趣，用手在玩具盒里摸来摸去地玩，我们也不应打扰或干涉他。

妈妈捏一颗红枣，让它掉落到小木碗中发出声响，看宝宝会不会捏红枣入碗。当他开始玩红枣入碗的游戏后，再给多他几个红枣，他又会怎样玩呢？也可以将红枣换成体积更小的豌豆，或将碗换成敞口杯，增加游戏的难度和挑战性。

在玩容器游戏的过程中，妈妈应在旁边看护，防止宝宝吞咽豌豆等物。

杯中取物。选一个色彩鲜艳的积木，在宝宝面前摇晃，引起宝宝注意后，将积木放入纸杯中，看宝宝会怎么做。宝宝可能对纸杯感兴趣，也可能直接用手拿杯中的积木。宝宝的兴趣点只在纸杯上时，妈妈不必打断他。宝宝摇晃、摔扔或不小心弄倒纸杯时，积木会滚出来，这时妈妈可用语言和手势提示宝宝："宝宝看，积木滚出来了。"妈妈又将积木放入杯中，宝宝可能会将注意力放到拿取杯中的积木了。

宝宝成功地将积木拿出后，妈妈再引导宝宝重复几次，强化宝宝已获得的经验。接下来，挑战开始了，妈妈把积木放入纸杯后，再拿来一个纸杯套叠在装有积木的纸杯里，积木就被套入的纸杯盖住了，看看宝宝有没有办法直接拿到积木。宝宝可能还会直接伸手去抓，却怎么也抓不出积木来。当无意的摔扔或摇晃让上面的纸杯掉下来后，宝宝又可以拿到积木了。这时妈妈可用语言提示宝宝，并重新示范一遍，引导宝宝再来一次。经过多次的重复，看看宝宝会不会知道将上面的纸杯拿走，再取其中的积木。

用两个杯子来回倒水，也是宝宝相当喜欢的容器游戏。但它对宝宝双手的平衡能力有较高的要求，若宝宝的能力尚未达到，可等宝宝成长到下一阶段时再玩。对会玩的宝宝，妈妈就不要怕把衣服、地板弄湿的麻烦，给宝宝穿上防水罩衣和防水小靴子，让宝宝尽情地玩。也可选择在宝宝衣服需要换洗的时候玩，即使弄湿了也可以马上脱下来洗。在气温较低的秋冬季节，玩倒水游戏就要视具体情形而定了，以防弄湿了身体导致感冒。

套叠纸杯。生活就是最好的教育。妈妈可从日常生活中取材，将一些常用生活用品变成宝宝爱不释手的玩具。譬如，2～3个一次性纸杯，就是一套很好的套叠玩具。将3个叠在一起的纸杯拿给宝宝玩，看看宝宝能不能自己发现并将纸杯拆分出来。妈妈也可示范将纸杯套叠起来，让宝宝模仿着套叠。

随着纸杯的拆分与套叠，纸杯的数量会不断增多与减少，这对宝宝发展数概念是很有帮助的。也可以从市场上选购一些不错的套叠玩具，如俄罗斯套娃、金蛋、七彩虹圈等。套叠玩具能很好地发展宝宝的精细动作和认知。

玩"垃圾桶"。一些平日里常见但又不让玩的物件，如垃圾桶、妈妈的化妆盒、手机等，反而特别吸引宝宝，宝宝总想着要玩一玩。每天都见家人往垃圾桶里扔东西，宝宝惦记着哪天也要试一试。随着爬行能力的产生，这个愿望终于可以实现了。这时妈妈不得不将垃圾桶放到宝宝不太容易够着或找到的地方，再为宝宝做个替代品给他玩。

买一个小塑料桶，大小以宝宝坐着时能看到里面的桶底为宜，或直接买玩沙时装沙的小沙桶，日后还可以在玩沙时用。妈妈可用废纸揉捏出一些纸球来，和宝宝玩纸球入桶的游戏："收垃圾啦，宝宝，把纸球放进垃圾桶好吗？"然后给宝宝做动作示范，用拇指食指及中指捏起纸球，放入垃圾桶中，并鼓励宝宝练习。

或是让宝宝随性地玩，他可能更喜欢打翻垃圾桶，将里面的"垃圾"如布条、纸球等倒出来。这时妈妈不用干涉，让宝宝自己探索即可。玩容器游戏，垃圾桶可是很多宝宝的第一位启蒙老师呢。

找玩具。 上阶段玩过找玩具游戏的宝宝，当其能轻易地从两个杯中找出玩具后，妈妈不妨换个玩法：拿来三个杯子，将积木放入其中一个，让宝宝猜猜在哪里。但这种玩法有时不大容易顺利完成，因为宝宝的注意力可能会在杯子上，自己拿着杯子玩去了，把你和你想要玩的猜猜游戏晾在一边。

或者是，拿两个纸杯来，当着宝宝的面将一个积木放入其中的一个杯子，然后请宝宝指认积木在哪个纸杯中。若宝宝能顺利指认出来，妈妈不妨再拿块大点的手帕，将积木放入杯中后，就用手帕把两个杯子一块盖起来，等待宝宝盯看一两秒后再将手帕拿走，看宝宝是否还能顺利指认出积木。

也可以将玩具当着宝宝的面藏到沙发或椅子后，让宝宝爬过去自己找到玩具。宝宝拿到玩具后让他玩上一会儿。多玩找玩具的游戏，能帮助宝宝增强短时记忆力。

把小熊给我。 拿三四个宝宝很熟悉的玩具，如小熊、积木等，摆放在宝宝面前，妈妈对宝宝说，"请把小熊给我"，看看宝宝能不能从玩具中拿对小熊。当宝宝拿对了时，妈妈说"谢谢"并鼓掌表扬一下宝宝。若宝宝拿不对，妈妈可将玩具的名称逐个告诉宝宝一遍，然后再来。

认动物。 认识狗狗、猫猫后，带宝宝认知更多的动物，如金鱼、小鸟等。到附近小公园玩时，妈妈可引导宝宝仔细观察金鱼，并告知宝宝它的名称；带宝宝到一些老人家喜欢去的地方，可能会遇上有人在遛鸟，抱宝宝听听鸟叫，观看鸟儿在笼子里腾跳的样子。

由于发展精细动作的需要，宝宝对细小事物非常喜欢。他们也似乎更喜欢细小的动物，如蚂蚁、毛毛虫、蜗牛等等。当第一次发现蚂蚁时，宝宝会很惊奇、惊喜，他会追着观看小蚂蚁，甚至会伸手去捏它。小小的蚂蚁，带给宝宝的是大大的乐趣。

不少家庭会为宝宝买动物挂图或水果挂图，让宝宝通过挂图来认知事物。我建议在使用挂图前，让宝宝先认识实物最好，至少是部分实物。当宝宝见过蚂蚁，再来认识挂图上的蚂蚁时，感觉会是不一样的。

耳朵在哪里？本阶段的宝宝开始对自己的身体产生认知兴趣。玩《五官谣》让宝宝对自己身体器官有了一定的感知基础，这时妈妈可和宝宝玩"耳朵在哪里"的游戏，更好地发展宝宝对身体的认知。

妈妈抱宝宝到镜子前，拉拉宝宝的耳朵说"耳朵、耳朵"，让宝宝先认知自己的耳朵。熟悉一段时间后，妈妈问"耳朵在哪里"，然后拉拉宝宝的耳朵，意思是"耳朵在这里"。如此反复，经过一段时间的练习，当你问"耳朵在哪里"时，宝宝会自己拉拉耳朵。

宝宝认知一个身体部位并巩固一段时间后，可让宝宝接着认识鼻子了。即使宝宝成长到下一个阶段，仍会很喜欢玩这类触摸游戏。

玩具一次不给多。9个月月龄前，多样的玩具能给宝宝丰富的新异刺激。但9个月月龄后，随着宝宝认知的发展，一次给其太多玩具就不是件好事了。我们可以为宝宝准备丰富的玩具，但玩玩具时一次不要给太多。也许是玩具多过了头，不少宝宝一个接一个地换，根本没有把心思和时间花在任何一个玩具上，似乎这些玩具就是用来消遣和分心的，这样只会破坏宝宝的专注力，并削弱他们的想象力。

正确的做法是，对满9个月月龄及更大的宝宝，挑三四个当下宝宝最喜欢的玩具供其玩耍，其他的收藏在宝宝不易发现的地方。让宝宝变着法子、尽情地玩当下他最喜欢的几样玩具，当玩到没有新奇感后，宝宝的玩兴自然就会慢慢消退，这时再换新的玩具给他。给大月龄的宝宝玩玩具，少即是多。

记得我小时候，整个村子都没有一件从集市上购买来的正式玩具。我和小伙伴的玩具就是石头、树叶、枯枝、泥巴。然而，泥巴地里的童年依旧快乐无比，一块泥巴我们就能玩出无数的花样来。用泥巴捏小人、砌砖头、做烧饼、和稀粥，或是将其摔打在地上看泥巴开花，抑或用泥巴来打仗……

现在，女儿又将一堆积木，从半岁一直玩到上幼儿园，仍爱不释手。从咬积木、拿积木对敲、摔扔积木，发展到用积木排火车、垒高、搭拱桥、拼图形，长大点后又用其砌房子给小兔子、小狐狸住，已有点褪色的小积木，被女儿玩出无数的花样来。我想这对女儿想象力、专注力的发展是有很大益处的。

和其他家庭没有两样，我也为女儿准备了非常丰富的玩具。但我仍坚持一次只给女儿几样玩具，不给多。也许会有人担心，这样会不会导致宝宝无法获得足够的新异刺激？对此，我并不担心。只要宝宝仍在兴趣盎然地重复玩某一玩具或某一游戏，这个玩具或游戏对宝宝来讲就仍是新的。因为一个玩具被玩过后，倘若没有新的玩法能使宝宝获得新的动作技能与感知体验时，宝宝就会本能地对这个玩具失去兴趣。他会毫不犹豫地"抛弃"掉这个毫无用处的家伙，去寻找新的玩具或玩新的游戏，以获取新的感知体验和动作技能，满足自己日渐复杂的成长需求。

正是因为宝宝"喜新厌旧"的特性，家里有宝宝的家庭总是有一大堆被遗弃的玩具。这些被宝宝遗弃的玩具，家长不要将其扔弃或就此束之高阁，说不定哪一天，认知能力得到极大发展的宝宝，还能将原本遗弃的老玩具玩出新花样来。

5. 抚触按摩

伊拉娜·鲁本菲德说：皮肤、肌肉和神经系统记录着我们从母亲子宫开始，这一生如何受到他人对待的一切回忆。抚触按摩，让宝宝记住了来自妈妈的尊贵对待。

经由抚触按摩传递给宝宝的爱，会深深烙印在宝宝潜意识的深处。到今天，你已为亲爱的宝宝提供数月的抚触按摩，其间带给了宝宝多少价值无限的成长支持，怕是难用数值来衡量的。

现在，很多宝宝更喜欢以游戏的形式进行抚触按摩。分身乏术的妈妈不妨请求丈夫的帮助，让丈夫逗引或陪宝宝玩耍，以吸引宝宝的注意力，自己则抓紧时间进行按摩。也不强求一定完成整个抚触按摩流程，能完成多少就算多少，不要过于强制宝宝配合。

在往后的日子里，宝宝活动能力越来越强，自我主张也逐渐彰显，抚触按摩成了考验妈妈智慧的一项教养活动。譬如学步儿，其到处玩耍的兴趣就会远胜按摩的兴趣。这时妈妈可在宝宝面前帮丈夫按摩，丈夫则表现出很享受的样子，"醋性"大发的宝宝不能忍受自己"独享"的妈妈给别人按摩，会立刻拉住妈妈按在爸爸背上的手，大声抗议似的喊道"宝宝按、宝宝按"。

对学前幼儿或学龄儿童，可以直接和孩子进行语言上的沟通，在尊重孩子意愿的基础上进行按摩。后续的篇章不再赘述抚触按摩了，送妈妈八个字：抚触按摩，贵在坚持。

6. 语言学习

本阶段是宝宝理解口语语义的关键期，妈妈多和宝宝说话、沟通，对宝宝理解语义会有很大的帮助。

1岁左右，部分语言发展较早的宝宝，开始会喊"妈妈"了。宝宝明显感知了语言的力量，会"妈妈、妈妈"喊个不停。每一声都是情真意切的爱的呼唤，每一声都是在向妈妈传达建立更深更亲密关系的渴望。心花怒放的妈妈也热切地回应宝宝。

宝宝重复的功夫太厉害了，他能一次喊上十几二十遍，妈妈你还能热切回应吗？作为智慧的优秀妈妈，我希望答案是"是"。喊与应，是宝宝与你之间最简短也是最有力的沟通与交流。你的每一次回应，都是在强化宝宝对语言力量的感知。宝宝会觉得，要和妈妈沟通或表达需求，说话远比哭更便捷、更有力量。在这种正面强化下，宝宝也会更加愿意用语言来进行沟通了。

坚持一物一名称地教宝宝指物说名，慢慢丰富宝宝的词汇量。在巩固宝宝叫"妈妈"的情况下，妈妈继续教宝宝喊"爸爸、爷爷、奶奶"等更多人物称谓，继续利用穿衣、吃饭、玩耍等日常生活事件和宝宝多交流、互动；同时，多给宝宝听语句简单、词汇重复的儿歌，让宝宝感受节律的同时学习词汇。

有些宝宝手势语、体态语发展得很好，而妈妈又是很懂宝宝的人，就有可能会出现宝宝较依赖手势语交流而忽视语言交流的倾向。当妈妈发现通过手势语、体态语等能和宝宝较好交流时，更要鼓励和引导宝宝多说，支持宝宝发展动嘴说话的能力。

7. 亲子阅读

至乐莫如读书。成长真是惊喜不断，接下来，你又有珍贵的成长礼物可以送给你的宝宝了。这份珍贵的礼物在孩子智力发展、情绪情感发展、亲子关系构建甚至未来的学业表现等诸多方面都有莫大帮助，它便是亲子阅读。

阅读能力是宝宝未来学习时必备的最基本也最核心的能力之一。通过培养宝宝的阅读兴趣，使宝宝从小养成喜好阅读的好习惯，对宝宝的认知发展及未来的学业将会有非常明显的积极影响。

不仅如此，亲子阅读同时还是很好的语言学习。在日常生活中，妈妈和宝宝交流时使用的多是"吃饭、玩球、喝水、尿尿"之类的词汇；在亲子阅读中，则会出现很多对宝宝来说很新奇的词汇，如"蓝天、小考拉、米菲"等，这对宝宝的语言发展是很有帮助的。

亲子阅读还是一种其乐融融的母婴交流。妈妈阅读的声音、温暖的怀抱，都会让宝宝深深地体会到关爱。和妈妈一起躺在床上，听她讲睡前故事，是多少宝宝一天中最期待也最感惬意的美妙事件。

亲子阅读，让宝宝的想象力无限伸展。在妈妈朗朗的读书声中：宝宝会"遇见"会眨眼的星星、对着自己唱歌的小鸟、一群窃窃私语的小麻雀，以及找不到妈妈而哭泣的熊宝宝……

当宝宝长到较大月龄，开始阅读童话故事等幼儿文学时，幼儿文学所特具的温婉与柔美，蕴含着天然般母爱的阳光，滋养着孩子的情绪情感发展，播撒着真善美的金种子，全方位支持宝宝获得完整的成长。

在英国，每一个1～2岁的宝宝都会收到英国政府赠予的一个小小"财富箱"，里面装着1个书包型的小背包、2本书、1个涂鸦板和各色蜡笔、1本为1岁多孩子推荐的书目以及1份加入当地图书馆的邀请函。这份小小的礼物意在鼓励孩子发展语言、阅读以及以涂鸦为起点的读画写。这个被称作"始于阅读"项目的推广人认为，每个新生的小生命都应得到最好的生活的开始，要达到这一目的，没有比父母、孩子一起参与到阅读中来更好的办法了。

美国心理学家陶森博士（Dr. F. Dodson）在自己的著作《怎样做父母》中写道："爱书和爱读书的基础是在生命最初的5年中奠定的。"认知发展神经学家黛布拉·米尔斯也提出"早期经验塑造婴儿终身学习的大脑架构"的观点。正因为如此，在各个领域表现极为杰出的犹太民族，不少家庭还保留有这样的传统：当孩子出生不久，母亲就会让他舔舔粘上蜂蜜的《圣经》，让孩子感觉到"书甜如蜜"。

至要莫如教子，至乐莫如读书。也让我们为孩子献上这份珍贵的成长礼物吧，无论是席坐在地板上、舒服地窝在沙发里抑或是躺在柔软的床上，还是宝宝依偎在妈妈温暖的怀抱里时，都有母子俩一起阅读的温馨场景。

阅读从玩书开始。亲子阅读的内涵是很广泛的。所谓亲子阅读，是指宝宝在阅读过程中，通过视觉、听觉、触觉、动作、语言表达等多种感知觉通道，感知和认知色彩、符号、图像、形状、声音、质地、情境以及阅读时蕴含着的情绪情感的综合活动。

实际上，宝宝的阅读早在看黑白或彩色视觉卡时就开始了。从玩书、看图识物到真正的绘本阅读；从看一眼就将书推开到专注地看上十几分钟，亲子阅读也要经历一个台阶式的缓慢进步过程。我们应顺应孩子的成长节奏，充分尊重宝宝参与阅读时的自由性、自然性和自主性，以享受的心态，伴随孩子一步一步地慢慢来。

在宝宝眼里，一切皆玩具，图书亦然。可以为宝宝准备几本看图识物的图片书，让宝宝先从玩书开始。当妈妈抱着宝宝一起翻阅时，他发现眼前这个玩具可以分开合上改变形状，里面还有好看的图案，而且这些好看的图案还会时而藏起来不见、时而露出来呈现在眼前，他会觉得"咦，这个玩具真有点与众不同，好好玩"。

妈妈为宝宝指读里面的图案，有的宝宝会似懂非懂地一会儿看看书、一会儿看看妈妈，甚至会露出甜甜的笑。妈妈可一页一页地翻给宝宝看；也可以找一个宝宝喜爱的动物图像，如小熊，指给宝宝看后再合上书本，"咦，小熊藏起来了，我们找找吧"，引导、鼓励宝宝模仿自己的动作翻书找小熊。也会有宝宝没看几页就将书拨开，宣告自己"下课了"，阅读不过是几个指认的动作而已。但不管什么情况，对现阶段的宝宝来说都属正常。

本阶段的宝宝阅读时间很短，当宝宝将书推开或站起来要离开时，妈妈应顺应着终止阅读，让孩子遵循自己的意志去玩耍；或是妈妈接着读里面的内容，宝宝则在一旁自个玩。随着月龄的增长，宝宝的专注力、持久力会逐渐增强，阅读的时间也会慢慢延长。

至于一天中什么时间段最适合开展亲子阅读，答案是什么时候都可以，只要不是宝宝玩得很兴奋或比较疲惫时。有专家提倡在比较固定的时间段来阅读，妈妈也可以试试看。最容易形成习惯的固定时间段是在宝宝长大点后每晚的睡前时间。

阅读中的关联概念。阅读有苹果图案的卡片书时，摆两个苹果在跟前，当你指给宝宝看图片中的苹果时，也指指茶几上的真实苹果给宝宝看，让宝宝对画中的苹果和真实的苹果建立关联概念。慢慢地，宝宝就会明白这两个物件指的是同一个东西，"苹果"的特征就会在宝宝脑海中形成一个精神图像。由于宝宝对真实的苹果早已有印象，阅读时建立关联概念会比较容易。同样，给宝宝看图片上的树时，也可以指指室外的树给宝宝看，多让宝宝建立些关联概念。

我不太建议过早地将图案或实物与文字进行配对，这样会让宝宝容易混淆。大部分的图画书都会给图像配上文字，有些妈妈喜欢就苹果图案和"苹果"汉字来回地指读给宝宝，这样会让宝宝产生你嘴里所发出的声音"苹果"到底是指图案还是文字符号的困惑。一般情况下，指着苹果图案告诉宝宝这个是苹果就行了。

如何为宝宝选书。选择适合的图书，才能产生有价值的阅读。为宝宝选书时，应与宝宝当下的认知水平相匹配。对刚开始阅读的宝宝，宜选硬板书、卡片书或布书。这样的书容易翻页，方便宝宝通过自主翻页锻炼自己的手部精细动作。

里面的内容应以图片为主，且一页只有单一的一个图像，如一个苹果、一只小熊。图片色彩鲜艳，与纯色背景形成较强烈的对比，这样的图书简洁清爽而又具有较强的视觉冲击力，有利于宝宝进行感知。书的页数不要多，有的书只有6～8页，这样反而有利于宝宝进行重复阅读。

有些妈妈会为宝宝选择有很多图案的书，一页纸上就有蓝天白云青草以及各色动物，看上去很美、很丰富，但这样的图书并不适合现阶段的宝宝。在0～3岁阶段，表达元素少而精练的图书反而更适合宝宝。

很多大人无法理解宝宝为什么那么喜欢央视幼儿节目《天线宝宝》中的卡通形象，在大人看来，那些卡通形象太过简单，简单到有点不太像人的形象了，可宝宝异常喜欢。宝宝和大人的世界是不一样的，这一点在视觉喜好上就明显表现出来了。大人认为丰富才美，宝宝认为简单才美。

亲子阅读的误区。进行亲子阅读时，应避开一个误区：将识字等同于亲子阅读。在0～3岁阶段，我们并不赞同家长刻意地教宝宝识字。即便是3～6岁大的幼儿园孩子，国家也明确规定不能对其实施以识字、算数为主要教学内容的教育，更何况这么小的宝宝。

若将亲子阅读的重心放到识字上面，宝宝会很快失去兴趣的。媒体曾报道这样一个案例：有个3岁的宝宝，已识好几百个字，妈妈很以此为豪，其他孩子的妈妈也是羡慕不已。可没过多久，妈妈再让宝宝识字时，宝宝总是挤眉弄眼、坐立不安的，对识字失去了兴趣，甚至产生了抵触情绪。类似的例子很多，正是这种刻意的识字，让宝宝对阅读慢慢失去了兴趣。在进行亲子阅读时，应旨在培养宝宝的阅读习惯、阅读兴趣，并在阅读的过程中得到各种成长支持，识字则不应是我们关注的内容。

我从来不把识字作为女儿的阅读事项，让女儿读书的兴趣一直保持得很好。到她3岁多时，每天晚上不给她读上至少两本绘本她是不肯睡觉的。更可气的是，有次周六的早上我想好好睡个懒觉，可女儿一大早醒来后就叫醒我："妈妈，快起来，太阳好高了，给我读绘本吧！"虽仍是睡眼蒙眬，可我又怎忍心拒绝如此"勤奋"的孩子呢？很快的，我发现还不到3岁半的女儿居然可以自己一个人指着绘本上的字在读，字字句句都读得准准确确的。识字从来没有成为我们母女俩阅读时的注意所在，它却顺其自然地、水到渠成地被女儿学会了，真正是无心插柳柳成荫。我还惊喜地发现，身边一些阅读兴趣和阅读习惯保持得很好的宝宝，识字几乎都成了他们额外获得的副产品。尽管如此，我依旧不将识字作为阅读时的阅读事项。

还有一个误区是，妈妈认为宝宝太小了，啥都不懂，不适合进行亲子阅读。实际上这些妈妈的想法是对的，这么小的宝宝确实不懂，最初的亲子阅读与其说是阅读，不如说是一种视听刺激或温馨的母婴交流。但视听刺激能支持宝宝认知上的发展，随着宝宝认知能力的增强，亲子阅读就在不知不觉中由单纯的视听刺激慢慢发展为包括情绪体验、认知、记忆在内诸多领域的复合发展了。阅读习惯和阅读兴趣也于不知不觉中逐步养成了。所以专家都认为现阶段已是宝宝进行亲子阅读的最佳开端时间，哪怕是再简单、再短暂的亲子阅读也是有价值的。就让我们和宝宝一起，好好享受这温馨的亲子阅读时光吧。

8. 自理能力培养及习惯养成

道晚安。继续巩固宝宝业已养成的生活规律，如相对固定的睡觉、吃饭时间；继续坚持洗澡、播放轻音乐、抚触按摩或亲子阅读等睡前小程序，有助于宝宝按时睡眠。到本阶段，随着宝宝认知的发展，又可以增加一道有趣的睡前程序了，它就是与家人和玩具道晚安。

到睡觉时间后，抱着宝宝，握着宝宝的手，教宝宝摆手和客厅里的家人道晚安、和心爱的玩具道晚安、和灯道晚安，然后抱宝宝回卧室，准备享受睡前的柔软时光。在"爷爷晚安、积木晚安、小汽车晚安"声中，宝宝意识到睡觉的时间到了。

敞口杯喝水。试着让宝宝自己拿着敞口水杯喝水，以进一步锻炼宝宝手部掌控物件的能力。宝宝学习用敞口杯喝水时，妈妈应在旁边看护，防止宝宝没把稳水杯一下子呛到了。继续让宝宝玩勺，鼓励宝宝用勺子往嘴里送饭。

关于如厕练习。一些来自农村的祖辈，倾向于较早对孩子进行如厕训练。也有少数育儿工作者及儿保专家，认为现在就应开始如厕练习了，并把宝宝是否能自己如厕作为其心理独立的重要指标。

实际上，2岁至2岁半才是进行如厕训练的最好时机。2岁至2岁半的宝宝已具备一定的认知能力，此时再实施练习会事半功倍，甚至是水到渠成。西尔斯博士更是明确提出晚训练比早训练好。正如他所认为的，当宝宝连控制排泄的肌肉都还未发育成熟，何来训练可言？而且，因为进行如厕练习而破坏原本良好亲密的母婴关系，确实是一件得不偿失的事情。

现在，越来越多的育婴实践证明，晚训练确实比早训练好。大部分的宝宝要到1岁半至2岁时，控制排泄的肌肉才逐步成熟，为正式的如厕训练提供了最基本的生理基础。1岁半至2岁的宝宝，由于认知能力更强，能比小宝宝更快地将自己的便意与坐小便盆这个行为联系起来，练习起来也更容易。即使妈妈想宝宝早点学会如厕，也宜等宝宝1岁半大后。

我的女儿快到2岁时才开始如厕练习。由于那时的她月龄已较大，认知能力也较强了，几乎是水到渠成般地学会了如厕。在此之前，我已熟练把握了她大小便的规律，能及时地把到尿和大便，在她不能自主如厕的时候免去了穿纸尿裤之苦。尽管她的爷爷、奶奶一再催促我训练她如厕，我仍相信晚一点会更顺利也更省事。

虽说月龄大点进行如厕练习更适宜，但凡事有度，再晚也应在宝宝2岁半左右让其基本学会自主如厕，至少是掌握部分如厕动作。2岁半后的孩子，认知能力已比较强，当他（她）发现其他小朋友都能自己如厕而自己不会时，可能会产生自卑情绪。3岁时即将进入幼儿园，宝宝也需具备自主如厕的能力才行。

本阶段的宝宝，若还没有对其进行正式的如厕练习，妈妈也应懂得给宝宝把尿。

第七章

13 ～ 18 个月宝宝的教养

（1 岁～ 1 岁半）

如果要我用一句话回答 0 ～ 3 岁婴幼儿应实施怎样的教养，我的回答是，敏感、亲密、自由的教养。

—— 马艺铭

第一节 13～18个月宝宝的身心特点

经过一年的成长，宝宝学会或即将学会走路，由可爱的婴儿成长为更为独立的幼儿。随着大脑能力的快速发展，宝宝开始会独立思考，步入了认知大发展时代。

自会独走几步起，宝宝便进入了所谓的学步期。迷上了走路的小宝，将通过大量的练习，从跌跌撞撞地迈步发展到很平稳地行走，继而发展出原地打转、后退、转圈走等"花样走"；行走较熟练后，会学着小跑，或大模大样地迈大步走。

在大人的帮助下，小行动家开始尝试着上下台阶；发现心爱的玩具在地板上，能蹲下来捡；攀爬已很娴熟，终于能如愿爬上沙发了。

自洒脱自在的随意运动发展为按事物属性进行操作后，宝宝开始关注事物的"大小、形状、颜色、数量、空间关系"等外在属性，为创造性地解决问题提供认知前提。慢慢地，宝宝会按电话机号码、会开合抽屉；已能双手捧敞口杯喝水，用刀叉叉小颗粒的水果吃，还能配合妈妈穿衣服、自己脱袜子等。

经过一年的语音练习，宝宝由前语言期进入到单词句时期，已能说"妈妈、爸爸、爷爷、再见、狗狗"等少量名称。到1岁半时，宝宝一般都能说出20多个名词了，并能听懂50多个词汇，以及一些简单的、没有夹带手势的语言。

有更多复杂的情绪情感，宝宝开始会害羞。当宝宝害羞时，大人切不可取笑他；看见妈妈抱别的宝宝会吃醋；看见别的宝宝哭，则会流露出同情来；遇到不顺的情形，这个人见人爱的小乖乖，居然会发起小脾气来，十足的小大人模样了。

1. 亲子教养

亲亲宝贝、宝贝亲亲。与宝宝身体上的任何接触，都会让宝宝觉得格外亲密、格外开心。从最初最常见的搂抱，到随手可进行的搔痒痒，以及玩亲子游戏时的鼻子对对碰等，无一例外让宝宝无比欢喜。

还记得这首脍炙人口的儿歌吗："爱我你就亲亲我，爱我你就抱抱我，爱我你就夸夸我……"这首被人广为传唱的儿歌，是孩子从心底流淌出来的真挚心声。亲亲宝宝的额头、小手，卷起宝宝衣袖亲亲宝宝的胳膊，在宝宝洗完澡后亲亲宝宝的脚掌……让宝宝充分地感受和享受爱的触觉。

玩亲亲游戏一段时间后，妈妈可先问宝宝："亲哪里？"宝宝会指指想你亲的部位，如胳膊。这在让宝宝选择的同时，更增添了不少乐趣。同时，也适当地让宝宝亲亲妈妈，次数无需多，让宝宝知道交往是双向互动的即可。

总是有人担心，这样会不会与宝宝太过亲密，会不会使宝宝过于黏人、不够独立？尤其对男宝宝，父母的这种担心更甚。对此，我还是送你西尔斯博士那句话：爱让孩子更独立。只有将爱给够了，宝宝才能更好地和母亲分离，变得更独立。

喜欢你就点点头。宝宝是个简单、直接的人。他们的需求表达也非常的简单直接：喜欢或不喜欢、要或是不要。妈妈可以告诉并教会宝宝：喜欢你就点点头，不要你就摇摇头。让宝宝以这种简单的方式，直接高效地表达喜欢与不喜欢。

点头和摇头可分成两个独立的部分来教，教时需配合有具体的教养事件。当宝宝高兴地吃喜欢的食物时，妈妈可问宝宝"喜欢吗？喜欢你就点点头"，并伴随有点头的动作来让宝宝模仿。妈妈重复这样的教导动作，会强化宝宝对喜欢的认知。过段时间，当你问宝宝喜不喜欢时，宝宝或许就会自己点头了。

接着，可在宝宝表达拒绝时，妈妈教导宝宝用摇头表示"不"或"不喜欢"，并停止进行宝宝不喜欢的事。从教宝宝表达喜不喜欢开始，让宝宝学会将内心的情绪和需求表达出来。

顺应宝宝的意图。女儿牵着我的手，拉我到鞋柜前，给我拿外出时穿的鞋子……意思你懂的：该出去玩了。可我正忙着呢，走不开呀，我为难地看着女儿，女儿渴望地看着我……每次遇到这样的情形，内心斗争一番后还是决定放下手中的活计带女儿出去玩，说服自己的也总是这句话：把时间花在女儿身上，没有比这更有价值的事了。

哪怕是带宝宝出去玩耍这样的小事，若我们能顺应宝宝的意图并满足，其实就是在滋长宝宝的权力和主张，就是在滋长宝宝的自尊和意志力。当宝宝要摔倒时，我们扶助的是宝宝的身；当宝宝表达自我意图时，我们扶助的却是宝宝的心。我们坚定地相信，宝宝心灵的成长，才是人生之根的成长。

我们经常可以见到这样的情景：妈妈带宝宝到附近的公园玩，在去公园的路上，宝宝指指这儿、指指那儿，嘴里发出"啊啊啊"的指示声音，刚开始妈妈会附和宝宝几声，慢慢地就没再搭理宝宝了；宝宝打挺想要下来自己走，妈妈稍稍抱紧点就将小家伙控制住了……宝宝的意图没有得到正面回应，最后，宝宝只有木木呆呆地、无聊地左右看了。直到到达目的地公园后，宝宝才终于得以"解放"，重获自由。这样的情景司空见惯，经常在我们的身边上演，不能不说是种遗憾。

孩子的成长发生在每时每刻，并非只在公园里。在通往公园的路上，若我们能顺从宝宝的意图，木木呆呆的时光就会变成很好的教养时机。譬如，当宝宝指指这儿、指指那时儿，正是你指物说名的好时机。宝宝指树时你告知他这是树，他指车时你告知他这是车。遇到宝宝未见过的新鲜事物，停下来让宝宝静静地看，甚至让宝宝摸摸捏捏，用手感受感受。当宝宝想下来自己行走时，街道不一样的路面，更是宝宝不错的行走练习场。有妈妈敏感、耐心的陪伴，这条通往公园的路，便是一个长长的教室，旁边的树、草、车、房皆是教具，它们都是为你们准备的。

欣慰的是，身边还是有很多懂得顺应宝宝意愿的妈妈，贝贝妈便是其中的一个。才学会走路不久的贝贝，很喜欢到户外玩耍，常主动地牵妈妈的手到门前，提示妈妈该出去遛弯了，贝贝妈几乎每次都会满足她的要求。贝贝妈知道贝贝每次外出都有一个固定事项，那就是坐小区门庭旁的摇摇车。每次贝贝拉妈妈的手要出去时，妈妈都会看着贝贝的眼睛对她说"请等一下"，然后返回卧室拿钱包，因为贝贝妈没有将钱包时刻放在身上的习惯。时间一长，贝贝听见妈妈说"请等一下"时，她知道自己需要等待一下了。到后来，贝贝便发展到每次出门前，自己走到卧室拉开抽屉把妈妈的钱包拿在手上；有时还会抽出里面的钱，对着妈妈说"羊羊（指喜羊羊摇摇车）""羊羊"。

我女儿1岁多时，我们全家就住在一个绿树成荫、花团锦簇的公园附近。我常在太阳不是很辣的时候带她去公园玩。然而，在带女儿去公园的最初几个月里，女儿被路上的花花草草所吸引，我都顺应着让她在路上玩起来。每次她都玩得很投入、玩很长的时间，结果每次没到公园就该回家了。我并不催促女儿，因为我知道，对女儿而言，路上的精彩并不亚于公园美丽的风景。当女儿玩过很长时间后，对路上的风景不那么感兴趣了，很自然地爱上那个有更多好玩地方的公园了。

这些随时发生在身边的、很小的事情，我们若能跟随宝宝的意图，随时给宝宝回馈和支持，在顺从宝宝意愿的过程中，既发展了宝宝的认知，又好好地滋长了宝宝的意志。生活会教会我们什么是真正的敏感，也会教会我们何谓真正的细致。请尽可能地跟随宝宝的意愿，做个"听话"的妈妈。

让宝宝做选择。被赋予选择权的孩子，将会体验到一种拥有个人力量和自主权的健康感受。自我意识日渐彰显的小宝宝，现在开始喜欢自己主宰自己的意志。若妈妈能顺应宝宝的意图，在日常生活中多让宝宝自己做选择，就能很好地发展宝宝自主意志和自我主张。

我的女儿1岁多时正值夏季，可以穿各种各样她喜欢的花裙子了。我为女儿准备了一个专用的无门小衣柜，将所有她喜欢的、适合于夏季穿的裙子、小T恤分类挂在衣柜里，花花绿绿的，很是漂亮。衣柜很矮，女儿一眼就能看到里面的裙子、T恤，站在地板上伸手就能够着它们。我再将裤子叠好分类整齐地放在衣柜底板上，女儿也能自己拿到。衣柜前则整齐地摆放着女儿的鞋子。每天早上穿衣时，我都请她自己挑衣服、挑鞋子。我每次都会尊重她的选择，顺应她的要求给她穿她挑定的衣裤和鞋子。很多次，从成人的审美角度来看，她所选择的衣物搭配着穿起来后，其效果实在是不敢恭维，但每次她都是很开心地配合着穿衣穿鞋，似乎很满意自己的选择。

将水果切好放入果盘中，女儿自己拿果块时，总要挑大的。有时大的果块被爷爷拿走了，她竟拿手中的果块找爷爷换。当女儿更大时，她想去哪里玩，出门后走哪条路，我都顺应她的选择。给她买衣物鞋袜时也带着她，尽量买她喜欢的衣物。

女儿年龄大一点后，思考的东西多了，做选择时有时也会犹豫不决。当她有点犹豫时，我都会耐心等待，绝不催促。有时她实在拿不定主意，问我怎么选择时，我也会告诉她我的看法，然后请她自己决定。有一次要去公园玩，面对两件都很喜欢的衣服时女儿有点犹豫，问我穿哪件。我说："红色裙子像花儿一样红红的，蝴蝶、小蜜蜂都很喜欢红色的裙子；绿色的裙子像小草的颜色，绿绿的，小草很喜欢，你想穿哪一件给它们看呀？"女儿说喜欢蜜蜂，于是选了红色的裙子。这虽然都是些不起眼的小细节，但我相信它们都能很好地支持女儿自我意志的增长。

女儿自主选择的习惯一直维持到现在，在日常的生活事件上，她已很有自己的主见了。在她上幼儿园后，我发现，女儿比大多数同龄宝宝更有主见，也更能向老师清晰而肯定地表达自己的需求。

疏导小脾气。随着月龄和能力的增长，宝宝如今越来越是个"有想法"的人了，越来越愿意主动表达自己的主张。

"想法"多多，可宝宝还不能像大人一样完整、顺畅地表达出来，当自己的"主张"得不到你的理解和尊重，甚至被曲解时，小家伙的小脾气自然就会上来了；或是宝宝无法达成某件很想做的事情时，因此产生的挫败感也会让宝宝发脾气；还有一种原因是，当他兴致勃勃地要进行或正在进行某项探索时，被禁止或被要求停止，面对你说"不"，自我主张日渐强烈的宝宝会以发脾气的方式来抗争。

当宝宝发脾气时，性子急一点的爸爸可能也跟着上火了："这还了得，屁大点的娃娃就长脾气了，长大了还不得长翅膀了？"于是大人最拿手的"训导""叱喝"就开始上场了。宝宝想表达却不能顺畅地表达出来，想要做却又不能顺利地做到，心里自然会比较憋屈，这时大人再去训导，这不是"雪上加霜"让小宝宝更难过吗？要知道，小宝宝可万分不期待自己有个野蛮妈妈或野蛮爸爸。

实际上，宝宝发小脾气，说明宝宝无论是情绪能力还是内在心理能力都得到了长足发展，妈妈反倒应该高兴才是。面对发小脾气的小宝宝，我们应协助其逐步学习调节自己的情绪，这样宝宝的情绪能力将会迈上新的台阶。

处理宝宝发脾气，妈妈首先应做的是平静对待。宝宝发脾气，是在以一种健康的方式释放消极情绪。让宝宝在不受任何外来干预的情况下，自己完完全全地将消极情绪释放掉，是处理宝宝发脾气的最佳选择。妈妈在一旁或轻搂着宝宝静静地等待，任由宝宝用自己的方式将情绪释放掉，这种方式既给了宝宝处理情绪的时间和空间，也为宝宝树立了温和平静的好榜样。

过多介入会妨碍宝宝释放情绪，但在宝宝没办法自己解决或寻求你的帮助时，妈妈应加以及时疏导：一如既往地接受、理解、认同宝宝的消极情绪，通过语言、眼神、拥抱等方式给宝宝安抚。你把正在闹情绪的宝宝拥抱入怀，并在他耳边轻轻地说"宝宝生气了，妈妈知道的，妈妈爱你"。对年幼的宝宝来说，拥抱是很好的情绪药方。

有些意志强烈的宝宝可能会在你的怀里扭个不停，反抗拥抱所带来的限制。这时妈妈可换个拥抱的姿势，将宝宝脸朝外抱着，这样宝宝会感觉少些限制，慢慢地也会安静下来。

不打骂宝宝。"我只是轻轻拍了两下，象征性的，不疼，让宝宝知道错就行了。"当说到不要打骂宝宝时，有妈妈这样为自己辩驳。到底是宝宝错了，还是你在犯大错？要知道，哪怕只是一个没有真正打下去的象征性打骂手势，对宝宝的负面影响也是不容忽视的。

哈佛大学医学院阿尔文·坡圣特教授（Alvin Poussaint）研究发现：经常挨打的孩子比普通的同龄人更有暴力和犯罪的倾向；这些孩子成年后更易患上抑郁症或是不合群，甚至经济收入和事业层次都更低。不仅如此，在降低宝宝自尊方面，打骂完全有资格够得上"自尊杀手"这个恶名。宝宝是鲜活的生命体，对外界的感知极其敏锐，打骂将会给他们带来深远的负面影响。正如海姆·G.吉偌特（Haim G.Ginott）所说，孩子就像尚且湿软的水泥，所听到的每字每句都会在他们身上留下印记。

而且，打骂的负面效果很快就会显现，当宝宝长到三四岁出现打人或咬人等令人头疼的行为时，其中一个原因可能是你在此时就为宝宝种下了暴力的种子。还记得《智慧妈妈的教养经》开头描述的小宝宝妞妞吗？她一直在妈妈敏感、自由的抚养方式下健康快乐地成长。当妞妞长到1岁多后，有一次，仍抱着传统育儿观念的奶奶因事在妞妞屁股上轻轻打了两下，结果好几天妞妞都不让奶奶抱。这件事过了好几天，再问及妞妞此事，妞妞还会拍拍自己的屁股，告诉你奶奶打过她。自此后，奶奶再没打过这个会"记仇"的小家伙了。

面对宝宝所谓的"不听话"，你唯一能做的就是顺应与疏导，或是通过转移注意力的方式引导宝宝去做其他感兴趣的事。当两者都不奏效时，就平和而坚定地直接将宝宝抱走。带有点强制色彩的抱走，要比通过打骂来阻吓宝宝强得多。

对某些必须禁止的行为，妈妈宜给宝宝明确而坚定的禁止指令。如玩电源插座，妈妈可拉着宝宝的手，眼睛看着宝宝，也要求宝宝眼睛看着自己，指着电源插座告诉宝宝"不能玩"，并伴有摆手或摇头等表示"不"的手势，让宝宝很明确地感知你的坚定，然后通过给宝宝其他玩具的方式转移宝宝的注意力，若无法转移注意力则直接将其抱走。

不当宝宝面吵架。1岁多的宝宝，对外界的感知更强烈。遭遇负面的刺激，会给宝宝带来深切的消极体验。其中，父母当着宝宝的面吵架，是让宝宝最感不安、最感恐惧的事件之一。

面对父母充满敌意的争吵，或是火药味十足的相互指责，宝宝会感到非常不安。父母争吵时，宝宝会出现肌肉紧张、心跳加快、冒虚汗等身体反应，压力激素皮质醇也急速上升，这与成人观看恐怖片、惊悚片时的身体反应类似。可以这么讲，宝宝看父母争吵时的恐惧程度，可与我们观看恐怖片时的恐惧程度相比。这种恐惧会极大地打击宝宝好不容易才建立起来的安全感。一个生活在父母关系不和谐、充满争吵的家庭中的宝宝，很早就会对他人的情绪表现得过于敏感。

父母常在宝宝面前吵架，久而久之，宝宝也会习得这种非理性的化解矛盾方式。宝宝在与同伴交往中，甚至成年后与他人相处过程中，常会以斗争的方式来处理人际关系。斗争的方式不利于宝宝进行良好的社交，也不利于宝宝与他人建立良好的人际关系。

在现实生活中，即使是再恩爱的夫妻，也有吵架的时候。偶尔吵架，也能让双方释放掉消极情绪和压力。只是吵架时，一定要选择一个宝宝看不到也听不见的地方，避开宝宝。争吵完后不要直接面对宝宝，因为怒气未消的你即使不拿宝宝撒气，也不会很细致、耐心照看宝宝。最好先去干点别的事，或是散散步舒缓一下心情后再回到宝宝身边。万一吵架时被宝宝看到了，应立刻停止争吵并安抚宝宝。

在远离宝宝的地方吵架时，夫妻双方不要进行人身攻击或人格侮辱；吵完后，也不要记仇。在双方气都消了时，理亏的一方应主动向对方道歉。

在所有人际关系中，婚姻是最深刻的一种人际关系。在婚姻关系中，父母之间的亲密互动与交往，是宝宝人际交往最重要的范本，也是宝宝获取亲密关系最重要的范本。爱你的丈夫或妻子，是你能给宝宝的最好的教育之一。

宝宝最爱温馨家庭。夫妻恩爱、幼子蒙宠、家庭成员平等互敬、家庭氛围民主开放、家居环境洁净有序，这便是一个温馨家庭的标准样式。就像树苗的成长离不开土壤一样，宝宝的成长也离不开温馨家庭这样的成长环境。

说到家庭样式，不得不稍带提下"原生家庭"这个词。心理学界将一个人幼童时期的家庭称为原生家庭。原生家庭对孩子的成长影响深远。每个成年人身上都会打上原生家庭深深的烙印。多少年后，仍看得见原生家庭的力量与影响。

一些资深的心理咨询师，通过对求助者的观察，或是从求助者心理困惑的自我描述中，就能推断出他原生家庭的大致样式来。有时，咨询师甚至还能由此推断出求助者父母的性格特点与他们之间的亲密关系来。并非是咨询师有神通，而是他从求助者身上，看到了他父母及原生家庭的影子。原生家庭对一个人的影响，由此可见一斑。

我们当下的这个家庭，便是宝宝的原生家庭。好的原生家庭，对宝宝的成长自然会有好的影响。亲爱的妈妈、爸爸，不仅不要当着宝宝面吵架，更应努力经营好婚姻，增进夫妻间的亲密关系。就宝宝而言，父母爱自己，也彼此相爱，还有什么比这更美好、更能带来安全感的事情？很多夫妻喜欢在人前"秀"恩爱。实际上，我们最应在宝宝面前秀恩爱，而且是真正的恩爱。

面对孩子时，除了表达爱，我们还应将"请、谢谢"挂在嘴边，让一言一行都体现对宝宝的尊重。当需要宝宝做什么时，也请多用"请你帮我……，可以吗？"这样商量式的语言，让民主开放的言行如影随形。请谨记：当想到"尊重"，就把宝宝当成大人；当想到"爱"，就把宝宝当成孩子。

阳台上的母女俩。1岁多的妞妞很可爱，特别招人喜欢，与妈妈的关系也越来越亲密，只要和妈妈在一起，妞妞总是特别自在、特别开心。妞妞妈妈也很享受和女儿在一起的时间，每天一下班就立刻回到女儿身边陪伴她。

又是平常的一天，妞妞妈妈下班后陪妞妞玩得很开心。不知不觉就到了要睡觉的时间了，妞妞也开始露出倦意。柔和的月光洒落在阳台上，妞妞妈妈抱着女儿坐在小凳上，给女儿讲月亮姐姐的故事。"月亮姐姐住在天上，有一只可爱的小白兔陪着她。小白兔白白的，可爱极了，月亮姐姐好喜欢它。小白兔陪月亮姐姐玩了一天，有点累了，像妞妞睡在妈妈怀里一样，小白兔也乖乖地躺在月亮姐姐的怀里……"妞妞似懂非懂地眨巴着眼睛，望望妈妈，望望月亮，在故事声中，不知不觉睡着了。

"露珠在荷叶上睡觉，星星在天空中睡觉，宝宝在小床上睡觉。露珠的梦是绿的，星星的梦是亮的，宝宝的梦是甜的。"妞妞妈妈抱着女儿轻手轻脚地往卧室走，还轻轻唱着刚刚学会的儿歌给女儿听。帮女儿盖好被子，妞妞妈妈亲吻了一下女儿的额头。望着女儿甜甜睡去，妞妞妈妈满足地笑了。

2. 动作练习

平地练走。练走，是本阶段宝宝最重要的动作练习。宝宝将把大量的时间和精力，用在练习这个具有里程碑意义的"大事"上。妈妈此时最大的事，就是协助宝宝进行大量的、不懈的行走练习。

把地板上的玩具收拾起来，给宝宝一块安全无障碍的空地进行行走练习。当宝宝已能走两三步时，妈妈在宝宝前面三四步处蹲着，伸开双手迎接迎面走来的宝宝。宝宝跌跌撞撞地走到你面前，一下扑到你怀里，在妈妈的称赞声里，充满了成功的喜悦。

通过不断练习，宝宝能走四五步，进而走上五六步，妈妈可随之拉大迎接宝宝的距离。最好吃的苹果永远是需要踮脚才够得着的苹果。有一点点难度但通过努力最终能达成的练习，最受宝宝这个小冒险家欢迎。妈妈总在自己还需要努力前行一步才能到达的地方，宝宝更有前往的兴趣。

这也许是最考验妈妈体能的一段时期，宝宝会不厌其烦大量地练习走路，永远不嫌够似的；或是拉着妈妈的手指到处走，哪里都觉得很新鲜，仿佛视野之内的每一处都是"新大陆"。这段时间对看护和支持宝宝走路的妈妈来讲，堪称体能训练了。

宝宝是个易兴奋、难抑制的小家伙，好动的他即使已较疲劳也有可能仍停不下来，所以妈妈得替他把把体能关。当宝宝跌倒的次数明显增多，是时候让他休息一下了。

喜走不平路。当平地行走比较熟练后，宝宝开始喜欢上走有点坡坡坎坎的路了。从喜欢上走人行道的盲道，到小心翼翼地走坑洼的地方，走上下坡，再到专挑难走的路来走，宝宝一点一点地为自己的行走增加难度，不断挑战自己的平衡能力。记得某品牌服饰有一句很精彩的广告语：不走寻常路。这句话若是用来描述我们的宝宝，倒是再适合不过了。

宝宝走不平坦的路时，很容易跌倒，需要妈妈随时随刻紧盯着才行。而且宝宝会不厌其烦地走，好像根本就没停的迹象，似乎故意考验妈妈耐心似的。若妈妈的耐心能包容下宝宝宝贵的坚持，宝宝就可以专注地、不间断地重复练习，并享受动作带给自己的乐趣和征服感，用丰硕的成长成果回报你的爱。倘若大人耐心不够，或是觉得宝宝调皮，甚至还以一句"好好走路"来训斥宝宝，宝宝的成长将会是另一番情形。

实际上，让宝宝"好好走路"最好的方式便是满足他的需求，让他好好地走不平路。当宝宝觉得走不平路太"小儿科"时，便没兴趣去走了。

走窄道。带宝宝上过早教的妈妈都知道，早教机构教室的地板上大多贴有一个椭圆形的彩条，让宝宝踩在彩条上走，他们称之为"走线"。但就在自己身边，宝宝总能发现更好的地方让自己进行"走线"练习。一条长而窄的低矮小道、凸起的大院门槛，或是草地边缘的矮小水泥围沿，都是宝宝练习行走的乐园。走窄道对宝宝的平衡能力要求更高，但这正是宝宝所想要的。在宝宝眼里，这些窄道上上演的精彩绝不亚于我们大人眼里的F1赛车道呢。

刚开始会主动牵着你的手尝试着去走，对新奇陌生的事物，宝宝往往是既兴奋又谨慎。慢慢地，随着熟练程度的提高，宝宝开始松开你的手自己走了。胆大一点的宝宝，你若是主动扶着他，他还会将你的手拨开呢。这时候，走窄道滋长的是宝宝果敢探索的精神。

走窄道

花样走。平地走熟练后，可教宝宝练习后退走、转弯走、拖拉玩具走等花样走了，我想小宝宝一定会很乐意接受这样的挑战。

用绳子系着玩具汽车，让宝宝牵着玩具走；围着柱子或圆形餐桌等物，引导宝宝转弯走；鼓励和引导宝宝后退着走。练习后退走时，宜在开阔的平地上进行，这样可以避免障碍物打断宝宝练习的连续性。

下蹲捡物。下蹲捡物能很好地发展宝宝下蹲、起立这两个动作技能，锻炼其腿部力量。放一个网球或弹力球大小的物件在地上，让宝宝去捡。由于网球体积较大，宝宝弯下腰就可以把它捡起来。当弯腰捡球较熟练后，换一个体积较小的，如乒乓球或红枣让其捡。捡红枣时，宝宝就不容易通过弯腰来达成捡物了，不得不尝试着半蹲下来，以期捡起红枣。当半蹲捡物也较熟练后，再换成纽扣、花片等物，这时宝宝就需要完全蹲下去才够得着了。就这样一步一步地、循序渐进地引导宝宝锻炼弯腰、半蹲、全蹲、起立这些动作。

下蹲捡物

上下台阶。能自主地上下台阶，需要宝宝具备较强的动作技能才行，一般要到2岁左右才能完全做得到，但有的宝宝从现阶段就已开始练习了。

妈妈抱着宝宝上下台阶时，宝宝打挺想要下来，那是向你传达他也想要试试的信号。扶着宝宝腋下，随着宝宝步伐上下台阶，妈妈发出有节奏的"哎哎哎"使劲的声音，或自编儿歌配合着宝宝的步伐为其鼓劲。妈妈扶持的力度要适中，太小宝宝完不成动作，太大宝宝得不到锻炼。

上下台阶的难度比较大，宝宝需要较长时间才能真正学会，到宝宝2岁时，才能两步并成一步上台阶，所以妈妈不能心急。也不能因为宝宝好像进步不大，妈妈慢慢地就懈怠了，没能很好地支持宝宝进行上下台阶的练习。

踏脚。在本阶段中后期，宝宝能比较熟练地行走后，可以尝试着练习踏脚了。"抬起、放下"妈妈给宝宝示范动作，引导宝宝先进行单脚练习。一只脚会踏后，再换另一只脚练习。两只脚都熟练后，可教宝宝练习双脚交替进行原地踏步，甚至是踏步向前走。

摆手操。做摆手操时，我们将节律明快的动作儿歌配合着动作一起来做。唱儿歌时，宜稍拖长腔一字一字地唱出来；做动作也应一板一眼地踩着节律来做。
"摆一摆、摇一摇，我的小手会做操（做摆手的动作）；向上举、向上举（做向上举的动作）、向下压、向下压（做向下压的动作），快来快来做早操（做摆手的动作）"，配合着歌谣教宝宝有节律地摆动、伸压手臂。

若宝宝还跟不上节律，可先只练习左右摆手的动作；当摆手动作较熟练后，再加上上下伸压的动作。慢慢地，宝宝就会摆手、举压连贯着做了。练习时，妈妈应根据宝宝的节奏调整自己做操的速度来配合宝宝。当宝宝动作熟练后，妈妈可加快动作的节奏，并伴以更欢快有力的摆手谣，宝宝会觉得更有趣，也会玩得更开心。

拍手操。同样，做拍手操时，我们也将拍手动作编成有节律的儿歌，边唱边做地来进行："拍一拍、拍一拍（拍手），我的小手举起来（举手）；拍一拍、拍一拍（拍手），我的小手转一转（以手腕为支点转动手掌）；拍一拍、拍一拍，我的小手抱起来（双手在胸前成抱状）；拍一拍、拍一拍，我的小手藏起来（将双手藏到身后）；还要拍、还要拍（双手继续藏在身后，有节律地左右摇动上身），小手小手快出来（将双手伸回身前并转动手腕）。"如此重复数次。

温馨提示

上一阶段开始练习的拉腕垂悬、节节高、跷跷板、摇摇摆摆、举高高等，本阶段仍可以继续进行。

3. 亲子游戏

骑马马。小时候骑在父亲肩上，是藏在我们内心深处、关于父爱最温暖的记忆之一。现在，不妨请丈夫将孩子扛上他那厚实的肩膀，让孩子感受如山父爱。

让宝宝岔开双脚骑在爸爸肩上，爸爸抓住宝宝的双手以保护他的平衡。过段时间后，爸爸可尝试松开宝宝的手，改抓宝宝的双脚，让宝宝自己保持上半身的平衡。这样既可以锻炼宝宝颈背部的肌肉，也能锻炼宝宝的平衡力。

由于高度不一样，即便是熟悉的地方，宝宝也会觉得景致不一样了。随着爸爸的行走，宝宝在"高空"中移动，这种"高空行走"也会给他不同的空间知觉刺激。爸爸还可不时小跑一下，给宝宝更强烈的刺激体验。

牵牛牛。用绳子拴上玩具汽车，让宝宝像牵牛牛似的捏着绳子拉玩具汽车走。牵牛牛会让宝宝遭遇一些问题情境，如玩具碰到宝宝的脚或其他障碍物；或是宝宝右手捏绳子，而玩具在身体左侧等等。当宝宝遭遇这些情况时，我们不急着伸出援手，看看宝宝会不会利用自身已获得的认知或经验自己解决。正如自由教育的伟大先行者A.S.尼尔所说，当我们自告奋勇地去教宝宝怎样玩他的玩具时，我们便剥夺了他生命中最大的快乐——发现的快乐和征服困难的快乐。

实际上，就算是宝宝右手牵着左侧的玩具玩耍，也没有什么大不了的。也许是偶然的机会，宝宝将绳子换到另一侧时，感觉就顺溜多了，这样不同的感知会引发宝宝的认知和"思考"。当这样的机会重复出现，宝宝就会将这种偶然获得的感知上升为经验，自然就知道用同侧的手牵同侧的玩具了。

零至两岁的宝宝，还处于感知运动阶段，他们发现并解决问题，很多时候都是经历"因偶然而感知，经重复而认知"这样一个过程。宝宝能自己经历这样的过程，每一次都是一种很好的成长经历。我们可随宝宝月龄的增大和能力的增强，适当地增多让宝宝试错的机会。

当宝宝很努力也无法把玩具从障碍物的阻拦下解放出来，开始有点气馁时，妈妈应适时地提供帮助。容易放弃或秉性较急的宝宝，妈妈应更早地提供支持，一切根据自己宝宝的特性和当下的情况而定。

小猴子滑滑梯。妈妈双腿并拢自然地坐在沙发上，将宝宝放在自己大腿上，和宝宝面对面、手拉手。"小猴子（将宝宝身体有节奏地上下颠），清早起（继续颠宝宝），跑到公园玩滑梯（继续颠宝宝），脚伸直、手握稳，"咻"地一下滑到底（妈妈把腿伸直，让宝宝顺着自己腿部滑下去）！"

滚、踢、扔球。球类一直受到宝宝喜爱。宝宝15个月月龄左右时，可让宝宝玩滚、

小猴子滑滑梯

踢、扔球的游戏了。滚、踢、扔球有助于宝宝发展空间意识。空间意识得到发展的他们很快就会在滚、踢、扔的过程中开始学习瞄准。

妈妈和宝宝面对面地坐在地板上，妈妈将球滚给宝宝，宝宝捧着球又滚给妈妈。妈妈配上自编的歌谣，再加上不时送上的鼓励，会使滚球变得很有趣。

能熟练行走的宝宝，可以让他试试踢球了。准备一个大一点的球，妈妈轻轻踢上一脚时，旁边的小模仿家可能就会跃跃欲试了。踢球对宝宝单脚站立时的平衡能力要求较高。若宝宝单脚站立的能力还不是太强，妈妈可让宝宝扶物踢球，如扶着茶几或是妈妈的手。

对于踢小物件，也许宝宝对你准备的小球并不感兴趣，却对地上的空矿泉水瓶或空易拉罐情有独钟，那就随着宝宝的兴趣去踢他喜欢的"玩具"吧。

气球可以是宝宝刚学踢球时的首选用球。气球大而轻，更容易踢，且踢起来时会弹得更高更远，会让宝宝更有玩的乐趣。气球充气不要太饱，以免突然爆炸卟到宝宝。一个气球玩过一段时间后就要更换新的，因为它爆炸的概率增大很多了。

小"球王"上场，得有妈妈陪着玩才精彩，要不然，宝宝踢上几脚就没什么兴趣了。踢球易使宝宝失去平衡，导致摔倒，妈妈应在旁边看护。大球玩过一段时间后，换个小点的，有点难度宝宝才觉得够意思。

扔球时，刚1岁的小宝宝，大多只会用小臂扔球；到15个月月龄后，不少宝宝就会抡起胳膊用力往远处扔了。

骑四轮脚踏车。在15～18个月间，有些动作能力比较强的宝宝已开始尝试着骑四轮脚踏车玩耍了。骑脚踏车玩耍，是宝宝第一次使用工具自主地使自己的整个身体发生移动，其中的乐趣不言而喻。

买车时最好带上宝宝，让宝宝坐上去试骑一下，看看宝宝目前的能力有没有达到能骑车的程度。也只有带上宝宝，才能确保买到宝宝喜欢的、适合宝宝的车。建议不要买电动车，因为电动车对宝宝的锻炼价值远远不如脚踏车。

宝宝骑在四轮脚踏车上，双手握着车头把车，用自己的双脚踏车前行。小小驾驶员所进行的驾驶练习，目前还属于无证驾驶，妈妈得时时刻刻在旁边看护好，防止宝宝后仰摔着宝宝脑袋。骑车前，妈妈记得给宝宝戴上头盔。

舀水、倒水。水对宝宝有着特殊的吸引力。洗澡时是给宝宝玩水的绝佳时机，应充分利用好这一黄金时段。当给宝宝洗澡时，给宝宝一些小容器让其玩舀水、倒水的游戏。

妈妈一边给宝宝洗澡，一边让宝宝自己用小塑料杯舀水后倒在澡盆中。经过一段时间的练习，当宝宝手部动作更灵巧时，再给他两个小塑料杯，让其坐在澡盆里尝试着用两个杯子来回倒水。用杯子来回倒水是宝宝很喜欢的游戏。多利用洗澡的时机让宝宝练习，下个阶段宝宝在客厅用杯子来回倒水时，就可以减少将水弄得满地都是的概率。

也可以给宝宝一块海绵，让其用手将海绵中的水挤出来。海绵浸满水时沉甸甸的，挤掉水时变得又轻又绵。海绵的这种属性会给宝宝不同的触觉体验，也让宝宝感受到重量的变化。动作已比较流畅的宝宝，可以教其将海绵中的水挤出滴在小塑料鸭子身上，给小鸭子也洗洗澡。

妈妈给宝宝洗澡，爸爸在旁边陪着宝宝玩，是最理想的洗澡课。舀水、倒水要求有一定的动作技能，爸爸在旁边协助会使玩耍更为顺利。这样的洗澡课，包含着亲子交往、触觉刺激、动作练习、玩耍嬉戏等诸多成长支持，含金量非常高。

在平时，也可以让宝宝站在澡盆外玩这些游戏。妈妈可选择在洗手间中玩，因为洗手间不怕被水弄湿地板，也容易打扫。我在与妈妈的交流中发现，凡是对宝宝玩水设有规定的，如必须在洗手间才可以玩，同时必须全副武装（穿防水罩衣、防水靴），宝宝都将玩水玩得最好，也坚持得最好。宝宝们可以在洗手间里极其投入地玩上很长的时间。

但洗手间同时也是安全隐患比较多的地方。洗手间的地板容易让人滑倒，被水泼湿后更是如此。宝宝在玩耍时，妈妈最好在旁边全程看护。

玩水虽是一项极具发展价值的游戏，但很多宝宝没有多少机会能玩它。"还没开始，就已结束"，这是很多宝宝开始玩水时遭遇的情形。开始练习玩水时，宝宝不可避免地会将水弄得到处都是，更把衣服也弄湿了，于是刚刚开始的玩水游戏就以家长收走水杯、终止玩水而告终。实际上，宝宝玩一段时间后，随着手部把控能力的增强，便可以不再泼洒水或少泼洒水，但他有这个机会吗？宝宝没有机会玩水，这无疑是憾事。若家长能有更多的耐心，玩前做好相关事前工作，完全可以做到让宝宝像玩其他游戏一样痛快地玩水。

小水滴搬家家。在洗手间中，准备一个小桶和一个小盆，并将其分开一小段距离，宝宝从小盆中舀上水后，捧着杯子走到小桶前，蹲下后再将水倒入其中。

在玩的过程中，妈妈可根据宝宝的实际情况尝试着提些许要求，如行走时尽量不要让小水滴跑出来，倒水时不要让小水滴跑到小桶外面去等等。不过，很多宝宝要到下一个阶段才能做到这一点，倘若如此，那就让宝宝率性地玩吧。

事前给宝宝穿上防水罩衣和长筒的小雨靴，防止水弄湿衣服导致感冒。妈妈应随时查看宝宝的衣服是否被水弄湿，湿的话宜早点更换。有的宝宝一玩上水就不肯罢手，妈妈不妨将玩水安排在洗澡前，若宝宝弄湿了衣服就可以接着洗澡，同时也满足了宝宝长时间玩水的需求。

倒豆子。一把豆子、两个杯，就可以给宝宝构成一个好玩的游戏。为宝宝准备两个敞口杯，大小以适合宝宝抓握为宜，一次性纸杯亦可。抓一把豆子放入其中一个杯子，让宝宝将豆子从这个杯子倒入另一个空的杯子，然后又将豆子倒回来，如此反复地来回倒豆子。

刚开始时妈妈可适当协助宝宝。妈妈一只手拿空杯，让宝宝自己拿着装有豆子的杯子，妈妈另一只手稍微扶一下宝宝的手使两个杯口对准，协助宝宝顺利地将豆子倒入空杯中。随着玩的次数增多，慢慢减少帮助，逐步过渡到宝宝自己完成整个游戏。精细动作发展较好的宝宝，也可以一开始就由着他自己倒来倒去。

豆子很容易撒落，掉落在地上时也容易弹跳到远处，甚至撒落得到处都是。妈妈不妨在地上铺块厚点的大毛巾或大块布料，让宝宝坐在上面玩，这样豆子掉到毛巾上时就不会弹跳得满地都是了。掉到外面的豆子，可以请宝宝自己捡入杯中。

倒豆子能很好地锻炼宝宝双手协调配合的能力，也会为下一个阶段宝宝最喜爱的一项游戏"用杯子来回倒水"打下基础。当倒豆子玩得很顺后，玩倒水时就可以减少弄湿衣服的概率。

积木垒高。垒高是积木最常见的玩法。现阶段的宝宝开始具备将积木垒高的能力了，可为宝宝准备3～6个体积较大的积木，让宝宝学习将积木垒高。体积太小的积木，宝宝垒高时不太容易成功。

刚开始可以依墙而垒，以降低垒高的难度。平着排放3块积木在墙底，第二排再平垒2块积木，以此类推往上垒成金字塔形。由于有墙做倚靠，成功的概率大大提升。在墙底垒积木时，若宝宝身体与墙面是相向而对，宝宝头部容易撞到墙面，妈妈应注意看护。

积木金字塔

随着宝宝能力的进一步增强，可让宝宝尝试着在空地上凭空往上垒高积木了。当宝宝成功地垒起几层积木时，妈妈不忘夸奖下宝宝哦。当宝宝已是一个熟练的"金字塔建筑工"后，妈妈可将大块积木换成体积较小的再让宝宝试试。

喜欢挑战的宝宝，接下来可以将积木一个压一个地垂直往上垒高，制造拔地而起的"高楼"了。这种单体垒高的练习要比垒金字塔难多了，这对宝宝是很好的锻炼。经过多次的单体垒高练习后，宝宝慢慢会发现"要将积木摆正才能垒得更高"的规律，这样既锻炼了宝宝的手，也锻炼了宝宝的脑。

也有宝宝并非如你设想的一样玩垒高，而是拿着积木随意地玩耍；有的宝宝喜欢迫不及待地将妈妈刚刚垒高的积木推倒。不要紧，就让宝宝跟随自己的兴趣来玩。若宝宝对垒高游戏实在不感兴趣，就由他去吧，没有游戏是非玩不可的。说不定哪天，随着能力的增强，宝宝又会重拾积木玩起垒高来。

搬运柚子。搬柚子使宝宝在负重的情况下行走，能很好地锻炼宝宝的全身力量和平衡力。

在本阶段中后期，为宝宝准备一个或几个大小适中的柚子，再准备一个装柚子的篮子，请宝宝将柚子搬到篮子里，或请宝宝将柚子搬给自己，并对成功将柚子递到你手中的宝宝说"谢谢"。

搬柚子搬累了，可将柚子放在地板上，请宝宝用手滚动，这又是另一种不同的锻炼了。或是将柚子搬到小玩具拖车上，让宝宝推或拉着车子走；月龄大点的宝宝，可试着由他自己完成"装车""运走""卸货"的全部工作。

玩抽屉。玩抽屉，又一个宝宝百玩不厌的经典游戏。抽屉就像是个具有魔力的百宝箱，对宝宝有着非同寻常的吸引力。它不仅是种好玩的游戏，也是宝宝体验空间、发现空间的方式之一。

宝宝玩抽屉时，喜欢推拉抽屉，或是将里面的东西倒腾出来。不管宝宝有什么玩法，都由着宝宝率性地玩。当宝宝将里面的东西倒腾出来后，妈妈可择机将其放回抽屉里，用行动告诉宝宝东西不仅可以倒腾出来，还可以装进去。不必强求宝宝模仿你将东西装入抽屉中，妈妈自己这么做就行了，要知道妈妈带有语言提示的重复示范也是有力量的。

我们不妨为宝宝腾出一个专属于他的宝宝专用抽屉，里面装上宝宝的玩具等心爱之物。宝宝月龄较大后，妈妈可以用纸贴写上宝宝的名字，贴在抽屉最显眼的地方，让宝宝对抽屉拥有强烈的物权感。

妈妈可不时更换里面的玩具，保持宝宝对抽屉的新鲜感。新买来的小件玩具先不直接给宝宝，将其放入抽屉中，看看宝宝拉开抽屉后会不会有新奇的表情，或第一个就伸手拿起它。我们鼓励宝宝玩自己的专属抽屉，但不要因此阻止宝宝玩其他抽屉，应一如既往地保障宝宝自由探索的权利。

还可以利用抽屉玩找东西的游戏。如将宝宝最喜爱的布偶放入其中一个抽屉，让宝宝自己寻找。当宝宝找到时，妈妈跟着宝宝一起欢呼，分享宝宝成功的喜悦。大一点的宝宝会自己往里收藏玩具，他会发现哪些玩具可以收纳进去，哪些却不可以，这对宝宝的认知发展也是有好处的。

玩抽屉时容易夹着手指。当发现宝宝开始有玩抽屉的兴趣时，妈妈应及时给其示范正确的拉推动作。俗话说"十指连心"，夹着手指时的疼痛感钻心般强烈，应尽可能避免这种情况发生。

当宝宝不小心夹着手指大哭时，妈妈可能下意识地跟着反应很强烈，甚至伴有尖声惊叫，这反而放大了宝宝的恐惧感。很多时候，如不小心摔倒、跌落，妈妈的恐惧反应带给宝宝的负面体验反而超过了疼痛本身。所以无论遇到什么情况，请妈妈情绪平和地镇定应对。刚开始你还是会下意识地反应强烈，这时有意识地控制自己，让情绪迅速平静下来。几次之后，你就能慢慢做到镇定自如了。妈妈先检查宝宝手指是否受伤厉害，看看是否需要送医院治疗。情况不严重的话，妈妈用嘴吹吹并抚摸宝宝被夹的手指，情绪镇定地安慰宝宝。

当宝宝情绪稳定后，立刻给宝宝示范如何正确拉推抽屉，他会记忆犹新的。"第一次"体验往往是感受最为深刻的，对宝宝来讲更是如此。宝宝所经历的各种"第一次"的体验，如宝宝第一次撞着头、第一次被热水烫着、第一次被抽屉夹手……都是我们教导宝宝的好时机，我们将其称之为教育的黄金节点，或教育的第一效应。充分利用第一效应引导宝宝，能起到事半功倍的效果。

温馨提示妈妈，宝宝迷上玩抽屉的这段时间，抽屉中不能放置剪刀等尖锐物件。药品、化妆品以及易被宝宝吞食的小物件也不能放在其中，以防出现意外。

翻箱倒柜。1岁5个月的熹熹除了爱玩抽屉，更喜欢在家里翻箱倒柜。熹熹家的书架是开放式的，没有门，这正方便了熹熹扒拉里面的书。熹熹妈把书整理好放回书架不久，经过书房时往里瞟了一眼，天啊，"小土匪"又将书扒拉下来，书散落得一地都是。熹熹妈双手一叉腰、脖子一扬就要"修理"熹熹，随即又无奈地垂下双手，想想为了孩子的成长，唉，还是忍了吧……

玩了一会儿书，熹熹走到鞋架前，将上面的鞋子一一扒拉下来，有的更扔到客厅中央。就这样，熹熹妈每天都得来回收拾好几趟书架与鞋架。这种情形几乎在每个宝宝家庭都曾经上演。你见过不喜欢翻箱倒柜的宝宝吗？没有！即便是金发碧眼的西方宝宝，其翻箱倒柜的本领一点也不逊色。幸运的是，西方父母大多像熹熹妈一样，允许甚至支持宝宝这种"烦人"的探索行为。

当你的宝宝将书架上的书一股脑儿地拨弄下来时，不知道妈妈你会如何应对，是训斥喝止，还是待宝宝玩够后将书整理回书架，以迎接下次"破坏"的来临？我当然期待你的选择是后者，我知道你有足够的耐心，一点一点地呵护宝宝成长。

滑滑梯。较小月龄时，宝宝可能已在妈妈的搀扶下玩过很多次滑滑梯了。滑滑梯没有多少动作要领可讲究的，更多的是带给宝宝快乐的运动感受和情绪体验。尤其是宝宝可以单独玩滑滑梯时，自由快乐的感受更甚。现在，妈妈可以尝试着在滑梯前保护，让宝宝自己滑下来，看看宝宝是不是乐不可支。若宝宝不敢自己滑，妈妈切不可强迫，也不宜过多鼓励。

玩锁。细心的家长会发现，此时的宝宝对小洞、小孔非常感兴趣，经常用自己的小手去戳、抠小洞、小孔。不起眼的小洞、小孔，却最能启发宝宝的空间意识、激发宝宝的探索欲望。让宝宝玩锁，是满足他们对小洞、小孔好奇心和探索欲的方式之一。

每次看见妈妈、爸爸用钥匙开门，宝宝也许早就对玩锁充满期待了。进门前，妈妈可将钥匙交给宝宝，鼓励宝宝将钥匙插入锁眼中。宝宝插不准时，妈妈可握着宝宝的手协助其插入。宝宝还不能扭动钥匙开锁，当宝宝将钥匙插入后，妈妈可握着宝宝的手将门打开，并松手请宝宝拔出钥匙。

如果妈妈没有时间等待宝宝开门，不妨给宝宝买一把小锁，让宝宝坐下来细细地玩耍。将钥匙（只留一枚钥匙）插在锁上，易于宝宝发现钥匙与锁孔之间的关系，主动发起插拔锁孔的游戏。

温馨提示妈妈，家里有安全威胁的小孔，如电源插座的插眼等，妈妈应注意防止宝宝用手指去戳。

穿洞洞。给宝宝拿四五块塑料花片来，让宝宝用塑料管或筷子穿花片。宝宝一手捏花片，一手拿塑料管，将塑料管从花片中央的小洞中穿过。

妈妈可先给宝宝示范一次：妈妈指着花片上的小洞说"洞"，然后慢慢地将塑料管从洞中穿过。给宝宝做示范，提示语言越简练越好，让宝宝将注意力全部放在动作本身。示范完后，交给宝宝试试。

家里没有塑料花片的，可找一块硬纸板，照铜钱的模样及大小裁剪几个纸花片下来，宝宝照样会玩得很开心。玩穿洞洞时，妈妈应在旁边看护，防止塑料管或筷子戳伤宝宝。

户外寻宝。拎上一个小桶，带着可爱的宝宝，一起到户外寻找宝物。宝宝心里的宝物是什么？路边的小石子、草地里枯树枝、小树叶，都是宝宝眼中的宝物。妈妈帮宝宝提着小桶，让宝宝自由自在地寻找他认为的任何宝物。妈妈应随时观察并看护宝宝，同时避免他捏到动物粪便等脏物。

当收获了不少宝物后，找一个地方坐下来，请宝宝清点下自己的战果，将宝物一个一个地拿出来。宝宝每拿出一个宝物，妈妈都不忘给宝宝介绍它的名字；也可以请宝宝将宝物倒出来，以锻炼宝宝倾倒物件的动作技能。

上一阶段开始进行的捏豆豆、剥糖果、拧瓶盖、钓小鱼、捏面团、插吸管等，本阶段仍可以继续进行练习。

4.认知发展游戏

指物说名认图形。在宝宝眼里，世界是影像式的。宝宝借助形状、颜色来认识这个影像式的世界。在宝宝的认知活动中，很多都是针对图形信息的。通过认图形，可逐步培养宝宝的图形感知能力。

动植物图形和几何图形是宝宝比较常见的图形。动植物图形具体形象，容易辨认。几何图像比较抽象，相对要难点。在辨别不同几何图形的活动中，宝宝最先掌握的一般是圆形，其次是正方形、长方形、三角形等。

认图形时，可通过指物说名、三段式的方式来教宝宝。指物说名主要针对1岁多的宝宝，三段式主要针对2岁多才开始认图形的宝宝。

教1岁多的宝宝认几何图形，应感知重于告知。"这是三角形，它有三个角，三条边"，若你这样教宝宝，他一定茫然不知所云。试想一下，宝宝连"边"和"角"是什么意思都不知道，又怎么可能通过它们来理解三角形呢？教现阶段的宝宝认图形，不在于他是否能说出图形的名字，更不在于他是否理解图形的特征，只需要他对图形有个整体的印象和感知即可。你只需指着三角形对宝宝说三个字："三角形"，就像以前你指着树对宝宝说"树"一样。

几何塑料片是理想的几何教具之一；次之，用图形卡或自制图形卡。自己动手制作图形卡时，边长、角度都必须很标准。很多妈妈喜欢用积木来教宝宝认图形，这对宝宝来讲有一定的难度，因为它同时涉及"积木""图形""色彩"等多个概念，容易混淆。

纽扣入瓶。给宝宝一个塑料瓶和一些纽扣，和宝宝玩纽扣入瓶的游戏。纽扣分成黄色大纽扣和绿色小纽扣两类，绿色小纽扣可以通过瓶口入瓶，黄色大纽扣则不能入瓶。绿色纽扣要多于黄色纽扣。只有能入瓶的纽扣多过不能入瓶的纽扣时，宝宝玩的兴趣才会浓。

当宝宝在妈妈的引导下拿着纽扣往瓶里塞时，会发现大纽扣不能通过瓶口，这时妈妈可提示宝宝说"请给妈妈"，请宝宝把大纽扣放到自己手心。到最后，宝宝就会发现黄色的纽扣都不能入瓶，全在妈妈手里，而绿色的可以入瓶，全在瓶子里了。就这样，让宝宝在玩的过程中很自然地将纽扣分成黄绿两类了。玩过一段时间后，有的宝宝就会直接拿绿色的纽扣往瓶里塞，不再理会黄色的纽扣了，这便是典型的智慧行为，说明他已能凭颜色来将纽扣分类了。

当宝宝会按颜色区分纽扣后，可将两类纽扣换成一种颜色。这时游戏的难度增加了，因为宝宝就只能凭大小来区分纽扣了。当宝宝经过反复的试错后，慢慢地发现并能直接拿小纽扣入瓶时，实际上他已初步学会按大小来将纽扣进行分类了。

分类是项很重要的数理逻辑智能，也是逻辑思维能力最基本的能力基础。每棵树都不一样，要把它们从万万千千的物件中分离出来并归于同一类，

纽扣入瓶

就要求宝宝具备将不同的树抽象出某些共同特征的能力。纽扣入瓶等分类游戏，能很好地滋长宝宝的逻辑思维能力。而且，通过纽扣入瓶之类的游戏来使宝宝认知分类，能使宝宝主动发现、主动认知，这要比简单地告诉宝宝"这个是黄色的，那个是绿色的"这种被动认知更能滋长宝宝的智慧。

宝宝学会按颜色或大小进行分类，也许会需要一个较长的学习过程。抽象思维能力的发展是一个较缓慢的过程，妈妈不应在乎结果，有一个高质量的玩耍与学习的过程就已足够。若发现自己的宝宝不会玩，将其顺延至下一个发展阶段再玩也不迟。

在玩的过程中，有的宝宝还会自己到处找物件往瓶子里放，这是很好的自主探索行为，妈妈应给予鼓励。在练习时，妈妈可以有意识地让宝宝使用左手，使宝宝左右手及左右脑平衡发展。

积木入瓶。为宝宝准备一个大口径的空瓶子，再拿四五块条形积木或圆柱形积木，让宝宝尝试着将积木往瓶子里塞。宝宝会遭遇到认知上的冲突，因为只有将积木竖着才能塞入瓶中，而横着不能。宝宝玩过几次仍塞不进去时，妈妈可做示范。

当宝宝会塞长条形积木后，可将积木换成正方形积木。积木大小适中，摆正并垂直对准瓶口时才能塞入，有所倾斜则不能。妈妈先不示范，让宝宝自己将积木塞入瓶中。当积木没摆正而塞不进瓶中时，看看宝宝会有什么反应或解决方案。

瓶盖配对。当宝宝能较熟练地将瓶盖拧上瓶嘴后，可让其玩玩瓶盖配对的游戏。妈妈找来一个瓶子和三个盖子，其中只有一个盖子是与瓶子配套的，请宝宝来拧瓶盖。宝宝会反复地将不同的盖子拧上拧下，直到找到适合的盖子拧上。

瓶盖配对练习不仅锻炼了宝宝的精细动作，也会引发宝宝逐步感知和发现事物间的一一对应关系，启发宝宝的思维。

玩套塔。宝宝的手部技能日渐娴熟，能玩套塔等更具挑战性的套圈玩具了，而这类认知发展玩具（或称益智玩具）同时也会挑战宝宝日益发展的大脑。

套塔的塔心呈圆锥型，只有将套圈按大小依次套进塔心，才有可能将所有套圈成功套下去。这需要宝宝通过不断地试错，不断地发现其中的关系并调整套圈的顺序才行，这个过程非常考验宝宝的耐心和智慧。

若发现对宝宝来讲难度太大，妈妈可挑选出两至三个套圈给宝宝玩，如放在塔心最低部的最大套圈、放在中间的套圈以及放在塔顶的最小套圈。妈妈可将其他的套圈暂时收起来，以免宝宝分心。减少套圈的数量能有效降低游戏的难度，同时三个套圈之间明显的大小差异也能让宝宝更易察觉它们之间的关系。

游戏开始时，可将三个套圈套好在塔心上再拿给宝宝，让宝宝先看到完成套圈动作后套塔的样子，再由宝宝自己将套圈取下来重新开始。当宝宝能顺利将两个或三个套圈按顺序套进去后，再逐步增加套圈的数量。

有些妈妈见宝宝总是不会套，就着急了，甚至亲自握着宝宝的手将套圈套进塔心里，这就将套圈这个颇具智慧的游戏变成了仅仅是锻炼手部精细动作的简单游戏了。当遇到宝宝实在不会玩的认知游戏时，那就静待宝宝长大点再说。

玩套塔

照片书。有一位令人感动的爸爸，自孩子出生之日起，每天为孩子拍摄至少5张照片，一直到孩子15岁，一日不断。他挑选出一些照片来，制作成一本孩子的成长集，在孩子15岁生日那天，作为生日礼物送给他。对孩子而言，还有什么比这更珍贵的礼物呢？我相信妈妈你也有给宝宝照相或拍摄的习惯，不时地为宝宝记录下珍贵的成长片刻。现在不妨就将其中的部分洗出来，做成一本照片书，供宝宝翻看。

挑照片时，照片中最好有宝宝熟悉的场景和人物，譬如经常玩的滑梯、喜欢的小狗熊玩具，或是妈妈、爸爸、爷爷、奶奶等人物。照片不需多，五六张即可。

和宝宝一起看照片书时，可以将照片所表达的内容像讲故事一样讲给宝宝听。也可以让宝宝找找看：宝宝在哪里？妈妈在哪里？或指着相片中的妈妈问，这个是谁？宝宝会看看妈妈或指指妈妈。月龄大点的宝宝可以问问他"宝宝在干什么？""宝宝在什么地方玩？"看宝宝能不能回忆起当时的情景来，以锻炼宝宝的记忆力。

鼓励宝宝自己翻书，随时培养宝宝自己动手的能力。当宝宝自己拿出照片书翻看时，宝宝也许会指着其中的某些人物或情节向你发出"啊啊"的声音，主动和你交流，这时妈妈应及时用语言回应宝宝，回应或确认宝宝的指认。

喂喂喂。拿起电话、手机或是手中的玩具，放到自己耳边，嘴里发出声音，这是现阶段宝宝喜欢玩的象征（假想）游戏之一。象征游戏的出现，意味着宝宝象征思维的萌芽。

刚开始，可能只是将手中的"道具"往耳边放一放，随即就玩别的了，仅仅一个动作而已。妈妈不用刻意去引导，由着宝宝自己玩就行了。当宝宝发展到要与你互动时，妈妈也将手或道具放到自己耳边，热情地和宝宝通起话来："宝宝好，宝宝在打电话呀……"

这个游戏不用刻意去教，当认知发展到这一步时宝宝会主动发起。当宝宝出现象征游戏或装扮行为时，不要打扰宝宝，更不要取笑宝宝或以此来戏弄宝宝。

拉绳够车。用一根小绳子系在小玩具车上，将玩具车放到宝宝伸手够不着的位置，妈妈拉着小绳子将玩具车拉近后让宝宝够取到。重新放回原处，看看宝宝会不会通过拉绳子将玩具车拿到手。也可将玩具车放在一块布料或手帕上，通过拉扯布料或手帕将玩具车拿到手。

若示范几次宝宝仍不会玩，妈妈可引导宝宝去捏绳子。对已能熟练玩这个游戏的宝宝，可用毛巾将玩具盖起来，只露出绳子，看看宝宝还会不会拉绳取车。

若妈妈引导宝宝拉过几次后，宝宝仍不会，则可能是宝宝目前的认知能力还没发展到这一步，等宝宝长大点再玩也不迟。到本阶段后期，宝宝的认知能力就会发展到发现事物中的因果关系。

会爬的小瓢虫。上发条的爬行玩具是宝宝发现简单因果关系的好玩具。1岁半的果果在亲子园玩耍，亲子园里有上发条的小瓢虫玩具可以玩，果果见过妈妈上发条，于是模仿着给小瓢虫上发条。果果将发条拧了两下后将小瓢虫放在地上，结果发现小瓢虫没有像果果设想的那样向前爬，一动不动的。果果又换了一个小瓢虫试，结果还是不动。果果用手指戳戳小瓢虫，小瓢虫仍一动不动。果果接着拿其他小瓢虫出来试。折腾了好半天，果果终于发现发条要多转上几圈才行，要不然小瓢虫还没放到地上，发条就走完了。虽然仍爬不了多远，但发条拧多了几下的小瓢虫总算是会动了。

果果在玩小瓢虫的过程中，发现了上发条和小瓢虫爬行之间的因果关系，这是他在这次自由玩耍中获得的认知小成果。

有声挂图。和小瓢虫一样，有声挂图对宝宝发现事物间的因果关系有帮助。宝宝按一下挂图上的苹果图案，挂图就发出"苹果"这个词的声音，这也会给宝宝发现其中因果关系的机会。不仅如此，有声挂图还能锻炼宝宝的记忆力呢。当宝宝玩过一段时间的有声挂图后，你问他"苹果（香蕉、石榴）在哪里"时，他都能直接按下相应的水果图案。

涂鸦。1～3岁间，由于手部肌肉及大脑神经系统仍在发育，宝宝画画时会呈现乱画乱涂或"创作"不到位的情况，故我们将这段时期宝宝随性而为的画画创作称之为涂鸦。与我们大人画画时讲求技巧、追求美感和意境完全不同，随性而为，才是宝宝涂鸦创作的灵魂。

在整个涂鸦期，宝宝的作品以不规范的线团、横竖线、曲线、S线为主。从现阶段随性的乱戳乱点，到2岁时能画横竖线、线团，宝宝的涂鸦创作会经历一个台阶式的上升过程。涂鸦还不是真正意义上的绘画。带有绘画技巧的真正画画，应在宝宝6岁之后才进行。

16个月左右，宝宝开始萌生涂鸦的兴趣。给他一支蜡笔，宝宝就能就地取材进行创作了。墙面、茶几、沙发、图画书都是宝宝看得上的稿纸，小手一挥就能涂将起来。那种潇洒劲不亚于书法大师挥毫泼墨时的情形，其作品也是只有书法大师才看得懂的超级抽象艺术。

想让宝宝尽情涂鸦，又不能随其到处乱涂乱画，还是给宝宝一张白纸或一个涂鸦板吧。在给宝宝准备涂鸦工具时，一次只给宝宝一支蜡笔和一张白纸。这样可让宝宝将心思放在涂鸦上，而不是玩蜡笔或纸张上。准备的白纸要大点，因为此时的宝宝大多还只能靠运动整个胳膊来挥动蜡笔，其运动的幅度会比较大，很容易划出纸外。除了白纸，也可以为宝宝准备能擦掉笔痕的涂鸦白板或磁性涂鸦板。

刚开始时的涂鸦，也就是戳戳、点点而已。此时的宝宝深得至简主义的真传，他在白纸上随手戳下的第一笔，便视为是自己的第一件艺术品。我们就顺应宝宝的特点，让宝宝在小画板、小画架或画纸上随性地戳戳点点吧。无论是涂鸦、亲子阅读，还是所谓的动作练习、亲子活动，那都是大人的文字把戏，在宝宝眼里，它们都只有一个名字：游戏，它们也都只有一个特点：好玩。

到17个月左右，部分宝宝开始能自己稳住胳膊，并对涂鸦表现出专注的神情，其笔下也能创作出相对"靠谱"的横线或竖线了。比较规范的横竖线则要到宝宝快满2岁时才能画得出来。

等宝宝两三岁后，若妈妈想要教宝宝学习画正方形、三角形、圆形等复杂图形，或是更形象的人像线条、动物线条时，宜遵循"示范—跟随"的原则。妈妈示范画一个图形或图像，而且只示范一次，宝宝跟不跟随由他自己决定。是继续进行随性创作还是跟随你画图形图像，宝宝说了算。

大多数宝宝不一定愿意跟随大人的意图规规矩矩地画一些成形的东西，他还是觉得自由自在地随意创作好。乱涂乱画地画出一团乱麻似的线团是他们最喜欢的事。对大部分的孩子来说，线团才是他们的得意之作。

逻辑与想象，像是智力的两个维度，一个通过逻辑演绎向纵深发展，多表现为智力的深度；一个通过想象跳跃向四周发散，多表现为智力的广度，它们共同撑起智力的立体空间。涂鸦，则是拓展宝宝发散性思维，发展其想象力、创造力的有效途径。在整个涂鸦的学习与练习过程中，家长都不要强制或刻意地引导宝宝练习画线条、图形图像，除非宝宝自己愿意跟随着你画，这是很重要的一条原则。否则，你很容易以"教导"之名，禁锢了孩子的想象力，这正好与涂鸦的精髓背道而驰了。

学习涂鸦不可冒进，宜跟随宝宝的成长节奏来。当宝宝只会戳戳点点时，妈妈也应只会戳戳点点；当宝宝只会画横线或竖线时，妈妈也应装着只会画横线、竖线。

可豆豆妈妈教豆豆涂鸦时却不是如此。豆豆妈妈很着急就给宝宝画横线、竖线，甚至是更复杂的动物图像或人像。豆豆画不来，就要妈妈画，慢慢地就变成了豆豆妈妈练习涂鸦，豆豆则成了观众。成了观众的豆豆更热衷于要妈妈画这画那，自己却不怎么动手了。当豆豆妈妈发现这个问题后，要求豆豆自己画，可豆豆就是不情愿。类似豆豆这样的案例，我还见过不少。

宝宝只会干他能达成的事，即使努点力也无所谓，太难他就会放弃，涂鸦也是如此。还是让我们跟随宝宝的发展节奏来实施成长支持，不前不后、不急不缓。

关于认知发展。随着宝宝认知能力的增强，不少妈妈对认知发展游戏愈发情有独钟，不知不觉将时间分配向认知游戏中倾斜，这可不是好苗头。这些侧重认知发展的妈妈，可能走入了误区。

误区一：认为数数、识字、分类、玩拼图等练习才是真正的智力行为，最有利于宝宝的智力发展。实际上，智力的内涵极其宽广，以至于不同的学派有不同的定义。按加德纳的多元智能理论来说，人类的智能包括语言智能、数学逻辑智能、空间智能、身体运动智能、音乐智能、人际交往智能、自我内省智能、自然观察智能八大领域。有些研究智力的学者更将智力划分出300多个维度来。数数、识字、分类、玩拼图等认知行为只是智力行为中极小的一部分而已。

当我们明白了数数、识字等认知行为远非智力的全部，就不难理解为什么很多学习成绩不是很好的所谓差生，日后却成了社会精英。譬如，他们有的在商场上长袖善舞、左右逢源，表现出极高的人际交往智能，但他们的这一智能优势却无法在学业中体现出来。若我们想当然地将部分认知能力等同于智力，这种以偏概全的想法，是很容易使宝宝失去全面发展自己智能的机会的。

从教养的角度来看，在0~3岁阶段，动作练习、五觉刺激、自主探索、亲子游戏、语言学习等才是最基本、最主要的智力支持。它们都是大脑发展最有力的外源动力。而数数、识字、分类、玩拼图等认知游戏，只是宝宝智能发展到一定程度后的阶段性练习。我们应在保证有足够多的自主探索、亲子游戏、语言学习、动作练习等基础性成长支持的前提下，再让宝宝进行与其心智匹配的认知发展游戏。

误区二：智力至上。有"智力至上"想法的家长不在少数。鉴于智力对我们人生的巨大影响力，父母重视智力是情有可原的。但若抱着"智力至上"的思想，将智力成长置于宝宝的整体成长之上，则是严重的误区。

除了智力发展，宝宝的情绪情感发展、自我及社会性发展也是极其重要的。

时至今日，应该没有多少人会否认情商的重要性、自信自尊的重要性、人际交往的重要性、鲜明个性的重要性。这些重要的人生要素，都会在婴幼儿时期打下重要的基础。

实际上，婴幼儿成长的各个领域互相交织在一起，密不可分。人的成长过程实际上更是一个心理的成长过程，而不是一个智力的成长过程。智力成长是附着在心理成长之上的。这也是实施"智力至上"教养的家长，反而不容易培养出高智商孩子的原因。

培养完整儿童，是幼儿教育界的共识。从儿童心理学的角度看，一个完整健全的儿童应有这样的特点：健康活泼、开朗合群、热爱自然、好奇探究、乐观自信、礼貌热情、适应环境且个人风格鲜明。请记得，我们是在培养个性鲜明且人格完整的人，而不是高智商的蹩脚动物。

宝宝的认知发展是个缓慢、漫长的过程。我们唯有顺应孩子的发展节奏，配合以"不前不后、不急不缓"的成长支持，才能真正有利于孩子的认知发展。恕我直言，那些有"智力至上"想法的妈妈，实际上是相当功利的妈妈。因为急功近利，我们以期待的心、爱的名义，干了多少看似支持实则阻碍孩子成长的事情来。

宝宝的个体差异很大，总是会在某几个领域存在或前或晚的发展，这非常正常。若你的孩子在某些认知发展练习中稍感吃力，就不要勉强，因为还有很多很好的其他成长支持可做。只要不是身体发育或生理缺陷所致，我能送给你的最好建议就是，慢养孩子，静等花开。

5.园（郊）游

宝宝一天天地长大，到户外玩耍的时间也越来越长，甚至占据了宝宝白天活动的大部分时间。宝宝平时可能都在住处附近玩耍，妈妈可充分利用好周末的时间，带宝宝到稍远的地方，让宝宝接触新鲜的事物。带他去动物园、植物园或是去郊外郊游都是不错的选择。

动物园里，上蹿下跳的猴子、憨态可掬的狗熊、庞然大物大象，这些经常在故事里、图片书中出现的经典形象，现在活灵活现地呈现在宝宝面前。不知此时宝宝那神奇的大脑里，会发生着怎样的联系和遐想？

植物园的花草树木，城市郊外的青草地以及丛丛束束的荆棘野花，对好奇的宝宝来说充满着吸引力。这个时期的宝宝，探索行动已主要由手来完成，不会逮着什么吃什么了，可以更自由自在地玩耍了。让宝宝自由地拿捏树叶、捡地上的枯枝，拨弄地上的泥土，尽情地自由玩耍。在不危及安全健康的情况下，就让他"胡作非为"吧，做回小野人、做回泥娃娃，让他的生命如野花般肆意绽放，野蛮生长！

这是个亘古不变的成长公式：泥娃娃＝金娃娃。快乐的泥娃娃，就是成功的金娃娃。宝宝从自由自在的玩耍中所获得的成长，远远超过你费尽心力付出的所谓教养。这时你能做的最好的成长支持，就是在旁边看护他的安全，如别让枯枝等物戳着宝宝的眼睛、防止扬尘进入宝宝鼻腔、避免宝宝摔到后脑勺等等，其他的事情都交由宝宝自己完成。

很多妈妈忍不住想扮演教育者的角色，指导宝宝认识不同的树叶，为他亲切讲解不同的花种，将宝宝引导到这些大人眼里更为"正经"的认知或学习上来。当宝宝自己注意到树叶时，妈妈为其讲解，这叫支持；当宝宝注意力放在地上的一颗小石头上，聚精会神地玩耍，你叫他看树叶，这叫诱导或打断。我们都知道，要给宝宝支持，而不要诱导他。如果你做不到这么细致，就索性让宝宝自由玩耍即可。

6. 语言学习

经过一年语言准备期的学习，本阶段的宝宝进入了单词句时期。宝宝会慢慢地学会配合一些手势来表达自己的意愿，如伸手说"抱抱"，用手指饭碗说"饭饭"等。妈妈和宝宝间的双向沟通也随之越来越多。

鼓励表达。宝宝想吃苹果，用手往水果篮里的苹果一指，家长心领神会地马上拿给他，这实际上就让宝宝失去了一次表达的机会。"宝宝想吃什么，请告诉妈妈"，遇到这种情形，妈妈可试着鼓励宝宝自己说出来。当宝宝还不会说时，就用指物说名的方式告诉宝宝。

宝宝开口表达的初期，多是"妈妈、爸爸、果果、球球、虫虫"之类的重叠词。妈妈可顺应宝宝的这个特点，教宝宝说重叠词。当宝宝月龄较大后，妈妈可慢慢改教宝宝非重叠的正式名称，如"苹果、气球、毛毛虫"等等。

一些最常用的名词或动词，如"灯、奶、抱、吃、再见"等，宜在平时的生活事件中很自然地教给宝宝。宝宝快到1岁半时，可尝试着教他说自己的小名、小伙伴的小名等。

一词多义。由于宝宝的词汇量很有限，可能会出现用一个词表达多种意思的情况，妈妈应用心感受宝宝的意图。

譬如，多数情况下，宝宝说"水"时是因为自己渴了，要喝水。但有时宝宝明明已在喝水了，还念叨着"水"，这是怎么回事呢？原来是宝宝发现自己和爸爸都在喝水了，只有妈妈没有喝，于是对妈妈说"水、水"，意思是让妈妈也喝水。到户外玩时，宝宝看见水也会说"水"，这时则是表达"我看到水了"或"我要玩水"的意思。当妈妈理解了宝宝的意思，请用语言明确回应宝宝，如"好的，妈妈也喝水""哦，宝宝看到水了"。

自自然然学语言。我们不可能时时刻刻地教宝宝说话，也不适合这样做。更多时候语言学习是自然而然、水到渠成的。我们有时不妨把宝宝当成小大人进行沟通，无需担心他听不懂。

妈妈说话宜言简意赅、简洁易懂。如"请坐下，宝宝回来，请等一下，谢谢，宝宝饿不饿，要吃饭了"等等。不用刻意去教，很自然地对话即可。同一个生活事件，只要你每次使用的语言是一致且标准的，时间一长，宝宝无形中就理解其中的含义了。

会听早于会讲，是宝宝语言发展的普遍特点。1岁半左右，很多宝宝都能听懂绝大部分日常用语了。能听懂对方语言的意思，对宝宝自己开口表达有很重要的意义。

鹦鹉学舌。当遇到小狗时，可逗引小狗发出"汪汪"的叫声，并鼓励宝宝模仿。也可为宝宝买个毛绒玩具狗，将其当成道具和宝宝玩小狗汪汪叫的游戏。遇到小猫等小动物时，也可教宝宝模仿发出"喵喵"等动物叫声，让宝宝进行语音练习。

鹦鹉学舌的前提是，宝宝已知道那个"汪汪"叫的小动物是小狗，也知道"汪汪"是小狗叫时发出的叫声，这样就不会混淆"小狗"与"汪汪"了。

学唱儿歌。一直都是妈妈唱给宝宝听，现在可以让宝宝跟着自己学唱了。唱儿歌是宝宝学习语言很好的方式。挑一些句型简短的儿歌唱给宝宝听，鼓励宝宝跟着唱每句歌词的最后一个字。

宝宝学儿歌，可从宝宝熟悉的小动物开始。若宝宝常见到小金鱼，就可以教宝宝学唱："金鱼金鱼真美丽，圆圆眼睛大肚皮，摇摇尾巴张张嘴，游来游去真欢喜"或"小金鱼，水里游，摇摇尾巴点点头，游来游去好自由，真像一群好朋友"。小花猫也是宝宝常见的小动物，不妨给他唱唱《小花猫》："小花猫，喵喵喵，圆圆眼睛胡子翘；小花猫，真机灵，捉住老鼠不放掉。"

宝宝常吃的果蔬也是很好的题材。如"红萝卜，绿青菜，红红绿绿真可爱；吃萝卜，吃青菜，身体健康人人爱"或"小黄瓜，细又长，全身穿着绿衣裳；能做菜，能做汤，大家快来尝一尝"。又如"我是一个大苹果，小朋友们都爱我；请你先去洗洗手，要是手脏别碰我"。

妈妈以前经常唱给宝宝听的儿歌，宝宝已经比较熟悉了，学唱起来会更容易，妈妈不妨让宝宝跟着自己唱。若宝宝不会跟唱也不要紧。妈妈唱给宝宝听，这对宝宝也是种很好的学习。

7. 亲子阅读

耳朵在阅读。"日本图画书之父"松居直认为，使儿童喜欢书，靠的不是文字，也不是图画，而是耳朵。和宝宝一起进行亲子阅读时，请妈妈将书中的内容声情并茂地朗读出来。声情并茂的朗读，是培养宝宝阅读习惯、提升宝宝阅读能力最简单也最有效的方法。

妈妈的朗读，将书中文字、情境以及故事主人公的所遇所想，连同妈妈自己的情绪情感一起，全方位地传递给全然敞开的宝宝，与宝宝眼睛所获得的图像、色彩交织融合，在宝宝大脑里形成鲜活、灵动、立体的感知画面。沐浴在妈妈读书声中的宝宝，一定有"如沐春风"之感。

但现阶段的宝宝注意力集中的时间仍很短，可能会在你朗读得"如痴如醉"时，他却走开玩其他游戏去了。即便如此，你仍坚持将儿歌或故事读上十来分钟，让宝宝在你朗朗的读书声中享受美妙的听觉刺激。这样一天一天地坚持，宝宝一定会对阅读越来越感兴趣的。

到本阶段后期，宝宝可能对看图识物类的简单图片书不那么珍爱了，开始对图画书（俗称绘本）感兴趣。将宝宝环抱在怀里，或放坐在自己腿上，握着宝宝小手一同翻看。宝宝不感兴趣的内容就一带而过或直接翻过，喜欢的则可以多讲点。妈妈一边给宝宝讲读，一边模仿书中的大象伸出长长的鼻子，或模仿小狗发出"汪汪汪"的叫声，绘声绘色地读给宝宝听。

除了儿歌、童谣、绘本，还可以为宝宝选购些更新奇的书，如玩具书、布书、立体书等。有的玩具书打开后会发出悦耳的音乐，或是配有动物的叫声，让阅读更有趣味；布书能给宝宝不一样的触觉感受和视觉刺激；有些立体书打开后，扁平的房子会随着翻书的动作立起来。这些都会给宝宝不一样的感受，提高他阅读的兴趣。

精挑细选读好书。只有找到好书，才会有高质量的阅读。对宝宝而言，只有适合宝宝身心特点的才是最好的。不少有阅读经验的妈妈或儿童阅读方面的专家为我们推荐了不少好书，为宝宝阅读提供了最上乘的精神食粮。

很多口碑不错的外国绘本，如《幼幼成长》《背背背背/抱抱抱抱》《可爱的鼠小弟》《小熊宝宝绘本》《小蓝和小黄》《好饿的小蛇》《米菲绘本》《小熊和最好的爸爸》《月亮，你好吗？》《小熊毛毛的美好生活》《好饿的毛毛虫》等作品，都非常适合0～3岁宝宝阅读。

其中，由荷兰插画大师迪克·布鲁纳创作的《米菲绘本》，是幼儿读物的经典之作。至简，是《米菲绘本》的核心风格。它用线条和色彩将单纯推到了极致。线条勾勒出来的小主人公米菲形象简单，却深入童心，陪伴无数的小宝宝快乐成长。《小熊和最好的爸爸》则表现出完全不一样的绘画风格，淡彩的钢笔图散发着童话般的梦幻气息，让宝宝的想象弥漫其中。

《小熊宝宝绘本》涉及睡觉、洗澡、刷牙等方面的内容，是1岁以上宝宝养成良好行为习惯的好帮手。林明子创作的《幼幼成长》，其内容很贴近6～24个月宝宝的心理特点，宝宝比较容易理解和接受。《背背背背/抱抱抱抱》是一本低幼动作绘本，内容由宝宝最熟悉、最易理解的背背抱抱等亲昵动作构成。本阶段的宝宝月龄尚小，可以从《小熊宝宝绘本》《幼幼成长》《背背背背/抱抱抱抱》等开始读起。

国内也有不少优秀的作品，如李珊珊写的《0～3岁亲子故事绘本集》、尹世霖主编的《中国经典儿童诗》、谭旭东主编的《为我的宝贝大声读》等，都是不错的作品。

鉴于阅读的无上价值，我特意在自己的幼儿园为孩子建了一个幼儿绘本馆，馆里典藏了上千册各种主题的绘本，让孩子在书香中畅游。孩子可从《小黑鱼》中看到勇敢，在《阿秋与阿狐》中遇见纯真的友谊，从《逃家小兔》中感受妈妈永不走远的爱，《楼上的外婆和楼下的外婆》会告诉孩子尊敬长辈，《田鼠阿佛》则让孩子懂得肯定自己，去做最好的自己……每次看到孩子在绘本馆中席地而坐，拿上一本书就开始专注地看起来时，我心里满足极了。我相信，绘本对孩子的滋养，一点也不会逊色于上课时的主题教学。

8. 同伴交往

发展同情心。本阶段的宝宝萌生出一种积极的情感：同情。随着孩子认知能力、情绪能力的增长，日后会在同情心的基础上衍生出同理心来。同情心和同理心，是宝宝未来进行社会交往、发展人际关系最重要的心理基础。

那是令我感动的一幕：女儿紧紧拉住我的手，希望我去安慰滑梯前哭泣中的小伙伴，虽然他们只是第一次偶然遇见。和女儿一样，这个阶段的宝宝，看到悲伤难过的同伴，多会表现出同情来，并试图安慰同伴。对熟悉一点的小同伴，宝宝甚至会伸手摸他的头或抱抱他表示安慰。对宝宝充满爱的行动，妈妈在旁边欣赏着、呵护着，并在宝宝需要协助的时候及时提供同样充满爱的援助。

宝宝善意的行动，对方不一定都会领情，有的宝宝还会表现出敌意甚至攻击行为来，或是对方妈妈并不希望你多此一举。这时妈妈可以自己回应宝宝的同情心并向宝宝解释："他很难过，但他的妈妈在安慰他，他会好起来的。"对有攻击性的宝宝，妈妈可在旁边看护或抱起自己的宝宝，防止宝宝受到对方的敌意攻击。

呵护宝宝的同情心与同情行为，不仅会对他未来的社会交往产生影响，也能锻炼宝宝的自我心理调适能力。当看到同伴悲伤难过时，宝宝会产生情绪共鸣，出现不安的心理，这就需要宝宝进行自我调适，无形中锻炼了宝宝的自我心理调适能力。每一次同情心产生，都为宝宝提供了一次自我情绪调节的机会。

同伴交往。1岁至1岁半间，宝宝会发展出轮流交替的社交技巧。小宝宝妞妞和诚诚在一起玩耍时常出现这样的情形：妞妞很主动，常向诚诚发出"啊啊啊"的声音，以唤起诚诚的注意。诚诚正埋头玩玩具，妞妞连续叫了几声，直到诚诚抬头朝妞妞笑了。过一会儿，妞妞又发出声音，诚诚又一次笑了。这样的互动，妞妞与诚诚反复了多次，这时的他们已经懂得轮流交替地进行交往了。

到1岁半大时，大多数宝宝已能与同龄伙伴进行和谐的交往了。在交往中，他们会彼此模仿对方的动作和表情，并从中得到极大的乐趣。一般情况下，只要妈妈为孩子提供适宜的交往环境和机会，宝宝就能自我发展出社交技能来。

让宝宝有几个固定的社交场合，如自家社区或邻近社区、附件的小公园等。尽量让宝宝结交几个熟悉、投缘的小伙伴。在熟悉的场地，宝宝会更有安全感，可以将注意力更多地放到同伴身上。有熟悉、投缘的同伴，宝宝可以累积和深化对同伴的认知，并在此基础上积累和发展新的交往技巧。

在交往中，宝宝间的秉性差异更加明显地凸显出来。当两个个性迥异的宝宝相遇时，会有什么情形发生呢？大胆开朗的宝宝会敞开双臂去紧抱对方，害羞的宝宝则可能会节节后退，退回妈妈的身边抱住妈妈。这时候，大胆宝宝的妈妈可教宝宝如何温柔地"社交"，而害羞宝宝的妈妈则可蹲下来陪在自己孩子身边，让他更有安全感，并在他不乐意继续交往的时候以恰当的方式帮助他，或温柔地终止"社交"。

有的妈妈见自己宝宝"胆小"害羞，反而一味地鼓励甚至是带有强迫性地让宝宝接触同伴，还美其名曰锻炼宝宝的胆量，这对宝宝的心理成长是不利的。秉性害羞或敏感的宝宝，我们更应体察他敏感的内心，照顾他当下的心理状态，给他呵护与支持，而不是在他备感压力的情况下还鼓励他去做那些令他备感压力的事。我们应秉承自然的教养观，给孩子足够多的时间慢慢成长。在我们敏感、亲密、自由的教养下，我相信，他将来一定会是一个内心强大而自信的人。

除天性害羞的宝宝外，还有部分天性活泼的宝宝也会出现退缩行为，这类宝宝很有可能是因为他与妈妈间的安全依恋没有建立好，缺乏安全感，对陌生环境也不信任。对这类宝宝，妈妈应从敏感教养、亲密陪伴着手，构建宝宝的安全依恋。

关于同伴游戏。见自己的宝宝对小伙伴有兴趣并交往了，家长就开始鼓励宝宝与同伴共玩一个游戏，但宝宝似乎并不领情。他们仍喜欢各玩各的，根本不在乎家长的鼓励。因为宝宝目前还处于独玩的阶段，是家长自己一头热而已。

　　儿童发展学家彭尼·塔索尼和卡林·哈克将同伴游戏分成5个发展阶段：0～2岁为独自游戏阶段，很少与同伴互动；2～2.5岁为旁观阶段，宝宝多会在一旁观看同伴游戏，但较少加入；2.5～3岁为平行阶段，几个宝宝相邻，以各自玩耍为主，仍较少分工合作共同玩同一个游戏；3～4岁为联合阶段，宝宝在游戏中开始与他人互动并出现短暂合作，且会在游戏中发展友谊；4岁以上为合作阶段，这个时候的宝宝才开始在游戏中有真正的合作，他们有共同的游戏目标，并快乐地在一起共同游戏。

　　这5个发展阶段互有交织、相互渗透。譬如，3岁前的宝宝基本上处于独玩的状态，但也会有一些联动的情况出现，如将同伴搭起的积木推倒，共坐一个跷跷板，模仿、跟随比自己大的宝宝玩耍等。但大体而言，宝宝的同伴游戏都会逐一经历以上5个发展阶段。

　　当家长鼓励宝宝与同伴同玩一个玩具或同做一个游戏时，大月龄的宝宝已能理解家长的这种鼓励和期许，但能力上又达不到，这种矛盾的状况会对宝宝构成压力。当我们了解宝宝同伴游戏的发展规律时，就能对宝宝的行为充满理解和尊重，就能做到：当孩子想各玩各的时，那就各玩各的吧！

9. 自理能力培养

　　1岁多的宝宝，已开始表现出一定的自理能力来。家长不要凡事包办代办，应多让宝宝动手练习。

　　用刀叉吃水果。 将苹果、梨等水果，切成2厘米见方的四方颗粒，放入宝宝碗中，让宝宝用刀叉叉果粒吃。果粒一次不要放入过多，当宝宝吃完后，妈妈可问宝宝还需不需要，请宝宝通过点头或说"是"告诉你，然后再加给宝宝。

　　若宝宝还叉不起果肉较硬的苹果粒时，可将其换成果肉较软、容易叉入的水果，如香蕉、火龙果等。也可将松软的面包切成小方块，让宝宝用刀叉叉着

叉水果

吃。妈妈若更用心，可为宝宝准备些果酱、花生酱、番茄酱之类的调味品，让宝宝蘸着酱吃。在给宝宝不同味觉刺激的同时，也丰富了宝宝手部动作。

用勺吃饭。进食正餐时，妈妈喂饭给宝宝的同时，也让宝宝自己用勺子进食，这样既保证了宝宝进食足够的食物，又锻炼了宝宝自主吃饭。当妈妈、宝宝同时都往宝宝嘴里送饭时，妈妈应将优先权让给宝宝，让宝宝先喂自己一口后，妈妈随后再喂。

当宝宝用勺吃饭相对顺畅时，可让宝宝自己先用勺吃着，妈妈不着急喂。吃饭的前半段是宝宝练习用勺吃饭的黄金时段，因为那时宝宝比较饿，吃饭意愿更强烈一些。到后半段，宝宝吃饭的速度开始下降甚至开始玩饭时，妈妈可趁饭菜还未凉将余下的部分喂给宝宝吃。

吃饭途中或吃完饭离开餐桌后，不允许宝宝手里拿着食物边玩边吃，妈妈也不可追着宝宝喂饭，要让宝宝知道吃和玩是两件不同的事情，不可以同时进行。

宝宝现阶段吃不好饭是非常正常的情况，妈妈切不可责骂宝宝。吃饭时责骂宝宝，是宝宝练习自主进食的大忌。宝宝被责骂，会让宝宝觉得吃饭是件有压力且不好玩的事情，会大幅降低宝宝自主进食的兴趣。

用勺吃饭需要一个长期的练习过程。放手让宝宝练习，顺利的话，到2岁左右宝宝就能在20～30分钟内自己吃完一碗饭了。

练习脱袜。妈妈事前给宝宝穿比较宽松的袜子，以便宝宝练习时更容易脱下来。袜子脱至脚后跟时会不太容易往下脱，妈妈可适当协助一下宝宝。或妈妈先将袜子褪过脚后跟后，再让宝宝接着将袜子褪离脚丫。这样循序渐进地进行练习，宝宝更容易学会脱袜。

在自我服务中，脱袜是比较容易的。即使没有进行脱袜练习的宝宝，到1岁半之后，也会自然而然地模仿学会了脱袜，所以妈妈在做这项练习时无需过于刻意。

配合穿衣。给宝宝穿衣时，宝宝会配合，穿衣时会伸手，穿裤时会伸脚。妈妈宜不失时机地鼓励宝宝这种行为，为宝宝自己动手穿衣打下基础。若宝宝还不会配合，妈妈把手举起做下示范。

练习脱上衣。本阶段中后期，有些发展较早的宝宝，开始有意愿自己脱衣服了。但就宝宝目前的能力，还不能自己独立完成脱衣，需要妈妈协助才行。妈妈将上衣纽扣解开，并将一只衣袖脱下来，再指导宝宝捏着另一个衣袖袖口将上衣脱下。穿套头衫时，妈妈将套头衫脱至宝宝颈部，再让宝宝拉住衣服脱出来。

练习脱上衣时，妈妈多给宝宝穿比较宽松的上衣或套头衫，这样宝宝成功的概率就会高很多。

尝试洗手。在洗手、洗脸、洗脚、刷牙等洗漱事件中，洗手往往是宝宝最先学会的。

给宝宝洗手时，妈妈可鼓励宝宝自己搓搓手。有了这样的锻炼机会，宝宝就会由双手掌心互搓，慢慢地发展到搓手背。到2岁多时，宝宝就能自己初步完成卷袖、洗手、擦干的全过程了。妈妈、宝宝都宜养成饭前便后洗手的良好习惯，为自己和宝宝的健康保驾护航。

洗脸。给宝宝用的洗脸毛巾，质地很重要，用起来要让宝宝觉得柔软舒适。有宝宝抗拒洗脸，有的就是因为毛巾不够柔软，洗起来不太舒服，以至于让宝宝觉得洗脸不是件愉快的事。

无论是洗手、洗脸还是刷牙，都要让宝宝觉得好玩，当宝宝觉得好玩时，学起来就容易多了。毛巾柔软，蘸上洗脸水后温度适中，洗脸时动作轻柔，都会让宝宝觉得洗脸很舒适。加上妈妈每天都洗脸，且每次都是很享受的神情，会让宝宝觉得洗脸是轻松愉悦的，并不值得抗拒。当宝宝模仿着自己洗脸，到2岁左右，大多数宝宝都具备自主洗脸的能力基础了。

模仿刷牙。见妈妈刷牙，宝宝也会想着去模仿。给小宝买个柔软的婴幼儿专用牙刷，以及一个大小适合的漱口杯子，并将其搁置在妈妈的洗漱用品旁边，让宝宝觉得洗漱台也有自己的专用品。

在现阶段，不要给宝宝用牙膏，直接用温开水刷牙即可。日后宝宝正常刷牙时，也只能使用儿童牙膏，切不可使用成人牙膏。成人牙膏中氟的含量较高，远超儿童标准，会给宝宝的身体发育带来不良影响。

练习时，妈妈放慢动作，好让宝宝模仿。不要急着规范宝宝的动作，因为对宝宝而言，这只是个好玩的游戏罢了。过多地纠正或规范宝宝的刷牙动作，会让宝宝觉得刷牙不好玩而放弃模仿。

宝宝模仿一段时间后，可能觉得没什么乐趣了，就会放弃模仿，这时妈妈也不必勉强。学习真正的刷牙一般要到2岁半左右。

第八章

19 ~ 24 个月宝宝的教养

(1岁半~2岁)

不要让孩子有"怕"。不怕小动物，不怕"大灰狼"，不怕"警察"，不怕"鬼"。还孩子一个安定、宁静的心灵。

——尹建莉

第一节　19～24个月宝宝的身心特点

　　1岁半左右的宝宝，独立意识开始萌芽。在本阶段，宝宝的自我意识将得到进一步发展，更加喜欢"我的事情我做主"，开始进入自我意识敏感期。为了捍卫自己的主张，不惜与大人进行对抗，进入了人生中的第一个反抗期。"我"和"我的"的意识开始彰显，对玩具等物的占有欲更加强烈。

　　你会发现这是个更加聪明的宝宝，这个阶段的他开始会"思考"，开始由依赖具体操作的感觉运动阶段向具有抽象能力的前运算阶段发展。伴随抽象思维和表征能力的发展，宝宝开始出现更多的象征（假想）游戏和装扮行为。随着认知、动作、自我意识的发展，你会感觉这个聪明的小家伙越来越调皮了。

　　在动作方面，宝宝已是一名名副其实的小运动健将，并将在跑、跳、上下楼梯等大动作技能上有较大的进步，会由跌跌撞撞地小跑几步发展到比较稳健地跑，由脚跟离地将脚跷起发展到双脚离地跳，也能比较自如地单手扶扶手上下楼梯。

　　手部精细动作也进一步发展，手指间的配合也更精细准确，能捏取更细小的东西，宝宝进入了对细小事物特别关注的敏感期，能用绳子将木珠串起来，也能一页一页地自己翻书了。

　　语言学习方面，宝宝开始进入了词汇爆炸期和双词句期。以前总是担心宝宝迟迟不肯说话或是说话太少，而现在，你将面对一个几乎是"喋喋不休"地大量说话的宝宝。宝宝大量地使用双词句说话，是一个勤快的、不折不扣的优秀电报员，能说出诸如"妈妈抱、宝宝吃"等双词句，在大人的提示下会说"请"和"谢谢"。在与妈妈的交流中，宝宝还会主动提问，这标志着宝宝开始主要凭借语言来表达意愿和进行沟通了。

　　宝宝能初步调节自己的情绪了，让妈妈觉得这个小不点儿开始有点小屁孩式的"成熟感"。随着内在情绪冲突的增多，宝宝在情绪表达上比以前任何一个阶段都要强烈。当得到别人赞赏或自己顺利完成某项技能时，宝宝还会流露出骄傲的表情来。

第 ② 节 19～24个月宝宝的教养

1. 亲子教养

谈论情绪。儿童心理学家认为，幼童最初所说的话，大多是一种情绪情感或内在需求的表达。19～24个月间，当宝宝开始能够简单谈论情绪时，和宝宝就情绪体验进行亲子对话，将有助于宝宝更好地理解自己和他人的情绪。到2岁半后，宝宝就能用语言准确地表达自己或他人的情绪了，如"爸爸难过""宝宝开心"。

对他人情绪的理解与认知是社会认知的核心，对宝宝社会能力的发展有着重要意义。正如发展学家丹海姆的研究成果显示的那样，宝宝生命早期所进行的情绪表达、情绪识别、情绪调节等，对其童年、青春期乃至一生的生活都是最关键的课程。

本阶段，宝宝与大人间的对抗与冲突增多，加上自我实现愿望强烈而自身能力不足所导致的情绪落差，使宝宝内心有着更多复杂的情绪体验。当宝宝处在情绪中时，妈妈宜引导宝宝识别、体察甚至表达出这种情绪来。如宝宝对抗你的禁止指令，想要继续玩耍时，妈妈可问他"宝宝想要继续玩是吗"，让宝宝体察自己内心"想"的情绪体验。当宝宝难过时，妈妈也用语言描述出来，如"宝宝难过了，难过了，宝宝难过了"或"宝宝难过了，我们来告诉芭比娃娃好不好"。

"爸爸生气了是吗？"宝宝点点头或说"是"；"那安慰下爸爸好不好？"妈妈可尝试让宝宝前去安慰生气中的丈夫。一般情况下，宝宝的安慰都能起到不错的效果，尤其是妈妈与爸爸起冲突后，这可是很好用的一招。若爸爸消气了，妈妈还可问宝宝"爸爸还生气吗"，当得到"不生气了"的答案时，不忘夸奖一下："嗯，那爸爸是不是很棒呢？"若宝宝的爸爸不识趣，不把宝宝的安慰当回事，则不要让宝宝去惹这个"顽固不化"的家伙了。

妈妈自己沮丧时，也勇敢大方地告诉宝宝自己的情绪状态，请宝宝自己玩一会儿或请他找爷爷或其他人，并告诉宝宝自己处理好了会回来陪伴他；或是当着宝宝的面，进行深呼吸让自己逐渐平静下来，同时告诉宝宝"妈妈把难过呼出来了，不难过了"。你这种平静处理情绪的方式，将为宝宝树立极好的榜样。也许将来哪一天，宝宝居然也会学着用深呼吸来处理自己的消极情绪了，真是不可思议。

情绪认同与调节。宝宝又不小心撞着头，哇哇大哭起来，这时妈妈应如何协助已有一定认知能力的宝宝进行情绪调节呢？首先，蹲下来，慈爱地、静静地抱着宝宝，一边用手抚摸宝宝的背脊、轻轻擦去宝宝脸颊上的眼泪，一边让宝宝哭上一小会儿（情绪释放）。

哭泣是自然的情绪康复过程。宝宝在不受抑制、不被打断的哭泣中，能将难过、不安、焦虑等消极情绪哭掉。妈妈不要急着给宝宝忠告（如告诉宝宝要慢点、绕开危险物等），只需抱着宝宝，给宝宝肢体抚慰即可。对宝宝来说，搂抱、抚摸背脊、轻抚脸颊或吹吹疼处等肢体抚慰，远比语言更有力量，它能把认同和关爱直接送进宝宝的心田。在哭泣和你的肢体抚慰中，宝宝能将感受完全地集中在自己的情绪上，自然地完成内在的情绪调节过程。

当宝宝小哭了一会儿，情绪也较平静一些后，妈妈可陈述宝宝刚才发生的事情，如"宝宝撞到头了，有点疼是吗""撞到这里了是吗"（陈述事件）。简简单单的一句话，就让宝宝再一次确认你真的接受了。"宝宝难过了（陈述情绪），妈妈知道的"，当妈妈用此类的话对宝宝的情绪进行陈述时，能让宝宝认知自己当下情绪的同时，也会让你的情绪认同更深入宝宝的内心。"用手摸一摸吧，摸一摸就会好点的。"妈妈可引导宝宝自己摸摸疼处，做出自我抚慰的行为来，让宝宝自己给自己积极的心理暗示。就这样，宝宝的情绪慢慢平静下来，很快又投入到玩耍中去。

调节情绪的难易，与宝宝的气质类型有深刻关系。有些抑郁型的宝宝在学习情绪调节方面会慢一点，妈妈应有足够的耐心。

请站起来。当宝宝摔倒，若不是摔得很厉害，请一定鼓励宝宝自己站起来。要让宝宝懂得自己面对挫折、克服困难，并凭借自己的力量站起来。与培养自理能力一样，这些良好的生活小细节有利于宝宝成长为一个独立而有担当的人。当宝宝自己站起来后，请及时送上你的赞赏："真棒，宝宝自己站起来了。"

有些个性倔强的宝宝，用求助的眼神看着你，就是等着要你去抱他起来，若见你还没行动，接下来可能就是大哭了。这时，妈妈可伸手给宝宝，亲切但肯定地说"来，妈妈帮助你，请站起来"，让宝宝拉着你的手自己站起来。让宝宝拉着你的手自己站起来几次后，再过渡到完全由宝宝自己站起来。

我的。自我意识萌芽的宝宝，只知道东西都是"我的"，不愿意分给别人；连妈妈都是"我的"，不许妈妈抱其他小朋友，要独霸妈妈的爱。有其他小朋友在时，宝宝会和他们争抢玩具。这些看似"自私"的行为，其实都是宝宝自我意识蓬勃发展的一种外在表现。

此时的宝宝逻辑非常简单：在他们眼里，凡我看到的东西都是我的；你的东西，只要我喜欢，那也是我的；拿到我手中的东西，就永远属于我；但是，自己的玩具被其他小伙伴拿走了，那当然是让人非常生气的事情。看，这就是孩子的世界。不管在成人看来是多么幼稚可笑，宝宝仍是那真实的自己。

一个懂得儿童发展规律的妈妈，在面对宝宝这些看似"自私"的行为时，心里会充满欣慰，因为随着自我意识的萌芽和发展，宝宝在自己的人生路上又跨上了一个大大的台阶。

"我"是人格的基础。只有完整发展了"自我"的人，才会是一个真实而完整的人，才会是一个活出鲜活生命的人。有多少人穷其一生也无法活出真正的自己，是因为看似强壮的肉身里面附着的是一个瘪塌的"自我"。宝宝通过拥有物权来发展最初的"自我"，这是"自我"发展上最初始也最重要的一环，请勿以"分享"之名剥夺宝宝发展自我的机会。

0～3岁是一生中滋长自我意识的黄金时期，请好好呵护宝宝的"自我"。面对宝宝的"自我"行为，不但不能呵斥，更应小心地呵护，让宝宝大大方方、安安心心地拥有他眼中属于他的东西，并让他享有自由支配这些物件的权力；不随便侵犯宝宝的私享空间，哪怕只是母子床上那片铺着娃娃被的区域，或是客厅里宝宝专属的堆放玩具与玩耍的角落。

有些爱开玩笑的家长或邻里，会以假装抢夺玩具的方式来逗引宝宝，这是不可以的。我强调过了，宝宝不能识别玩笑和真话。对那些喜欢开玩笑的邻里或朋友，请明确而智慧地告诉他们你的观点和要求，阻止他们不正确的行为。若是他们不听从意见，依然对宝宝进行负面逗引，则请直接远离他们。宝宝成长无小事，请妈妈大胆点。

当宝宝的物权得到了很好的保护，在未来的某个阶段，宝宝就会明白其他宝宝也拥有同样的权力，他们的物权同样不可侵犯。当宝宝完整感知、理解、发展"我的"后，就会在此基础上发展出"你的""他的"。

尊重自己的权益，也尊重他人的权益；尊重"我的"，也尊重"你的"和"他的"，这便是人类道德体系的基石。宝宝的物权得到尊重，不仅支持了宝宝自我意识的发展，也会为未来宝宝的道德发展种下一颗金种子。

小"不"哥、小"不"姐。"我的"和"不"，是宝宝自我意识萌芽与发展最明显的两大标志。我拒绝，我存在。进入自我意识敏感期的宝宝，常会通过表达"不"来彰显自己的权力，维护自己的意图。

要给宝宝洗脸，宝宝一伸手就挡住妈妈的手；要给他穿袜子，他连滚带爬地走掉了。月龄大点时，更是一切都是"不"。"吃饭啦""不"；"请穿衣""不"；"回家好不好""不"……现阶段以及未来的一段岁月里，"不""不要""不行"会是宝宝的口头禅。将"不"挂在嘴边的他们，是一群名符其实的小"不"哥、小"不"姐。

"不听话"，是处在自我意识敏感期宝宝的天赋人权。面对宝宝这种正常的反抗，我们该如何处理呢？我的建议是，在不触及行为边界的情况下，尽量顺应和满足宝宝。就像我在前文中所提到的：我"不"即我"能"，请允许并呵护宝宝的"不"，以滋长宝宝宝贵的自由意志和自我主张。

某些宝宝抗拒但又非做不可的事情，我们首先想到的不应是强制，而是如何让当下的事情变得好玩，从而让宝宝主动接受。有次，快2岁的扣子病了，扣子妈妈给他喂药，遭到了扣子的坚决抵抗。扣子妈妈变着法子哄他，可扣子就是尝都不尝，你还没说话，他就开口说"不"了。这时扣子妈妈想到一个办法：用筷子蘸点药，放入自己嘴里尝尝，装出一副好吃又好玩的模样。扣子爸爸也被扣子妈妈抓来"表演"了，扣子爸爸一边尝药一边微笑带点头地连说"好吃"。扣子这回不"淡定"了，要求也尝尝，一尝药果真是甜的。这时妈妈又开口了，"药是给爸爸吃的，不给扣子吃"，假装要将药递给爸爸。这下扣子可不干了，抢着将药一口气喝了下去。

当宝宝要干某些不合理的事情时，宜采取转移注意力的方式，让宝宝去干其他更感兴趣的事。有些意志力较强的宝宝，摆出一副执拗到底的架势，这时家长可采取冷处理、直接抱走等方式，事后再给宝宝解释为什么要这样。

很多家长喜欢采取管制的方法来对付，结果发现越管越反。管制的另一种情形是，有些抑郁型的宝宝会变得很"乖"、很听话。这类因管制变乖的宝宝，实则已像笼子里关久了的小鸟，已无飞翔的渴望。管制和反抗，不过是一个硬币的两面罢了。当你觉得宝宝有太多反抗时，就应检讨自己是否有太多管制了。

我的事情我做主。这个时期的宝宝喜欢什么事情都要自己动手做，一副"我的事情我做主"的样子。这时妈妈应予以尊重，尊重宝宝的选择权和决定权，让宝宝跟随自己的兴趣爱好进行自由玩耍或自主探索。妈妈所要做的是，在一旁静静地看护宝宝，并在宝宝需要帮助的时候给予适当的支持与鼓励。

萨提亚的家庭模式理论告诉我们：很多情况下，父母强势孩子就弱势，父母弱势孩子就强势。妈妈越柔软，越懂得听从和顺应，孩子就越强大。相反，一个过于强势的妈妈，可能会钳制孩子的正常发展。这种情况现实生活中也许并不少见：父母都是龙，子女长大后却是条虫。究其原因，其中很多都是因为父母在教养上过于强势，不懂得顺从宝宝，宝宝的成长被压制了。

杜绝恐吓。"再哭，再哭警察就来了"，这恐怕是我们很耳熟的一句话吧。有家长认为：不能打骂孩子，那吓吓总是可以的。面对宝宝的对抗，不少家长最拿手的就是恐吓，张嘴就来。通过恐吓使孩子听话、变乖，只会给孩子带来负面的心理影响。我们应坚决杜绝威胁恐吓这样的劣行。

一个优秀的家长，首先应是孩子心灵的呵护者和守护神。我们应滋长宝宝的安全感，而不是内心的恐惧；我们应滋长宝宝的信任感，而不是多疑多虑；我们应滋长宝宝的大胆无畏，而不是畏手畏脚。恐吓，助长的全都是后者。通过恐吓达成宝宝听话的目的，这是在开启妈妈和宝宝对抗的大门，而大门里面虚位以待的是孩子日后挥之不去的心灵困扰。

正如尹建莉所说，不要让孩子有怕，不怕小动物、不怕大灰狼、不怕警察、不怕鬼。杜绝恐吓，不人为地制造孩子心理上的困扰，还孩子一颗安定、宁静的心。在影响幸福感的所有因素中，安定宁静的心灵是最有力量的影响因素，它最能带给孩子幸福感。

少量而适当的引导。不能打骂孩子，也不能恐吓孩子，管得太严怕约束孩子的成长，管松点小家伙又那么顽皮，不少家长对此似乎有点束手无策了。实际上，就宝宝的行为教养而言，我们既要给宝宝大量的自由，也要有少量且适当的引导。

首先要清楚：什么情况下应给孩子提要求并引导其遵守，什么情况下应给孩子充分的自由？其一，涉及习惯养成和自理能力培养方面时，应给孩子提合理的要求。如快到用餐时间了，宝宝却还在疯玩，这时就应给宝宝提要求，让其慢慢安静下来，准备用餐。很多宝宝洗澡后不愿意穿衣服，喜欢光着屁股玩，当天气凉容易导致宝宝感冒时，也应给宝宝提要求，让其穿衣服。其二，参与集体活动时，也可以给孩子提合理的要求。如一家人到野外郊游，到该回家的时候了，宝宝还不愿意走，也应给宝宝提要求。再如，一起玩时不可打咬其他小朋友，滑滑梯时应轮流等待等等。其三，一些绝对不被允许的行为，我们称之为行为的边界，我们也应坚定地要求孩子遵守。除此之外，要求越少越好。我们应给孩子充分的自由，让其自由自在地进行自主探索。不干扰、不打断、不随意进行所谓的教导，让孩子充分地自主成长。

给孩子提要求时，怎样的方式最有效呢？对孩子充满关爱和接纳的父母，首先会充分考虑孩子的需求，在了解孩子意愿的基础上，给孩子自由表达的机会（尤其是2岁以后的孩子），并吸纳孩子的意图，结合孩子的能力及当下的具体情况给出合理的要求，并就要求给孩子做谨慎而耐心的解释以引导其遵守。

这种关爱、接纳孩子，对孩子又有少量合理把控的父母，我们称之为民主型父母。与通过体罚、恐吓、管控等方式对孩子进行管教的专制型父母，以及对孩子听之任之、不管不问的不作为型父母相比，民主型父母更能培养孩子的自立能力，他们的孩子将来也会有更高的成就动机和更高的自尊。

少量而又合理的要求，对孩子的社会性发展是有益的。如果没有这种合理的引导，宝宝很有可能会如被听之任之或被严格管制的孩子一样，长大后更有可能变得自私、蛮横，而且缺乏明确而远大的成就目标。

但现阶段，大多数情况下宝宝还不能听从我们的要求，因为他们还太小。我们可通过转移注意力的方式，请宝宝干另一件他（她）很愿意干的事情，将其引开，或巧用拟人法来引导宝宝。对某些意志力很强的宝宝，转移注意力的方法对他（她）也不一定好使，那就只有态度平和但又坚决地将他抱走。

巧用拟人法。宝宝眼里，一切皆有生命。无论是小布偶、小蚂蚁，还是绘本里那片枯黄的落叶，在宝宝眼里都和他一样，是有生命的。它们也有自己的妈妈、爸爸，也会开心快乐，或是伤心难过。而且，这些和他一样有生命的小布偶、小蚂蚁，不但能理解他的想法，能感受他的心情，还和他一样有着一颗同情怜悯的心。儿童心理学将2～4岁阶段宝宝认为万物皆有生命的心理现象，在理论中归结为"泛灵论"。妈妈可善用宝宝的这一特点，在引导宝宝时，巧用拟人法来和宝宝沟通。

每到周末，我都会带女儿到公园或植物园玩。到公园后，我都由着女儿自己尽情地玩，一小片泥巴地就能玩上半个小时还不走。她爷爷还说那么多好看好玩的地方都不去，专玩这些东西（成人的世界和孩子的世界就是如此不同）。因为我的顺应，女儿每次都玩得不想走，哄她回家是件很伤脑筋的事情。

有次，又到该回家的时间了，女儿却迷上了湖旁的小石凳。她伸手摸摸光滑的石板，又摸摸镶嵌在石凳两头粗糙的石头小狮子，或是爬上石凳趴一会儿，自由自在极了。我也蹲下来，和女儿一起摸摸这、摸摸那，然后问女儿："宝宝是不是很喜欢小石凳呀？""喜欢。"女儿脆生生地回答。"嗯，小石凳也很喜欢宝宝。""小石凳还说，我想和宝宝玩说再见的游戏，好不好啊？"我在确定宝宝听到的情况下，抱着她退到石凳一米外的地方，朝石凳摆手并说"再见"。女儿也跟着摆手说再见，我随即边说再见边往回走。女儿回头跟石凳说过两三次再见后，顺从地跟着我回家了。这种"走进去，再牵出来"的小技巧，虽然不一定适用于你的宝宝，但妈妈你仍可根据自己孩子的特点，先融入到孩子的情境中去，在理解、认同孩子意愿的前提下，再引导其慢慢走出来。

我家住的小区里有一小块翠绿的草地，女儿特别喜欢，而她表达喜欢的方式却是跑进去踩。我跟她说过几次，却没有什么用。我突然想起女儿很有同情心这一特点，于是想试着用拟人法引导女儿不再踩草地。

有一次，女儿又去踩草地，我"哎哟"一声，女儿扭头看我。"哎哟，妞妞，你踩疼我了，我是小草，请你别踩我好吗？""哎哟哟，好疼呀！""好疼呀，妞妞别踩我了好吗？"在"小草"的哎哟声中，女儿踩在草地上的脚开始不知该怎么放了。我伸出手让女儿牵着，恢复正常的语调轻轻跟女儿说："出来吧，小草被你踩疼了。"女儿小心翼翼地、慢慢退出草地，愣在旁边。我看着小草，女儿也跟着我看小草，这时我又用小草的口吻说"谢谢你妞妞，你真乖"。"我们摸摸小草吧，摸摸它就不疼了。"女儿顺从地蹲下来摸了摸小草，高兴地去其他地方玩了。第二次再经过草地时，女儿抬头跟我说"不踩，疼"。当我们赋予每个物件生命，并对每个生命付出自己的爱和关怀，就能滋长宝宝对生命的尊重和爱护。有我们的细心引导，就能呵护好童心中那份与生俱来的善良与美好，支持宝宝成长为善良、正直、富有爱心的人。

壮壮很喜欢涂鸦，壮壮爸妈都很支持他随心所欲地进行"创作"。但壮壮有个"坏"习惯，喜欢在墙上乱涂乱画。为此，母子俩没少"战斗"。有一次，壮壮妈灵机一动，模拟白墙的口吻对正在墙上乱画的壮壮说："壮壮你好，我是白墙，我很喜欢你，可我不喜欢你在我身上画画。"壮壮疑惑地看着妈妈，这时壮壮妈乘机拿来一张白纸，换成白纸的口吻亲切地对壮壮说："壮壮你好，我是白纸，我也很喜欢你，我还很喜欢你在我身上画画，你愿意吗？"正当壮壮不知道怎么回答时，壮壮妈又重复问他一次"你愿意吗"，并将白纸递到壮壮手里。"你准备从白纸身上哪个地方开始画呢，是从这里开始吗？"壮壮妈指着白纸正中间问壮壮，果然，壮壮的注意力被吸引到白纸上了。经过几次反复地引导，壮壮确信白纸很喜欢他在其身上画画，而白墙不乐意，慢慢地就养成了在白纸上涂鸦的习惯。

在对面小区里，女儿有一个同龄的小伙伴，小名叫兔子。有一次，兔子奶奶分享了自己孙女兔子的故事。

在亲子阅读中，兔子认识了可爱的小棕熊。兔子妈妈留意到了，逛商场时给女儿买了一个布制的小棕熊回来，兔子别提有多高兴了。兔子和妈妈的感情很好，但有时妈妈要出差，这让兔子很想念。有次，兔子喊着要妈妈，奶奶看到旁边的小棕熊灵机一动，说："兔子，想妈妈了是不是？""是。"兔子委屈地回答，接着就哭了起来。奶奶抱着孙女安慰了一会儿。当兔子平静一点后，奶奶说："兔子想妈妈了，奶奶知道的。你看，小棕熊也想妈妈了。小棕熊很难过，它的妈妈也出差了。"这时，兔子定定地看着小棕熊。奶奶又问兔子："小棕熊难过了，我们抱抱它好不好？"兔子走过去把小棕熊抱在了怀里。"小棕熊想妈妈，它哭了没有啊？""哭了。""那我们摸摸它好不好？"兔子又摸了摸小棕熊。"小棕熊说，我没事了，谢谢兔子，我要和兔子玩。"奶奶陪着孙女玩起小棕熊来。

自那以后，兔子时常会玩安抚小布偶的角色游戏。在这样的角色游戏中，兔子通过安慰小棕熊，无形中很好地宣泄了自己的情绪。

行为的边界。自由成长并不等于为所欲为。有些事情绝不被允许，它们是孩子行为的边界。极少量的行为边界，能以反推力的形式滋长宝宝的意志力。顺应与自由是宝宝实现意志力增长最主要的方式，极少量的行为边界则像是微量元素，是必不可少的有益补充。

即使在崇尚自由、彰显个性的美国，无论成人还是小孩，都有着各自清晰的行为边界。如在危险的马路上玩耍，玩饮水机的烫水开关，或是打咬他人等，都是不被允许的，这些都是现阶段宝宝的行为边界。当然，与之匹配的更重要的话是：边界之外，皆为自由。

不允许在马路上玩耍，其本质是如何对宝宝进行危险教育的问题。透过西尔斯夫妇的育儿日记，让我们看看这对享誉全球的育儿专家夫妇是如何对自己的孩子实施危险教育的：刚开始为人父母时（西尔斯博士与妻子生养了8个孩子），我也觉得打屁股是一个很有用的办法，可以让孩子知道很多危险的事情是绝对不可以做的，譬如说一个2岁的孩子自己跑进马路。我相信，在孩子的心理和生理上都留下印记，他才能记住永远不要做这些事。心理上的创伤远不如安全重要。后来，随着经验的增加，我们越来越懂得自我节制。现在，我意识到，要限制孩子的行为，有比打屁股更好的办法。当我们2岁大的孩子在院子里玩时，我就像只鹰一样地盯着他，如果他离马路太近，我就会放开嗓门大声喊："不要上马路！"然后一把把他抓回来，大声告诉他靠近马路的危险。我不是朝他嚷嚷或是生气，我只是不由自主地表达我的恐惧，那种当孩子面临危险时每个家长都会有的发自内心的恐惧。我毫无保留地表达我的恐惧，不让他有一丝一毫的怀疑。这个起作用了，他开始对马路有了一种很深的敬畏感，要过马路时会征求我的允许，知道我会拉着他的手和他一起过马路。有几次，我不得不大声地警告他来强化这种健康的恐惧。只有在需要立即回应以确保孩子安全时，我才会用这种警告声。这种声音很难形容，是一种很尖锐、很有力的"啊"。我从来不随便用它，也不经常用。平常的日子需要平常的对待。

西尔斯博士的危险教育为我们提供了现实可行的有益参考。对同样危险的水池、水塘，我们也可以用同样的办法来把控孩子的行为，让其远离危险，同时又不至于给孩子造成心理上的创伤或负面影响。

对玩饮水机烫水开关、电源插座、刀具等危险行为，倒不一定要向宝宝传递如此强烈的恐惧信号来达成阻止的目的。我女儿很喜欢玩饮水机开关，我将水烧到有点烫的程度后，背着女儿用手指先试了试水温，确定水温达到不会烫伤女儿但又能给她刺激的程度后，让女儿用指尖去碰烫水龙头流出来的烫水。女儿"啊"的一声缩回手，表情顿时复杂起来。有了这次体验，女儿再也不玩饮水机开关了。若你担心把握不好温度，可当着宝宝面用杯子接些烫水，让宝宝摸摸杯壁，给宝宝烫的体验，同时用语言告诉宝宝"烫"，且伴有"疼"的表情和体态语，让宝宝知道这个"烫"的东西碰不得。

对宝宝打咬人等不被允许的行为，妈妈也应通过适当的方式加以引导，慢慢杜绝这种不受欢迎的行为。

2. 动作练习

本阶段，宝宝的动作发展由基础性动作过渡至更复杂的技巧性动作。动作更加娴熟、灵巧，为宝宝更好地适应这个世界提供了技能上的支持。

花样走。直线走、倒退走、踮脚走等花样走，能进一步锻炼宝宝的行走能力。可让宝宝踩着地板或瓷砖纹路练习直线走，或妈妈引领宝宝踮脚走。踮脚走能锻炼宝宝的小腿肌肉，对平衡感也是很好的锻炼。

练习倒退走时，宜在开阔的平地上进行。倒退走时，因看不到后面的情况，宝宝容易心生恐惧，这时妈妈可拉着宝宝的手，一起慢慢倒退。倒退走不仅能锻炼宝宝的行走能力，还能锻炼宝宝的勇气，给宝宝完全不一样的行走体验。

跨栏。找两根小木棍（或是小竹竿、顶衣叉等）来，妈妈、爸爸双手握住两条小木棍的两端，摆成平行的双杆，两人蹲下来放低至宝宝可以跨越的高度，鼓励宝宝玩跨栏的游戏。栏的高度宜根据宝宝的能力和熟练

跨栏

度进行调整，让宝宝觉得有挑战性也有乐趣。

还可将栏的高度提至宝宝肩膀位置，鼓励宝宝低头或弯腰钻栏。若大人没时间，可将小木棍两头搁置在小凳子上，做成固定的双杠，让宝宝自己玩。

踮脚够物。拿一块毛巾举在宝宝头顶上方，让宝宝踮脚去够。不要一下就让宝宝拿到，前两三次让宝宝觉得就差那么一点点就够着，从而使劲地想要拿到手。两三次后让宝宝成功够到毛巾，让其体会到成功后的满足感。当宝宝第一次成功够到毛巾后，妈妈不妨及时送上你的夸奖。

踮脚够毛巾

也可以把宝宝喜欢的东西放到需要踮脚才能拿到的高处，请宝宝自己动手去拿。

跑。跑是一项全身参与的综合性大运动，是对宝宝身体灵活性、平衡性、协调性、力量与体能的综合考量。它能很好地刺激各项动作技能的提升和发展，也能很好地锻炼宝宝的体能。以跑为基础的一些亲子游戏也能带给宝宝积极的情绪体验。

妈妈多引领宝宝练习平地跑。当平地跑跑得比较稳当了，可引导宝宝进行上坡跑。刚开始时坡度要小，宝宝较熟练后，再选择坡度大一点的地方。下坡跑时宝宝容易摔倒，危险系数较上坡跑高，应在宝宝奔跑能力较强后再练习。

在本阶段中后期，宝宝奔跑能力较强后，可带宝宝玩展翅飞翔的奔跑游戏。在开阔的户外，带领宝宝张开双臂向前跑。一边跑一边像鸟儿的翅膀一样上下摆动双臂，嘴里欢快地喊着"飞呀飞呀、飞呀飞呀"，在带领宝宝展翅飞翔的同时，一并放飞自由快乐的心。

追追追。玩追逐游戏，能让宝宝很好地练习跑。妈妈、爸爸和宝宝一家三口玩这个游戏会很有乐趣。爸爸有力地迈着小碎步追宝宝，嘴里发出急促有力的"追追追"的声音，宝宝会咯咯咯地笑着扭身"逃命"，逃往他的安全基地、保护神妈妈那里。爸爸见宝宝到了安全基地，扭身往回走。宝宝见爸爸走开了，也许会试探着离开妈妈朝爸爸走，好像在说"来追呀，走什么呀，以为我怕呀"。爸爸见宝宝出来得差不多了，突然又扭身追宝宝，宝宝尖叫一声扭身又逃……

在追的过程中，爸爸可模仿宝宝较熟悉的动物的声音，如小狗"汪汪汪"的叫声，并朝宝宝伸出利爪，假装要吃宝宝。宝宝可能会更兴奋，成功逃到安全基地后还会兴奋地往妈妈怀里、腿缝里钻。

爸爸不在身边时，妈妈也可以单独和宝宝一起玩双人版的追逐游戏：妈妈追宝宝一小段，就故意停下来。宝宝在逃的过程中要判断妈妈有没有追来，见妈妈没有追来，宝宝会停下来"引诱"妈妈，妈妈继续追宝宝。

追逐游戏几乎是所有宝宝的最爱。这个看似简单的游戏，蕴含着多种成长支持手段：快乐的情绪体验、小跑的动作练习、对游戏规则和互动时机的把握、亲子关系的增进等等。

原地跳。和走、跑、跨一样，跳是人类最基本也是最重要的大动作能力之一。宝宝会由易到难逐一掌握原地跳、向前跳、上下跳、连续跳。

妈妈进行原地的小步弹跳，让宝宝跟着学。刚开始妈妈可牵着宝宝的一只手，以帮助宝宝保持身体平衡。或是妈妈、宝宝面对面，妈妈拉着宝宝的双手，引导其跟着自己屈膝双脚离地跳。若发现宝宝学起来有难度，妈妈可先带其练习踮脚，之后再慢慢过渡到脚离地。

也可让宝宝在床垫上、沙发上练习跳。床垫和沙发有一定的弹性，会产生反弹力向上反推宝宝双脚，这对宝宝练习跳跃有一定的协助作用。在沙发上练跳时，妈妈应在旁边看护以防宝宝跌倒，或是拉着宝宝双手，协助宝宝在沙发上弹跳。到下一个发展阶段，疯狂的"沙发跳"几乎是所有宝宝的必选游戏项目。

当宝宝能双脚离地向前跳时，妈妈可配着儿歌，如"小青蛙，跳一跳；跳一步，跳两步；跳入水中游游泳，跳上荷叶笑哈哈"，带领宝宝一起快乐地跳。对快满2岁的宝宝，妈妈可找个低矮的小台阶，让宝宝从台阶上往下跳。

宝宝的肌肉很容易疲劳，玩上几分钟后就应让宝宝休息一下，或玩其他静态的游戏，尽量做到动静相宜。

上下台阶。经过一段时间的扶腋上下台阶练习，妈妈可尝试让宝宝抓住自己的手上下台阶。当宝宝抓住你的手比较熟练地上下台阶后，可慢慢过渡到宝宝自己单手扶着扶手或墙壁上下台阶。随着宝宝动作能力的增强，不知不觉间你就发现宝宝已能敞开双手上下台阶了。

豆豆妈妈经常带豆豆到临近的沿江公园玩。豆豆妈妈发现，与豆豆同龄的小朋友上下台阶时，似乎都没有豆豆那么灵巧。与妈妈们交谈时才知道，她们家多在带电梯的高层住宅中，平时较少走楼梯。豆豆家住二楼，每天都要上下楼梯好多趟，豆豆上下台阶的动作自然就熟练多了。动作练习似乎没什么特别的技巧，多练多玩，就会熟能生巧。

提脚爬行

提脚爬行。宝宝双手着地，妈妈或爸爸抓住宝宝的两个脚踝将宝宝身体提起，让宝宝双手着地向前爬行。提脚爬行能很好地锻炼宝宝上肢的力量。

做提脚爬行前，可先做俯卧提腿这个分解动作。让宝宝俯卧在床上，妈妈抓住宝宝的双脚，将宝宝下半身提离床面，稍作停顿，随后把宝宝放下。如此重复数次。一段时候后，再练习俯卧提腿时爸爸可在旁边托住宝宝双肩，协助宝宝用手将上身撑起。俯卧提腿在锻炼宝宝腰背部肌肉的同时，让宝宝熟悉俯卧离地的感觉。

刚开始练习时，最好在床上或铺有泡沫垫的地面进行，万一宝宝因手臂力量不支跌倒下来时，不至于伤到宝宝。这是个难度挺大的动作练习，应循序渐进地慢慢来。

攀爬。在本阶段后期，宝宝对攀爬的兴趣越来越浓厚。农村里长大的娃娃几乎都有过爬树的经历，而且个个都非常喜欢。有些男娃娃，顶着父母的禁令也要爬树，即使挨打也在所不惜，可见攀爬对孩子有多大的吸引力。

在城市中，一些儿童游乐场所或社区都设有供儿童玩耍的攀登架或攀爬网，妈妈可陪同宝宝一起去玩耍。攀爬有一定的危险性，妈妈应站在离宝宝一米之内的安全距离中，确保随时伸手都能扶得到宝宝。当宝宝攀爬较高的垂直攀爬架时，妈妈宜靠近宝宝并张开双手环护着宝宝，防止随时可能发生的坠落或摔倒。

但我们不能因为害怕危险剥夺了宝宝攀爬的机会。在宝宝攀爬过程中，妈妈在保证宝宝安全的基础上，无须过于谨小慎微，以至于让宝宝放不开手脚。孩子之所以如此喜欢攀爬，就因为攀爬会让其有征服困难和危险、体验新异刺激的内心体验。当因你的诸多约束无法获得这种内心体验时，宝宝就对攀爬不那么感兴趣了。

2岁左右，攀爬间距十几厘米的攀爬架时，宝宝就能攀爬三四层甚至更多层了。

钟摆摇。经过一段时间以宝宝身体为轴心的摇摇摆摆动作练习（俗称小钟摆摇）后，可尝试着抓住宝宝手腕将其提起，以妈妈身体为轴心，拉悬着宝宝使其整个身体进行左右摇摆（俗称大钟摆摇）。当宝宝对钟摆摇很适应后，又可尝试以妈妈身体为轴心悬空拉动宝宝像旋转木马一样原地转圈圈。

钟摆摇

给宝宝进行钟摆摇练习时，时间不要过长，防止宝宝眩晕。玩的时候注意观察宝宝的表情，感受他的情绪，以决定是否继续玩耍。

节节高。几个月前就已开始和宝宝在沙发上玩节节高的妈妈，现在可以尝试站立着玩了。动作要领还是一样的，拉住宝宝的双手，让宝宝的脚踩在妈妈身上，像小熊爬树似的往上踩。刚开始练习时妈妈可弯曲膝盖，让宝宝从膝盖处开始，以降低点难度。

跷跷板

若妈妈这棵树比较秀气，就让宝宝爬爸爸那棵伟岸的大树吧。玩比较刺激的游戏，爸爸往往是更受欢迎的那个人。

跷跷板。妈妈或爸爸跷着二郎腿，让宝宝坐在跷起那条腿的脚背弯处，双手抓住宝宝的手使宝宝身体保持平衡，跷动脚使宝宝身体上下晃动。妈妈一边跷脚一边唱着儿歌，是难得的妈妈、宝宝亲子时光。

抛高。举高高还有在玩吗？试一下，说不定你的宝宝还是那样喜欢。如果你的宝宝觉得举高高不再那么刺激，现在不妨再加点"辛辣料"，给宝宝来点更刺激的抛高。将宝宝举过你的头顶后，再将宝宝抛离你的双手，然后稳稳地接住他。看看宝宝的表情吧，是不是既刺激又兴奋呢？若妈妈你不敢玩，就将这光荣的任务交给孩子他爸吧。

抛高

动物模仿操之小猫叫。本阶段的宝宝已完全明白自己的身体能进行一些相对复杂的杂耍动作，故可以开始做一些有趣的动物模仿操了。

小猫模仿操

"我是好宝宝，我会学小猫（一边唱一边拍掌），喵~喵~喵，喵~喵~喵（用双手在嘴前做捋须的动作）；我是好宝宝，我会学小狗（一边唱一边拍掌，后同），汪~汪~汪，汪~汪~汪（双手拇指与其他四指相对，做开合的动作，像是小狗张嘴叫唤）；我是好宝宝，我会学小鸡，叽~叽~叽，叽~叽~叽（双手拇指与食指做对捏的动作，像是小鸡在啄米）；我是好宝宝，我会学小鸭，嘎~嘎~嘎，嘎~嘎~嘎（双臂伸直放置在身体两侧并稍稍张开，与上身呈15°角，双手掌朝下并将手掌稍稍往上翘，然后左右摆动上身，像是小鸭子摆呀摆走路的样子）。"如此重复数次。"小猫叫"比较偏重手部动作，对发展精细动作有帮助。

每个宝宝的发展进度都不一样，当宝宝做动物模仿操有点吃力或不太热衷时，妈妈不妨将摆手操、拍手操与动物模仿操搭配着来做。先做一两组动物模仿操，再做几组宝宝已比较熟练的摆手操、拍手操，反之亦可。难易搭配，宝宝就不容易放弃。只要宝宝练习，宝宝的能力自然就会增长，慢慢地就能惟妙惟肖地做动物模仿操了。

妈妈也可自创出很多动物模仿操来。如大象甩鼻子，妈妈弯腰垂臂，像大象甩鼻子一样甩动自然下垂的双臂；或更简单地摇晃脑袋，想象自己的鼻子也和大象的鼻子一样长，正随着脑袋的摇晃而甩动，并鼓励宝宝模仿。针对宝宝常见的一些小动物，妈妈都可以随性地创造出一些好玩又简单的动物模仿操来。

指令操之蹲下、站起。这个阶段的宝宝能配合你的指令做些简单的指令操了，如"蹲下、站起"指令操。

妈妈说"下"并蹲下来，让宝宝也模仿你蹲下来；妈妈说"上"并原地站起来，宝宝也会模仿你站起来。玩的时间一长，你不做动作只说"上"或"下"时，宝宝也能跟随你的指令自己蹲下或站起。有时宝宝会主动发起玩"蹲下、站起"的游戏，并且是他来发号施令，让你来配合。

或配着儿歌玩"摸天拍地"的游戏。"举手摸摸天"，妈妈、宝宝一边唱一边站起来，伸直身躯，向上举起双手有节律地摆一摆或摸一摸；"蹲下拍拍地"，妈妈、宝宝一边唱一边蹲下来，用双手有节律地拍拍地板。这样来回地一站一蹲，很能锻炼宝宝的动作技能和体能。

也可以配合口令做"变高变矮"的游戏：妈妈说"变高"时，妈妈、宝宝一起做站立、伸腰、举手的动作，并尽力使身体和手臂往上延展，让自己变得高高的；妈妈说"变矮"时，妈妈、宝宝一起做蹲下、双手抱膝、埋头缩腰的动作，让自己变得矮矮的。这个游戏在发展宝宝动作技能的同时，让宝宝感知"高"与"矮"等简单概念。

手指操。"一根手指点点（伸出食指做点东西的动作），两根手指剪剪（食指与中指一张一合做剪纸的动作），三根手指捏捏（食指、拇指、中指做捏的动作），四根手指刷刷（拇指收拢在掌心，其余四指并拢做刷漆的动作），五根手指抓抓（五根手指做抓东西的动作）。"妈妈一边有韵律地唱着儿歌，一边做着手指操，并请宝宝和自己一起做。

手指操

对玩过绿豆的宝宝，也可以这样唱："一个手指点豆豆，二个手指夹豆豆，三个手指捏豆豆，四个手指炒豆豆，五个手指抓豆豆。"手指操对锻炼宝宝手指的灵活度，促进手指功能的进一步分化有益处。

或配着儿歌《五个好娃娃》一个一个地掰手指："五个好娃娃，乖乖睡着了；公鸡喔喔叫，叫醒五娃娃；拇指姐姐起床了，食指哥哥起床了，中指哥哥起床了，四指弟弟起床了，五指妹妹起床了。"

宝宝不一定能做全这些动作，可能只会其中的某个或某几个，如点的动作或抓的动作，这种情况是很正常的。妈妈仍很热情地自己做，让宝宝跟着做就行了。妈妈不时地和宝宝玩玩，不知不觉中宝宝也就全会了。

上一阶段开始练习的走窄道、花样走、下蹲捡物、上下台阶、摆手操、拍手操等，以及宝宝仍喜欢做的其他动作练习，本阶段仍可继续进行。

3. 亲子游戏

玩水。宝宝三件宝：水、沙、球。这三件宝都是宝宝的最爱，也是宝宝成长最有价值的玩具。尤其是水和沙，它们对宝宝的吸引力将贯穿宝宝的整个童年，长达数年之久。

给宝宝穿上防水罩衣和长筒小雨靴，给宝宝两个耐摔、口径较大的敞口杯，让宝宝自己用杯玩"来回倒水"的游戏。刚开始玩水，洒漏是难免的，妈妈可在一旁将洒出来的水及时清理干净。洒出来点就清理点，可有效减少弄湿衣物的情况，同时告诉宝宝"不要让水跑到杯子外面哦"。

宝宝能比较熟练地用敞口杯来回倒水后，妈妈可将其中一个水杯换成小的敞口杯，这时宝宝会发现，小杯往大杯倒较容易，而大杯往小杯倒就难了。这种差异变化会引发宝宝的认知体验。随着宝宝手部能力的发展，要为宝宝的倒水游戏适当增加点难度时，除了将大杯换小杯外，还可将敞口杯换为收口杯。

大月龄的宝宝（如本阶段中后期、2~3岁的宝宝），给他几个玩水的工具，如一个小桶、一个小盆、一个空杯或空瓶（如空可乐瓶）、一个漏斗（这是玩沙的好工具，也是玩水的好工具）、一个汤勺，他就可以尽情地玩上一个上午。

洗澡时仍是很好的玩水的时机。给宝宝一些小容器让其自由地玩水，也可教宝宝用手捧水，感受水从指缝中滑落的感觉。浇水在宝宝身上，并用语言告诉宝宝水正从身体上流过，引导宝宝进行更细腻的感知。当然，如果宝宝就只喜欢用手撩水或拍打水，那也很好啊，就由着宝宝尽情、自由自在地玩耍好了。

我愿意相信，水是上天特意为宝宝准备的最好的玩具。它是最好的、最有发展价值的，却又是最廉价的、最唾手可得的，每一个孩子都可以得到它。无论孩子的家境是贫穷还是富有，这个最珍贵的礼物，上天让他们平等地拥有。

请家长别嫌玩水麻烦，而负了上天对孩子的这番美意。

玩沙

玩沙。孙瑞雪对沙有过这样的描述：沙介于生命与物质之间，如水一般，既是固体的，又是流体的，它变化无常又易于掌握，它无穷尽的形态和用之不尽的玩法，从本质上满足了儿童创造和想象的本性。没有任何一种玩具能比得上沙的奇妙，除水之外，也没有任何一种玩具能如此地满足孩子成长的需要。

在农村的乡野里，一群"野"孩子赤脚在河滩的沙地里尽情地玩耍，那是我儿时最最快乐的时光，也是多少农村里走出来的新城镇人记忆犹新的美好回忆。那种快乐的体验如此深刻地烙印在我的记忆里，珍藏至今。每次带女儿玩沙时，记忆都会洞穿时间之门，把我带回童年岁月。沙，就是这么神奇的玩伴。你的宝宝若生活在农村里，就让宝宝自由地、尽情地在沙地里玩耍，因为对宝宝而言，没有比那块沙地更好的成长课堂了。

在城镇中成长的宝宝，妈妈每周可带他到宝宝游乐园的玩沙区玩。一般来讲，玩沙区都会准备些漏斗、小铲、沙桶之类的玩沙工具供宝宝选用。让宝宝自由选择工具，并按自己的方式自由玩耍，不要过多地干预或限制宝宝。只有在宝宝不知所措或即将放弃时，才去引导宝宝怎样去玩。妈妈用手或工具堆一座小山、做一栋房子，或用小铲挖个水沟或山洞，还可以用树枝在沙面上涂鸦，以启示宝宝玩耍。

宝宝喜欢用手抓起沙后扬沙，若沙太干，容易产生沙尘使宝宝吸入，对宝宝的健康不利，这时妈妈宜在沙中加点水，使之成为湿沙后再玩。湿沙更易成型，也很受宝宝欢迎。在玩的过程中，请你在一旁看护宝宝，防止宝宝将沙撩到眼睛里。

在野外一些无人看管的沙池或沙堆玩沙时，应特别注意沙的卫生状况。猫、狗等动物喜欢在沙堆里撒尿拉屎，使沙堆变得很脏并带有很多的病菌。所以本人建议带宝宝到有人看护的沙场玩，即使交点费也是值得的。若附近没有这样的沙场，绿豆、米粒则是很好的沙的替代品。

玩米、玩绿豆。在家里，可用米或绿豆来代替沙。米和绿豆，具备沙一样的流动性、可随意塑造，同样非常受小宝宝欢迎。它们干净卫生，很容易找到，随时"恭候"小宝宝玩耍。

事前为宝宝准备几种不同的小工具，如小刀叉、小勺子、纸杯、小钢碗（或小塑料桶）等。在宽敞的地方铺上大大的一块垫布，用小桶盛一些米给宝宝，让宝宝脱掉鞋子坐在垫布中央玩。

和沙一样，米粒也没有固定的玩法，可以充分发展宝宝的想象力和创造性，所以在玩的过程中，妈妈尽量不要干预宝宝，也尽量不要指导宝宝玩你所认为的更好的玩法，除非在宝宝觉得不好玩想要放弃时。

宝宝在玩的过程中，会发现插水果时"很能干的"小刀叉似乎不那么好使了，米粒总是很容易地从刀叉上滑落。慢慢地，宝宝就会改用小勺子玩了。当小勺子"遭遇"小铲子时，宝宝又发现小铲子比小勺子有能耐得多，一次能舀起比小勺子多很多的米粒。妈妈稍用心，为宝宝选择工具时稍做下搭配，就能让宝宝在玩的过程中经历"发现之美"。工具一次不给多，以免宝宝玩得太分散。

对妈妈而言，绿豆似乎是比米更好的玩具。绿豆不容易将垫布、地板弄脏，也更容易被清洗，而且可以多次反复使用。绿豆有米粒一样无穷多的玩法，来回倒时还会发出清脆的声响，也似乎更吸引宝宝。给宝宝买上一小袋绿豆，就可以让宝宝玩上很长的时间，可算得上是最佳的玩具了。

刚开始玩时，由于动作不熟练，很多动作技能也不具备，宝宝会将米粒、绿豆弄得到处都是，这时妈妈应予以充分的理解和支持。妈妈可在一旁将滚落到垫布外的米粒、绿豆捡回宝宝身边，尽量减少浪费。随着练习次数的增多，到2岁多时，宝宝就能用杯子来回倒米粒和绿豆而较少漏出了。

玩过几次的米应更换。只要米不是太脏，淘干净后仍是可以食用的。绿豆则应在玩过数次后清洗一下，晾干后再给宝宝玩耍。妈妈千万不能因怕麻烦，阻止或不给宝宝玩米、玩绿豆。

玩米、玩绿豆，除外显的动作练习外，还会触发宝宝进行感知、发现、选择、决定等内在心理活动，对宝宝是很好的成长支持。宝宝的这些内在心理活动，妈妈不仅无法认知，更无法支持。只有让宝宝自由自主地玩，才是实现它们的唯一途径。

捏绿豆。本阶段的宝宝已进入对细小事物感兴趣的敏感期，特别喜欢拿捏和把玩绿豆、小珠子之类的细小事物。此时的宝宝手部精细动作已发展得比较好了，也能捏起小至绿豆之类的东西了。

拿七八颗绿豆，放在茶几上，请宝宝一颗一颗地捡入小碗里；也可请宝宝将绿豆从一个碗中拿到另一个碗中，在玩耍的过程中锻炼宝宝的手部精细动作。绿豆一次不给太多，好动点的宝宝给他准备七八颗，耐心好点的宝宝可多至十来颗。不然的话，宝宝会觉得怎么捡也捡不完，玩着玩着就没兴趣了。

舀豆子。当宝宝觉得捏绿豆太"小儿科"时，那就来点高难度的吧，让其尝试着用勺子舀豆子。让宝宝用勺子将碗里的豆子舀起来，小心翼翼地放到另一个碗。这个动作比用手直接捏要难多了，对宝宝的手部精细动作是非常好的锻炼。

舀豆子

刚开始练习时，可将绿豆换成体积更大的扁豆，宝宝舀起来更容易一些，动作熟练后再换回绿豆。两个碗之间的距离也可根据宝宝的动作熟练度做调整，如刚开始时两个碗的间距较近，动作熟练后就加大两个碗的间距，甚至将其中一个碗放到另一个地方，让宝宝舀上豆子后走上一段距离才将豆子倒入另一个碗中。

剥豌豆。将豌豆粒从豆荚中剥出来，是宝宝非常喜欢的一项活动。从宝宝剥豌豆时那专注的神情中，你就知道他有多喜爱了。

妞妞妈妈每次剥豌豆，都会邀请妞妞一起剥。妞妞很专注地将豆粒从豆荚中剥出来，然后将豆粒、豆荚一起放入菜碟中。妈妈见妞妞非常专注，就自己将豆荚从豆粒中拿出来放到一边。妞妞妈妈知道，呵护妞妞的专注力很重要，所以尽可能不去打断她。剥豌豆的次数一多，妞妞就自己模仿妈妈将豆粒放入菜碟中，然后将豆荚放到另一边，根本不用妈妈教。这个小小的动作告诉我们，妞妞在不经意间，学到了如何分类。

到了用餐时间，妈妈让妞妞用勺子自己舀豌豆吃，并告诉妞妞这是她自己剥的豌豆。妞妞知道这是自己的劳动果实，似乎吃得更带劲了。妞妞很努力地用勺子往自己碗里舀不太容易被舀到的豆粒，这对她的精细动作又是一种很好的锻炼。

我发现身边很多妈妈，都像妞妞妈妈一样，很擅长将生活中的平常事件，很自然地转化为养教一体的亲子活动，让我不得不感叹天下的妈妈都是天生的育儿专家。作为这个世界最伟大的女性群体，她们总能在平常的生活中发现不平凡的抚养智慧。

切香蕉。为宝宝准备一把小塑料刀、一根香蕉、一个菜碟或果碟，让宝宝练习切香蕉。妈妈先帮宝宝剥去果皮，或是将香蕉两头各切掉一小截后让宝宝自己剥去果皮，之后将果肉放入果碟中让宝宝用塑料刀切。

让宝宝将香蕉切成小段小段的，接着用小叉子叉住吃，这样可以让宝宝既玩水果又吃水果，两不耽误。"妈妈喜欢吃小片的，请宝宝切小点好吗？"当宝宝切香蕉比较熟练后，不妨请宝宝将香蕉切成较薄的片状，进一步锻炼宝宝手部动作的精细度。

市面上也有很多水果造型的塑料玩具，如塑料香蕉、塑料苹果等，是用来锻炼宝宝切东西的能力的。塑料苹果从中间分成两瓣，中间有胶带可将两瓣苹果粘连成一个完整的苹果。粘连起来后，宝宝可用塑料刀将苹果从中间切成两半。塑料玩具可以反复地玩，比起新鲜水果相对省事点，妈妈可以给宝宝买些来，但无须买很多，因为宝宝很快就会玩腻的。

插洞洞。因为对细小事物的敏感，宝宝总是对小洞、小孔之类的细小事物情有独钟。找来一块泡沫块，用筷子在上面戳些小洞，再找来一根小塑料管，就可以和宝宝玩插洞洞的游戏了。用筷子插小洞时，筷子插入后再左右旋转几下，使小洞更圆润。

若泡沫块比较大，可将其搁在地板上，让宝宝坐在地板上一手按着泡沫块一手插洞，这时宝宝手部运动的方位往往是由上而下的；小泡沫块则可以让宝宝用一只手拿着，另一只手拿管插洞，这时宝宝手部运动的方位往往是由右至左的，这样可以从不同的方位锻炼宝宝的手部动作。由上而下的运动会容易一些，不妨让宝宝从这种方式练习起。

若找不到适合的塑料管，也可以直接用筷子插洞洞。有的宝宝会不满足于插你事先戳出来的小洞，想要自己戳些洞洞出来。当用筷子玩时，妈妈应在旁边看护宝宝。

存钱入罐。给宝宝准备一个存钱罐，最好是可爱动物造型的。拿一个硬币给宝宝，请宝宝将硬币塞入存钱罐中。当发现宝宝不太容易将硬币塞入时，妈妈可试试将存钱罐调整下位置，使存钱口朝上，这样宝宝塞起来就顺手多了。存钱罐可放在床上或柔软的布质沙发上，这样就不容易滚动了。

存钱罐的存钱口多是扁平的，硬币也是扁平的，只有将两者对准后才有可能将硬币成功塞入，这对宝宝来讲还是有一定难度的。当宝宝失败几次后，妈妈可握着宝宝的手使之成功地塞入一次。

城市里到处都有电动的摇摇车，宝宝都喜欢坐。当你的宝宝坐摇摇车时，也可以尝试让宝宝自己投硬币。

玩橡皮泥。橡皮泥是颇具魅力的"百变神器"。用手拍它，它便成片状；用手滚它，它便成棍状；用手拉它，它便成条状；用手捏它，它就成为你想要的模样……它这种造型百变的特性，就和沙、水一样，满足了宝宝对创造和想象的需求。

妈妈先不急着示范，让宝宝自由地玩。当宝宝玩不出花样，觉得索然寡味想要放弃时，妈妈拍拍捏捏使橡皮泥改变它的形状，或捏出几个造型给宝宝看，引导宝宝继续玩下去。现阶段的宝宝还只会用小手拍拍打打或捏捏压压橡皮泥，但橡皮泥形状的改变仍让宝宝觉得新奇。当宝宝通过捏压拍打创造出"作品"来时，妈妈不妨带着惊奇的神情，询问宝宝创造出了什么作品，并对他的作品进行欣赏和赞美。想要看宝宝更成熟的作品，如捏造简单的几何图形等，则需等到宝宝2岁半以后。

夹子咬章鱼。家里一些并不起眼的小生活用具都有可能成为宝宝喜爱的玩具，衣服夹子就是其中之一。妈妈挑选几个比较容易捏开嘴的夹子，和宝宝一起玩"夹子咬人"游戏。

"夹子夹子张大嘴，张大嘴巴咬住它"，妈妈拇指、食指捏住夹子尾部，将夹子夹在宝宝的袖口；"夹子夹子又要咬人了，看它会咬谁呢？""夹子夹子张大嘴，张大嘴巴咬住它"，妈妈将夹子从宝宝袖口上取下来后又将

夹子咬章鱼

其夹在纸杯杯口上。妈妈演示夹子夹东西时，动作要慢，让宝宝充分看清楚整个过程。"宝宝，你的夹子会咬人吗？让它咬咬纸杯好吗？"妈妈随后鼓励宝宝自己玩。

为了让游戏更有趣，妈妈可将纸杯剪成章鱼状，让宝宝玩"夹子咬章鱼"的游戏。从纸杯口开始用剪刀垂直沿杯身往杯底剪，剪到杯身二分之一处即可。用同样的手法剪上四五道口子，再将剪开的纸杯片往外折，然后在杯身上画两个章鱼眼，一条有模有样的"章鱼"就做成了。宝宝用夹子夹章鱼的尾巴时，会很自然地一条尾巴夹一个夹子，这无形中强化了宝宝对一一对应关系的认知。

取夹子比夹夹子要简单，当宝宝玩得不顺利时，妈妈不妨先让宝宝练习取夹子。妈妈引导宝宝拇指、食指对捏夹子尾部，很自然就将纸杯上的夹子取下来了。经过多次取夹子练习，宝宝就能建立两指对捏与夹子张嘴之间的因果关系。当宝宝建立起了这种认知，玩夹子就会变得容易多了。

红绿灯。当宝宝行走较熟练后，找个有坡度的地方，一家人玩红绿灯的游戏。"红灯停""绿灯行"，宝宝和爸爸随着口令在斜坡上时走时停。当宝宝努力地在斜坡上往上走时，突然接到"红灯停"的指令，要一下子停下来，可不是件容易的事。好不容易停下来，当接到"绿灯行"的指令时又得重启"马力"爬坡了。这对宝宝的体能、反应灵敏度、平衡力都是绝佳的锻炼。

妈妈参与其中，宝宝的玩兴会更浓，也能更好地保护宝宝。若还有其他的小宝宝参与进来，宝宝则会玩得更疯。当动作比较熟练后，不妨让宝宝来发号施令。口令亦可改为更简单的"走"和"停"。

平衡力不是很好的宝宝，妈妈宜全程看护，也暂不要玩更容易摔倒的下坡走。

扔球、踢球。宝宝现在知道，将手举起来扔球，能扔得更远。妈妈和宝宝玩球时，可有意识地让宝宝练习举臂扔球。经过一段时间的练习，宝宝可由双手扔球发展到单手扔球。

根据宝宝行走或跑的能力，妈妈可教宝宝踢球。你会发现，随着踢球动作越来越熟练，聪明的小家伙还会发展出有智慧的踢球策略来。如到2岁左右，宝宝跑到滚动的球跟前抬脚踢时，却发现球又继续向前滚走了。经过多次反复后，小家伙慢慢地就会知道跑到离球更近点时再踢。

在本阶段后期，当宝宝能较稳较准地踢到球时，踢球能带给宝宝很大的乐趣。"又被你抢走了，厉害。""糟了，又被你抢走了，我要抢回来。"尤其是妈妈参与进来和宝宝"抢"着踢时，会激发宝宝无限的激情和乐趣。也可以互换角色，妈妈护球宝宝抢。妈妈故意制造点难度，宝宝抢过一两次后又让其抢着。看看宝宝那乐不可支的样子吧，他是多么快乐！

　　妈妈的拖鞋。几乎所有的宝宝都有那么一段热衷于穿大人鞋的经历。这些可爱的小宝宝啊，摔也摔过，哭也哭过，仍丝毫不减热情。

　　穿大鞋子走路，会给宝宝的行走带来全新的挑战。这种挑战让宝宝兴趣盎然、乐此不疲。它挑战宝宝的平衡能力和身体各个部位之间的协调能力，同时也考验着宝宝如何运用和重组已有的动作技能，智慧地解决"鞋子容易脱脚"以及"身体容易失去平衡"的问题。面对大鞋子带来的全新考验，宝宝唯有不断地行走实践，并在实践中不断地积累经验，才能将经验上升为认知并产生解决方案。

　　穿着妈妈的拖鞋到处走，在挑战更高难度行走练习的同时，这也是宝宝在用脚体验和感知"大"与"小"。"大"与"小""重"与"轻"等看似简单的概念，它们不是被认知的，而是被感知的。宝宝只有先感知了，才能将相关的经验升华为真正意义上的认知。也许谁也不会想到，宝宝一个看似很调皮的玩耍行为，背后却蕴藏非凡的发展价值。还是那句话，只要是所有宝宝都喜欢干的事，无论它在大人眼里多么幼稚或荒唐，其背后一定隐藏有很好的发展价值。

　　就让我们以欣赏的目光，鼓励宝宝的大人模仿秀吧。"大拖鞋，像只船，爸爸穿，我也穿，一二一、向前走，走呀走，翻了'船'。"妈妈甚至可以穿上丈夫的大码拖鞋，陪伴着宝宝在客厅里行走，从这个房间走到那个房间，从那个房间走到这个房间。此时，拖鞋的嗒嗒声、母子俩的欢笑声就是宝宝成长路上最动听的喝彩声、加油声！

　　当宝宝穿着你的拖鞋在客厅到处游荡时，还是得看护着让其尽量少摔倒。一次又一次的摔倒，带给宝宝的毕竟不是什么很好的体验。有些宝宝甚至会看上妈妈的高跟鞋。但高跟鞋却不是那么好征服的了，当宝宝试穿你的高跟鞋时，更应小心看护，防止宝宝崴到脚。

　　会飞的小超人。宝宝的模仿力越来越强，我女儿也是。当她1岁8个月大时，经常在家里上演超级模仿秀，模仿大人、模仿同伴，尤其喜欢模仿小表哥扮超人。

有一次，女儿5岁的小表哥来家里玩。小表哥披上条纱巾扮成超人，在小区里来回地"飞翔"。女儿觉得好玩极了，赶忙也叫我给她找来条绿色的纱巾给她披上，摇身一变成了"女超人"。她跟着小表哥在小区里来回地疯跑，双手向后做飞翔状。

我担心她的手裹在纱巾里容易摔倒，就将她的双手从纱巾中拿了出来。谁知这下惹她生气了，随后她还大哭起来。原来双手被我拿出来后，她就不能撑开纱巾做"翅膀"了，也就飞不起来了。我教她用手抓住纱巾，这样也能飞。女儿就是不愿意，因为小表哥就是用手裹在纱巾里的。我只好顺从地让她的双手又裹进纱巾里，这样"翅膀"又能飞起来了，脸上泪迹未干的她又欢快地疯跑去了。

装扮行为之喂奶。从闭上眼睛假睡几秒，到用玩具手机假装打电话，宝宝萌生出简单的装扮行为来。随着月龄的增大，其装扮行为也越来越复杂和多样化，逐渐发展成有游戏主旨、角色分明的象征（假想）游戏了。

装扮行为和象征（假想）游戏，是宝宝想象力与象征思维的展现。在有关象征（假想）游戏的研究中，皮亚杰发现，玩大量象征游戏的学前儿童，在有关认知发展、语言技能和创造力测试中的表现，好于玩得较少的儿童。

现阶段的宝宝会假装生气；会用小勺、小碗假装吃饭；也会闭上眼睛假装睡觉；会请妈妈给自己的毛绒玩具或布娃娃穿衣裳；有时则会假装认为布娃娃也饿了，要给它喂奶。

宝宝给布娃娃喂奶时，会模仿你给他喂奶时的一些行为和动作，如抚摸布娃娃，喂完后拍拍布娃娃的后背等等。整个过程宜让宝宝不受打扰地完成，妈妈只在宝宝需要帮助或其主动寻求互动时才参与进来。当宝宝给布娃娃喂完奶后，妈妈可很关心地询问宝宝："小宝宝吃饱了吗？"宝宝也许会大人似的告诉你："饱了！"

当宝宝出现装扮行为时，妈妈应很好地呵护它的发展，并为宝宝提供相应的支持。如宝宝请你帮忙给布娃娃穿衣时，妈妈应顺应宝宝的请求，很高兴地去完成这个动作。面对宝宝稚嫩的装扮行为和象征（假想）游戏，大人切不可就此开宝宝的玩笑，不可嘲笑或戏弄宝宝。

上一个阶段开始进行的亲子游戏中，如骑四轮脚踏车、牵牛牛、积木垒高、玩抽屉等，以及宝宝仍喜欢的其他亲子游戏，本阶段仍可以继续进行。

4. 认知发展游戏

对事物的大小、形状、颜色、数量等属性，宝宝从上一月龄阶段便已开始关注，到现在则开始初步理解其中的逻辑关系了。通过认图形可以帮助宝宝认识形状；同样，我们可通过背数、点数来帮助宝宝逐步建立数量的概念。

从背数、点数，到按数取物、认读数字，再到比较多少，宝宝的数学逻辑智能要经历一个渐进的成长过程。从本阶段机械式的背诵"1、2、3……"到2岁多时会按数取物并会比较具体事物数量的多少，宝宝的数学逻辑智能随着月龄的增大而慢慢滋长起来。到4岁多时，宝宝就能进行抽象的数字比较了。

按蒙台梭利的敏感期理论，大多数宝宝的数学敏感期要到4岁多才真正到来。现阶段的宝宝，只是萌生出初步的数概念而已。且宝宝的数学逻辑智能发展有较大的个体差异，很多宝宝到上幼儿园后才开始学数，而有的2岁多的宝宝就已爱上点数了，这一点也不奇怪。

在练习的过程中，若发现宝宝对数数、点数、认数不感兴趣或不敏感，则表明宝宝思维的抽象程度还没发展到这一步，妈妈宜终止练习，让宝宝去玩其他感兴趣的游戏。宝宝哪一天开始对数感兴趣，就哪一天开始学。请一定记得，勉强宝宝学，不如不学。当宝宝的能力发展到某一个程度时，一切都会水到渠成。

背数。背数，又称唱数，是宝宝发展数概念的第一个台阶。但本阶段的宝宝练习背数，更多是一种记忆力的体现，而非真正意义上的数概念。真正的数概念是宝宝在会背数的基础上发展成会点数时，才产生的。

就像教宝宝喊"妈妈、爸爸"一样，教宝宝从简单的"1、2、3"开始念起。平时妈妈也会教宝宝唱一些数字儿歌，如"一二三，三颗糖；四五六，六粒丸；七八九，九只船；十个娃娃十张床"或"一二三四五，上山打老虎；六七八九十，下海捞金鱼"，以帮助宝宝学会背数。

但针对宝宝背数，本人更建议妈妈教宝宝纯粹的数字。若你想教宝宝唱数字儿歌，不妨试试一字一字短促有力、富有节奏感地唱："1、2、3、4、5""6、7、8、9、10"。你会发现它同样是那样的琅琅上口，而且铿锵有力！不时地教宝宝反复念唱，你很快就会发现宝宝已会背这两段数字了。在所有的背数练习中，这是最直接高效的。而且，这种纯粹的数认知，有利于宝宝日后建立更单纯的数概念。

经常和宝宝一起背数，到2岁多，很多宝宝就能从1背到10了。当宝宝能较顺利地从1背到10时，妈妈可和宝宝玩背数接龙的游戏了。如妈妈背"1"，宝宝接着背"2"；妈妈背"3"，宝宝接着背"4"；或从任意数字开始，如"6"接"7""2"接"3""9"接"10"等。这个看似简单至极的小游戏，能让宝宝知道数字是有前后关系的，从而培养宝宝的序列感。序列则是最基本的数理。

感知生活中的"数"。生活就是宝宝的课堂，日常生活中充满着教宝宝口头数数的机会。"宝宝要几个积木，一个吗？"当给宝宝积木时，可这样询问宝宝，并鼓励宝宝说出"1"来，随后再给宝宝一个积木。外出玩耍时，也可就街边的树边数边指给宝宝看，"一棵树、两棵树、三棵树"。刚开始，应在数字后面加上所指物件的名称，如"树""车""枣"等。因为现阶段的宝宝还不能抽象出纯粹的数概念，仍需通过具体的事物来感知。只有宝宝积累了大量的生活经验，才能从中抽象出规律和概念来。

对于妈妈最喜欢也最常用的"数台阶"，本人则持保留意见。台阶不像树或车那样是分离的个体，宝宝很难从中抽象出数概念来。孙瑞雪更认为，"数台阶"会造成宝宝认知上的混乱。为避免混淆，建议妈妈不要给宝宝"数台阶"。

玩嵌入玩具。玩嵌入玩具，要求宝宝将圆形木块放入相应的圆形凹陷中，方形木块放入相应的方形凹陷中，这需要宝宝有很强的配对能力。

玩嵌入玩具时，有些宝宝会拿起一个小木块，如圆形小木块，然后试着将其往板陷中填，发现方形板陷填不进去时，就可能会换一个板陷，直到找到圆形板陷为止。在这种试错的过程中，宝宝会感知到圆形与方形的不同，同时也会感知到圆形木块与圆形板陷之间的相同处，这对宝宝的认知发展是有益处的。

试错是一种很好的学习，但并非错得越多越好。刚开始玩嵌入玩具时，成功率会比较低，妈妈宜在玩的过程中提供适当的协助。如宝宝玩过几次都无法正确地将圆形木块配对到圆形凹陷时，可协助宝宝找到正确位置并放进去。嵌入玩具的板陷越少，玩起来时其难度越低。妈妈可先为宝宝选择板陷较少的，待其熟练一点后再换成板陷稍多点的。

若发现宝宝对嵌入玩具一点都不感兴趣，或是很努力仍难正确配对时，妈妈不妨暂停这项游戏，等宝宝长大点后再试试看。

家里没有买嵌入玩具的，妈妈可动手自己制作。找一块厚点的硬纸板，用裁纸刀在硬纸板上镂空出圆形、三角形、长方形、正方形等不同形状来，再将镂下来的圆形、三角形等纸块上的毛毛刺刺刮弄干净，一个自制的简易玩具就完成了。修刮纸块上的毛刺，可防止宝宝手被其伤到，同时也能让纸块与纸板上的凹陷间有些空隙，方便宝宝玩时更容易嵌入。

积木分类。积木有很规则的形状和鲜明纯正的颜色，很适合做分类游戏。每次分类时，一次只按一种属性进行分类。如按颜色分类时就只按颜色分类，按形状分类时就只按形状来分类，不要将颜色、形状混搭在一起分。同一堆积木，一会儿按颜色分，一会儿又按形状分，这样容易让宝宝混淆。

对形状有一定认知的宝宝，可让他先按形状分类。先只选择两种积木练习，如正方形积木和三角形积木。挑选积木时，所有正方形积木都应是大小一致、颜色相同的，如都是3立方厘米大小、都是黄色的。三角形积木也应是黄色的，体积和正方形积木差不多。然后将两种积木混在一起，请宝宝将正方形积木和三角形积木各分一堆。

当宝宝分类能力较强后，可增加至3种甚至更多不同形状的积木让宝宝试试。或让宝宝按长短、颜色等其他属性进行分类。要按颜色分类时，除了颜色是不同的两种颜色外，积木应是大小一致的同种形状的积木，如大小一致的正方形积木。

我们也可以在玩其他积木游戏时将分类自然地融入其中。譬如用红色积木搭一座全红的金字塔时，若在塔中加入一块绿色积木，则这个绿色积木会很显眼，让宝宝对颜色有强烈的视觉区分。

积木拼图。积木是拼图形的好玩具，宝宝可用它拼出一些简单的图形来。如四个正方形积木拼成一个大正方形，或两个三角形积木拼成一个菱形，等等。拼图形时，为宝宝选择颜色一致的积木，不要让色彩干扰宝宝对几何形体的认知。

常玩积木拼图的宝宝，到3岁多时，他会用积木拼出城堡、庄园或其他非常具有想象力的建筑来。

串珠。"宝宝你看，这里有一个小洞洞，宝宝拿着线从小洞洞里穿进去，然后用手一扯就穿过来了。"妈妈一边给宝宝示范串珠，一边细致地讲解。串珠是难度较大的手部精细动作练习和认知发展游戏，很多妈妈希望通过自己细致的讲解，将串珠的动作要领更清晰明了地展示给宝宝。但这是最有效的方式吗？

实际上，有比这更好的方式，它更简单直接，更容易让宝宝接受。"洞"，妈妈指着珠子上的小洞说了一个字，并稍做停顿让宝宝观察到，然后很标准地、速度较慢地示范将线穿过小洞。见宝宝有点迷茫，妈妈会重复上面的步骤再示范一遍，再交给宝宝自己串。这就是蒙台梭利教学实践中常用的简洁示范法，它被证明是最有效果的示范方式之一。动作越复杂，讲解的语言反而越要简洁，这样宝宝就能将注意力和认知全部放在动作本身，而不被其他因素所干扰。

在玩的过程中，换手是最难的部分。很多刚玩的宝宝将线穿过小洞后，不懂得换手或松手去扯线，这时妈妈可握着宝宝的手扯一次或几次，协助宝宝完成扯线的动作。在妈妈的多次协助下，宝宝慢慢就能学会换手自己扯线了。

洞眼的大小及线的粗细可增加或降低串珠的难度。刚开始练习串珠时，宜选择洞眼较大的珠子和较粗的串绳。有的鞋带便是不错的串绳，两头都有塑胶包裹的绳头，能降低宝宝穿洞时的难度。若宝宝仍感困难，就用小木棍或筷子代替绳子来串珠，进一步降低难度。

家里没有准备小木珠的，妈妈可将管壁较厚的塑料管或橡胶管剪成一小截一小截的，权当是一个又一个的塑料小珠子。妈妈动手做塑料珠子，宝宝动手串塑料项链，母子（女）俩一起创造出精美的项链来。

"宝宝串了这么多，真棒""好漂亮，妈妈好喜欢"，妈妈别忘了在宝宝成功完成串珠后夸奖一下宝宝。或是把串好的珠链往自己或宝宝脖子上戴一戴，你的喜悦以及欣赏的神情会放大宝宝的成就感。

宝宝串珠时会高度专注。培养专注力是串珠游戏最具发展价值的贡献之一。但因串珠难度较大，有的妈妈忍不住在宝宝串的过程中，多次甚至不断地鼓励或夸奖宝宝，以激励宝宝做得更好。但这种做法并不妥当，因为这样会干扰宝宝专注地串珠。让宝宝不受打扰、专注地玩，只在必要时协助一下，这才是对宝宝最好的鼓励。

经过一段时间的练习，当宝宝仍很不熟练或进展很慢时，就不要勉强他做这项练习了。其他的精细动作练习或游戏，同样能发展他的精细动作和认知。宝宝的精细动作能力在其他动作练习中滋长起来后，反过来再来练串珠时，你会发现宝宝有神奇的进步。

我女儿在22个月时才开始练习串珠。刚开始时，女儿玩得很不顺畅，尤其不懂得如何换手，能独立完成一个串珠动作的机会都不多。也许是串珠对她来讲太难了，所以她玩的兴致并不高，在随后的1个多月里，练习串珠的次数也屈指可数。但她很喜欢玩其他精细动作游戏，如捏小蚂蚁、捏豆子等。到她23个月月龄再和她玩串珠时，她竟能很专注、很顺畅地串起几十个珠子来。

孩子的成长是个台阶式的渐进过程，但有时会爆发式地集中呈现成长成果。平时不太会垒积木的宝宝，有一天突然能垒搭好几层积木；一直不太会说话的宝宝，一下子冒出很多词来；对数数一窍不通的宝宝，不知哪一天开始会顺顺溜溜地数好几位数了。当宝宝的技能、认知、经验累积到一定程度时，就会出现质的飞跃。

俄罗斯套娃。让宝宝感知大小，玩俄罗斯套娃是不错的选择。俄罗斯套娃憨态可掬，符合宝宝的"审美观点"，是宝宝喜爱的玩具之一。

套娃的造型、色调完全一致，只有大小之分，这利于宝宝在玩的过程中将认知集中在大小上。有的套娃有大大小小好几个，但给宝宝玩时可从大小差异最大的两个套娃玩起。小套娃能放进大套娃的肚子里，反过来则不行，这会引发宝宝对大小的感知。

小猫、小狗不一样。宝宝对事物的感知更加细微，能察觉动物之间的细小差别了。当宝宝注视小猫、小狗或看动物图片时，可引导宝宝观察动物的耳朵、嘴巴等更细微的部位。当宝宝能正确指认出耳朵、嘴巴等部位时，可进一步引导宝宝感知小猫与小狗耳朵上的差别，如小猫耳朵小、小狗耳朵大，小猫耳朵竖立朝上、小狗耳朵耷拉下来。引导宝宝的感知朝细微处纵深发展。

认识色彩。2岁左右，宝宝开始进入色彩的敏感期。在我们生活的世界里，色彩不是脱离具体物质单独存在的，而是作为万千物件的外显表征存在着。草是绿色的、树叶是绿色的、黄瓜是绿色的……绿色作为它们的外显特征而存在于我们的感知里。认识色彩，就要求宝宝能从不同的多种事物中抽离出抽象的共性来。伴随宝宝抽象思维能力的发展，色彩的敏感期也悄然而至了。

秉承单一认知原理，宜用纯色板、纯色纸或纯色卡来教宝宝认识颜色。纯色板、纯色纸、纯色卡都只有单纯的色彩，没有任何其他元素，更没有任何实物图像。当我们使用纯色板教宝宝认识色彩时，就能做到"色彩就是色彩，而不是别的东西"。有些宝宝识图卡，里面就有纯色卡，你在书城或一些大型超市的图书专区就有可能找得到这类识图卡。现阶段，不太建议妈妈用苹果、花朵等具体物件来做指示，这容易让宝宝产生混淆：这个物件是"苹果"还是"红色"？

先展示纯色板或纯色卡给宝宝看，告诉宝宝："红色"，并让宝宝注视色板数秒。如此反复数次，让宝宝对红色有所感知。宝宝对红色有所感知后，妈妈可以着手让宝宝认识实物红。拿来苹果、红枣、小红帽等三四件宝宝很熟悉的红色物品，用红色色板给宝宝指示红色后，再告诉宝宝"苹果，苹果是红色的；红枣，红枣也是红色的；小红帽，小红帽也是红色的"。用宝宝很熟悉的物品来做展示，宝宝就不容易将红色与物品名称混淆了。

在教宝宝辨认某一物件是不是红色时，妈妈宜用"红色的"和"不是红色的"来区分，这就是认知色彩时常使用的"是非强调法"。譬如，妈妈指着黄色的茶壶问宝宝"茶壶是红色的吗"（不要问"茶壶是什么颜色的"），看宝宝能不能回答出来。若宝宝答错或回答不出来，妈妈可直接告诉宝宝："不是红色的"（不要说"是黄色的"）。带宝宝看一个红色物件后，再给宝宝看一件非红色物件，这样红非相间地让宝宝感知红色与非红色的区别，有利于宝宝更快更好地认识红色。

一次只让宝宝认识一种颜色，并反复地重复，直到宝宝认识这种颜色为止。宝宝对红色最有感知力，也最喜欢。红色通常是宝宝认知的第一种颜色。当宝宝对红色有了较好的认知，能将所有红色物品归认于红色后，再增加认知另一种颜色，如绿色。这种单一认知法，是最高效的色彩认知法，也有利于宝宝条理性思维的发展。

认识色彩，是发展宝宝抽象思维能力很好的途径之一。不仅如此，色彩，更是美的基本元素。当我们指引孩子认识和感知"花朵是红的、树叶是绿的"时，其实也是在教孩子发现生活中的美。发现美，能让自己远离粗糙、漠然、习以为常的生活状态，使生活精致起来，并丰富到细微处。

涂鸦。本阶段的宝宝会尝试画线团了。随性而作的线团会是他们的最爱。宝宝在纸张上随意画出线条或线团，是宝宝人生之初创造行为的开始。

那是宝宝在用语言之外的形式，表达自己的感受或流露自己的情绪。宝宝试图将线条勾成圆形并使其封起口来，象征着他头脑里已有蒙眬的界限意识；再在圆圈中点上个小点，那个小点也许就是界限之内受保护的自己。正如鲁道夫·斯坦纳所说："艺术是智力、认知和构思能力的重要唤醒者。"涂鸦不仅是一种手部精细动作练习，更是一项拓展想象、激发创意的艺术活动。

除了用蜡笔画线团，也可以给宝宝买一支小毛笔，让其蘸上颜料后自由涂鸦。为宝宝准备2～3种不同的颜料，涂鸦时不同颜料混合产生的变色，会让宝宝觉得很新奇。一时买不到颜料，也可以用红、黑墨水先替代。

若有不添加化学剂的天然色料，则可以什么工具都不用，宝宝的小手就可以直接派上用场。用手指蘸着色料在白纸上肆意地挥洒，会是很爽的一件事情。家里没有准备天然色料时，妈妈可买些深紫色的葡萄回来，将葡萄汁挤出当作色料用。虽然颜色浅了点，却是纯天然的。

由于颜料很容易弄脏物件，妈妈不妨试试让宝宝在卫生间铺有瓷砖的墙壁上涂画。这样既可以让宝宝不受限制地肆意涂画，又很容易清洗颜料，还能顺手就将落地的颜料冲走，做到创造、卫生两不误。当宝宝需要重新创造时，妈妈可鼓励宝宝自己动手用擦板或抹布擦掉涂鸦。

在卫生间涂鸦，应做好安全防范工作。涂鸦前，妈妈应检查或打扫卫生间地板，保持地板干净干燥，防止宝宝在涂鸦的过程中摔倒。

除了让宝宝随性而为地进行自由创作外，妈妈还可以巧用身边的小物件搞些小创意。用可乐瓶等的瓶口蘸上颜料，盖章似的在白纸上用瓶口按压出图案来。简单平凡的小瓶子，不但可以盖出圆形、弧线，还可以盖出很美的花朵，或是带着长长尾巴的彗星，甚至是奥迪车的四环车标或奥运旗帜上的五环标志。

如果宝宝愿意练习画简单的横线或竖线，本阶段的大部分宝宝都能学会稳稳当当地画线了。在宝宝愿意跟随的情况下，教宝宝画V形，之后再教他画圆。但要画出一个没有缺口的圆形，大多数宝宝都要到2岁多才能真正做到。与中规中矩画线条、图形相比，宝宝似乎对画线团更情有独钟。

上一阶段开始进行的纽扣入瓶、积木入瓶、认图形、玩套塔等游戏，本阶段仍可继续进行。若宝宝已能顺利辨别图形，或较熟练地玩套塔时，就可能不再热衷玩它们了，这时就不要勉强宝宝继续练习，一切视宝宝的意愿而定。

5. 语言学习

标准规范的语言。1岁半的宝宝，开始进入双词（电报）句时期。在这个时期，宝宝会"喋喋不休"地练习说话，是口语表达的关键期。

这时妈妈应不再使用儿语，改用规范的标准语言和宝宝交流，包括使用正常的语调语音、清晰标准的吐词，同时减少手势语和体态语。语言学习最大的秘诀：大量的对话和交流。妈妈应使用标准规范的语言多和宝宝进行亲子交流。

别急着纠正宝宝的话。宝宝使用语言是为了交流，而非语言本身。有时宝宝的语言可能不是很规范，这是很正常的。我们所要做的是，通过重复规范的发音，让宝宝有更多模仿正确语言的机会，而不是急着立刻纠正它，使宝宝感到困窘。

当宝宝把"树"念成"塑"时，妈妈可看着宝宝说"树""树"，宝宝会察觉其中的不同，并努力发出正确的语音来。妈妈只需直接说出正确的发音即可，没有必要说不对不对，不是"塑"，是"树"，更不可模仿宝宝进行错误的发音。妈妈每次都坚持说正确的语音，久而久之，待发音器官更成熟后，宝宝自然而然地就会正确发音了。

妈妈的翻译工作。当宝宝说双词句时，妈妈可将其"翻译"成完整短句，并鼓励宝宝模仿着说。如宝宝说"饭饭"或"宝宝吃"时，妈妈接过来说"宝宝吃饭"。翻译时遵循简洁、重复的原则，有利于宝宝学习模仿。

语言学习也是一个台阶式的上升过程，宝宝需要由易到难地逐步学习和掌握。还是以"吃"为例，宝宝会经历"吃""宝宝吃""宝宝吃饭""宝宝要吃饭"这样一个递进过程，妈妈应跟随孩子的成长节律给予对应的支持。到2岁左右，尽管还存在发音不够准确的现象，但宝宝已能说"妈妈抱、宝宝吃饭"之类的简单句了。

6. 亲子阅读

我爱绘本。宝宝依偎在妈妈怀里，听妈妈讲《好饿的毛毛虫》。"砰，从蛋里爬出来一条又小又饿的毛毛虫，它开始去找吃的。星期一吃了1个苹果，可还是好饿——这是苹果。"妈妈指着苹果说，"星期二吃了2个梨子，可还是好饿。星期三吃了3个李子，可还是好饿。星期四吃了4个草莓，可还是好饿。星期五吃了5个橘子，可还是好饿。星期六，它吃了1块巧克力蛋糕、1个冰激凌甜筒、1根腌黄瓜、1块奶酪、1条火腿、1根棒棒糖、1个樱桃派、1根香肠、1个杯子蛋糕和1片西瓜。那天晚上，毛毛虫肚子疼了。"妈妈读到这里时问宝宝："毛毛虫为什么肚子疼啊？"见宝宝若有所思，妈妈接着告诉宝宝，"因为毛毛虫一下吃太多东西了"……

现阶段的宝宝，大多有了读绘本的需求，开始不再仅仅满足于看图识物之类的简单概念书了。妈妈可为宝宝选择一些类似于《好饿的毛毛虫》的绘本。这类绘本在内容上比较贴近宝宝的日常生活，且篇幅短小、情节紧凑；语言简练、句型短而重复；画面色彩鲜艳、图像少而大。这样一本简单明快、色彩鲜艳的绘本是很适合本阶段宝宝阅读的。

现阶段最好不要给宝宝选择王子、公主之类的古典童话，宝宝生活经验少，这类童话对宝宝来说还有点"空中楼阁"之感；宜选择亲情故事，如《像爸爸一样》，宝宝有这方面的生活体验，因而更容易理解。等宝宝稍大点，认知能力更强些时再阅读古典童话也不迟。到四五岁时，宝宝可以阅读更复杂的科普类幼儿书籍了。

在阅读的过程中，妈妈一边有感情地朗读内容，一边通过丰富的神态、表情、手势将里面的情节表现出来，并通过声情并茂的语调描述书中人物的喜怒哀乐。"当小狗熊发现妈妈不在了时着急的叫喊声，找错妈妈后委屈的神情，以及找到妈妈欢呼雀跃的样子……"妈妈都可以通过语音语调、神情手势等绘声绘色地表达出来。

也许你的精彩"表演"会不时地被宝宝打断，宝宝可能会指着书中的小兔子，意思告诉你"这里有只小兔子"，这时妈妈应暂停阅读并回应宝宝，而不是自顾自地接着往下读。

若你发现书中的内容对宝宝来讲过于简单，想要补充点内容时，补充的内容应精练而简短。妈妈最好记住自己所讲的内容，下次再讲时，要尽量重复相同的内容。最好不要一天一个情节、一次一个讲法，因为只有重复阅读相同的内容才有利于宝宝加深认知。

宝宝还是会出现很多"不专心"的情况：如半途终止阅读去玩其他游戏，玩一小会儿又回到阅读上来，或是喜欢搬书胜过读书等等，这些都属于正常现象。对宝宝来说，阅读就是玩。

我给考拉读故事。也许某一天，你会发现你的宝宝拿着书本在给自己心爱的布偶玩具考拉读书，这时千万别打扰。尽管有时他手中的书都是倒拿着的，但这并不妨碍他讲动听的故事给考拉听。你应该这样确认：虽然宝宝读的故事你可能一句都听不懂，但考拉一定听得懂，这就足够了。

当宝宝出现这种阅读装扮行为或是自己一个人拿着书"津津有味"地看时，你所要做的事情除了暗自高兴，剩下的就是不要打扰，更不要自以为是地把他倒拿着的书顺过来。

阅读氛围与阅读榜样。宝宝有一个自己的小书架那是再好不过的事情，当宝宝想读书时，随手就可以从书架上抽出自己喜欢的书来，就地一坐便可以看起来。为宝宝营造这样一个好的阅读环境，有利于宝宝发展、巩固好的阅读习惯。

榜样的力量是无穷的。妈妈、爸爸应为宝宝树立一个阅读的榜样，妈妈看书，爸爸看报，让家里书香浓浓。这个阶段宝宝的模仿力越来越强，你们的行为很容易就被宝宝模仿。假若爸爸是麻将大王、妈妈是电视大王，可以设想宝宝未来会是什么大王。我想不大可能是阅读大王。

7. 同伴交往

关于分享。在同伴交往中宝宝开始没那么"斯文"了。同伴交往很多时候都是围绕玩具开展的，其间宝宝争夺玩具几乎不可避免。

当出现争夺玩具或食物，不肯将它们与小伙伴分享时，请一定不要给宝宝扣"自私"之类的大帽子，哪怕只是嘴上说说也不行。对于0～6岁的宝宝来说，分享是种能力，而非道德。只有在宝宝成长到一定年龄阶段，如已上小学了，这时的他已具备分享能力却仍不愿意分享，才有可能是分享精神上出现了偏差。

每个孩子都要经历一个由占有到分享的成长过程。宝宝通过占有物件而获得拥有感。在获得足够的拥有感后，才会慢慢滋长出分享来。宝宝只有在这个过程中得到了完整的成长，没有被人为地扭曲或受到胁迫，才能最终实现由心而发的真正的分享。那时候，分享是种快乐，而非被迫无奈或源自妥协。

整体而言，在0～3岁阶段，宝宝自发的分享行为仍较少。就算在妈妈的鼓励或要求下，宝宝将手中的玩具给别人，也还称不上是真正的分享。而且，这种表面的分享也无益于宝宝的发展。一般来讲，到4岁左右，部分宝宝要到5岁左右，他们才开始萌生主动、自发的分享行为。同伴游戏之所以在4岁左右开始进入合作阶段，也是因为此时的宝宝具备一定的分享能力了。有分享，合作才得以展开。至6岁时，宝宝会表现出更多真正的分享行为和助人行为。从小学低年级开始，分享及助人行为会越来越普遍。

在0～3岁阶段，通过占有的形式来宣示自己的私有物权及私享空间，是宝宝成长过程中正常的发展现象，也是由"自私"走向分享的第一个台阶。更重要的是，它是宝宝发展自我意识、形成自我概念、构建独立人格的必然途径。出现宝宝不愿意分享玩具、食物的情况时，我们应尊重宝宝的意愿和他所拥有的物权。

尊重别人的物权，是道德的基石之一。只有自己的物权受到尊重、不被侵犯，宝宝日后才能真正理解别人的物权同样是多么的神圣不可侵犯。尊重孩子的物权，就是捍卫孩子道德的根基，这也许是关于孩子道德成长0～3岁阶段最重要的一句话。

出现争夺玩具时，允许适当的丛林法则。需要我们介入时，可用更有吸引力的玩具转移宝宝的注意力，或尝试引导宝宝交换玩具。当它们都不奏效时，就将宝宝抱走。争玩公共场所的公共玩具或游戏器械时，对还不善分享的宝宝，妈妈应引导其遵循"先到先玩"的原则。如第一个拿到小推车的小朋友应第一个玩，并有权决定继续玩或让给别人。当他选择继续玩时，其他小朋友就只有等待或去玩其他玩具。

对宝宝不愿分享的举动，我们应视为很正常的情况，不评判更不批评。但在现实生活中，我们时常能听到"这孩子怎么这么自私啊""你真小气"之类的评语，这除了会给宝宝心理带来负面影响，丝毫不能促进宝宝的分享行为。作为有现代育儿理念的智慧妈妈，你可不能跟着这么做。

有的妈妈也许在内心并不真认为自己的宝宝小气或自私，只是碍于面子习惯性地批评自己的宝宝，好像自己的宝宝没有将玩具与对方分享，不批评就过意不去似的。对这种好面子的妈妈，恳请勇敢点，也请真实点，没有任何事情重要过孩子的成长，包括你虚假的客气。你不妨直爽点，礼貌地告诉对方家长自己的孩子不乐意分享或还不会分享；也可以以宝宝的口气抱歉地说："等我长大点，就会知道分享了，对不起啊。"我想同为母亲的对方，一定能理解你的用意。

我们可以适当鼓励宝宝的分享行为，但要把握好尊重宝宝私权与鼓励分享之间的平衡。我们可用询问的方式尝试着鼓励宝宝分享，如"宝宝，你愿意让果果（宝宝名）玩你的小车吗"，然后打住并等待宝宝的回馈。当宝宝表示"不"，妈妈就不再鼓励、不再询问，更不强迫、诱导。询问或鼓励一次就行了。要知道，过多的鼓励就等于强迫。

我们进行尝试性的鼓励，更多的是让宝宝知道分享是一种受到鼓励和赞赏的行为，慢慢培育宝宝的分享意识。真正的分享行为还较难出现，我们应懂得适可而止。同样，当宝宝想要同伴的东西而对方又不愿意分享时，也应告诉宝宝，那是别人的东西，未得到别人的允许，不可强抢或占为己有。

对宝宝偶尔出现的分享行为，妈妈或其他被赠予人应愉快地接受宝宝的分享。如宝宝将自己手中心爱的蛋糕分点给你时，不要回绝宝宝，高兴地接受下来并说"谢谢"，且当着宝宝的面愉快地享用。宝宝会知道：哇，原来"分享"有那么大的力量，能让妈妈、爸爸甚至小朋友都快乐起来。

"不吃不吃，妈妈逗你的""宝宝自己吃，妈妈不饿"，我们一面鼓励宝宝分享，却又一面回绝宝宝的分享行为，这会让只有简单直线思维的宝宝疑惑：我到底是应该分享还是不分享呢？你的回绝不管是好意还是假意，带给宝宝的不只是疑惑，还有失望。当这样的事情一而再，再而三地发生，宝宝会觉得分享所得到的回馈无一例外都是失望，便慢慢地不再分享了。

适当的丛林法则。在这个充满矛盾的世界里，事物总是对立存在着。本阶段的宝宝，在同伴关系方面，随着对同伴关系需求的增强以及自我意识的发展，进入了友好与争执并存的时期。宝宝已懂得偶尔考虑别人的感受，但占有、抢夺玩具的行为也随之增多。

争夺不可避免，适当的丛林法则有利于培养宝宝良性的竞争性，也有利于宝宝对合作产生正确的感知和认知。奉行适当的丛林法则，无论是在集体主义至上的日本，还是在崇尚个人主义的美国，都被视为孩子适应社会、实现身心健康发展的必要途径。在不是很激烈的抢夺中，妈妈不妨做一个旁观者，让宝宝体验人际冲突，并自己想办法解决所遭遇的问题。

在现实的丛林法则面前，总是推搡最有力、最强悍的宝宝会赢得玩具，但不一定能赢得友谊。这种情形会让温和的宝宝知道太过温和就会吃亏，也会让太有侵略性的宝宝知道进攻其实也需要付出"被孤立"的代价。

在宝宝的"战斗"中，妈妈不应鼓励孩子的攻击行为，但可以为弱势宝宝提供避免受到过多或过激伤害的帮助。温和宝宝未能赢得玩具时，妈妈可提供安慰："玩具被抢走了啊，不怕，我们玩这个吧。"当温和宝宝害怕时，妈妈应及时将其抱离"战场"。如果你的宝宝确实弱势了一点，就应减少"战斗"的次数，长大点再说吧。在你充满爱的抚养下，他会强大起来的。

对于攻击性过强的宝宝，或是被家长鼓励或默许进攻行为的宝宝，妈妈可让自己的宝宝减少与之交往的机会，尽量避免这种恶意的竞争。这样做同时也可以让攻击性强的宝宝家长意识到，过强的攻击性是不受欢迎的，促进其家长给孩子正确的引导。

与同伴玩耍前，妈妈可事前请宝宝带上自己的玩具，适时尝试着引导宝宝交换手中的爱物。慢慢地，宝宝也许会发现，原来有比争夺更有效的途径，就如交换。

8. 自理能力培养

安静进餐。 营造一个正式的进餐环境和氛围，让宝宝养成安静、愉快进餐的习惯。正式吃饭时，一家人围坐在餐桌前，安静、愉快、专心地进餐，为宝宝树立专心吃饭的榜样。

吃饭前，请宝宝停止游戏或玩耍，关掉正在播放的电视机或影像播放机，给宝宝或请宝宝自己洗手，穿上吃饭时穿的罩衣，一切准备完毕后，才开始吃饭。要把吃饭当成一个很正式的事件，吃饭就是吃饭，必须专心。在平常的生活事件中逐渐培养宝宝专一做事的习惯，会让宝宝日后受益无穷。

坐到自己的小餐桌里，让宝宝明确地知道吃饭必须在餐桌上。将宝宝餐桌摆在固定的餐位上，由固定的人在固定的时间点陪伴和协助宝宝用餐，这样有利于宝宝形成固定的行为模式。在用餐过程中，引导宝宝专心致志地吃饭，减少玩耍餐具或食物的行为。不允许宝宝拿着食物离开餐桌边玩边吃，让宝宝明白玩和吃是两回事，要分开来做。

正值反抗期的宝宝，也许不会这么轻易"就范"，乖乖地坐进餐桌进餐。妈妈可利用宝宝注意力容易转移的心理特点，先哄哄他，让他在原地或他喜欢的地方吃起来，吃得高兴时再择机抱入餐桌中。

在进餐的过程中，宝宝吃得不好，或将食物弄出来很多，妈妈不可责骂宝宝。当宝宝自己动手吃了一部分饭后，妈妈可辅助喂剩下的饭菜。吃完后，将纸巾或宝宝用的专用手帕给宝宝，请其自己擦擦嘴。当宝宝安静、顺当地用完餐，妈妈不忘及时送上表扬哦。

宝宝的菜样应尽量多样化，让其养成不挑食、不偏食的好习惯。当宝宝不爱吃某种菜时，可在宝宝有点饿的时候先喂几口，后面再让宝宝吃喜欢的菜；饭前两小时不吃零食，以免影响食欲；平日里养成不贪吃零食的习惯，做到尽量不吃或少吃零食。要吃的零食也尽量是牛奶、小面包、新鲜水果之类的健康食品。

对宝宝的饭量，妈妈应有好心态。宝宝吃得少时，妈妈也不要过于强迫，毕竟连大人也有不太想吃饭的时候，何况是宝宝。有的宝宝属于天生食量就小的，妈妈强迫也不见得有多大效果。

脱鞋脱衣。 当你给宝宝脱鞋子时，可以试试宝宝能不能自己脱鞋子了。当宝宝对脱鞋子感兴趣时，可以教他正确的脱鞋方式。继续让宝宝试着半独立地脱外套或宽松的裤子。若宝宝能力还达不到，或不感兴趣时，妈妈不用强迫。

洗手洗脸。当宝宝自己会洗手后，可以教他使用香皂、毛巾了。滑溜溜的香皂会给宝宝不一样的感觉，宝宝会很愿意使用它，会模仿你主动使用香皂。

宝宝学着自己用毛巾擦脸时，也许只是简单的两下，但妈妈仍应鼓励他，随后妈妈接过毛巾后完成剩下的洗脸动作。随着时间的推移，宝宝的洗脸动作会越来越熟练。

如厕练习。在本阶段后期，对于部分认知发展较早或个性踏实的宝宝，若妈妈想让宝宝早点学习如厕，在确认宝宝已有相应能力的情况下，可有意识地引导宝宝开始进行如厕训练了。

进行如厕练习前，请先从生理、认知、行为三方面确定宝宝是否准备好了。宝宝两次小便的时间间隔达3小时或以上（不过本阶段的部分宝宝可能还没这么长的间隔），大便有时或多数情况下一天一次，说明宝宝生理上已准备好了。能够向你表达包括饥饿在内的生理需求，也能够听懂并遵循你"把积木给妈妈"之类的指令，说明宝宝认知上准备好了。当尿尿在身上时宝宝会自己拉扯纸尿裤或外裤，宝宝已在用行动告诉你他可以开始如厕练习了。当这些条件具备，如厕练习开展起来就会顺利很多。

先给宝宝准备个小便盆。购买时请带上宝宝，请他参与挑选，以便买到宝宝喜欢的小便盆。多数宝宝喜欢颜色鲜艳，有卡通或动物形象的小马桶。让宝宝在便盆上坐一坐，看看小便盆是否稳当、在瓷砖上是否容易侧滑、大小是否合适等等。小便盆要伴随宝宝相当长一段时间，宝宝喜好与便盆的稳当性自然是买小便盆的两个首选要素。

当宝宝准备好了，妈妈也确定自己已经准备好了充足的时间和足够的耐心，挑个气候温暖一点的时机，就开始进行如厕练习吧。如果当下正值严冬，等到开春气温回暖时开始也不迟。2岁后开始如厕练习不会比1岁半开始有发展方面的滞后影响，妈妈大可不必担心。

宝宝会有一些排便动作，如玩耍时突然停下来，蹲一下或完全蹲下来，说明宝宝可能要拉或正在拉便便了。这时妈妈宜一边采用应对措施一边及时提醒宝宝："要拉便便吗？告诉妈妈""便便、便便"。通过反复、多次的强调，让宝宝将便意与"便便"联系起来。妈妈可将宝宝每天拉便便的时间记下来，掌握宝宝排泄的规律。早上或饭后二三十分钟宝宝排便的概率最大。胃里装有食物后，会发出信号促使直肠排空，以便胃里加工过的食物进入肠道，也就是我们所说的人体的"胃—直肠反射"。

通过一段时间的练习，当宝宝拉完便便或正在拉便便，会告诉你说"便便"时，可以引导宝宝坐他的小马桶了。通过多次的练习，让宝宝知道，当要拉便便时，要找小马桶。参考宝宝平常的排便规律，快到宝宝要便便的时间时，可以问下宝宝要不要便便，宝宝会告诉你。当宝宝说"不"或摇头时，那就再等等，并盯紧点。一发现宝宝有排便的信号，马上问宝宝："要便便吗？"并立刻将小马桶拿到宝宝跟前，帮宝宝脱下裤子，一边告诉宝宝"便便、便便"，一边将宝宝抱坐在小马桶上。

当宝宝便便时，有些家长会说"好臭""臭臭"之类的词或话，并带有用手掌扇鼻子表示臭的动作，这只会让宝宝觉得自己身体排出来的是不好的东西，会影响宝宝对自己身体的自我感觉。不要让宝宝对便便形成带有羞愧色彩的认知，请妈妈注意类似这样的教养小细节。

当宝宝能在排便前告诉你要便便时，可以请宝宝自己找小马桶了。将小马桶放在容易拿到的固定地方，以便宝宝第一时间坐得到。宝宝能自己找小马桶便便后，妈妈、宝宝紧密配合的如厕练习取得了一个阶段性的成功。但宝宝学会尿尿时自己找小马桶，则会需要更长的时间来练习才行。因为尿尿往往是突如其来的，不像拉大便那么容易控制。

同样，宝宝尿尿时或拉完尿后，会有拉拉自己的裤子或纸尿裤之类的身体信号，妈妈可引导宝宝说尿尿，使宝宝将自己身体产生的尿意与尿尿联系起来。同时，掌握宝宝尿尿的大致规律，如每隔多长时间（如1个小时）就会尿一次尿等。了解宝宝尿尿的规律，有利于妈妈更准确地把到尿。

把尿是如厕练习中的重要步骤。把尿时，每次都重复告诉宝宝"尿尿、尿尿、尿尿"，嘴里发出"嘘嘘嘘"的声音。这种固定的模式会让宝宝形成行为反射，当听到"嘘嘘嘘"的声音时，宝宝就知道妈妈在把尿了。刚开始宝宝会有些反抗，挣扎打挺要下来，妈妈可循序渐进地增强对宝宝身体的把控。不要一开始就使劲把控他，这样会让宝宝对把尿产生抗拒。

每次把完尿后，指着地上或小便盆里的尿液告诉宝宝"尿尿出来了"。对把尿阶段的宝宝，白天可为其换上棉质小内裤，让宝宝感受小内裤穿着可比纸尿裤舒服多了。穿上小内裤的宝宝尿尿在裤裆里时会有明显感受，有利于建立尿意和"尿尿"认知之间的联系。把尿的时间一长，宝宝尿尿也会越来越有规律，慢慢地也就能顺利地把上尿了。能顺利地把上尿后，接下来的工作就是让宝宝尿尿前告诉妈妈，直至自己找小马桶了。

尿尿和便便是否同时进行，取决于宝宝的认知能力。认知发展早的宝宝，两者可同时进行；认知发展晚点的宝宝，可先进行便便的如厕练习。

宝宝间进行如厕练习的个体差异也很大，有些个性踏实的宝宝可能学得较快些。但无论如何，宝宝都会学会自主如厕，妈妈无需过分担忧，毕竟到3岁还裹着尿布的宝宝并不多见。宝宝月龄越大，学习的速度也会越快。

看着邻家的孩子早早就会自主如厕了，不少妈妈会羡慕不已。很多的烦恼，都是来自比较的心。有些妈妈甚至会染上如厕练习强迫症，似乎不将宝宝"训练"出来就不肯罢休，这会损害原本亲密的母子关系，也会让如厕练习欲速则不达。实际上，无论是从本阶段开始还是2岁后开始如厕训练，绝大部分宝宝都能在3岁前达到如厕自理。

第九章

25 ～ 30 个月宝宝的教养

(2 岁～ 2 岁半)

让我的爱，像阳光一样包围着你；
而又给你，光辉灿烂的自由。

—— 泰戈尔

第一节　25～30个月宝宝的身心特点

步入人生的第三个年头，宝宝就像阳光雨露下的小树，经历了两年的茁壮成长，开始枝繁叶茂起来。

宝宝的各项能力，包括思维表征能力、记忆力、技巧性动作能力、情绪能力、自制力、自理能力等均向纵深发展。各种敏感期也接踵而来。在行为上，宝宝表现出对秩序的追求，开始进入秩序的敏感期；对色彩也敏感起来，进入了色彩的敏感期；对物品的占有欲也越来越强烈，进入了物品占有的敏感期。自我意识进一步发展，表现出强烈的"以自我为中心"的倾向。

认知发展由感知运动阶段正式进入了前运算阶段。开始有数的概念，会数数；象征（假想）游戏和装扮行为也开始出现游戏角色和行为主题。随着思维抽象水平的提升，宝宝的理解力和记忆力会在本阶段有较大的发展。宝宝不仅记得自己的大名小名、知道自己是男宝宝还是女宝宝，更记得不久前自己亲历的一些事情。

小运动健将在跑、跳、扔、接等技巧性大动作上更加娴熟：能稳健自如地奔跑，不用手扶熟练地上下楼梯，会举臂将球扔得更远，也会接妈妈滚来的地滚球。神奇的小手也更加灵活，能顺畅地拧上拧下瓶盖，较自如地穿珠子，会画圆形、正方形等简单的图形。

开始讲简单的完整句，能用语言较完整地表达自己的意愿和想法。会说50个左右的名词动词；形容词、代词等都开始出现在宝宝嘴里。有些嘴巴甜的宝宝还会主动叫人打招呼。

这个越来越聪明的小家伙开始会用声音、声调来表达自己的情绪，也懂得通过观察脸色来识别别人的情绪。带有自我意识色彩的情绪情感，如害羞、内疚、尴尬、嫉妒等，进一步明显地展现出来。当宝宝出现尴尬、害羞之类的情绪时，家长不可取笑宝宝。譬如尴尬，它是宝宝出现的最简单的自我意识情感，表明宝宝已能再认自己的镜像。家长取笑宝宝，会影响宝宝的自我认知和自我评价。

宝宝已有一些简单的是非观念，如"别人的东西不能抢""不能打人"等等，也有少量的自我约束力了。一贯以自我为中心的宝宝，现在也开始知道主动说"谢谢""不客气"等礼貌用语了。

第 ② 节 25 ～ 30个月宝宝的教养

1. 亲子教养

难过你就说出来。在情绪方面，在你的允许和支持下，宝宝难过时，会用表情和体态告诉你他难过了。现在，随着语言能力的增强，可以鼓励宝宝说出来。

"宝宝难过了是吗？""请告诉妈妈是不是有点难过？"妈妈宜鼓励处于消极情绪中的宝宝将情绪表达出来。当你关心地询问宝宝"宝宝难过了是吗"，有的宝宝会通过点头或回答"是"来回应你；有的宝宝还不会表达，这时妈妈宜在询问后自问自答地帮宝宝回答"妈妈知道了，宝宝难过了"。不强求宝宝一定回答你的询问，因为宝宝处在消极情绪中时，进行顺畅的沟通与互动是比较难的。

"难过你就说出来"是一种有效的疏导消极情绪的途径。当宝宝习惯将消极情绪表达出来时，这种良好的释放消极情绪的习惯很有可能会延续至其成年。即便是成人，当情绪低落时找朋友倾诉，仍是最有效排解苦闷的途径之一。

不比较、全接纳。宝宝间的个体差异比以前更加明显，有些家长难免产生比较的心理。比如，有的宝宝相对内向点，其妈妈不知有多渴望自己的宝宝能像邻家的孩子一样活泼大方。这种比较心理若不加以转化，类似"怎么这么胆小，你看亮亮多勇敢！"这种伤害宝宝自尊的话也许就会脱口而出了。

比较，是和打骂训斥齐名的自尊杀手。翻一翻心理咨询师的咨询卷宗就不难发现，很多面临心理困扰的成人，其心理问题的根源，就来自童年时因父母比较所带来的心灵创伤。"你看××多乖""你看××画得多漂亮，学着点""××就会自己穿衣"，这些比较的话语，是对宝宝自尊自信的当头棒杀。

"媛媛就会自己穿衣，你却不会"，看似简简单单的一句话，却是父母无意间用具体细致的事件加上对比的手法，让孩子强烈地感知自己有多无能。比较之所以能带给宝宝如此之大的杀伤力，是因为最亲近、最应带给宝宝安全感的人，却用宝宝最敏感的方式让其受到伤害。比较的话，会每字每句像针一般地深刺到

第九章 25 ～ 30个月（2岁～2岁半）

259

孩子的心里。对宝宝而言，真正是"爱我最深的人，却伤我最深"。这种具体、细致还加上对比的手法，若是用来夸奖宝宝该多好！

更可怕的是，很多家长根本认识不到比较会给宝宝带来负面影响。无论有心或无心，他们很随意地就说出了比较的话、做出了比较的行动，浑然不知自己的言行对宝宝有什么负面影响。

为了孩子，家长不仅要检点自己的言行，更应察觉自己的内在，将比较的心理化解于无形，做到全然地接受孩子，爱孩子的全部。我们只有对宝宝全接纳、不比较，给宝宝无条件的爱，才能让孩子成为最好的自己，协助其成长为高自尊、高自信、高自我价值感的人。

每个人都是造物主的光荣。无论什么样的孩子，都有他优势的一面。譬如，内向的孩子往往有着思维缜密的优势，产生过很多优秀的专家学者、思想家、经济学家，在商界也有很多杰出的领袖级人物。影响宝宝未来能否取得高成就、获得高幸福感的一个重要因素是其是否拥有高自尊、高自信、高自我价值感，而非内向或外向。

记得在《智慧妈妈的教养经》篇章中，我曾写下过这样的话：倘若你的孩子性格安静甚至内向，请赏识他敏锐的观察力、缜密的思考力，并顾及他敏感而丰富的内心；若你的孩子活泼甚至非常闹腾，则请欣赏他受人瞩目的社交力、快乐的情绪感染力，并引导他建立合适的行为边界。让我们的目光多停留在孩子的优势之上，充分尊重孩子的天赋秉性，倾尽全力协助孩子成为那个最好的自己。

若一定要比较，也应就孩子的成长进行纵向比较。"你又垒高了一层""你会穿衣了，妈妈真为你骄傲"，以欣赏的心态鼓励孩子每一次的进步。这种关注进步的纵向比较，要远胜那些伤人的横向比较。

"你会扫地了"。在活动或游戏过程中，赞扬的力量最为强大。但你必须注意不要打断或分散宝宝的注意力，也不要导致宝宝纯粹为了取悦成人去完成活动。最终目标是让宝宝自我驱动，并且学会在内心认可自己的努力。

与2岁前夸人不同，赞扬、夸奖2岁多的宝宝时，宜针对具体的事情进行细致的夸奖和鼓励。你可以通过询问孩子的心情以及他们做了什么来给到他们赞扬。例如，宝宝捏好了一个饺子时，妈妈可对他说："你的饺子捏得圆圆的，妈妈好想吃哦。"这时宝宝也许会很骄傲地回答你："好吧，你吃吧。"

宝宝费了好大劲终于完成了拼图，妈妈也可以用询问的方式夸奖宝宝说："把最后一片放进去时是不是很高兴？"宝宝在以前的基础上又搭高了一层积木时，可说"你又搭高了一层，你成功了"，对正在帮着拿碗筷的宝宝说"宝宝会帮妈妈拿碗筷了，真棒"，或对帮你扫地的宝宝说"你会扫地了"……这种针对具体事情、具体行为进行细致夸奖的方式，既给到了宝宝认可，也有助于宝宝学会肯定自己的努力。

但赞扬、夸奖应有度，不能让其像货架上的廉价商品一样唾手可得。随时将赞扬、夸奖挂在嘴边，可能会让孩子成为一个索要赞扬的人。家长滥用赞扬，无形中也会让赞扬异化成一种操纵手段，无意间操纵了孩子的行为。

我女儿2岁11个月时，她每挑一件自己喜欢的裙子，家人都会夸她漂亮，并亲昵地称她为"白雪公主、香香公主"。时间一长，女儿特别热衷穿各式各样的裙子，穿好后就会跑到客厅，眼睛看着她姑姑或爷爷、奶奶，等着大人的赞美。我发现这苗头不对，于是和家人约定一起减少夸她裙子漂亮的次数。女儿见我们不怎么夸她漂亮了，有时还会主动问我们"妈妈，你看，裙子漂亮吗"。有次女儿换好衣服后又这样问她姑姑。"是的，宝贝，裙子很漂亮。"她姑姑只是淡淡回应了她一句，紧接着就很兴奋地说："我们一起玩游戏好吗，姑姑可喜欢玩积木了，你喜欢吗？"迅速将她的注意力引到游戏上去。女儿慢慢地觉得，游戏似乎更有魅力，游戏中取得了进步时也能得到鼓励，注意力才慢慢转到游戏中来，索要夸奖的次数才慢慢降了下来。

允许失败。宝宝很努力地想要垒高一层积木，积木却"啪"的一声倒下了，类似这样的情况会经常发生，这时妈妈可很平常地告诉宝宝"哦，倒了，这次没有成功"。这会让宝宝知道，失败是被允许的，是很正常的事情。在陪同宝宝玩的过程中，若妈妈自己也出现失败的情况，妈妈也可以说"哦，妈妈也没搭上去，倒了"。这会让宝宝知道，连无所不能的妈妈都会有失败的时候，失败真是再寻常不过的事情了。允许失败，宝宝就敢于尝试、敢于探索、敢于创新，久而久之就会形成勇于开拓的人格品质。

允许失败，也是在给宝宝传递这样一个重要的信息：努力比结果重要。成功不会永远伴随我们，但努力的品质却能成为我们人格中的一部分，为我们一生所拥有。一个努力的人，即使不成功，也能赢得别人的尊重，也能让自己获得积极的自我认可。当未来的某一天，你发现努力已内化为孩子人格的一部分时，则是令人最最欣喜的事情。

回馈式沟通。宝宝捡起地上别人掉下的棒棒糖准备往嘴里送时，妈妈一把抢过来并大声说道"不能吃，脏东西"，把宝宝吓哭了。宝宝难过极了，却仍不明白妈妈为什么突然有这么武断的禁止指令。若妈妈换用回馈式的沟通方式和宝宝交流，情况也许会好一些。

妈妈可握住宝宝拿棒棒糖的手问："宝宝想吃棒棒糖是吗？"之后妈妈可稍作停顿，或许宝宝会有所回应。"妈妈知道的，宝宝爱吃棒棒糖。""但棒棒糖掉在地上弄脏了，不能吃，妈妈给你吃苹果怎么样？"此时的宝宝或许还是不情愿，但委屈感和前一种情形相比会大为降低。

妈妈就宝宝当下的举动或心理，通过询问或陈述的方式将其回馈给宝宝，能让宝宝确信妈妈对自己行为的重视。妈妈询问宝宝是不是想吃棒棒糖，会让宝宝觉得妈妈了解自己的行为并懂自己。而且，这种友善、亲切的双向沟通，能给宝宝心理起到一定的过渡作用，有利于宝宝进行内在的心理转化。

这是一对母子用早餐前的对话："妈妈，我不想吃面。""哦，宝宝不想吃面是吗？""是。""那你想吃什么呀？""面包。""面包要蘸什么酱吗？""我要番茄酱。""嗯，番茄酱是好吃，它在小盒子里，你可以自己去拿吗？"……妈妈不时地重复一下宝宝的话，让宝宝觉得妈妈在仔细地聆听。早餐的气氛融洽和睦，宝宝自己动手安静地吃完了早餐。

与简单的禁止指令相比，回馈式沟通更有效，也更容易让宝宝接受。在回馈式沟通中，沟通双方更显平等，言语中蕴含着对宝宝的尊重，这对宝宝的心理发育是有利的。妈妈平时若能多以回馈式沟通与宝宝交流，能让宝宝无形中习得不少沟通技巧。随着宝宝月龄的增大，回馈式沟通会逐渐显现出它的独特效应来。

正话正说。"你看看，你又穿反了。"当宝宝穿反鞋子时，有的妈妈会如此说。这时你不妨换成正面的语言教宝宝："请交换一下"。"怎么又把玩具弄得到处都是"这句话刚到嘴边时，请换成"请将玩具归位，妈妈爱你"或"玩具要回家了，请带它们回家"。"你再打人的话，妈妈就不要你了"，请换成"妈妈爱你，但不喜欢你打人"。

宝宝对语言的理解力、感受性日渐增强，使用积极正面的语言与之交流就显得格外重要。使用积极正面的语言进行正面阐述，也就是所谓的"正话正说"。"正话正说"是最简洁、最直接的一种表达方式，它更符合宝宝的思维和心理，因而也是最有效的。

更重要的是，积极正面的语言对宝宝心理成长是种很好的滋养。当你使用积极正面的语言时，你便给宝宝展现了一个正面阳光的人和一个正面阳光的世界，并带给宝宝积极的心理暗示。

当你想要引导宝宝怎么做时，请直接用正面的语言告诉宝宝正确的行事方式。请将"再不好好吃饭，我就给××吃了""又忘了鞋子应放哪里了吗""上次被烫疼了，不记得了吗"换成"请认真吃饭""请把鞋子放在鞋架上""烫，让它凉一会儿再喝"。虽然"正话正说"也不见得能让宝宝立刻听从，但它是正确的交流方式。

生活中，总有一些垃圾桶式的家长，用消极负面的语言、埋怨训斥的语气和宝宝说话，这实际上是在往宝宝身上倒自己的心理垃圾。这些父母消极的言行，或是因生活压力所致，或是与自身成长经历有关，若不改正，则会影响孩子。

如果希望自己的宝宝将来不是那种喜欢抱怨、心态消极、满嘴负面语言的人，父母应修言正行，做个积极正面的人。试着在你的语言中加入这几个词句："请""谢谢""可以吗""你愿意帮我做××吗""我希望××"，让正面的语言充满爱和尊重。

蹲下来和宝宝说话。在孙瑞雪创办的爱与自由幼儿园里，老师与宝宝对话时都会蹲下来，与宝宝视线保持平行，让宝宝以最自然、最平等的姿态与自己交流。大人蹲下来和宝宝说话，能让宝宝感受到很受重视而且平等的感觉，这对宝宝的心理成长是有益的。

虽然宝宝还没到上幼儿园的年龄，但此时的你也这么做，宝宝是能感受到被你重视的。当你感觉与宝宝当下的对话可能会是连续的时，不妨蹲下来和宝宝交流，这不仅表达了你对他的重视，也鼓励了他进行更积极主动的交流交往。

小动作，大支持。就像表达爱、拥抱、赞美一样，小小的举动，能给宝宝极大的成长支持。如果你感觉不到这个小动作有什么价值，不妨做个简单的实验：两个成人交流时，其中一个被要求蹲下来，仰视着另一个站得离自己很近的成人，这个蹲下的成人会有强烈的压迫感，会感觉很不舒服。孩子会经常感受到这种来自于不懂尊重或故作权威的成人的压迫感。不时蹲下来和宝宝进行交流，能很好地破除这种压迫感，带给宝宝平等的、受重视的、受尊重的感觉。

爱秩序的孩子。宝宝的秩序敏感期悄然来临。2岁至2岁半的宝宝，对生活环境、物品摆放会有秩序上的要求；2岁半后，连平时的生活事件也要固守一定的先后顺序。秩序感是宝宝认知发展、心理成熟重要的阶段性成果。它标示着宝宝已能从纷繁复杂的外部世界中认知和发现一些基本的规律、规则。秩序便是其中最重要的规则之一。

宝宝对秩序的要求，妈妈应予以尊重和呵护，并通过一些日常生活事例、亲子活动或亲子游戏，来滋长宝宝的秩序感。

我女儿2岁多时，我在客厅的一个区角固定放上她小时用的爬行垫，5个装有玩具的透明塑料玩具箱依墙一字排成整齐的一排，这便是她专属的"宝宝之家"。她在这片小天地中度过的游戏时间最多，也常邀请我到她"家"参与游戏。

游戏时女儿会将玩具弄得到处都是，但游戏结束后或每晚睡觉前，我都会引导她跟随我进行玩具归位。玩具箱里都只在底层放一层玩具，放不下的布偶玩具整齐地摆放在沙发靠背顶上。玩具在玩具箱中整齐地排列着，玩具箱又依墙整齐地排列着。一眼望去，给人井然有序的感觉。女儿不会每次都将玩具归位，我也不强求。但睡觉前我一定会将玩具摆放整齐，女儿第二天一起来，看到的又是井然有序的"宝宝之家"。时间一长，月龄越来越大的女儿也愈发喜欢收拾她的"家"了。

和我一样使用玩具储存箱储存玩具的家庭，若玩具太多的话，可将不常用的玩具收拾起来后搁置在不太起眼的地方，常用的玩具则摆放在玩具箱里和其他宝宝容易拿到的地方。往储存箱中放置玩具时，以不垒高为准，摆满最低层即可。只放一层，能让宝宝很直观地看到秩序。若放两层或三层，不但不容易看到秩序感，宝宝在实际操作过程中很容易倒退回乱扔乱放的情形中去，因为宝宝现在还没有将两三层玩具都摆放整齐的能力和意识。

宝宝的日常用品如毛巾、牙刷、漱口杯、洗脸盆、小马桶等等，也可摆放在固定的地方。妈妈不妨买一个由一个个小格子组成的平层小储物布箱，用来专门摆放宝宝的袜子、小内裤等小织物。当妈妈整理袜子、衣物时，可请宝宝帮忙将袜子、内裤等卷好后一个一个地放入储物布箱的小格子中。

很多的日常生活事件也可以成为锻炼宝宝秩序感的好时机。譬如，进门时，妈妈也许只需问一句"妈妈的鞋子要摆哪儿呀"，宝宝也许会屁颠屁颠地将你的鞋子摆好，或是将摆放位置指示给你。妈妈的鞋子应摆在什么位置，宝宝的鞋子应摆在什么位置，爸爸和爷爷的又应该摆在什么位置，宝宝都会有他的安排。哪一天你忘了，将鞋子随手放在了顺手的地方，有的宝宝还可能会哭闹，直到将鞋子放到它应该放的位置上去为止。面对宝宝的"规矩"，妈妈、爸爸顺从他的安排即可。

妈妈在呵护宝宝秩序感的同时，自己也要保持爱卫生、勤收捡的习惯，将家居环境收拾得洁净有序。

外在环境的秩序感带来内在心灵的秩序感。秩序，能带给孩子对生活环境的把控感，这种把控感使其内心感到更安全，也变得更宁静。一个有着内在心灵秩序感的宝宝，在一个有着良好秩序的外在环境中，就能全心全意地专注于自身内在的成长，而个用将宝贵的成长时光消耗在适应杂乱的环境上。同时，秩序感的滋长，其更长远的发展价值在于协助宝宝未来成长为一个思维很清晰、做事有条理、有良好行为规范的成人。

自由与操控。自由的对立面不仅是禁止、限制，还有操控。与不合理的禁止、限制相比，操控更隐形，更不易被人察觉，因而也更为常见。它对孩子成长的钳制也不亚于前者。

2岁多的宝宝自我意识进一步发展，更喜欢说"不"了，呈现出很强的"以自我为中心"的倾向。由于能力进一步增强，好奇心更盛，小家伙越来越调皮了，这是令人欣喜的正常发展情况，说明宝宝成长得很好，越来越聪明了。但是，当一个喜欢操控的妈妈生养了一个意志力强的宝宝，而妈妈又不能及时洞察自己的行为和心理，那么原本亲密的母子关系很有可能会开始进入"战国"时代，一场关于自由与操控的母子战争会悄然打响。

引导，只应发生在宝宝需要的时候，而且应严守少量而适当的原则。当以引导或教育为名，对宝宝的行为施以过多的干预时，所谓的引导、教育或教养就已变异成了操控。

目前，不少家长实施的所谓"教育"，说白了不过是操控的异种，而家长对此还毫不自知。玩耍时，我们迫不及待地教宝宝这应怎么玩、那应怎么玩；生活中，我们"勤劳"地指导宝宝应如何如何做，甚至连一个小小细节都不忘规范到位；我们叫宝宝当众表演，全然不顾宝宝愿不愿意。我们也许忘了，真正的成长支持是用爱和温暖陪伴着宝宝，让宝宝自由玩耍、自主探索的大前提下，只在必要的时候给宝宝适当的协助和引导。

弗洛姆一针见血地指出：教育的对立面是操控，它出于对孩子之潜能的生长缺乏信心，认为只有成人去指导孩子该做哪些事，不该做哪些事，孩子才会获得正常的发展。然而这样的操控是错误的。对孩子成长缺乏信心，实则是父母自己内心充满恐惧和担忧，或是对孩子成长规律缺乏真正的了解。

操控，剥夺了孩子选择的权力，让孩子变得没有主见，更多依赖成人；操控，剥夺了孩子完整探索和感知的机会，阻碍了宝宝认知和智力的发展；操控，剥夺了孩子的快乐，带给宝宝更多的消极情绪体验，也带给他更多的内心纠葛。

很多时候，我们总是用一己之成人观念和功利目标来约束、规范儿童，而忘了孩子只是孩子。正如谭旭东所说，一个不理解童心世界的父亲或母亲，不但无法扮演儿童成长的引路人，而且可能成为童心世界的打扰者和侵略者。

可怕的是，很多操控型的家长并不认为自己是在操控，而相信自己是在进行正确的教育。他很自然地认为，如果自己不去指导孩子该如何做，孩子的未来就充满不确定性。这种内心的担忧和恐惧，很自然地转化为行动，变成对孩子行为的操控。由于是自己的固化心理模式，家长自己很难察觉，旁观者却看得很清楚。

实际上，在工作中也不乏这样的人，无论事情大小，他都事必躬亲，他就是担心别人干不好。恐惧和担忧，是一种很难战胜的强大心理力量。这些被担忧和恐惧占据内心的人，往往也是在强制性的家境中成长起来的。因为强制，因为缺乏自由，因为时常体验过多的内心冲突，我们儿时无法获得完整的成长，恐惧和担忧就此开始占据了我们的内心。这种情形，断不可以在我们的下一代身上重演！

担忧就想着去指导，指导能让当下的自己不那么担忧。这恰似顽固的脚气，抓抓还止痒，止痒就会下次还抓。虽然抓痒不能治脚气，甚至还会导致扩散，但还是想抓。不打破自己的这种心理模式，就很难还孩子真正的自由。若你还在以指导的名义强制孩子，是时候与孩子一道成长了。试着多给孩子自由，也试着多给自己自由。

有学者认为，2～4岁阶段，是滋长孩子意志品质的最佳时期。对孩子的成长，你若是心急或是有所期盼，唯一的办法就是将成长放心地交给宝宝自己。宝宝在这段关键期中，若能在自由中得到良好的成长，将会顺利地度过这个宝贵的黄金时段，大步跨上更高的发展台阶。

那个叫父亲的人。父亲对儿子的影响，会深入儿子的个性品质及未来的事业；父亲与女儿的亲密关系，则会深远影响女儿的情感与未来的婚姻。父亲果敢有力的行为举止、勇于担当的男人品质，都会给孩子很深远的影响。

父亲，这个被兰博（Michael Lamb）称为"被遗忘的对儿童发展有贡献的人"，倘若以前和孩子相处较少，是时候该回归与孩子母亲同等重要的位置上来了。

不要有父亲应该是"严肃的、权威的"这样的刻板印象，而应同样是亲切的、敏感的。你若是严肃的，孩子便觉得自己是不被亲近的；你若是权威的，孩子便会觉得自己是弱小的，这对孩子的心理成长不利。父亲切不可经常命令、强迫或用权威的姿态约束宝宝的行动、操控宝宝的行为。

父亲应像母亲一样，对孩子实施敏感而充满爱的抚育。经常抱抱、亲亲宝宝，亲密无间地陪伴宝宝玩耍，也会像妈妈一样表达爱。让宝宝明确地感知，不仅妈妈爱我，爸爸也爱我，这种来自父母双方完整的爱，对宝宝的成长极为有利。唯一不同的是父亲特有的男性特质会自然而然在举手投足间影响宝宝，给宝宝迥异于母亲的榜样学习。也许不需要刻意为之，只要多与孩子相处，你的行为便是教育。潜移默化中，孩子会从你身上学到果敢、担当、坚韧等宝贵的男性特质。

同是养育孩子，母亲往往更偏重孩子的安全问题、营养问题。玩游戏时，母亲也会倾向于玩躲猫猫、讲故事、搭积木等相对安静、较少安全风险的游戏。父亲则不同，他更喜欢带孩子玩倒立、旋转、举高高等动作幅度大、颇具刺激感的游戏，且会玩得酣畅淋漓、痛快尽兴。这些都能给孩子带来不一样的感官体验和情绪体验，为他们的成长提供很好的支持。与母亲相比，父亲往往更具理性。若父亲能更多地参与到抚养中来，孩子更有可能成长为一个情感丰富而又兼具理性的人。

宝宝与父亲相处的时间一般比母亲少，这反而使宝宝对父亲的言行更敏感，从而受到深刻影响。所以父亲不仅不是可有可无的人，反而是很重要的教养者。父亲，这个和母亲一样赋予孩子生命的人，应争取更多的时间来陪伴孩子。

童谣《爸爸》唱出了孩子的心声："爸爸啊爸爸，每天晚回家，我知道你是为了我，为了咱的家；爸爸啊爸爸，多么辛苦呀，我有一个小心愿，说给你听吧，给我一点点时间，你和我一起玩耍，你陪我聊天……你和我一起做游戏，我心比蜜还甜。"

忌唱黑白脸。一致性是最重要的教养原则之一。唱黑白脸，则是最常见、也最典型的不一致的教养方式。

父严母慈，这个传承了几千年的传统教子观念，至今仍有根深蒂固的影响力。爸爸唱黑脸，用威严、权威来管束孩子；妈妈唱白脸，用慈爱来护佑孩子；或是爸爸妈妈唱黑脸，爷爷奶奶唱白脸。甚至同一个教养事件，都会出现不一致的对待方式。如宝宝动手打了小伙伴，爸爸准备教育宝宝一番，奶奶则护住宝宝不让爸爸教育，只是假假地"说道"宝宝几句。

这种不一致的教养，只会让孩子成长为察言观色、好钻营的人。他会察言观色，看哪个人会护着自己，哪个会教训自己，一旦有事就跑到护自己的人身边，躲避应有的教导或惩罚。动手打了小伙伴，宝宝只需跑到奶奶身边撒娇或扮委屈就行了，无法习得"打人不对"的是非观念，更不会习得友好交往的社交技巧。

这种黑白脸式的教养方式，随着孩子的长大，弊端也会更明显地显现出来。到五六岁或更大时，可能会出现这样的情形：见到唱黑脸的爸爸，孩子就怯生生的，老实得很；爸爸不在身边时，孩子就摇身一变成了"飞天猫"，妈妈根本管不住。很多双重人格的成人，之所以有着里外不一致的表现，里面多多少少都有黑白脸式教养方式的"贡献"。

我们应奉行一致的教养，当其中一个家长在教导孩子时，另外的家庭成员都不插嘴、不反驳，更不护着孩子。当孩子哭着找另一位家庭成员寻求庇护时，这位家庭成员可平和地安抚孩子的情绪，但对教养事件的态度应和前者一致。即使这位家长采用了管制、训斥等不合理的教育方式，其他家长也不能当场反驳他，而应在事后再和其沟通，协商一致以备下次采用更科学的教育方式。妈妈在教育孩子，奶奶却在一旁偏袒，这是无益于宝宝成长的。

教子不懈怠。随着宝宝学会了走路，也学会了简单的说话，自由自在一个人玩耍的时间也越来越多，多数妈妈对宝宝的教养几乎是不约而同、自然而然地开始变得没那么细致、没那么敏感了，更多地关注起自己的事情来。

对孩子成长支持的懈怠，首先就体现在敏感度上。对宝宝发出的信息回馈得不那么及时，有时甚至是敷衍了事。一个小小的举动就可以测试教养的敏感度是否降低：当宝宝和你说话时，你是否愿意暂停手中的活计，看着宝宝的眼睛，仔细地听他说话并给予回馈？我希望的情形是，当孩子跟你说第一句话，你就已在仔细聆听。这，才是真正的敏感。

但很多的情形是，当宝宝想和妈妈游戏时，妈妈却以一句"自己去玩吧"，就把宝宝打发走了。即使是晚上睡觉前和妈妈在床上亲密玩耍这件宝宝最渴望、最感幸福的事，也有妈妈未能高质量地陪伴其快乐地度过；平日里陪伴宝宝的时间也越来越少，给宝宝的情感支持也越来越少，这对宝宝的成长是不利的。

宝宝的成长，是一场关于爱与耐心的长跑，这一路上都需要妈妈不弃不离的陪伴。总有一天，总有那么一段长长的路，孩子会背着行囊自己一个人远行，而拒绝你的相伴。那时的他会嫌你啰唆，想要远离你的视野，花更多的时间独处或与同龄伙伴相处。无论你有多么不舍，他都会离开你，毅然地走进自己的世界。当孩子独自一个人走的时候，是妈妈你该放手的时候。该放手时就放手，是另一种爱的表达。现在宝宝还需要你陪伴时，请一定好好珍惜当下。让爱与温暖、细致与耐心，继续伴随着宝宝成长的这段黄金岁月。

2. 动作练习

变速跑。妈妈与宝宝平行站立，"快跑"，妈妈一声令下，两人快速朝前跑；听到"慢跑"指令时，两人将速度慢下来；听到"停"的指令时则都停下来。如此反复数次，带领宝宝进行变速跑。玩的过程中，也可以让宝宝来发号施令。

为增加练习的乐趣，妈妈可带领宝宝模仿动物奔跑。如快跑时模仿马儿奔跑，慢跑时模仿乌龟慢慢爬；口令也可以改为"快马跑""乌龟爬"之类更形象的词汇。

随着练习次数的增多，宝宝对速度的控制能力会越来越强。这时，妈妈可和宝宝玩难度更大的奔跑刹车。妈妈、宝宝一起跑起来，跑一小段距离后听到"刹车"指令，妈妈、宝宝都刹车似的急停下来。刚开始练习时，跑的速度要慢，刹车时也允许分三四步刹住。随着练习的增多，宝宝自然会由三四步刹住过渡到一次刹住。

奔跑刹车玩得很溜后，可练习转身跑。妈妈、宝宝一起往前跑，"大老虎"爸爸突然跳到面前，要吃掉娘俩，娘俩"吓"得转身就逃。"大老虎"穷追不舍，还会跑到"猎物"前面来捕食，"猎物"不得不一次又一次地转身掉头逃命。

转身跑是一项能调动全身肌肉参与的综合性大运动，很多专业运动员都把它列为日常最常用的基本训练手段之一。它对体能的消耗很大，所以玩一段时间后应让宝宝休息一下。

跨越障碍物。爸爸、妈妈面对面坐在地板上，双脚张开并将脚掌与对方脚掌相印连接在一起，一个四脚围成的"小围墙"就这样形成了。请宝宝跨过爸爸或妈妈的腿跨入或跨出"小围墙"中。妈妈可拿些玩具放在"围墙"里，请宝宝将其搬到"围墙"外的小篮子里去；或在客厅中央放置一个鞋盒之类的东西做障碍物，请宝宝练习跨越。

跨越障碍物

家里有小门槛的，每次出入都请宝宝自己跨越门槛。在户外，也可见到一些障碍物，只要是适合宝宝跨越的，都可以让宝宝尝试尝试。也许你还没来得及邀请他，他就自己朝障碍物奔去了，宝宝正急着想要检验一下自己的跨越能力呢。

单脚站立。单脚站立是一项十分考验平衡力的动作练习。妈妈即兴表演一个"金鸡独立"，宝宝是否会跃跃欲试呢？当宝宝的平衡能力和腿部力量即将达到这个程度时，小家伙还是很乐意挑战一下的。

刚开始练习时，一只脚稍离地面即可。经过持续的练习，宝宝的脚就能慢慢地抬离地面数秒了；后来，站立时还能摆摆造型呢。

立定跳远。不要期待宝宝能跳多远，也不注重宝宝能跳多远。在本阶段，宝宝能并足立定跳远10～20厘米就不错了。

立定跳远之类的动作练习比较简单枯燥，妈妈、爸爸陪同着以游戏的形式来进行，会让宝宝更乐于练习。再自编一些类似"小青蛙、跳一跳"的儿歌配合着动作，也许宝宝会觉得更好玩。

沙发跳。到本阶段中后期，疯狂的沙发跳也应该如期而至了吧。若你的宝宝比较文静，为他请一个小伙伴过来一起玩，你会发现自己的宝宝原来还有如此潜能。

从沙发靠背顶上往沙发座跳，对宝宝来讲是很刺激也很爽的游戏。不少家长无法忍受宝宝一遍又一遍地重复"危险"的沙发跳，但我2岁多的女儿像个小魔女似的进行沙发跳时，我却很欣喜。因为它能很好地锻炼宝宝的动作能力，并给宝宝非常快乐的情绪体验。我要做的，却只是在旁边看护她的安全即可。事实证明，沙发跳对我女儿跳跃能力的提高起了不小的作用。

翻跟斗。宝宝很喜欢翻跟斗。住柔软的大床上，妈妈头抵床面翻一个跟斗过去，引导宝宝跟着做。刚开始时，宝宝还不太容易做到真正的翻跟斗。多数情况是，宝宝头抵着床面后，身体便朝向一侧倒下去了，于是侧身倒就成了他的翻跟斗处女作。

翻跟斗

妈妈继续示范正确的翻跟斗，宝宝虽然还做不到，但很快会发现自己的动作与你动作的不同。在宝宝完成几个侧身倒后，妈妈扶住宝宝身体使其完成一次真正的翻跟斗动作。在妈妈的协助下，宝宝会发现真正的翻跟斗更刺激也更具挑战。

试着让宝宝踩在他自己的小枕头上，将翻跟斗的难度降低。只要坚持练习，没多长时间，宝宝就学会这个高难度的动作了，而且还会不时地在你面前骄傲地秀一下。

走平衡木。不走平常路的宝宝在窄道上练习一段时间后，可以在平衡木上试试身手了。生活中可见的"平衡木"，如木条、废弃的水管、窄一点的水泥围沿，都可以成为宝宝的练习道具。

平衡木不能离地太高，以防宝宝摔倒发生意外。对于较高的"平衡木"，妈妈宜告诉宝宝有一定的危险性，请宝宝小心，让宝宝有一定的危险意识。有危险意识的宝宝会主动牵着你的手，在木条上慢慢行走。

悬空垂吊。找一根木棍，粗细以适合宝宝抓握为宜。妈妈抓住木棍两头，让宝宝抓住木棍中间位置后将其提起。宝宝脚部离地不要过高，以免宝宝害怕或掉下来时伤着脚。

悬空垂吊

悬空垂吊的时间不宜过长，每次宜在1分钟内。这个动作可拉扯宝宝的脊椎、关节和韧带，对这些部位有保健作用，并能有效地锻炼宝宝的手臂力量。

头顶送物。头顶送物是人类古老的运送东西的方式之一。时至今日，一些非洲国家仍保留着将物件甚至是重物放置在头顶进行搬运的习惯。

将毛巾折叠成小方块，放在宝宝头顶，请宝宝用头将其运送到对面房间，弯腰低头使毛巾落入小篮子里。动作比较熟练后，可换成难度大一点的物件，如积木、小盒子等。要使积木不掉下来不容易，低头使其准确地落到篮子里更不容易，这对宝宝的确是不小的挑战哦。

头顶毛巾

手指夹物。"两个手指夹一夹，夹一夹；嘴巴张大大，啊呜一下咬住它；咬住啦，咬住啦，一起把它带回家"，妈妈通过自编或改编的儿歌，将动作要领生动形象地描述出来，同时赋予拟人化的生命色彩，并渗透着快乐的情绪表达，让宝宝觉得游戏好好玩。

妈妈示范时，儿歌要唱慢点，动作也要慢点，以便宝宝观察清楚。当唱"嘴巴张大大"时，妈妈应提示宝宝手指要张开一点，这样才咬得住积木；当唱"咬住啦、咬住啦"时应有成功的喜悦感，高兴的情绪溢于言表。

先让宝宝尝试容易夹住的物件，如皱皮的干红枣、纸团等，熟练后再增加点难度，循序渐进地使手指锻炼得越来越灵活。

小脚拾物。准备个矮点的小纸箱，其高度以宝宝坐着在地上跷起脚掌够得着箱沿为宜。妈妈、宝宝面对面坐在地垫上，跷起双脚玩小脚拾物的游戏。

妈妈先示范用双脚掌将球夹住，放入纸箱中。示范完后，鼓励宝宝也试试看。这个动作练习不容易做成功，当小球滑落时，妈妈可说"小球溜走了，把它抓回来放到箱子里，看它还跑不跑"之类的话，巧妙化解宝宝的挫败感，同时增加游戏的趣味性。

小脚拾物（妈妈宝宝用脚夹球）

转身传接。小脚拾物已比较熟练的宝宝，可尝试着做做转身传接的游戏。"小熊要搬家了，它想搬到妈妈身后去。"妈妈、宝宝面对面坐在地板上，妈妈用脚掌夹起放在妈妈和宝宝中间的玩具小熊，以臀部为轴心转身180度，将玩具小熊夹放到自己身后；"小熊想要和宝宝玩，想请妈妈带它到宝宝身边来。"妈妈夹起小熊再转过来，将玩具小熊放在宝宝面前，同时鼓励宝宝模仿自己用脚掌夹起玩具小熊转身放到宝宝身后。

转身传接

这个动作练习有相当的难度，若宝宝尚不能玩时，就不要勉强，等宝宝长大点后再玩。

拉大锯。"拉大锯、扯大锯，姥姥门前唱大戏；喊姑娘、请女婿，大家一起看大戏"，很多妈妈都熟知《拉大锯》这首儿歌，因为宝宝都很喜欢玩拉大锯。

拉大锯

妈妈、宝宝面对面席地而坐，妈妈张开双腿，让宝宝坐自己双腿之间。拉住宝宝双手后，妈妈上身往后躺，拉着宝宝的身体从后仰姿势拉回直立姿势；随即宝宝上身往后仰，用手拉着妈妈身体由后仰拉回直立姿势。如此反复，两人一仰一起地拉大锯。

妈妈仍是拉大锯游戏的主要驱动者，因为宝宝的力量还不足以拉起妈妈的身体。妈妈可在玩的过程中，适当给宝宝一些阻力，以锻炼宝宝背部及手臂的力量。

踩单车。妈妈和宝宝脚掌对脚掌地平躺在床上，妈妈的双腿像踩单车似的一踩一屈地带动宝宝的双腿做踩单车的动作。"骑单车、踩单车，一二一二蹬单车"，配合着歌谣，有节律地做着踩单车的游戏。

踩单车

锤锤子。锤锤子是育婴师黄文慧带自己2岁多的宝宝旅行时，母女俩坐在座椅上玩着玩着创造出来的，没想到很受宝宝的喜爱。

"宝宝拿锤子，锤子锤钉子；一把小锤子，锤了一整天"（宝宝右手握拳当锤子，左手食指当钉子，右拳像锤钉子似的锤左食指）。"宝宝拿锤子，锤子锤地板；两把小锤子，锤了一整天"（双手握拳锤膝盖）。"宝宝拿锤子，锤子锤箱子；三把小锤子，锤了一整天"（双手握拳上下挥动，同时右脚踩地）。"宝宝拿锤子，锤子锤柜子；四把小锤子，锤了一整天"（双手握拳上下挥动，同时双脚踩地）。"宝宝拿锤子，锤子锤墙壁；五把小锤子，锤了一整天。"（双手握拳上下挥动，双脚踩地，同时点头）。

这个动作练习越往后越有难度，对2岁多的宝宝来讲还是相当有挑战性的。刚开始练习时，妈妈要念慢一点。也可以只念前半段，给宝宝一个熟悉的过程。

指令操之敬礼、弯腰。"宝宝宝宝转个圈（和宝宝一起转圈），宝宝宝宝敬个礼（和宝宝一起行军礼），宝宝宝宝弯弯腰（和宝宝一起弯腰），宝宝宝宝踩踩脚（和宝宝一起踩脚）"，妈妈一边唱儿歌，一边做操示范，引导宝宝跟着做。刚开始时妈妈动作要慢一点，让宝宝跟得上。熟练后慢慢加快速度，以锻炼宝宝的反应速度。

拍手操。"拍拍手，点点头，敬个礼，握握手（敬礼、握手）；拍拍手，点点头，笑嘻嘻，拉拉手（妈妈和宝宝手指拉钩钩）"，妈妈和宝宝面对面站着，唱着儿歌玩拍手操。握手、拉钩等动作，可培养宝宝与人互动的意识。

动物模仿操之小猫操。"小猫小猫喵喵（双手掌张开，配合节律轮流做捋须状），蹲在地上吃小鱼（蹲下来双手抓着小鱼做吃鱼状）；小猫小猫喵喵，站起身来伸懒腰（站起伸懒腰）；小猫小猫喵喵，插着双手跳一跳（双手叉腰跳跃）；小猫小猫喵喵，想抓自己的小尾巴（双手掌放在臀部扮作尾巴，扭头转圈做咬自己尾巴状）；小猫小猫喵喵，怎么就是抓不着（双手摆动做表示没有抓到的动作）。"

上一阶段开始练习的花样走、提脚爬行、踮脚够物、手指操、动物模仿操之小猫叫、指令操之蹲下、站起等，本阶段仍可以继续进行。

3. 亲子游戏

滚球。在继续玩扔球、踢球的基础上，尝试着和宝宝玩滚球、接球及抛顶气球的游戏。

妈妈、宝宝对坐在地板上，妈妈将球滚向宝宝，鼓励宝宝用双手接住滚来的球。宝宝接到球后，再鼓励宝宝滚给自己。先从大球开始，宝宝会滚后再改成小点的球。

宝宝玩得较溜时，就改成难度更大的站姿滚球。这时宝宝不仅要判断球滚动的速度，更要协调身体弯腰伸手的速度和角度，这对宝宝是很好的锻炼。玩过一段时间后，妈妈可改变球滚动的线路，由直线滚向宝宝改为朝宝宝一侧滚去，引导宝宝移动身体接球或转身追球。还可以弯腰将球从自己胯下滚过，看看宝宝能不能胯下滚球甚至是胯下接球。

抛顶气球也是很好玩的游戏。将气球抛起后，用手掌朝上抛顶降落中的气球使之再次腾空。或找块硬纸板，让宝宝用其托气球。注意气球不能吹得太饱，否则容易爆破。

投篮。妈妈将双手在胸前围成一个空心圈，半蹲下来，让宝宝将球扔进你的手臂圈里。妈妈宜根据宝宝的身高和能力来调整蹲姿，以使手臂圈的高度适合宝宝投篮。当宝宝投篮成功率已比较高时，妈妈可离宝宝稍远点，让宝宝挑战稍长距离的投篮。

打保龄球。当宝宝能较准确把控球的滚动方向时，妈妈可和他玩玩打保龄球的游戏。找三四个空可乐瓶来，放置在宝宝前方，引导宝宝滚球将可乐瓶撞倒。

撞倒可乐瓶

当球撞到可乐瓶的一刹那，妈妈可兴奋地发出有力的"砰"的声音，放大宝宝的成就感。

刚开始时，瓶子数量可多点，瓶子间的间隔可近点，这样的话只要宝宝滚球的大致方向是对的，就能打到其中的某些球。随着宝宝控球的准确度越来越高，可慢慢减少瓶子数量并加大瓶子间隔。

小小曲棍球。用一根小木棍击打、赶滚小球，是一项兼顾大动作与手眼协调的游戏。妈妈也拿一根木棍一起玩，将球赶给对方。这种带点竞争性的"你赶过来我赶过去"的玩法会让宝宝觉得更有乐趣。或找一个椅子，以两个椅脚为球门，用木棍将球赶滚或击打至球门里。

刚开始玩时，可选择体积大点的球和棍身稍短的木棍，以降低游戏难度。之后再根据宝宝的熟练度，从玩体积较大的小足球到玩体积较小的网球，一步一步缩小球的体积。木棍的长度越长，则对宝宝手眼协调能力以及手臂力量的要求也越高，妈妈宜根据宝宝当下的能力做适当的调整。

一时找不到合适木棍时，妈妈也可以用细长条的硬纸壳圈成棍状，再用胶纸粘起来。可将"曲棍球杆"杆身制作成方形的，它要比圆形杆身更利于控制球。

骑三轮车。三轮车的稳定性没有四轮车强，但可以更好地锻炼宝宝的动作技巧。经过上阶段骑四轮车的练习，现在可让宝宝尝试骑难度高点的三轮车了。

三轮车转向更加灵活，给宝宝的操控感更强，是宝宝眼中的"小宝马"。在户外开阔一点的地方，在妈妈的看护下，让宝宝驾驶他的"小宝马"去享受运动的乐趣吧。三轮车更容易侧翻，给宝宝戴上小头盔，从小培养宝宝的安全意识。

骑扭扭车。扭扭车需要宝宝直接用脚蹬地推动着前行，它在锻炼宝宝动作技能的同时，对宝宝的体能是个不错的锻炼。

但无论是三轮车还是扭扭车，安全都是很重要的事项，应有大人陪伴才行。很多妈妈嫌闹腾、怕危险，就不让宝宝骑三轮车或扭扭车，这就剥夺了宝宝享受运动和速度带来的无上乐趣。

踩影子。在阳光明媚的日子，妈妈带着宝宝到户外玩玩踩影子的游戏。"小影子，真好玩，我到哪儿，它到哪儿，真像一个小尾巴。"妈妈将影子指给宝宝看，并告诉宝宝这是妈妈的影子。妈妈可跳动身体，让宝宝看到影子不同的样式；鼓励宝宝来踩踩自己的影子，让宝宝有时踩到，有时踩不到，这样宝宝兴趣更浓；也可以自己去踩宝宝的影子，宝宝则四处躲闪不让妈妈踩到。

吹泡泡。商店中很容易买到吹泡泡的玩具。泡泡在阳光下有着多彩的颜色，会随风飘走，而后又消失得无影无踪，这让小宝宝觉得很新奇、很好玩。宝宝噘着小嘴吹泡泡时，需转动手腕将玩具的泡泡嘴对准自己的小嘴，这锻炼了宝宝的脸部和手部的肌肉，以及相互间的协调能力。脸部肌肉得到锻炼，对宝宝发声有帮助。当宝宝自己玩了一会儿吹泡泡后，可改由家长吹，让宝宝用手去抓、用脚去踩泡泡，这也能带给宝宝很强的愉悦感。

宝宝玩吹泡泡时，应有大人看护，防止肥皂水入眼入口。也正因为如此，有家长就不给宝宝玩这个游戏，还是挺可惜的。就因家长嫌脏，如玩水会弄湿地板、玩沙玩泥巴会弄脏衣物、玩吹泡泡怕不安全等等，不知不觉中已让宝宝失去了很多好玩的益智又益情的好游戏，这实际上剥夺了宝宝很多很好的成长机会。

浇花。“小花渴了，我们给它浇浇水吧。”“好吧。”“小花喝饱了，喝不下了。”“还能喝！”“小花肚子撑得饱饱的了，不能再喝了，我们明天再给小花浇水吧。”……妈妈已然察觉，爱心满满的宝宝，现在也许爱上这份园丁“工作”了。

尝试着让宝宝自己开水龙头，自己拿着洒水壶接水。宝宝够不着水龙头时，妈妈可抱起宝宝让其自己做。宝宝自己提着洒水壶屁颠屁颠地去浇水，浇完后自己跑回来重新接水。洒水壶应尽量袖珍，装水也不要装得太满，这样才能让宝宝来来回回地多跑几趟。否则，你家的花花草草是很容易让过于“敬业”的小园丁给浇死的。

剪纸。剪纸是本阶段宝宝最喜欢的活动之一。它能很好地锻炼宝宝的手部精细动作和专注力。

买把宝宝专用的塑料剪刀，教宝宝动手剪纸。妈妈双手拿纸两端，稍用力将纸扯平绷直，让宝宝持剪刀剪纸。当宝宝能正确使用剪刀后，再慢慢尝试让宝宝一手拿纸一手自己剪。鼓励宝宝随意地剪，将纸剪成纸条或碎片，以充分锻炼剪纸的基础性动作。

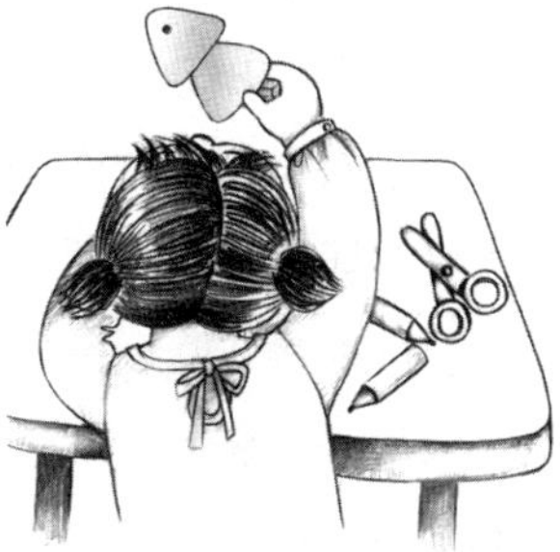
剪小鱼

宝宝使用剪刀比较熟练后，可教宝宝剪几何图形，如三角形。若妈妈经常和宝宝玩角色游戏，或是赋予游戏生命色彩的话，说不定宝宝会将自己剪出来的大三角形称为三角形爸爸，小三角形为三角形宝宝，中间大小的三角形为三角形妈妈。

宝宝会自己剪三角形后，此时妈妈可进一步将宝宝的作品张贴成简单的动物图案，如小鱼。将小三角形一个角的角尖压在大三角形的一条边上，妈妈再剪一个小圆或用油性笔在大三角形上涂一个实心圆点做小鱼的眼睛，一条小鱼就这样做成了。小鱼虽很抽象，但很符合宝宝当下的认知特点。

建议妈妈最好不要一步到位地和宝宝玩剪图形和贴图的游戏，因为这对宝宝来讲太难了。有的宝宝发现自己根本无法完成这样的游戏时，就会要求妈妈动手做，自己倒是做起观众来了。

妈妈宜为宝宝准备个剪纸储料箱。一个大的空罐装奶粉桶就可以是一个不错的剪纸储料箱。宝宝完成剪纸活动后，妈妈带头并请宝宝将剪刀、纸张、纸片、固体胶等物件放入储料箱中。一则可以让宝宝逐步养成东西用完要归位的习惯，二则方便下次使用。

包饺子。一家人围在一起包饺子，是件其乐融融的事。给宝宝围上小围裙，让他参与进来一起包。妈妈包着饺子，宝宝则在一旁动手模仿。教宝宝拍打面团，用小擀面杖擀擀面，抓点肉馅放在中间将其包起来。

若上述工序对你的宝宝来讲太难、太复杂，妈妈可将擀好的饺子皮给宝宝，让宝宝专门负责包肉馅，并将饺皮捏紧。妈妈可以一边做一边和宝宝交流："宝宝做的饺子真好看，你的饺子要给谁吃啊？""给妈妈吃。""谢谢宝宝，妈妈可想吃宝宝做的饺子了。"……

不太会做饺子的南方妈妈，可以到菜市场买现成的饺子皮，只需剁些肉馅，就可以做好吃的饺子了。

分配餐具。吃饭前，请宝宝分配餐具，能锻炼宝宝的数概念和配对的能力。请宝宝从厨房拿来自己和大人的碗筷，宝宝够不着时由妈妈递给宝宝。摆放时，先观察宝宝是否会将碗筷一对一地进行配对，宝宝不会时妈妈协助着将碗筷配对并放置在合适的地方。若餐桌太高，宝宝无法放置餐具时，可偶尔改在客厅茶几上吃饭，或妈妈抱着宝宝放置餐具。

宝宝分配好餐具时，妈妈不忘称赞下宝宝："宝宝长大了，能摆碗筷了。""哇，碗筷摆好了，快请爸爸吃饭吧。"

模仿做家务。这时的宝宝可能会模仿你除尘、打扫地面、搬动座椅等，以求做你得力的小帮手。意愿挺美好，但往往是帮倒忙。但妈妈仍应耐心地鼓励宝宝的模仿行为，不可因怕麻烦拒绝宝宝参与哦。

很多家庭都将厨房划为宝宝的禁地，尽量不让宝宝进入，理由是脏乱且危险。但越被禁止的事情，宝宝往往越感兴趣。与其费力地和宝宝玩猫捉老鼠的游戏，不如索性满足宝宝的要求，将菜刀等危险物件放到宝宝拿不到的地方，将厨房收拾干净并保持干燥，克服自己怕麻烦的心理，让宝宝参与进入。当宝宝发现厨房也就那么回事时，就不会再花很长时间待在里面了。

妈妈做家务时，可邀请宝宝参与进来，做些简单的家务活。当宝宝协助你择菜时，可告诉宝宝："这是青菜，等会妈妈做给宝宝吃，青菜可好吃了。"还可让宝宝看到青菜下锅烹炒的过程，宝宝也许会对吃青菜有所期待。

当宝宝帮你忙时，可教宝宝学唱《别说我小》，让你的小帮手更有成就感："妈妈您别说我小，我会穿衣和洗脚。爸爸您别说我小，我会擦桌把地扫。奶奶您别说我小，我会种花把水浇。爸爸妈妈工作忙，我做的事儿也不少。"

情境游戏之热情的小主人。宝宝最喜欢和同伴玩耍了，不时会有小伙伴来串串门，为了做好小主人，现在就预演一下吧。

妈妈开门，对门外的爸爸说"欢迎（或你好）"，热情地邀请爸爸进来，并拉着爸爸的手到沙发上坐下。当宝宝对情境熟悉一点后，由宝宝这位热情的小主人来招待爸爸这位客人。

这个情境游戏对宝宝来讲还是有难度的，所以不要一下子弄得很复杂。当宝宝能招呼"小伙伴"入室或入座后，再循序渐进地增加拿玩具给"小伙伴"玩，或分水果给"小伙伴"吃。若宝宝不愿意分享，则省去这个环节，直接引导他与"小伙伴"一起快乐地玩耍。

即使"彩排"得再好，当真正邀请小伙伴来家里玩耍时，真实的情形仍会不一样。由于小朋友间的玩耍常伴随着玩具展开，而这个时期宝宝占有物品的欲望很强，不愿意将自己的玩具与其他小朋友分享，原本以为小朋友的聚会会是一场快乐的同伴游戏，结果可能演变成玩具争夺大战，甚至哭声四起。为防止这种情况发生，妈妈可做些事前工作，如询问自己宝宝哪些玩具最不愿意与即将到来的小宝宝分享，让他收拾起来。如果宝宝将所有的玩具都收起来，也不要紧，当他的小伙伴带着玩具来时，可再引导宝宝拿自己的玩具和小伙伴交换。若对方家长是比较熟悉的人，可提醒对方家长让宝宝也带个小玩具过来。若对方忘了带玩具，妈妈可悄悄地拿个平日里宝宝不太注意、不太熟悉的小物品给对方宝宝，让宝宝可以进行交换，或是各自玩各自的玩具，使宝宝聚会不至于将大量的时间都花在玩具争夺上了。

这个情境游戏对发展宝宝的同伴交往是很有好处的。尤其是比较害羞甚至有退缩行为的宝宝，可多玩这个游戏。因为家是宝宝最感安全的地方，是宝宝自己的"主场"，有利于宝宝在同伴交往中克服害羞和胆怯。

象征（假装）游戏之小小采购员。象征游戏已成为宝宝的最爱。宝宝会扮演各种角色，玩各种象征游戏，如扮演采购员、售货员、邮递员、理发师，甚至是扮演医生给娃娃打针。

扮演采购员时，妈妈把宝宝几个喜欢的玩具收集在一起，宝宝付钱给你（有时只是一个付钱的动作）将玩具买走。或是互换角色，妈妈从宝宝手里买玩具。

我从女儿手里买玩具时，女儿常会搞错，把玩具给我后还付钱给我，真是个"大方"的卖主。我也不急着纠正她，女儿觉得好玩就行了。也不知从什么时间开始，女儿知道卖我玩具应该是我付钱给她，从此没再让我"占便宜"了。

象征（假装）游戏之小火车。"小板凳，排成排，宝宝宝宝坐上来；呜呜呜，车开了，快来快来坐车玩。"搬三四个小板凳竖着排成一排，宝宝做司机，妈妈、爸爸做乘客，妈妈、爸爸双手做车轮转的动作，宝宝双手做转方向盘的动作，一起玩坐火车的游戏。

妈妈可以问宝宝："我们要去哪里玩呀？""公园。""到站了吗？"……到站下车时，妈妈、爸爸还可以"付钱"给宝宝，并对他表示感谢。

象征（假装）游戏之过家家。"小芭比是不是饿了，宝宝想不想做饭给小芭比吃？"见宝宝开始较多地玩象征游戏后，妈妈可以问问宝宝。若宝宝还不太会玩，妈妈可自己示范：择小点青菜，放在小碗里，一边用小勺炒啊炒，一边唱："炒青菜、炒青菜，炒好青菜开饭喽，芭比芭比小芭比，快来快来吃饭喽！"然后亲切地喂给小芭比吃，之后对宝宝说："芭比喜欢宝宝，想请宝宝喂它。"看看宝宝想不想自己试一下。

　　过家家是个很受欢迎的经典象征游戏，会陪伴宝宝较长的一段成长时光。宝宝长大点后和同伴一起玩的过家家游戏，会更加像模像样。宝宝会自己尝试进行角色分工，你做爸爸我做妈妈，玩具娃娃或第三个小伙伴做小宝宝，一起炒菜做饭并喂养小宝宝，忙得不亦乐乎。中午因没将豌豆吃完而被妈妈责备的宝宝，游戏中可能会用妈妈的身份责备玩具宝宝挑食，并劝说它好好吃饭并把豌豆吃完。

　　在象征游戏中，宝宝能在玩耍中表达自己的情绪困扰，或解决情绪冲突。同时，角色分工也能让宝宝对对方的角色产生理解和认同，可为现实生活中更好地认知和理解别人做些铺垫。这些东西都是妈妈无法通过语言来教给孩子的，唯有孩子自己从游戏中习得。

温馨提示

　　上一阶段所进行的一些亲子游戏，如玩沙、玩米、玩豆、捏豆子、玩橡皮泥等等，本阶段仍可以继续进行。玩沙、米、豆的游戏则可以延续很长的时间，陪伴宝宝多个成长阶段。当然，若宝宝不再感兴趣时，则可不再继续。

4. 认知发展游戏

　　三段式认图形。教本阶段才开始认图形的宝宝，我们不妨试试蒙台梭利倡导的三段式。三段式是典型的单一认知法，最早由法国19世纪儿童教育家赛贡采用，后被蒙台梭利广泛地应用于教学实践中。长达一个多世纪的教学实践证明，三段式教学法可能是协助宝宝将认知发展为概念最有效的方法。

　　用三段式教学法的妈妈会这么做：拿起三角形，说："三角形。""哪个是三角形？""这个。""这个是什么？""三角形。"极简的三个短句，构成"命名—指认—说名"的三个阶段。

　　刚开始时，妈妈只需拿着三角形对宝宝说三个字："三角形。"并适时加以重复。当宝宝对三角形有了一定的认知后，再进入第二阶段让宝宝指认："哪个是三角形？""这个。"当宝宝能正确指认出三角形后，可拿着三角形问宝宝："这个是什么？"当宝宝能回答出"三角形"时，说明宝宝已对三角形有了较完整的认知。这种一步一个台阶地让宝宝认识图形的方式，最有利于宝宝的认知发展。

当宝宝对三角形很熟知，能轻松地对其进行指认，并能正确说出其名称后，再用三段式教宝宝认识另一种新的图形，如正方形。让宝宝逐个认识不同的图形，宝宝就不容易混淆。

在整个三段式教学过程中，不需要说一句多余的话，譬如"宝宝看，这个是什么呀？是三角形""三角形有三个角，正方形有四个角"等等。

当宝宝通过三角形塑料片等几何教具对抽象的图形有了一定的认知后，可让其指认生活中不同形状的物件。如玩具球、纽扣、鞋盒等，妈妈都可告诉或询问宝宝它们的形状。对宝宝而言，可是"处处留心兼认知"哦。

背数。能背数至10的宝宝，可以尝试进阶背十位数"11、12、13……"了。进阶背两位数，比背各位数要难。刚开始可少背几位数，多重复。

背数比较熟练的宝宝，可以尝试让其倒背数了。倒背数能强化宝宝对数字序列的感知，知道数字间是有前后关系的。倒背数宜从个位数开始，大部分宝宝还不能倒背两位数。从"5、4、3、2、1"开始倒背起，慢慢发展到从10倒背至1。由于个体差异比较大，不少宝宝要到2岁半后才会倒背数。

点数。到本阶段，随着宝宝大脑的发育以及认知能力的增强，加上生活中耳濡目染的数概念的习得，可以尝试着让宝宝进行点数了。经过一段时间的练习，不少宝宝会从点数几个物件发展到点数十几个。

把3个积木一字排开放在宝宝面前，从宝宝左侧的积木开始，从左往右数。数1时，让宝宝点一点第一块积木；数2时，让他点一点第二块；数3时，点一点第三块积木后停止点数并稍作停顿，让宝宝自己感知代表这一堆积木的数量是"3"。在点数的过程中，不要再有多余的语言，也不要扯开来解释。无论是动作、语言还是数概念学习，越简洁就越直接。

大人给宝宝示范点数时，应在宝宝同侧，使大人、宝宝两者的目视方向是一致的。点数时，大人也应遵循从左往右的顺序一个一个地逐个点。

刚开始学点数，物件数量宜为3个，最多也不要超过5个。但也有专家表示，教宝宝点数超过3才有意义。他们认为，在现实生活中，3个或3个以下的物件是不需要数的，只有超过3个，人们才用得到点数这个行为。妈妈可根据自己宝宝的认知水平再决定是从3个还是4个开始学起。

刚开始时，点数完后宝宝不一定能告诉你一共有几个积木。但经过一段时间的练习，你再问宝宝时，宝宝也许就能告诉你正确的个数了。宝宝能告诉你点数后的总数，是其数概念得到发展的表现。

在日常生活中也可以教宝宝点数。如进餐前，请宝宝数下餐桌上有几个碗筷；剥豌豆时，请宝宝数数豆荚里有几颗豌豆；或请宝宝数数自己的手指头等等，这些都能很好地发展宝宝点数的能力。

温馨提示下妈妈们，当宝宝在自主玩耍时，不要随意打扰。宝宝正专心致志地用积木垒高，妈妈觉得是练习点数的好时机，就冷不丁地问宝宝有几个积木，这会干扰宝宝当下的游戏和体验，是不妥当的。

同时建议妈妈不要急着让宝宝去认读图片上"1""2"等数字。这时让宝宝认读图片上的数字，他会将其当成是具体的"物"来认识，而不会是抽象的数字符号。先让宝宝学习口头背数、点数，以建立起相关的数概念来。到2岁半左右，宝宝已有了一定的数概念后，这时再认读数字，宝宝就能将大脑中的数概念与图片中的数字配对起来，此时宝宝眼中的数字，才是更纯粹的数字。

当孩子不会背数或点数时，千万不能批评宝宝，更不能说"你怎么这么笨啊，教你这么多次都还不会"这类的话。以平常心来教宝宝，平时"一窍不通"的宝宝，说不定哪天一下就能数好几个数了。

按数取物。按数取物是难度更高的数理智能活动。在本阶段后期，当宝宝会点数后，可尝试着让其试试按数取物。"宝宝，请拿3个积木给妈妈好吗？"看看宝宝能不能按数正确地取出积木来。若宝宝还不能完成，妈妈可示范一次："妈妈帮帮你，1个、2个、3个……"妈妈一边拿出积木一边点数，"宝宝要不要再试一下？"妈妈可鼓励宝宝重来一次。

图片配对。准备10～12张图片，分别是兔子、乌龟、白马三种动物图像，请宝宝从中将兔子的图片找出来。玩的过程中，妈妈可根据宝宝的认知能力减少或增多图片的种类。当宝宝的认知水平较高时，可请宝宝从不同品种的小狗、小猫组成的图片中，将同是狗类的图片找出来。

玩拼图。对初次玩拼图的宝宝，妈妈试着将其中的1片拼图拿开，让宝宝看看这片拼图的形状，还可请宝宝摸摸拼板上凹处的边缘，感受拼图和凹处的形状，之后让宝宝尝试着将这块拼图放回原来的位置，形成一幅完整的图像。

当宝宝已能将移走的1片拼图放回相应的位置时，可一次取走2片拼图再让宝宝试试。经过一段时间的练习，从取走2片到取走3片，甚至将4片拼图全部取走并打乱，宝宝都有可能顺利地完成拼图。

家里没有拼图时，妈妈可将图卡或硬纸书上的动物图案剪下来自制拼图。如宝宝最熟悉小熊，妈妈就将小熊从图卡上剪下来，再将小熊分剪成不规则的3至4块，请宝宝将剪开分散的小熊各部位，拼凑在一起还原成完整的小熊。

刚开始时，可以将小熊沿直线剪成头部、胸部、下半身3大块，这样宝宝就能较容易地将3块图案拼凑在一起了。宝宝会玩后，可进一步将小熊沿S线剪成更多不规则的小图片，以挑战宝宝日渐聪明的大脑。

若宝宝对拼图一点都不感兴趣，则可能是这类游戏超出了他现阶段的能力范围，不妨等宝宝长大点再试试看。嵌入玩具可视为是简单版的拼图，这时可继续让宝宝玩嵌入玩具。

有的宝宝活跃性高，对这类相对比较静态的游戏不那么喜爱，妈妈也无需强迫，其他类型的亲子游戏对宝宝大脑发育同样有帮助。

对对折。"小手帕，四方方，我要把它折叠好；边对边，角对角，折好口袋里面装。"妈妈唱着《折手帕》的儿歌，边对边、角对角地将正方形手帕折成三角形或小正方形，让宝宝感受手帕形状的变化。

妈妈示范完后，邀请宝宝动手试一试。对对折能强化宝宝对几何图形的认知和记忆，其中边对边、角对角的步骤更可以锻炼宝宝的目测能力和动手能力。当宝宝在本阶段能较好地折叠手帕后，到30个月月龄时，就可以练习更高难度的折纸了。

分拣豆子。将黄豆、绿豆、红豆混合在一起，请宝宝将它们分拣到不同的碗中。当宝宝能轻易地将它们分拣出来时，妈妈可加入更多不同种类的物件，如米粒、蚕豆粒等等。分拣豆子既是一种很好的精细动作锻炼，也是一种很好的分类游戏。

积木搭桥。宝宝已能将积木垒高到八九层甚至是十几层了。我们可将宝宝高高垒起的积木称为"摩天大楼"，将横排着的积木条称为火车，并在此基础上鼓励宝宝将积木拼连成一些简单的造型，如小桥、拱门、金字塔等。

搭小桥的积木游戏很适合现阶段的宝宝。若宝宝见过真实的桥则再好不过了，因为生活经验对宝宝很重要，宝宝的认知是建立在自己的生活经验之上的。没见过桥的宝宝，妈妈逛街时带其走走人行天桥，让宝宝对人行天桥有个观感。这样宝宝在搭桥时，脑子里就有相关的影像可供参考。

前后左右、上下里外。随着宝宝认知能力的发展，开始能慢慢理解和掌握一些简单的方位概念了。妈妈可在日常生活中，潜移默化地教宝宝认识前后左右、上下里外。

譬如，宝宝用右手拿勺吃饭时，点点宝宝的右手告诉宝宝"这只是右手"。一家人出去玩时，指着走在前面的爸爸告诉宝宝说"爸爸在前面，妈妈和宝宝在后面"。带宝宝坐车时，告诉宝宝"我们一起坐后面，爸爸或驾驶员坐前面"。

再如，水果放在果篮里，果篮放在茶几上，纸篓放在茶几下，红色积木垒在绿色积木上方等，诸如此类的生活事件很多，妈妈可很自然地将方位概念融入平常的生活事件中教给宝宝。宝宝不一定能一下子学会，但妈妈无需着急。只要妈妈自己留心，有合适的机会就很自然地告诉宝宝，不刻意、也不强迫，日积月累，宝宝自然就懂了。

空间感较好的宝宝，现在已很喜欢钻到书桌、餐桌底下玩。当宝宝热衷在桌子底下玩时，妈妈应允许他自由地玩耍。宝宝在钻桌子的过程中能发展包括空间感在内的多项能力。

涂鸦。鼓励本阶段的宝宝继续练习涂鸦。若你的宝宝愿意跟随你画线条，你会发现其笔下的线条开始成形，能画出比较"像样"的水平线、垂直线、曲线或S线了。画圆形时也能首尾相连，使圆形封口。画圆能封口，这可是宝宝涂鸦能力又迈上了一个小台阶的标志哦。

到30个月左右时，多数宝宝能画不规则的正方形了。若宝宝仍更喜欢自己随意地涂线团，就顺从他的意志让他自由发挥。宝宝画完后请其将画笔和画板归位。

填色。本阶段的宝宝，能认识2种以上的颜色了，如红色、黄色或绿色。给宝宝买个填色本，让宝宝玩玩填色。和涂鸦一样，宝宝填色时，应让其自由发挥。至于宝宝会不会给小白兔涂上红色，将太阳涂上绿色，那都不是最重要的，由着宝宝尽情地玩即可。我们只需提供笔和填色本，剩下的就是让宝宝自由自在地随意发挥。

大人不要急着教宝宝所谓"对"的东西，如树叶必须配上绿色，花儿必须配上红色。我们大人脑袋里装满着"对"与"错"，还将这种"对"与"错"强加给宝宝，这本身才是不对的。宝宝眼中没有我们所谓的"对"与"错"，在他眼里，笔下只有色彩、只有想象、只有快乐和好玩。这些东西才是宝宝成长过程中最珍贵也最需要的东西。我们不要自以为是地将成人的东西强加给孩子。

在蒙台梭利创办的儿童之家，当孩子填色时将蓝天涂成猩红色，将小溪涂成墨绿色，老师都会不干涉、不指正，让孩子尽情地自由创造、自由发挥。当孩子完成一部在大人看来有点荒诞的作品时，老师还会用孩子的眼光来欣赏它。自由自在间，有一天，孩子不仅会懂得将小草、树叶涂成绿色，更会创造出令我们大人惊叹的、极富创造力的作品来。

记忆力练习。首先就强调：不要注重宝宝能记住些什么，重要的是宝宝练习记忆的过程。宝宝想要的是通过练习使神经回路更丰富，而不是记忆片段在大脑中的存储。

宝宝现在有了一些比较外显的长期记忆力，妈妈可很自然地在生活当中与宝宝做些记忆力的练习了。如刚玩过串珠游戏不久，可以问问宝宝串珠时用的是什么颜色的珠子；在给宝宝看图画的过程中，问问小狮子刚才在什么地方。这些小方法，都能发展宝宝的记忆力。

猜猜它是什么？将宝宝常吃的几种水果，如苹果、橘子、香蕉、梨等，放入一个非透明的袋子里，请宝宝闭上眼睛或给其蒙上纱巾，让宝宝从袋子里随意拿出一样水果，请他猜猜手中的水果是什么。

若宝宝猜不出来，可让他闻一闻果香，或让他咬上一口尝尝味道。对很容易就能猜出是哪种水果的宝宝，妈妈可要求宝宝闭上眼睛，叫到哪样水果名就让宝宝凭手感将其找到并拿出来，直至将所有的水果都拿对。

它是什么车？2岁3个月左右，妈妈可试着教宝宝认识不同品牌或车型的小汽车。每次外出时，妈妈可随手指着路旁或社区里的小汽车让宝宝认识。先随意挑一款比较常见的车让宝宝认，宝宝认识后再增加另一品牌的车。

我女儿认识的第一款车是宝马，我先带她看看宝马车的车标，再转着看看车身。刚开始认车时，女儿一看见车子就兴奋地喊"宝马车、宝马车"，在她眼里所有的车都是宝马了。邻居家的阿姨都笑称她是"小宝马女"。

当她认错了时，我会带她到宝马车的旁边，告诉她这才是"宝马车"，然后再让她看几辆其他不同的车并告诉她"这不是宝马"。很快，女儿就能从众多的车辆中正确地辨认出宝马车来了。接下来我开始教她认识大众车。在很短的时间内，女儿就能分辨出宝马、大众、奥迪、福特等不同的车型了。辨认车型能增强宝宝的分类能力，并对其记忆力的发展也是一种有效的锻炼。

在上阶段开始进行的认知游戏中，背数、认识色彩、玩嵌入玩具、积木拼图、串珠等，宜继续进行。认知是一个渐进的过程，不像动作练习一样有比较明显的层次，妈妈宜保持其延续性。

5. 语言学习

经过词汇爆炸期"喋喋不休"的练习后，到现阶段宝宝开始会讲完整短句了。在日常生活中多与宝宝对话，让宝宝有更多的语言表达机会。

对话时，妈妈宜使用简洁的语言。简洁但完整的语言，与现阶段宝宝的语言能力更匹配，也更利于宝宝学习。同时，简洁的语言更有力量感和表达性，应让宝宝掌握这种有力的表达方式。妈妈宜身体力行，示范语言的简洁之美。

在对话过程中，可有意识地用代词"我""你""他"代替"宝宝""妈妈""爷爷"等称谓。这样不仅使语言更简洁，也会使宝宝的语言表达更丰富。

善用回声法。回声法，这个最初用来辅助神经官能症患者进行有效沟通的专业语言技巧，后被七田真应用到婴幼儿的语言学习中，被证实是一种非常有效的亲子沟通方式。

"妈妈，爸爸骂我了。""是吗，爸爸骂你了，他怎么骂的呀？""妞妞不乖，不听话。""哦，说妞妞不乖不听话是吗，为什么呢？"就这样像回声一样地重复孩子的话，同时针对孩子的话进行提问或回答，这就是回声法。

回声法能促使家长聆听宝宝的诉说，也能让宝宝感觉到自己的话被家长接受、理解、认可，从而更认真地和家长沟通。而且，交流时词汇上的适当重复，对宝宝学习语言是一种有效的强化和巩固。

当然，在与宝宝沟通时不能整个对话过程都使用回声法，以免使对话显得过于啰唆。妈妈宜间或着使用，如在对话开始时，或在宝宝诉说的重点内容上使用。

语言游戏。可和宝宝玩一些语言游戏，如耳语传话、接话游戏、问答游戏等。在宝宝耳边神秘地说"月亮姐姐"，请宝宝也附在爸爸耳边转述，一家人玩耳语传话的游戏。也可以用报纸卷成小话筒，母子俩做彼此传话的游戏。传话时可讲一些简单的成语或数字等等。

接话游戏可从宝宝熟悉的动物叫声开始，妈妈说动物名称让宝宝接动物的叫声。如小狗叫（汪汪汪）；小猫叫（喵喵喵）；小鸡叫（叽叽叽）。对认知能力强点的宝宝，可以增加点难度，如天黑了（睡觉了）；肚子饿了（要吃饭了）；小熊哭了（想妈妈了）。

问答游戏适合月龄更大点的宝宝。山羊咩咩，爱吃什么？（爱吃青草）；蜜蜂嗡嗡，爱吃什么？（爱吃花粉）；小狗汪汪，爱吃什么？（爱吃骨头）；小猫喵喵，爱吃什么？（爱吃小鱼）。或是什么鼻子长？（大象鼻子长）；什么鼻子短？（小猪鼻子短）；什么尾巴长？（松鼠尾巴长）；什么尾巴短？（兔子尾巴短）。与此类似的语言游戏很多，妈妈可以自己创造出不少来。

最爱儿歌。"两只小白兔，上山采蘑菇；碰见小花鹿，正在种萝卜；白白胖胖大萝卜，馋得小兔眼瞪直；小鹿赶紧拔萝卜，送给小兔大口吃；吃得饱饱睡一觉，糟了～～，忘了采蘑菇！"妈妈可挑一些类似的有简单情节的儿歌，在说唱的同时将故事情节通过肢体和表情绘声绘色地展示给宝宝。如小兔子的馋样，以及想起忘了采蘑菇时的窘迫，妈妈都可以活灵活现地表演出来。

小蜜蜂是宝宝熟悉且喜爱的小动物，可为宝宝唱唱《小蜜蜂》。"红花花，黄花花，张着小嘴笑哈哈；谁来帮我传花粉，我把花蜜送给他；小蜜蜂，飞过来，对着花儿说了话：我来帮你传花粉，我把蜜糖送大家。"

或是"小青蛙，呱呱呱，哭着哭着找妈妈；燕子哄，蜻蜓劝，一起说着悄悄话：你的妈，我的妈，田间捉虫护庄稼，我们一起玩，长大学妈妈"。还有耳熟能详的《弯弯的月亮小小的船》："弯弯的月亮小小的船，小小的船儿两头尖，我在小小的船里坐，只看见闪闪的星星蓝蓝的天。"

儿歌一路伴随孩子成长，如今已成为宝宝嘴里的最爱。儿歌是很好的学习语言的方式，但它的意义远不止在此。当孩子轻快地哼唱儿歌时，他是在歌唱自己的快乐、在歌唱自己的喜悦；他在歌颂生命、他在歌颂成长。亲爱的妈妈，请细细地欣赏，这是孩子花开的声音。

学反义词。"妈妈胖吗？""胖。"诚诚如实回答。"那爸爸胖吗？""爸爸不胖。""妈妈胖，爸爸瘦，妈妈想减肥了。"妈妈扁嘴有点难过地说。"那诚诚是胖还是瘦啊？"妈妈接着问了下去，母子俩热烈地聊起了胖瘦的话题。

宝宝开始知道，不只是"不"才能表达事物的反面或另一面。有高就有矮，有大就有小，有胖就有瘦。就像诚诚妈妈所做的一样，在生活事件中慢慢引导宝宝学习相对应的反义词。

正确看待发音不准。"月月，吃饭啦，喊爸爸吃饭。"妈妈请月月叫家人吃饭。月月很高兴地跑去爸爸身边："爸爸，七饭、七饭。""不是七饭，是吃饭。"爸爸纠正月月的发音。"不是七饭，是七～饭！"月月很自信地告诉爸爸。"是七饭吗？"爸爸反问道。"不对，是七饭。""是吃饭吗？""对了，是七饭。"月月的这种情形，说明她已能辨别"吃饭"与"七饭"之间的音差，只是因为她的发音器官还不成熟，无法发出正确的音而已。

宝宝有少量的词发音不准，在现阶段属正常情况。只要我们教给宝宝的是标准的语言，就不用太担心，宝宝长大点自然就会标准起来的。当宝宝发音不准时，不可取笑孩子。你应该像以往所做的那样，重复正确的发音给宝宝听。像上述案例，月月已能将"吃饭"听得很清楚，只是表达不清时，就不必过多重复"吃饭"了。

6. 亲子阅读

　　博士妈妈的阅读经。儿童文学家谭旭东在自己的著作《享受亲子阅读的快乐》中，分享了一位博士妈妈的亲子阅读经历：我的女儿才2岁，但读书已有1年。记得她1岁开始读书时，只对书的前几页和后几页感兴趣。所以她早期阅读的书及杂志的封面和封底都皱巴巴的，中间却崭新如初。

　　当我讲述书中的故事时，她总是很不耐烦地翻动纸张，小手一揪就是好几页，很快就把书翻完了。为了适应她翻书的速度，我锻炼出了快速讲故事的能力。我事先读完故事，然后在女儿快速翻书的过程中，很快地将故事概括出来。有时，女儿抬头望望我，一双明亮的眼睛似乎在问：妈妈，你在说什么呢？于是，我就一页一页慢慢翻书，一边指着精美的图画，一边很有感情地开始朗读。

　　当女儿2岁多后，虽然仍有很多内容她并不明白，我仍一如既往地坚持给她进行亲子阅读。一看到她不耐烦时，立刻跳过阅读的内容，开始就书上有趣的内容提问："你看，小老虎怎么啦？"她仔细一看，回答我："它哭了。"我说："它哭得真伤心啊，它为什么哭啊？"女儿的注意力就被吸引过来了，于是我接着讲故事。当我翻书时她也不来抢了，直到我一页一页读完。读完后我问她："现在你知道小老虎为什么哭了吗？"我停了一会儿，准备告诉女儿答案时，谁知女儿马上回答道："因为它没人理、没人爱。"也许女儿并不知道爱的真正含义是什么，但她懂得没人爱的伤心。

　　我给女儿买了很多低幼读物，其中不乏制作很精美的玩具书，有的能发出悦耳的声音，有的设计了可以翻开的小书页。但女儿对它们的兴趣却不会持续很久，她的最爱仍是童谣书，几乎每天都要求一起看。每翻开一页，她就指着图让我读旁边的儿歌。一遇到她会读的，她就大声地和我读起来，读完后和我一起欢笑，似乎获得了很强的成就感。诗歌本来就是最精致、最深邃的文本，可是对孩子而言，诗歌的节奏、诗歌的韵律甚至比动听的故事、有趣的玩具书更吸引她。

　　当我们一起读书时，我常感觉到：孩子在如饥似渴地吸收着知识，她对每样事物都充满好奇，对每样事物都充满关爱。因为爱好读书，女儿的语言能力也比同龄的孩子更强，专注力也更好。

　　博士妈妈的亲子阅读经验告诉我们，除了声情并茂的朗读，在阅读过程中进行适时的提问不仅能抓住孩子的心，同时还能启发孩子的思考。如"小白兔为什么不吃饭呀？""大灰狼把小绵羊吃了吗？""这个小动物是什么呀？"等等，都能提升阅读的质量。但凡事有度，过多的提问也会打断宝宝进行完整的阅读，干扰宝宝进行完整的思考，也会降低他在阅读中获得完整的情感体验，所以提问也要适时适量。

可以在阅读完一本书或一个阅读段落后，根据刚刚阅读的内容进行回顾性提问，如"书里有些什么动物？"宝宝会根据记忆回答"有大象、猴子"等等；你可以接着问宝宝"大象喜欢吃什么呀"，宝宝都会根据自己所学一一回答。

还可以问问宝宝大象在书本里哪个地方，请宝宝翻出来。当宝宝找到大象后，再根据大象图画所表达的内容进行提问，如"大象在做什么呀？"这无形中让宝宝回忆了刚才所阅读的内容。宝宝在讲述的过程中，也很好地锻炼了自己复述故事的能力，对语言发展大有益处。

呵护宝宝的重复阅读。"读你千遍也不厌倦，读你的感觉像春天"，《读你》这首歌的这两句歌词，若用来形容宝宝的阅读行为，真是再贴切不过了。就像喜欢反复唱同一首儿歌一样，宝宝喜欢反复地听同一个故事。宝宝就是在这样一遍又一遍的重复阅读中，不断获取新的细节，不断地深入，在温故中得新知。通过不断的重复阅读，当宝宝在阅读的过程中知道接下来会发生什么时，内心会油然升起温暖和喜悦的感觉。

切忌借题发挥。有些妈妈会给宝宝选购些美德方面的故事书，如讲述助人为乐、尊师爱友、孝顺父母等内容，为宝宝日后美德的形成做铺垫。但读这类故事书时，很多妈妈控制不住自己的说教本能，阅读时容易就此借题发挥，长篇大论地对宝宝进行说教，这是不适宜的。面对一长串的说辞，理解能力还很有限的宝宝会不知所云。简短的对话，宝宝更容易理解，也更容易记住。对于本阶段的宝宝，有时候是少说胜过多说，简洁更有力量。

况且，对于这么小的宝宝来说，道德还是很抽象的概念，不太容易理解。道德意识的敏感期，要到宝宝五六岁时才真正到来。只有宝宝到了道德敏感期后，你有关道德的教育才会更起作用。现在你更需要做的是，细心呵护宝宝那份与生俱来的爱心与善良，尊重宝宝的物权与私享领地。

预防"电视宝宝"。宝宝看电视应有节制，每天累计不宜超过30分钟。看电视时需离电视机一段距离，以免伤害宝宝眼睛。最好给宝宝看些经典的卡通片，不要看内容质量不高甚至有暴力情节的低幼节目。

7. 同伴交往

社区里的小伙伴。孩子更懂孩子的世界。宝宝月龄越大，就越喜欢和同龄或比自己大的宝宝玩。2岁后，宝宝和小伙伴玩耍的兴趣与意愿都很强烈，有时甚至会开始超过父母。宝宝在与同伴玩耍的过程中，能习得很多父母无法教给的东西。

随着月龄的增大，宝宝友好的行为也多起来，遇到自己投缘的同伴，会很玩得来。常可以见到这样的情形：两个小丫头手拉手地玩耍，甚至忽略了还有大人的存在。宝宝在自家社区或邻近社区里有几个玩得来的小伙伴，对其成长是很有益处的。妈妈宜常带宝宝到附近公园、亲子机构等宝宝聚集的场所玩，让宝宝有更多接触同伴的机会。

因争夺玩具闹得不可开交甚至大哭的情形常有发生，但这并不妨碍宝宝的友好交往。孩子不记仇。刚刚发生过冲突的宝宝，也许眼泪还挂在脸上，又兴奋地跑到一起玩去了。

当宝宝和谐地玩耍时，妈妈不要过多指导或干预，让宝宝尽情地自由玩耍。当出现冲突或争斗时，妈妈也尽量先让宝宝自己解决，这可是宝宝学习和思考如何化解人际冲突的好机会。只有宝宝求助或无法解决时，妈妈才适时引导宝宝正确化解矛盾，或提供解决策略供宝宝选择，如交换玩具，教宝宝向喜欢打人的同伴口头警示"不许打人"等等。

自由宽松的交往环境。家长都知道人际交往的重要性，急切地期待宝宝能与其他小朋友有良好的交际表现。殊不知，欲速则不达。急切地鼓励或督促宝宝与小伙伴来往，反而让宝宝备感压力，较内向的宝宝可能更加胆怯、更加退缩。

万事开头难。做任何事情，跨出第一步是最困难、最有挑战性的，这对大人来讲也是如此，更何况是小宝宝。在宝宝发展人际交往上，妈妈应有足够的耐心。降低自己对宝宝的期望值，为宝宝创建一个没有压力、没有支配、自由宽松的人际交往环境，宝宝也许反而会有超出你预期的表现。

宝宝的压力来自于面对新同伴、新环境的不安，以及妈妈支配带来的外部压力。若妈妈能保持中立的态度，并在宝宝需要的时候提供必要的帮助，而不是过多鼓励和支配宝宝，宝宝就有时间处理自己的不安，然后调整心态迈出交往的第一步。

妈妈与其心急地督促、支配宝宝进行同伴交往，不如将精力和心思花在如何为宝宝的同伴交往创造条件和环境，如邀请与自家宝宝投缘的小宝宝到家里来玩；多带宝宝到小宝宝聚集的社区、公园玩；创造条件让宝宝认识友善的小伙伴等等。

退缩的小宝宝。在同伴交往中，会有一些宝宝表现得比较羞怯、退缩，这可能是天赋秉性方面的原因，也可能是后天教养方面的原因。但不管何种情况，对于羞怯退缩的宝宝，家长更应给宝宝创造一个没有压力、没有支配的宽松交往环境，并辅以一些教养手段，协助宝宝发展同伴交往。

与宝宝一起玩关于同伴交往的象征游戏，是比较有效的协助手段之一。妈妈拿着小狗熊，爸爸拿着小白兔，分别扮演手中的小动物交朋友："一个人不好玩，我想找小朋友玩去。"小狗熊无趣地自言自语道。"是小白兔吗？你好啊，小白兔。"小狗熊见到小白兔后高兴地叫了起来。"小白兔，我很喜欢你，我们交个朋友吧？""我也喜欢你，我们握握手吧。"于是小狗熊、小白兔亲昵地握手、拥抱（或是彼此贴贴脸），一起高兴地玩了起来。"宝宝，小狗熊还想交个朋友，你说它和谁交朋友好呢？"……妈妈、爸爸通过类似的方式，在教会宝宝简单人际交往技巧的同时，给宝宝积极的心理暗示：小朋友是友好的，他们喜欢你，也喜欢和你一起玩。

在真实的同伴交往中，妈妈可先带宝宝多去宝宝聚集的地方玩。先不着急让宝宝进行同伴交往，而是让他尽情自由自在地玩耍，让他觉得这个地方很好玩，慢慢熟悉后会对这里产生安全感。同时，宝宝有可能会在人群中发现与自己投缘的小伙伴，开始接近或模仿对方，和对方一起玩耍。妈妈也可以观察，看看哪些小朋友比较友善，也愿意和自己的宝宝交往玩耍，创造机会让宝宝和这些友善的小伙伴在一起，慢慢展开同伴交往。妈妈也热情地和对方家长交往，并对对方宝宝表现出亲昵和关爱，让宝宝觉得对方是很友善的，交往环境也是很安全的。

宝宝与熟悉而友善的同伴进行交往，能享受到交往的快乐，会慢慢地发展出应有的交往技巧，并累积起自信心来。当宝宝具备一定的交往技巧，拥有一定的人际自信后，交往的圈子就会慢慢地扩大，并逐步参与到更广泛的同伴交往中去。

不过，对害羞退缩的宝宝来说，让其发展同伴交往会是一个渐进的、较长的过程，妈妈宜调整自己对宝宝同伴交往的心理期待，切不可心急。

男孩男孩、女孩女孩。在幼儿园等同龄宝宝较集中且成员相对稳定的场所中，部分2岁的宝宝开始更喜欢和同性伙伴一起玩耍，开始呈现出性别分离的现象。男孩更喜欢和男孩一起打闹嬉戏，女孩也更喜欢和女孩一起玩耍。3岁后，宝宝这种性别分离的现象会更加明显。

发展学家麦科比认为，性别分离现象在一定程度上反映了男孩和女孩不同的游戏风格。相对而言，由于男孩具有较高的活跃性，因而更喜欢打闹，以及激烈、顽皮、富有挑战意识的游戏。女孩则喜欢照顾别人，更喜欢合作性游戏。

人为地、强制性地让男孩和女孩一起玩耍，只会降低他们玩耍的乐趣。女孩在群体活动中更倾向于鼓励、支持和沟通，不喜欢像男孩那样用命令和武力的方式解决同伴间的冲突。男孩亦更喜欢与其他男孩玩身体活动性强的游戏。当出现男孩与男孩玩、女孩与女孩玩的性别分离现象时，家长无须强迫自己的孩子与异性同伴玩耍。

但个体差异远大于性别的群体差异。总有一些活跃性强的女宝宝，整天跟在大哥哥的屁股后面，玩比较闹腾的游戏。有些"假小子"，其活跃性一点都不逊色于男宝宝。面对这种情况，家长亦无须强迫自己的宝宝一定要与其他小女孩一起玩耍，玩所谓的女孩子的游戏。所以无论性别分离现象是否发生在自己宝宝身上，家长只需遵循自由的原则即可：宝宝喜欢和谁玩，就和谁玩。

家长切不可因性别分离现象产生性别刻板印象，给游戏和玩具打上性别标签，认为哪些游戏和玩具应该男孩玩，哪些又应由女孩玩。如男孩更应玩踢球、骑车、玩枪、攀爬，女孩应搭积木、串珠、玩洋娃娃等等。游戏和玩具没有性别之分。孩子想玩什么就玩什么，女孩照样可以攀爬、骑车，男孩照样可以搭积木、串珠。家长切不可因为自己的性别刻板印象而限制、固化孩子的思维和行为。实际上，男女之间的差异，远没有我们想象中的明显。

8. 自理能力培养

使用筷子。虽然大多数宝宝要到2岁半才会使用筷子，但也有一部分宝宝见妈妈、爸爸使用筷子时，迫不及待地想要模仿了。其中不少宝宝在本阶段就能学会使用筷子。

使用筷子夹食物时，大脑和手要进行一系列精细的动作协调，包括五指、手腕、肩及肘关节等部位都会一起参与其中。这种高难度的动作练习，对刺激大脑神经元发育是很有帮助的。

刚开始时，宝宝会一把抓地握住筷子挑食物吃。这个在大人看来不正确的使用方式却能锻炼宝宝的手部动作，妈妈无须急着纠正。待宝宝挑食物的动作熟练后，再慢慢教宝宝正确的拿筷子的方式。

我女儿2岁时，已能熟练地使用勺子吃完一顿饭了。见大人都使用筷子吃饭，执拗着不肯用勺了，硬是要模仿着使用筷子。先是一整把抓住筷了，费力地挑面条。面条像泥鳅般从筷子上溜滑下来，一根不剩。她一点也不气馁，全神贯注地去挑，偶尔也能挑起几根来了，可快要送到嘴里时，却又从嘴边滑落到餐桌上了。经过几次反复，她就懂得将嘴凑近碗沿，以方便将面挑进嘴里。她那么专注，我舍不得去打扰她，就由着她慢慢练习。实践证明，挑面对女儿手部动作技能的促进和提升是很有帮助的。很快，她就能用筷子夹面了。

到2岁4个月时，一直进行练习的她已能用筷子顺利地吃完一碗面或米饭了。在整个练习过程中，我没有教她任何动作要领，最多也只是在她拿筷子太靠后时，提醒她要拿捏筷子中间的位置。孩子的学习能力是很强的，妈妈很多时候所能提供的最好的支持，不过只是给到孩子机会和付出耐心而已。

漱口。吃完食物后，口腔内的龋齿菌与食物中的糖分相遇，5分钟内会生成酸。若能在吃完食物后的3分钟内漱口或刷牙，能有效防止龋齿的产生。

宝宝月龄较小时，每次吃完饭后可喂其一小口温开水，可将口腔、食管中的食物残留物冲流到胃。到本阶段，则可引导宝宝漱口了。

"小花杯，装清水，咕噜咕噜漱漱嘴；小宝宝，爱护牙，吃过东西快漱嘴。"妈妈含一口水后，通过鼓腮的动作将食物残渣鼓出来后吐掉，并鼓励宝宝跟着学。

洗手。洗手前，妈妈将自己的袖口卷起来，并引导和鼓励宝宝模仿。宝宝卷袖口时，妈妈宜协助一下，帮助宝宝完成最初的卷袖动作。如宝宝将袖口一侧卷起来后，还不会绕圈将另一侧卷起来时，妈妈可协助将其卷起。不适合卷起来的袖口，可教宝宝将袖口朝肩膀方向往上撸。

请宝宝自己开水龙头，自己按挤洗手液。洗手液宜放置在宝宝手臂正下方，方便宝宝使上劲。宝宝按出过多的洗手液时，妈妈可分走一部分自己用，并告诉宝宝"轻轻按"。

"搓搓搓、搓搓搓、宝宝洗手搓掌心，掌心掌心泡沫多；搓搓搓、搓搓搓、宝宝洗手搓手背，左搓搓，右搓搓，手背手背滑溜溜；小手指，全张开，手指交叉洗指缝，指缝指缝真干净；大拇指，转一转，左转转，右转转，拇指拇指真可爱。"配合儿歌依次搓掌心、手背、指缝、大拇指。配合儿歌让宝宝洗手，能不知不觉地延长宝宝洗手的时间，使小手真正洗干净。

抹香香。抹香香以游戏的方式进行，如点花猫，宝宝会更容易接受。"点香香，点香香，点成一个小花猫；擦一擦，抹一抹，小花猫，不见啦！"妈妈挤一小点香香在手指上，然后点在自己脸颊上、额头上，点成一个小花猫似的，然后将其抹平、抹均匀。宝宝也许会觉得好玩，也要求给自己点花猫。

妈妈尽量将母子俩的洗漱事宜凑在同一时间进行，这样可以方便宝宝模仿。

试穿套头衫。在给宝宝穿套头衫时，试着将其中一部分动作交给宝宝来完成。妈妈将套头衫卷起，将领口撑开，再和宝宝一起拿着，协助宝宝往自己头上套。"袖口在哪里啊，我们找找看""看谁先找到哦，宝宝找到了啊，厉害"，套过头后，妈妈帮助宝宝寻找肩膀处的袖口，引导宝宝往里伸手……经过一段时间的练习，宝宝的动作能力会越来越强，慢慢地就能完成一部分穿衣动作了。

学穿松紧裤。给宝宝准备条较宽松的松紧裤，鼓励宝宝自己穿裤子。在妈妈的协助下将脚穿入裤腿后，多数宝宝能将裤子提到臀部下端。但再往上时则可能又需要妈妈的协助了，这时仍让宝宝扯着裤腰，妈妈握着宝宝的手一起往上提过臀部。

学穿裤子时，可以让宝宝学着辨认裤子的前后。让宝宝通过比较明显的识辨标示来分辨前后，如裤子正面膝盖处有一个小狗熊，可以告诉宝宝小狗熊它只喜欢住在前面。

穿鞋。穿鞋相对比较简单，在平日里宝宝有观察到你如何给他穿鞋的话，大都能自己模仿着穿上鞋。

当宝宝穿反鞋子时，直接告诉宝宝"请交换一下"。不要笑话宝宝，也不要说"鞋子穿反了"，因为现阶段的宝宝还不知道什么是反了。相比较而言，他更容易理解"交换一下"。

遇到穿反鞋子的情况时，美国妈妈针对大月龄宝宝的做法通常是，由着宝宝反穿着，宝宝会感觉到脚不舒服，几次之后可能就会自己发现鞋子穿反了并交换过来。对宝宝充分信任且有时间的妈妈，不妨也可以试试美国妈妈的方法。

如何让宝宝独睡。让宝宝独睡的标准不是年龄，而是独立性的成熟程度。2岁以后，当宝宝能接受与妈妈分开的事实，一个人睡时情绪也较稳定时，就可以尝试独睡了。与妈妈安全依恋稳固、独立性发展较好的宝宝，顺利实现独睡的时间会较早。加上社会文化、生活习俗以及家庭因素等外围因素的影响，宝宝实现独睡的时间可从2岁延伸到5岁。中国家庭多在宝宝3岁后才开始让其独睡，西方家庭则推崇宝宝2岁时就开始尝试独睡，因为在西方文化中，独立性是头等大事。

当你觉得宝宝已较独立，准备让其独睡时，先为宝宝准备一个独立的宝宝房，将房间布置得明快而温馨。布置时可根据宝宝喜欢的颜色粉刷墙面或张贴墙纸，摆放或张贴上宝宝的照片，将宝宝喜欢的玩具陈列在显眼的位置，让宝宝觉得一切都是那么的温馨和熟悉。

宝宝房准备好后，多带宝宝在里面玩耍，让其进一步熟悉并喜欢上自己的房间。宝宝午睡时也让其在宝宝房的小床上睡，这对晚上分床睡是一个有效的过渡。一般来讲，宝宝对白天在自己的小床上独睡不会像晚上那么抗拒。

正式分睡前，父母应很明确地告诉宝宝：分睡是因为宝宝长大了，应该独立睡觉了，而不是爸爸、妈妈不爱宝宝、不要宝宝了，爸爸、妈妈仍然很爱宝宝。可选择一个较特殊的日子，如宝宝的生日、寒暑假放假日、周末或节假日等，让宝宝开始独睡。但不建议选择入园、搬新家之类的特殊日子进行独睡。因为入园、搬新家对宝宝都已是很有压力的大事件了，再加上压力较大的独睡，容易让宝宝感觉焦虑。

刚开始独睡时，妈妈应待在宝宝的房间，将灯光调至柔和的状态，将一个宝宝最心爱的小动物玩偶放置在宝宝床头，为宝宝讲讲故事或进行亲子阅读，陪伴宝宝直到入睡。讲故事时应讲些温馨的故事，而不是什么大灰狼之类的，不要让宝宝有害怕的感觉。等宝宝入睡较熟、较深后，妈妈再离开宝宝的房间。有些妈妈在自己卧室哄宝宝入睡后再将其抱到宝宝房，这样做会让宝宝中途醒来时感到害怕或抗拒得更厉害，我建议妈妈不要这样做。

妈妈宜将自己的房门、宝宝的房门都开着，宝宝一有情况就可以及时处理。当宝宝哭闹着走回父母房时，父母应将其又抱回宝宝房，在宝宝房里安慰并让其入睡。不要因为宝宝哭泣一时心软妥协，应很耐心地安抚孩子，陪伴孩子直到其重新睡着。第二天早上起来时，妈妈要比宝宝早起床。当宝宝一睡醒，妈妈就出现在他的面前，并及时送上对他的夸奖："宝宝真棒，能自己睡觉了！"这样能让宝宝既感安全又受鼓励。

独睡的头一个晚上是最难的，有的宝宝可能会闹腾好几次，这对父母也是种煎熬和考验。但若因为宝宝哭闹妥协，日后宝宝只会通过一次比一次更拼命的哭闹来抗拒独睡，这也是为什么会有那么多宝宝拖到五六岁还和父母一起睡的原因。

若在独睡才进行了几天或半个月，不巧又遇上宝宝生病或遭遇较大的挫折时，妈妈可陪伴宝宝在宝宝房睡上一晚，以安抚困难中的宝宝。也有宝宝因心理状态确实还没有达到独睡的程度，会表现出一些异常情况来，如情绪不好、退缩、安全感减退等等，这时继续强行让宝宝独睡，可能会导致宝宝情绪和心理出现障碍。所以在开始独睡的前期阶段，妈妈应观察宝宝的情况，灵活应对，并确认宝宝的独立性是否真达到了独睡的程度。

或因家居面积有限，或是文化差异的原因，要中国妈妈像西方父母一样硬着心肠将2岁多的宝宝就这么分隔开来独睡，怕是有很多妈妈一时很难办到。对大多数中国父母来讲，等到宝宝3岁后再使其逐步适应独睡也是比较适宜的。

若宝宝3岁后还无法顺利实现独睡，妈妈也不应将功夫下在如何诱导或强制宝宝独睡上，而是应在平时加强自己与宝宝的亲密关系，同时逐步培养宝宝的独立性。在宝宝具备独睡能力的时候让其独睡，才是最有利于宝宝成长的。

宝宝长到5岁时，基本的生活习惯和习性也已形成，应坚定地引导宝宝逐步适应独睡。若5岁大的宝宝还不尝试独睡，仍继续和父母睡在一起，这对其独立性发展、性别认同或多或少会有影响。

　　5岁多的宝宝还没实现独睡的家庭，究其原因，其中不乏妈妈离不开宝宝的现象。妈妈自己很依恋宝宝睡在身边，内心深处并不舍得宝宝独睡。有的妈妈知道此时的宝宝应该要开始独睡了，就会"装模作样"地让宝宝尝试一下独睡，但宝宝稍微一哭，立刻心软，又将宝宝抱回身边了。为了孩子更好地成长，这类妈妈应克服自己的"恋子"心结，着手引导其独睡。

第十章

31 ～ 36 个月宝宝的教养

（2 岁半～ 3 岁）

一天，我走过超市的停车场，看到一个身穿黄色连衣裙的美丽小女孩正坐在她妈妈的汽车旁边大声哭泣，她的妈妈则在满是油污的地上蹲下来，温柔地安慰她。看到这一幕我不由得微笑起来，因为这才是真正的母爱——无论何时何地，只要孩子需要你，就蹲下来抚慰他。

——金伯莉·布雷恩

（Kimberley Clayton Blaine）

第一节　31～36个月宝宝的身心特点

在妈妈眼里，2岁半至3岁的宝宝开始有点懂事了，知道有些事可以做有些事不可以做，能遵守一些简单的规则或要求了，也越来越肯动脑筋，面对问题时，会自己想办法着手解决，智慧的大脑和灵巧的双手也为其创造了先决条件。

基础性动作和技巧性动作都进一步娴熟，动作向本体化发展。随着本体化的发展，宝宝的行动变得更加自信自如，甚至能在奔跑中对障碍物进行灵活的避让。

这个阶段宝宝逐渐发展出一项了不起的认知能力：观察力，并越来越多运用这项能力来认知外部世界。开始进一步理解"里"与"外"等空间概念以及简单的时间概念；对秩序的追求更甚；同时进入了追求完美的敏感期。

这是个有着"十万个为什么"的好奇又好问的宝宝，会不停地问你各种问题。好问能增长宝宝的知识和认知，也能锻炼宝宝的语言能力。

宝宝开始具备一定的情绪调控能力，在情绪表达上有一定的成熟度了，对极端情绪的控制能力明显提升。大吵大闹的情况较少发生，甚至会试图隐瞒自己的情绪。

自我意识进一步发展，开始在意别人对自己的评价。到3岁左右，宝宝关注身边的人尤其是父母对自己的认识和评价，将达到人生中的一个小高峰。外界评价将影响宝宝自我认知的形成，并对其自信心产生影响。因而请父母多关注孩子的优点，并给予积极正面的评价。

出现性别意识，更喜欢跟同性同伴玩。3岁的宝宝即将进入幼儿园，这将是宝宝人生路上走向独立的里程碑事件。

1.亲子教养

　　深呼吸。我们成人在处理自己消极情绪时，深呼吸是很有效的方法之一。很多人可能没想到，它对宝宝处理情绪也很有效呢。

　　宝宝难过时，在你完成对宝宝消极情绪的接受、认同以及抚慰等动作后，宝宝也通过哭泣宣泄掉了绝大部分消极情绪，这时妈妈可尝试着教宝宝来三下深呼吸。"宝宝，我们深呼吸一下，把'难过'呼出来好不好？""呼～～呼～～呼～～"妈妈深吸一口气，然后深深呼出来，鼓励宝宝模仿。"'难过'呼出来了？呼出来了、呼出来了。"妈妈的语言暗示和情绪感染也会帮助宝宝从消极情绪中走出来。

　　深呼吸这种情绪调节技巧，只有在宝宝情绪不是很激烈的时候，如只是难过或委屈时才可以用。宝宝非常难过或大哭不止时，是没办法控制住自己的情绪来做深呼吸的。只有等到宝宝情绪大致平静后，才可以试着做。

　　对深呼吸，很多宝宝可能一时还学不会，这是很正常的情况。妈妈只需做示范即可，宝宝跟不跟随由他自己决定。妈妈自己在处理消极情绪时坚持使用深呼吸法，随着宝宝年龄的增长，久而久之他就自然学会了。

　　也许你在使用深呼吸调节情绪时，宝宝还会关心地跑过来问你："妈妈，你难过了吗？""是的，妈妈难过了。""但妈妈做下深呼吸，就会好起来的，谢谢你的关心。"妈妈坦露自己的真实情绪，并平静地处理，会为宝宝树立良好的情绪榜样。

　　到本阶段，宝宝的消极情绪往往更容易引起妈妈注意，快乐的情绪体验妈妈反而开始慢慢忽视了，这可不是什么好的信号。一些喜欢大哭大闹的宝宝，就是因为发现只有大哭大闹才是吸引妈妈注意最有力的武器，才会如此"卖命"地哭喊。

在关注宝宝消极情绪的同时，请一定记得，让宝宝更多地体会快乐的情绪体验。要知道，让宝宝体会快乐的情绪体验，那可是滋长情绪能力的核心之一，不仅过去是、现在是，未来还是。还有在提醒自己吗：今天，我的孩子笑了几次？！

我们捶捶小枕头。"妞妞，你用拳头捶捶我吧，捶捶你就不难过了。"当宝宝有点难过时，妈妈以小枕头的口吻对宝宝说。妈妈知道，引导宝宝捶打枕头之类的柔软小物件，能协助宝宝将消极情绪发泄出来。"谢谢你，小枕头，我好点了。"当宝宝情绪发泄完后，妈妈仍不忘引导宝宝对小枕头说"谢谢"。

"打死你！打死你！谁叫你惹我生气了？"宝宝一边很用力地捶打，一边喊着很富攻击性的语言，若宝宝出现这种情形，他的行为就走偏了。原本是来抚慰宝宝的友好的小枕头，反而成了宝宝怪罪他人的替代物，还助长了宝宝攻击倾向，这就不好了。小枕头的形象应是中性或友好的，不能被幻想成被攻击的对象，所以妈妈的正确引导尤为重要。

小泰迪熊之类的动物布偶，由于其生命形象很强烈、很具象，不适宜用来让宝宝捶打。在宝宝眼里，动物玩具比其他物件生命象征更为明显。捶打有生命象征的动物玩偶，不利于宝宝同情心的发展。

当然，情绪能力滋长得很好的宝宝，他们根本不需要深呼吸、捶小枕头之类的外在调节手段就能很好地调整自己的消极情绪。对于此类优秀的高情商宝宝，我们就无需多此一举地教他这些外在的小技巧了。不管何时，外在的调节技巧都只是辅助手段，我们不宜本末倒置地过于强调。

自由顺畅地表达情绪。自由顺畅地表达情绪是培养宝宝情绪能力的三条基本路径之一。它与滋长积极情绪、调节消极情绪一起，支撑起宝宝情绪能力的发展。妈妈宜常与宝宝谈论情绪，鼓励宝宝表达情绪。

"斑比很害怕。""是哦，斑比看上去很紧张，它为什么害怕呢？"妈妈反问道。"它妈妈不见了，它找不到妈妈了。"优优很认真地告诉妈妈。当斑比找到妈妈后，优优高兴地说："看，斑比找到妈妈了，太开心了！""是呀，它好开心呀，终于见到妈妈了。"……优优看《小鹿斑比》时，小鹿斑比的喜怒哀乐牵动着优优的情绪情感，优优妈妈也就着情节适时地和女儿聊着情绪的话题。

你会发现，和优优一样，宝宝的谈话多与情绪情感有关。在对话时，妈妈可适当重复跟情绪情感有关的词。譬如，宝宝跟你说"妈妈，这只小猫好可爱啊"，妈妈可以回应"是呀，真可爱"。

在现实生活中，母女间谈论情绪的机会似乎要比母子间更多一些。这种现象的出现，不排除与"男孩应勇敢坚强、较少表达情绪"的性别刻板印象有关。但事实恰恰相反，只有和男宝宝多谈论情绪，才能让其直面自己的情绪；只有直面自己的情绪时，情绪能力才能得到滋长。

针对男宝宝，在情绪调节手段上可有所不同，但不能压抑。男宝宝可使用些更具男子气概的发泄手段，如大声喊叫"我生气了"、捶打小沙包、勇敢果断地阻止对方的无理行为等等。

妈妈，我想静一静。当宝宝抱着自己最喜爱的小考拉或玩具汽车难过地走进自己的小房间，或是一言不发地走到某个角落，自己待上一小会儿，这时请你尊重他，不去打扰。当宝宝想要独立处理自己的情绪时，请给他一个不受打扰的空间。

当过了一小段时间，你忍不住悄悄过去看看这个小家伙到底怎样了，他也许已在欢天喜地地玩自己喜爱的玩具了，好像刚才生气的人根本不是自己。

冷静对待小过失。"叫你好好拿稳，你看，摔碎了吧？"妈妈责怪起不小心摔碎了碗的宝宝来。宝宝本来就很不安了，见妈妈批评自己，忍不住哭了起来。"还哭，摔碎了碗你还哭！"妈妈仍不依不饶地继续说孩子。好心帮妈妈拿餐具的宝宝，因不小心摔碎了碗，结果弄得很难过。

若宝宝比较敏感，这种训斥或批评的方式会让他很紧张。而且，这种紧张感在下次拿碗时还可能会重新涌现出来，反而增加了再次发生摔碗的概率。"不说还好，越说越出事"就是源于此。

若妈妈换种方式，宝宝会更容易接受，效果也许会更好。"宝宝摔碎碗了是吗？""妈妈看得出来，宝宝有点紧张，是吗？""不要紧，妈妈知道你不是故意的，下次拿稳就可以了。"当宝宝平静下来，恢复常态后，妈妈可试着鼓励宝宝重新去拿一个碗："你要不要再试一次，妈妈相信你能拿稳。"当宝宝稳稳当当将碗放置到餐桌上时，妈妈可夸奖宝宝："宝宝拿得很稳，妈妈就知道宝宝能行。"若能这样，宝宝拿稳碗的成功体验将盖过摔碎碗的消极体验，日后摔碗的概率就会降低。

再举一个实例。在百货商场，一眨眼工夫，一直紧跟着妈妈的宝宝走散了，妈妈一下吓坏了。当隔壁商店的售货员将宝宝领到妈妈面前时，失态的妈妈忍不住大声训斥起早已吓得大哭的宝宝来："叫你跟紧妈妈，怎么就不听，下次还想出来吗？"妈妈将宝宝一顿训斥后，情绪慢慢平静下来。妈妈的愤怒、生气倒是发泄完了，但宝宝呢？

与妈妈走散后的宝宝，其害怕程度一点也不亚于妈妈，这个时候的他最需要的是安抚，然而迎接他的是训斥和责备，这无疑是"雪上加霜"。温和一点的妈妈有时会采用说教的方式来教育宝宝，其效果也不太理想，因为宝宝的接受能力和理解水平还达不到，更何况此时的宝宝正处于消极情绪之中。

智慧妈妈会是这样的做法：蹲下来抱住宝宝，抚摸宝宝背脊来安慰他，让他的情绪慢慢稳定下来。"见不到妈妈是不是很害怕呀？""妈妈也很害怕，害怕宝宝走丢了。""现在没事了，妈妈抱抱。"当宝宝情绪平静下来后，接着跟宝宝提要求："以后要跟紧妈妈好吗？"得到宝宝肯定的答复后，妈妈可用"妈妈爱你"来回馈宝宝。说"妈妈爱你"很重要，它会让宝宝知道，即使自己犯了错误，妈妈依然不折不扣地爱着自己。

若妈妈见到宝宝时，自己也仍在消极情绪中，可在抱着宝宝的同时先自己做几次深呼吸，调整下自己的情绪。调整好自己的情绪后，再做接下来的安抚动作。

宝宝犯下小错或遭遇挫折时，往往是其处理极端情绪、获取新认知、调整行为的好机会。若妈妈能合理地引导或协助宝宝处理，就能将这些看似"不好"的事情变成教育的黄金节点。

用训斥责怪的方式对待宝宝的小过失，会放大宝宝的内疚感。过多的内疚感会对孩子心理产生负面影响。很多人认为愤怒和生气是最负面的消极情绪，其实不然。在所有的消极情绪中，内疚是能量等级最高的消极情绪，远远大过愤怒和生气。它对人的负面影响也要超过愤怒和生气。

不能冷静对待宝宝的小过失，不仅带给宝宝内疚感，你很快会发现，为了逃避你的训斥责骂，月龄渐大的宝宝将会加速学会撒谎。

完整的苹果。妈妈心想宝宝吃不完一个苹果，于是将其分成两半，将其中一半递给宝宝。谁知宝宝哭闹起来，哭着喊着要吃原来的那整个苹果。不是宝宝贪多贪大，而是他觉得苹果必须是完整的。苹果被分成了两半，就不完整了，就不是好的苹果。不仅如此，给宝宝的纸不能有折痕，饼干不能有缺角，烤红薯必须是未破皮的，这时的他已进入了追求完美的敏感期。

完整的东西才是完美的；孩子对完美的追求始于完整。我们应将整个苹果给宝宝，宝宝吃不完时，再用刀削削大人吃了；将完整的烤红薯给宝宝，让宝宝自己动手剥皮；吃饼干时，请宝宝自己选择一块完整的饼干……我们的举手之劳，就可以呵护宝宝对完整的追求。

但宝宝对完美的追求不止限于完整。小马桶里有一小根头发，宝宝就认为小马桶不干净，非得将头发弄走才肯坐上去便便；衣服上有一小点脏东西，宝宝就不乐意了，一定要干干净净的才愿意穿。诸如此类的情形，会发生在每个追求完美的孩子身上。

面对孩子的"吹毛求疵"，若不理解这是孩子成长过程中必然出现的正常情况，家长是很容易心烦的。更有家长将其视为宝宝的"坏脾气"所为，甚至担心宝宝日后会成长为一个性情苛刻的人。长久的教养实践证明，恰恰只有理解、呵护宝宝对完美的执着追求，让宝宝顺利地度过追求完美的敏感期，宝宝日后才可能成长为一个包容、开放、圆融的人。否则，日后那个喜欢钻牛角尖、苛刻的成人，内心依旧停留在那个幼稚的追求完美的幼童时代。

宝宝办事一二三。到本阶段末期时，已不是我们要求宝宝讲秩序了，而是宝宝要求我们遵守他的秩序。

除了要求环境有秩序外，宝宝现在连做事情也喜欢按着一定的程序来，不喜欢被打乱。譬如，回家时必须是宝宝开门，妈妈开了门宝宝就会哭闹，要求关上门重新开过；洗手时，必须由宝宝自己打开水龙头，之后再抹上香皂，若是妈妈打开了水龙头或是忘了抹香皂都不行。看见路上有垃圾，宝宝会主动将垃圾捡到垃圾桶中，因为在他们眼里，垃圾必须待在垃圾桶里。

在宝宝眼中，世界就是这样有序地存在着，事情也应有它固定的程序。对宝宝来说，秩序就是安全，秩序就是规范，秩序就是美，秩序就是内在的自由。当一切都是有条不紊时，宝宝就会心情愉悦地自由玩耍或探索学习；当秩序突然被打乱，宝宝就会感到恐惧和不安，就会哭闹直至秩序恢复。

面对宝宝对秩序近乎执拗的追求，妈妈、爸爸唯有顺应宝宝的需求，尽心呵护他们的秩序感。当不小心破坏了宝宝的秩序，请允许他以哭闹的形式将情绪释放出来，并帮助他恢复秩序。当宝宝的秩序感得到了很好的尊重与维护，自由自在与遵守规则会和谐统一地出现在孩子身上，就这一点，连很多成人都无法做到。

当顺利地度过秩序敏感期后，随着大脑的进一步成熟和认知的进一步发展，宝宝自然会在秩序之外发现其他可能，发现自己生活的这个世界原来是那样的多元而立体。他们也会慢慢认知到，多元意味着有多种可能，立体意味着有多条路径。终于，那个"死脑筋"的孩子，又长大了。

打破砂锅问到底。好奇心更盛、思考力更强，这个时候的宝宝有无数个"是什么、为什么"，直到把你问到山穷水尽。

回答宝宝的问题，宜遵循形象易懂而又不失科学的原则。"打气筒为什么能打气？"豆豆问妈妈。妈妈指着打气筒对豆豆说："这是打气筒的小肚子，里面有很多空气，打气筒用力一吹，就把肚子里的空气吹到轮胎的肚子了。"见到小草，豆豆又问妈妈："小草怎么是绿色的？""因为小草喜欢绿色，就把自己打扮成绿色的。"妈妈回答豆豆。"树叶也喜欢绿色吗？""你说对了，树叶也喜欢绿色。""它们都喜欢绿色，你喜欢什么颜色呢？"……面对豆豆一个接一个的问题，豆豆妈妈总是很耐心、很认真地回答他。但和其他妈妈一样，无论豆豆妈妈多努力，总还是有被豆豆问倒的时候。

妞妞一家人外出郊游。坐上车后，爸爸发动了发动机热下车，妞妞见爸爸迟迟不开动车，就问："爸爸，你怎么还不开车呢？""汽车刚刚起床，它也要像妞妞一样再躺一小会儿，伸伸懒腰后再走。"爸爸回答道。到加油站后，妞妞又问爸爸："爸爸，汽车为什么要加油呢？""因为汽车饿了，要吃东西了，它要吃饱肚子才有力气跑。"爸爸回答。"那它为什么不吃饭，要吃油呢？""因为汽车最喜欢喝油了，就像妞妞最喜欢喝奶一样，它觉得汽油好好喝的。""那它为什么不自己吃，要叔叔喂呢？""因为汽车没有手啊，只好请加油站的叔叔帮忙喂给它吃。""妞妞自己有手，可以自己吃饭对吗？"……妞妞一路上不停地问着，看到什么就问什么。爸爸不时被妞妞稀奇古怪的问题问住了，招架不住时不得不请妞妞妈妈帮忙。

面对宝宝无穷无尽的问题，有些黔驴技穷的家长忍不住就会瞎编起来，心想

"小娃娃嘛，对付过去就行了"。然而，你那不确定的语气、不连贯的话、不诚恳的态度都会出卖你，如果让孩子觉得自己最亲近的人都是不诚恳的，对自己敷衍了事，其负面示范效应可想而知。而且，宝宝一个接一个的"为什么"中，蕴藏有层层递进的逻辑关系，而瞎编的东西往往没什么逻辑性，这对孩子的逻辑思考也会形成干扰。回答孩子，忌讳瞎编。

遇到自己不懂的问题，不妨如实告诉孩子"妈妈也不知道"，真正做到"知之为知之，不知为不知"，或是"宝宝的问题问倒妈妈了，让妈妈好好思考一下再回答你可以吗"，抑或邀请宝宝一起找找答案。优良品格的养成非一日之功，应在孩子还很小的时候就开始从点滴做起，着手培养孩子实事求是的优良品格。

相比妈妈形象感性的回答，爸爸的回答也许更客观、知识面也涉及更广。爸爸上知天文下知地理的回答，往往能让宝宝接触到迥异于妈妈的认知。

不受打扰的观察。记得我很小的时候，一个人趴在农村老家的小溪旁，呆呆地看小溪里清澈的溪水、随水摆动的水草以及惬意地游来游去的小鱼，忘了时间的存在，也忘了世界的存在，直到妈妈喊回家吃饭的声音才把我从沉静的观察中拽回来……已是多么久远的记忆啊，连小溪都已变了模样，如今回忆起来却仍是那么清晰、那么美好。因为一个人，因为没有任何外界的干扰，记忆是如此完整，也如此深刻。

一条毛毛虫在树叶上爬行，宝宝一动不动地盯着看，静静地观察它很长时间。就在一动不动间，宝宝的专注力、观察力在无形中得到了滋长。妈妈可站在宝宝几米开外的地方，静静守候着宝宝的观察，不打断、不干扰。

只有当宝宝向你询问或与你互动时，妈妈可适时提问，如"毛毛虫要去哪里呀，会不会要回家了呢？"这时宝宝也许会联想到"毛毛虫的家在哪里啊？家里会不会也有毛毛虫爸爸、毛毛虫妈妈在等着它呢？"在你提问的引导下，孩子的想象力或许会伸展到很远的地方。

观察力是建立在感知基础上的一项间接的、综合的思考能力，在宝宝的认知发展中发挥着重要作用。在日常生活中，可多为宝宝提供观察的机会，培养其勤思考、善观察的好习惯。

自己的事情自己做。独立性被誉为心理素质的"第一基础"。自主性是心理独立的基石。宝宝自己的事情自己做，能培养宝宝的自主性和独立性。

先看一个阿达丽老师和她宝宝的故事，让我们一起参考、学习育儿专家是如何培养自己孩子主动性的。这是阿达丽老师分享的自己宝宝玩小烤面包机的一次经历：天天2岁多了，对家里的小电器格外感兴趣。有一天，天天爸爸带回来一个烤面包机，这个黄色的小烤面包机立刻成了天天的最爱。

有一次外出，天天突发奇想要将烤面包机带出去玩。我当时的第一反应就是不可以，怎么能带这种东西出去呢？一来不是玩具，二来麻烦。"天天，面包机回家时再玩好不好？"我和天天商量。"不好、不好……"天天坚持要带烤面包机出去。看天天这么坚持，心想还是尊重他。但我要事先框定下可能出现的困难和挫折，以便确定天天到时能自己的事情自己做，自己解决面临的问题和困难。

"天天想带面包机出去玩，是不是？""是。""面包机这么重，天天拿得动吗？""拿得动！""要是拿不动，妈妈可不帮你，因为不是妈妈的玩具，知道吗？""知道了。"就这样，我抱着儿子和烤面包机从5楼下来，一下楼我就把儿子放下来说："天天该自己走了。"儿子很高兴也很兴奋，抱着烤面包机开心地往外走。

没走几步，问题就出现了。烤面包机上有一根较粗的电源线，天天没法像大人一样两个物件一起拿，只能二选一。抱烤面包机时电源线会在身后拖着很不舒服；拿电线吧，又不忍心把心爱的烤面包机放在地上拖着走。就这样他很快就烦了，把烤面包机放在地上说："妈妈帮我拿，妈妈帮我拿……"看着他那模样我心里都快笑死了，但仍忍住很镇定地说："天天，妈妈不是说过吗，这是天天的面包机，天天要自己拿。"儿子听我说完又开始用耍赖的哭腔大声说："妈妈帮我拿，妈妈帮我拿……"我又用坚定的语气把话重复了一遍，然后假装若无其事地径直往前走了。儿子发现哭没用，就开始自己想办法。他先把烤面包机抱起来走几步后放下，又回头去将电源线拿到烤面包机旁，然后又抱起烤面包机走几步再回来拿电源线……就这样，去小花园不到100米的距离，我们走了25分钟。

一到小花园，小朋友马上就围过来了，叽叽喳喳地都感觉很稀奇，胆大一些的孩子已经伸手摸了。儿子开始大哭起来，嘴里一边叫"不能动，这是天天的，不能动……妈妈……"但他很快发现这招也没用，因为我在远处跟阿姨聊天，根本没看他。于是，他开始抱着烤面包机到处转移，只要发现有小朋友注意到他的烤面包机，他就马上抱着换地方。就这样，可怜的小家伙整个下午根本没有享受到他所想象的在小花园玩烤面包机的乐趣，而是时时刻刻处在"不能被别人拿走"的焦虑和不安中。最让他郁闷的是，小花园里的叔叔阿姨看到他抱着烤面包机时，不仅没像往日那样夸他聪明，反而说："天天，你就是和别人不一样啊，你今天拿了烤面包机出来，明天是不是要把你家的冰箱也搬出来啊，哈哈哈……"天天看着周围的叔叔阿姨都在笑，估计也感觉到了那不是夸他，而是在笑话他。没过多久，出来玩时从不主动提出回家的天天对我说："妈妈，天天要回家，天天要回家。"

第二天，又要出去玩了，我还没开口，天天就跑过来对我说："妈妈，天天不拿面包机，面包机要休息。"看着儿子可爱的小脸，我知道儿子自己体验到了很多我教不了他的东西。

看完阿达丽老师分享的"烤面包机事件"后，我在忍俊不禁的同时也陷入了思考。同样的事件，发生在别的家长身上时，相信帮孩子拿烤面包机的有之，帮孩子护烤面包机的有之，带孩子转移玩处的有之。但阿达丽没有这么做，她极具深意、有意的"无为"，让天天自己的事情自己做，遇到的困难和挫折自己解决，遭遇的情绪困扰自己体验、调节，这都无形中极大地锻炼了孩子各方面的能力，其中蕴含的发展价值也是前一些情形所无法比拟的。

我女儿浇花时，也曾遇到过类似的情形。"渴了吧，喝点水吧。"女儿一边浇花一边高兴地和花儿说着话。可没浇几下，问题来了。花盆倚墙摆了两排，里排的花女儿浇不到，于是要我帮忙。幸好事先我也做了铺垫，当女儿要求由她来浇花时，我顺手就把花送给她了。"你喜欢花是吗？""是。""那把花送给你养好不好？""好！"女儿很高兴地一口答应下来了。当女儿要求我帮忙时，我说道："这是你的花，请你自己想办法。"并找个事由离开了。接下来的情形也是令人忍俊不禁的：女儿小心翼翼地从第一排花盆间的小缝往里挤，挤不进去就站在外层用小瓢往里面的花盆泼水；见水全泼到了花盆外面，又改为用双手捧着水往里送，见水漏光了又重新用瓢泼……最后发现用瓢泼还能勉强浇到点，于是很努力地用瓢泼。尽管浪费了些水，但这对女儿却是很好的锻炼。

在平日的生活中，我也是该"偷懒"时就"偷懒"，女儿自己的事情尽量让女儿自己多动手。我很确信，这对女儿主动性、独立性的发展是有相当大的帮助的。

容易走偏的乖孩子。虽然每个宝宝的天赋秉性都不一样，但宝宝气质的某些方面仍可以有效地归为一类，形成更广泛的气质类型。有儿童心理学家根据宝宝的不同气质类型，将宝宝分成容易型、困难型、迟缓型，以及没有明显类别特征的独特类型。

　　容易型宝宝大多性情随和、乐观快乐，生活比较规律，容易接受新鲜事物。部分育儿专家将这部分宝宝称为天使型宝宝。容易型宝宝备受大人的喜爱，是大人眼中的乖宝宝。然而，正是这些曾经引以为豪的乖孩子，他们中间的部分人，长大后却成了碌碌无为的平庸人。

　　究其原因，正是因为容易型宝宝性情随和，比较容易听从大人的话，适应能力又强，很让父母省心，结果反而容易被父母忽视。对他们的需求，父母表现得不那么敏感，给予的关注也不如其他类型的宝宝多。宝宝的需求得不到敏感回应和满足，对宝宝的自我认知以及自尊自信的形成有负面影响。也正因为他们容易听从大人的话，大人有意无意间会对他们进行操控。大人很容易就随意地打断容易型宝宝的玩耍，指使容易型宝宝按照自己的意图干这干那。这些都会对宝宝自我意志的形成以及独立性的发展产生很不利的影响。

　　反观困难型的宝宝，他们对环境比较敏感、爱哭闹、喜发脾气，但意志也较坚定，不容易被改变。当家长不能满足他们的需求时，他们会用哭闹和发脾气来抗议，而不会像容易型宝宝那样就此作罢。俗话说：会哭的孩子有奶吃。因为他们的哭闹，父母不得不更多地关注他们，更多地满足他们的需求，包括正常的需求。困难型宝宝也会更强烈地捍卫自己的意志，不惜反抗父母，这对意志力的增长也是有帮助的。（当然，面对宝宝的哭闹不能一味地妥协，否则就是在强化宝宝的哭闹，因为他发现哭闹是很有效的达成目的的方式。家长应有更多的耐心，引导宝宝将需求表达出来，而不是一味地哭闹。）

　　迟缓型宝宝虽不如容易型宝宝活跃，对新事物的适应也相对较缓慢，但性情也多比较温和，也是容易被忽视的乖孩子类型。若家里养育了一个快乐可爱的容易型宝宝或温和的迟缓型宝宝，应该是件很轻松快乐的事情。但千万不要因此怠慢了他们，让他们成了发展道路走偏失的乖孩子。妈妈、爸爸应保持一颗敏感的心，敏感回应宝宝的需求，鼓励宝宝积极地表达自己的需求和情绪，尽量顺应宝宝的意志，给宝宝很好的成长支持。

2. 动作练习

跳。2岁半至3岁间，宝宝将学会、掌握连续跳、单足跳、障碍跳、侧向跳。宝宝在本阶段能学会连续跳2至3步；到3岁左右，宝宝已能跳过十几厘米的障碍物。

练习单足跳时，妈妈可单脚站立，一只手牵着单脚站立的宝宝的手，母子俩步调一致地往前跳。还可以配合着"一、二、三，停！""一、二、三、换！"等口令来玩。当喊"换"时，母子俩同时换一只脚继续跳。

继续以游戏形式进行跳的练习。选择低矮一点的小台阶，和宝宝一起玩青蛙上下跳的动作游戏。"小青蛙，上下跳；跳上去，跳下来；跳到水里洗洗澡，跳上荷叶乘乘凉。"大青蛙妈妈和小青蛙宝宝，一起高兴地玩着上下跳的游戏。

在地上用石头或粉笔画出一个一个的小圆圈来，让宝宝从一个圆圈跳到另一个圆圈。"小青蛙，跳一跳，跳上荷叶呱呱叫，呱呱呱，呱呱呱"，当宝宝跳入一个圆圈后，像小青蛙蹲在荷叶上呱呱呱地叫几声，再跳往另一个圆圈。

妈妈也释放一下自己，也像个孩子似的陪着宝宝跳吧，像孩子般热情如火、像孩子般兴奋如潮，你已好久没这样了。让自己的热情带动孩子，母子俩一起开心兴奋地跳，这不仅让孩子得到了很好的锻炼，也让自己好好地健了一次身。

跳高击物。悬挂一个小物件，高度在宝宝跳起三次能有一次够得着的位置，通过示范引起宝宝玩的兴趣。或是妈妈拿一小玩具在手里，让宝宝跳起来击打。

跳高击物

通过一段时间的练习，宝宝能连续跳起击中吊件后，可再稍稍提高物件高度，让其对宝宝有点挑战性。允许或鼓励宝宝冲刺一小段距离后跳起来，以求跳得更高。

脚掌掷物。将珠链放在宝宝脚背上，宝宝抬脚往外踢，将脚背上的珠链踢掷出去。脚掌掷物时，需要宝宝单脚支撑身体，并在踢脚过程中保持整个身体的动态平衡，这对锻炼宝宝腿部的灵活性以及身体的平衡力很有帮助。

当宝宝熟练一点后，可将珠链换成积木等物，增加动作的难度。

弯腰钻洞。宝宝喜欢玩钻洞洞的游戏，可现实生活中哪有合适的洞洞供其玩呀，聪明的宝宝发现了餐桌，于是创造性地玩起了钻餐桌的游戏，有时换来的却是家长的呵斥，真是郁闷啊！

脚掌掷物

妈妈不仅不应呵斥宝宝的行为，更应创造出条件让宝宝玩钻洞洞的游戏。妈妈俯身用手探地或将手搭在茶几上，用自己的身体形成一个拱形洞洞，让宝宝从中钻过。慢慢给宝宝增加难度，将"小洞"的高度降低，到宝宝3岁左右时，洞高可降至宝宝身高的一半。玩的过程中，可将"懒惰虫"爸爸抓来，和妈妈、宝宝一起玩追逐钻洞的游戏。

弯腰钻洞

若妈妈体力不支，可将两个椅子摆放在一起，中间隔上小点距离，将木棍搁在两个椅子上，让宝宝从木棍下弯腰钻过。

螃蟹横行。横行霸道是什么感觉？试试螃蟹横行吧。螃蟹横行需要宝宝在原有的动作技能上，重新组合出新的动作来。刚开始练习螃蟹横行时，宝宝会觉得很别扭，原来想要"横行霸道"也不容易啊。

妈妈多做示范，让宝宝跟着练。练习多了，就会熟能生巧。练习时最好在木地板或铺有塑胶垫的地上爬，以防宝宝双手交叉时不慎跌落搓伤脸部。

拍脚掌。妈妈、宝宝面对面而坐，上身向后倾，双手放身后支撑倾斜着的上身，将双脚举起，母子一起玩拍脚掌的游戏。

拍脚掌

"我拍一（妈妈将自己的双脚互拍或互碰，宝宝也是），你拍一"（妈妈双脚掌对拍宝宝的双脚掌）；"我拍二，你拍二"（重复前面的动作）；"我拍三，你拍三，大家一起拍脚掌"

定型撕纸。定型撕纸，可以锻炼宝宝捏、对齐、压平、展开等精细动作技巧。准备一些质地较好的纸张，如信纸、包装纸等，请宝宝动手将其折成正方形或三角形等。

折好后，妈妈再用针沿着折痕戳出一连串成线的小洞，让宝宝沿着折痕上的连串小洞将纸撕出正方形或三角形来。若宝宝能力暂时还未达到撕图形的程度，妈妈可将纸沿折痕戳出一条一条的直线，请宝宝撕条。

萝卜蹲。"白萝卜蹲、白萝卜蹲，白萝卜蹲完红萝卜蹲"；"红萝卜蹲、红萝卜蹲，红萝卜蹲完黄萝卜蹲"；"黄萝卜蹲、黄萝卜蹲，黄萝卜蹲完白萝卜蹲"……妈妈、爸爸、宝宝可根据自己衣服的颜色分别扮白萝卜、红萝卜、黄萝卜或其他颜色的萝卜，一起玩萝卜蹲的游戏。

当唱"白萝卜蹲、白萝卜蹲，白萝卜蹲完红萝卜蹲"时，扮白萝卜的爸爸双手叉腰配合儿歌节奏屈膝下蹲，连续下蹲3次；当唱"红萝卜蹲……"时，扮红萝卜的宝宝双手叉腰随着节奏屈膝下蹲；以此类推，妈妈配合黄萝卜的歌词与节奏向下蹲。

下蹲时只需半蹲或浅蹲即可。当宝宝对游戏较熟练后，可加快儿歌的节奏，使游戏更紧凑、更有动感。在快节奏的动作游戏中，妈妈、爸爸兴奋紧张的神情，可让宝宝觉得游戏更刺激、更有趣。

拔萝卜。"拔萝卜拔萝卜拔拔拔"（双手做抓住萝卜状，做用力拔萝卜的动作），"洗萝卜洗萝卜洗洗洗"（双手握住萝卜，对向转动手腕做搓洗萝卜的动作），"切萝卜切萝卜切切切"（一手握萝卜，一手掌成刀状做切萝卜的动作），"炒萝卜炒萝卜炒炒炒"（右手做炒菜的动作），"吃萝卜吃萝卜吃吃吃"（做吃萝卜的动作）。

做这个动作练习时，可用讲故事的方式做些引入，从而让动作练习更有趣。如讲一个小白兔找萝卜的小故事："一只小白兔，肚子饿了，就出去找东西吃，走啊走啊走，发现了泥地里有一个大萝卜，小白兔高兴极了，开始拔萝卜"，紧接着开始做拔萝卜的动作练习。

拍手操。妈妈边唱《拍手歌》边和宝宝一起做拍手操："你拍一、我拍一，一个宝宝坐飞机（妈妈宝宝双手各自自拍一下，再伸手与对方互拍，接着平举双臂做飞机飞翔的动作）；你拍二、我拍二，两个宝宝梳小辫（双手做梳头的动作）；你拍三、我拍三，三个宝宝堆小山（做堆小山的动作）；你拍四、我拍四、四个宝宝写大字（右手食指写大字）；你拍五、我拍五，五个宝宝在跳舞（双手掌左右摆动）；你拍六、我拍六，六个宝宝光溜溜（双手从上滑到下）；你拍七、我拍七，七个宝宝赶小鸡（俯身垂手做赶小鸡状）；你拍八、我拍八，八个宝宝笑哈哈（双手掌相对像只喇叭似的放在嘴边做笑哈哈状）；你拍九、我拍九，九个宝宝吃米酒（用勺吃东西状）；你拍十、我拍十，十个宝宝看马戏（做滑稽样）。"从"你拍二"至"你拍十"的拍手动作都与"你拍一"时的拍手动作相同。

动物模仿操之动物走路。"小兔子走路，跳呀跳呀跳（双手食指中指伸出V字放头顶扮小兔跳）；小鸭子走路，摇啊摇啊摇（双臂伸直放身体两侧，稍张开与身体呈30度角，双手掌上翘与地面平行，然后整个上身左右摇摆，像小鸭子走路）；小乌龟走路，爬呀爬呀爬（双手交替向前做爬行的动作）；小花猫走路，静～悄～悄（猫着腰静悄悄走路的样子）。"妈妈、宝宝一边踩着儿歌的节律往前走，一边配有手部动作。

当发现宝宝跟不上时，应放慢节奏。宝宝可能只会模仿其中的部分动作，妈妈不必在意，宝宝能模仿多少就模仿多少，妈妈自己坚持做就行了。做动物模仿操，人多会更有氛围。当要做操时，不妨将"懒惰虫"爸爸抓过来一起做吧。

上一阶段的动作练习，如变速跑、沙发跳、头顶送物、小脚拾物等等，若宝宝喜欢，仍可继续练习。

3. 亲子游戏

玩球。宝宝单手扔球时，不仅能扔得更远了，还会将手臂举过头顶后，有意识地朝既定目标扔掷，并会思考如何改进动作以将球扔得更远。

让宝宝接自己扔来的反弹球。妈妈也可将球朝宝宝前方扔掷，让宝宝去追着抓球，这种捕获的感觉会带给宝宝极强的愉悦感。扔球时妈妈应注意力度，既要让宝宝追逐一段距离，也要让其抓得着。

尝试着让宝宝单手拍球、抛接球。练习单手拍球时，妈妈应有意识地引导宝宝也用左手拍拍，这对锻炼宝宝的右侧脑是有帮助的。刚练抛接球时，妈妈抛球的弧度要小点，正好抛到宝宝手臂处。宝宝动作熟练点后，可扩大与宝宝的距离，增加接住球的难度。

3岁左右，玩踢球入门时，宝宝偶尔能将球踢入门了。

跳格子。3岁左右时，可带着宝宝玩玩跳格子的游戏。在户外，妈妈用粉笔或小石子在水泥地上，或是用小树枝在干泥地上画上一个较大的长方形，再将其分成同等大小的6个方格，并将6个方格分别标上1至6这几个数字。跳格子时，请宝宝从1依次跳到6。

画格子时，宜根据宝宝的跳跃能力来决定格子的大小。在格子中标上数字时，数字呈直线、对角线等方式相连。不同的连接方式会形成不同的跳跃路线，让宝宝有新奇感，也可以强化其对数字排序的认知。

跳格子

大西瓜、小西瓜。妈妈喊"大西瓜"，同时掌心相对比画成一个大西瓜来；妈妈喊"小西瓜"，双手随即缩小成小西瓜状。宝宝听口令与妈妈同步比画大小西瓜。喊口令时，可"大西瓜""小西瓜"交替着喊。也可以偶尔连续喊"大西瓜""大西瓜"或"小西瓜""小西瓜"，看看宝宝能不能反应过来。当宝宝动作较熟练后，可加快口令的速度。

在玩的过程中，妈妈可偶尔故意犯下小错，为游戏添点"佐料"。也可以让宝宝来发号施令，让其享受掌控的感觉。

捏泥塑。宝宝已能捏出2～3种不同形状了。如将泥塑搓成长条滚筒状，美其名曰"毛毛虫"；或用手大力一拍，将其拍成荷叶状等等。继续鼓励宝宝创造不同的造型。也可让宝宝用塑料刀将毛毛虫切成数段；或是将泥塑做成蛋糕后，用塑料刀分蛋糕。

绕线团。让宝宝一手拿长条积木，另一只手拿毛线将其缠绕在积木上；或是将小凳子翻过来使其四脚朝天，让宝宝将毛线缠绕在两条凳腿上。也可让宝宝拿着线团直接将扯开的毛线绕回线团上。缠线前，妈妈可帮宝宝先将线头绑好在积木或凳腿上。

绕线团时，随时可能发生些宝宝意想不到的情况，这些情况会挑战宝宝日益聪明的大脑和愈发灵巧的双手。譬如，手中的线团不小心掉地上并滚得老远，将线扯得长长的，这时拿线团继续吧，线太长根本不好绕；捏着毛线中间位置绕吧，线团越滚越远。面对这样的精彩好戏，妈妈不要急着伸援手，还是先看看我们的宝宝会有什么样的解决办法吧。

捞黄豆。在小碗中放入十几颗黄豆，再加入水，请宝宝用勺子将黄豆从水中捞起来放入另一个空碗中。黄豆会随着水的流动而动，不太容易被捞到，这会更激起宝宝的兴趣。

还可以设计些游戏内容：在爸爸、妈妈面前一人摆一个空碗，请宝宝将捞上来的黄豆分配给爸爸、妈妈。拥有权力的宝宝很得意，还会数一数爸爸、妈妈碗中的黄豆，哪个不乖就要少给点。

油珠、水珠赛赛跑。铺一块防油防水的塑胶布在茶几上，滴一滴油和一滴水在上面，请宝宝用吸管轮流吹油珠和水珠，看看哪个跑得快。

一般来讲，油珠更容易被吹动，会比水珠跑得快。"为什么油珠跑得快呀？"妈妈不妨考考宝宝，看看宝宝怎么回答。当宝宝反问你时，你会怎么回答呢？有的妈妈是这样回答的："油珠身体滑滑的，一溜就跑了，所以它跑得快。"

玩这个游戏时，吸管与水珠、油珠间要隔开一点距离，防止宝宝不小心倒吸将水珠或油珠吸入嘴里。

水珠开花。若你嫌油珠容易弄脏衣物，则可以让宝宝一起玩"水珠开花"的游戏。滴几滴水在茶几上，用小吸管对准水珠吹，将水珠吹散成不同的形状。也可以将水珠滴在硬纸板上，再往里加点墨水之类的东西染上色，然后用小吸管吹。说不定一朵美丽的紫色花就展现在面前了。

宝宝总是充满奇思妙想，说不定玩着玩着就将吸管扔掉，用小手指蘸上水墨涂鸦起来。当宝宝出现这样的行为时，妈妈应允许。包括"水珠开花"在内的游戏本来就是用来拓展宝宝的想象力的。

木头人。妈妈、爸爸、宝宝三人一边念着《木头人歌》，一边摆手跨步向前走："我们都是木头人，不许笑来不许动，不～许～动！"当"动"字音落，所

有人都将正在进行的动作僵住并保持不动，不允许
有半点动弹，不许说话也不许笑，就像个木头人似
的。每个人僵住动作后的姿势都很滑稽，如摆在半
空僵住的手、刚抬起却被僵住的脚、还没来得及转
过身的扭着的身躯等等，妈妈、爸爸都不一定能忍
得住笑的。动了或笑了的人，就要接受被弹额头的
惩罚。若僵住几秒都没有人动或笑，则又重新开始
下一轮。

木头人游戏

　　玩的过程中，可充分发挥个人的想象力，将摆手跨步改成各种搞笑的走姿，
如跳着走、曲着O型腿摇摇摆摆地走、乌龟爬、军人似的直腿踏步等等，会让游
戏更滑稽搞笑，也鼓励宝宝创造些有意思的动作来。

　　木头人游戏总能让一家人笑翻天。在欢声笑语的木头人游戏中，宝宝遵守规
则的意识与能力、控制情绪与动作的自制力都能得到滋长。

　　一吹就倒稻草人。一吹就倒稻草人是最最简单的游戏。但即便是最最简单的
游戏，只要是有妈妈、爸爸参与，宝宝照样可以玩得很开心。

　　宝宝爸爸装扮稻草人，妈妈用嘴一吹，稻草人就应声倒地了。可以倒在沙发
上、倒在床上、倒在地板上，倒在任何可以倒下的地方。每个人倒下后的姿势每
次都应翻新，与前次的不一样，以鼓励宝宝创新。

　　妈妈、爸爸在地板上率性地倒下去，实际上是在用行动告诉宝宝，嬉戏玩耍
时是没有任何限制的。每个人的身体、行动、内在都是自由的！没有比这更让人
放飞心灵的方式了。

　　这个游戏人越多越好玩。妈妈不妨多邀请些人来参加，如其他家庭成员、宝
宝的小伙伴等。我带女儿去亲子园上宝宝运动课时，女儿和一大群小朋友在老师
的带领下，玩"一吹就倒"游戏时的欢乐场面，至今让我记忆犹新。

　　老鹰抓小鸡。宝宝喜欢带有简单情节的情境游戏，如经典情境游戏老鹰抓小
鸡。爸爸张开双臂俯冲向宝宝这只小鸡，妈妈则充当鸡妈妈在前面保护鸡宝宝，
不让老鹰吃到。鸡宝宝躲在鸡妈妈后面，紧紧抓住鸡妈妈的衣摆，紧随着妈妈移
动以躲避老鹰的抓捕。

　　爸爸不在时，妈妈也可以扮老鹰，追逐拼命逃跑的鸡宝宝。妈妈有时故意抓

不到，还自言自语地说："怎么抓不到鸡宝宝了，是不是鸡宝宝躲到门后面去了？"看看宝宝会不会根据你的提示也找个地方躲起来。或是巧妙地提示宝宝玩具小熊也可以保护小鸡，看看宝宝会不会抱着小熊来抵挡老鹰的抓捕。

手影狗

手影。在宝宝看来，手影是很神奇的游戏。妈妈神奇的双手创造出映射在墙上的小狗，发出"汪汪汪"的叫声，宝宝一定会觉得很有趣。若爸爸也参与进来，用手映射出另一只小狗来，两只小狗一会儿对咬、一会儿互舔，会让手影更加生动起来。这时若再编个《两只小狗》的亲子故事融入其中，则是再好不过的亲子游戏了。

手影狼

你也可握着宝宝的手，协助宝宝压好指头，摆正方位，从最简单的小兔、小狗开始，让宝宝亲自感受手影的神奇与乐趣。

象征（假装）游戏之医生打针。要求小伙伴卷起衣袖，宝宝用小棍之类的东西在小伙伴手臂上戳一下，并用医生的口吻要求小伙伴不要哭……这是宝宝在和他的同伴玩医生打针的游戏。此时的宝宝已经拥有了双重表征能力，知道自己现在的身份是医生，同伴是患者；同时也知道自己是小朋友，在和小伙伴玩医生打针的游戏。

宝宝会创造出很多不错的象征（假装）游戏来，如给妈妈过生日，宝宝会做蛋糕，对你说"生日快乐"，请你吹蜡烛等等，搞得像模像样的。在象征（假想）游戏中，宝宝的想象力和创造力能得到充分的体现和发展。

温馨提示

上一阶段的亲子游戏，如滚球、投篮、打保龄球、剪纸、浇花、骑三轮车等，若宝宝仍喜欢做，都可以继续进行。

4.认知发展游戏

认数字。 以往宝宝接受的数字多是语音上的，现在可以让宝宝认读纸面上的数字了。准备几张数字卡，让宝宝认读1至10。

数字卡宜为白底黑字，字体正楷。有的数字卡用不同的颜色做背景色，字体也用镂空字、立体字或花样字体，这种卡片最好不要选用。就宝宝教具而言，越简单、越标准越好。有的家长用手写的数字给宝宝认读，这也不如数字卡好。宝宝对细节的察觉远超成人，而手写的字体有可能每次都不一样，根本不标准。

还有不少数字卡片或低幼读物，将数字形象化，如"1"像铅笔、"2"像鸭子；有的甚至将数字字体进行变体，使其具备某种形象化特征，美其名曰帮助宝宝认读数字。但这种数字形象化的做法是不可取的，建议妈妈不要将数字形象化。

数概念的产生，是宝宝认知发展从形象思维到抽象思维的一次飞跃。数字，则是抽象思维中"数"与"量"的符号化。当我们反过来用具体形象的东西来教宝宝认识象征抽象思维的数字时，这种颠倒的做法对宝宝发展抽象思维是不利的。将数字形象化，无异于将原本很本真的东西画蛇添足似的蒙上一层东西，使自己的思维无法直达本质。我们应该做到，数字就是数字，而不是其他。就像色彩就是色彩，而不是其他一样。当我们能做到这点，你日后会发现自己的宝宝思维清晰而富条理。

生活中常可见到数字，如门牌、楼层编号牌、汽车车牌上都有数字，而且都是很正规规范的数字，妈妈可引导宝宝认读。不少生活在城市中的小宝宝，对认读汽车车牌上的数字情有独钟，一见到汽车就会指认车牌上面的数字。当妈妈夸奖他认对了时，兴趣更加高涨。

继续教宝宝口头数数。在本阶段，宝宝一般能从6数到20了，也能倒背5至1。手部精细动作发展较好、认读数字已很熟练的宝宝，在其有兴趣的前提下，可以尝试着教其写数字"1、2、3、4"。

数字接龙。 宝宝会认读数字1至10后，可试着和宝宝玩玩数字接龙的游戏。妈妈和宝宝同坐一侧，面朝同一个方向，妈妈将数字卡片从1至10按顺序排列出来，让宝宝看到并顺次指读一遍，使其对数字顺序有所认知。之后将数字卡片顺序打乱，看看宝宝能不能重新按从小到大的顺序将数字卡片排队。

宝宝不会玩时，妈妈可通过口头数数的方式给宝宝提示。譬如，宝宝排到"2"后就不会排了，这时妈妈可和宝宝一起口头数数"1、2、3"，并询问宝宝：是不是到"3"了，"3"在哪里呢？我们找找看。

不宜过多地追求准确率，尽管是数字游戏，仍应让宝宝觉得有趣或好玩。太难会让宝宝觉得很无趣，可能导致其放弃玩耍。当发现宝宝不太会玩数字接龙时，妈妈可减少数字卡片的张数，从3至5张开始玩起，或是直接玩更简单的口头数字接龙。

比较多少。从认知数字前后关系到能比较实物多少，再发展至会比较数字大小，宝宝的逻辑思维能力逐步得到提升。

在认知数字、比较数字大小、比较多与少方面，蒙台梭利的比数法是很好的教学法。准备一些大小相同的长条型积木，请宝宝取出2个积木，妈妈帮着将其排成整齐的一列；再请宝宝取出3个积木，将其也排成整齐的一列。两列积木一头对齐摆成平行线，第二列积木会比第一列很直观地多出一个积木来。这样，宝宝能很直观地认识到3个积木比2个积木要多出1个来。第二列新增一个积木时，两列积木就变成一样多了。通过比数法，宝宝能自己直观感知到数量，这远比通过父母灌输得到的要深刻。

妈妈可以询问宝宝哪一列积木多，让宝宝明确感知多少。之后可以慢慢地发展到询问宝宝"3个积木多还是2个积木多？"再慢慢发展到询问"3个多还是2个多？"逐步提升问题的抽象度。

拼装玩具。和拼图一样，拼装玩具也是很好的益智玩具。市面上出售的一些简单版的拼装玩具，如可拆分、拼装的玩具萝卜等，都是不错的选择。从拆分到拼装，这类玩具可以帮助宝宝初步建立整体—局部—整体的概念，同时也促进了手部小肌肉的运动和发展。

积木也是很好的拼装玩具，它造型很规则，易于拼装。通过组合，积木可以拼装出无数的模型来，如搭火车、搭塔、搭门楼等等，这可以充分地锻炼宝宝的想象力、创造力。它对宝宝的专注力也是很好的锻炼。给宝宝一堆积木，有的宝宝就能自顾自地玩上很长一段时间，完全沉迷在其中。像玩积木这样的拼装游戏，是应让宝宝重复多玩的好游戏。

市面上也有很多拼装类的玩具，有的宝宝玩乐高生产的拼装玩具，几乎到了痴迷的程度，拼装游戏的吸引力由此可见一斑。

花样串珠。请宝宝红绿相间或大小相间地来串珠子，在进行精细动作练习的同时，将认知也融入其中。若宝宝能轻易地红绿相间地完成串珠，则可让其以三颗红珠子与一颗绿珠子相间进行串珠。三颗红珠子与一颗绿珠子相间，其中又融入了数概念，难度一下子就提高了很多，这时再看看宝宝还能不能顺利地完成。

涂鸦。让宝宝继续他的随意创作，天马行空地进行自由涂鸦。若宝宝愿意跟随你画规则的线条与图形，可在继续画圆形等几何图形的基础上，让宝宝尝试着画画十字形、眼睛等简单的人体部位。眼睛可画得很抽象，由两个大小不一的椭圆形重叠而成，再在内椭圆上用蜡笔涂上黑色即可。也可以请宝宝尝试着画线条组成的简单人像，画一幅妈妈、爸爸或自己的自画像。

剪刀石头布。本阶段的宝宝开始懂得输赢，可以和宝宝玩玩剪刀石头布的游戏了。爸爸、妈妈先示范给宝宝看：爸爸出布妈妈出石头，双方都停顿一下，让宝宝看清楚，然后爸爸用布包裹一下妈妈的石头，说"布包住石头了，我赢了"，输了的妈妈要跳一下以示惩罚。可以连续三次都是爸爸出布妈妈出石头，多次重复可让宝宝加深印象。之后，妈妈将石头变成剪刀，并说"剪刀剪掉布，我赢了"；随后爸爸用石头砸烂妈妈的剪刀。就这样爸爸、妈妈边玩边给宝宝演示剪刀石头布的规则。演示时，爸爸、妈妈的手要凑近点，方便宝宝观看。

邀请宝宝玩时，先由爸爸、妈妈其中一人和宝宝对玩。宝宝对规则很熟悉并玩得较顺后，再三人玩也不迟。玩时妈妈或爸爸的动作要慢，以配合宝宝较慢的动作。刚开始时多重复某一出拳方式，让宝宝慢慢地一项一项地掌握其中的规则。

猜谜语。"舌头长长，叫声汪汪；爱摇尾巴，爱啃骨头。""请问宝宝，这是什么动物呀？""嘴巴扁又扁，走路摇啊摇；总爱嘎嘎叫，总在水里游。"当宝宝还答不上来时，妈妈可一边说谜语，一边比画动作，以帮助宝宝猜想。

又如："什么圆圆红彤彤？太阳圆圆红彤彤。什么圆圆响咚咚？小鼓圆圆响咚咚。什么圆圆蹦蹦跳？皮球圆圆蹦蹦跳。什么圆圆空中飘？气球圆圆空中飘。"

"谁在水里穿裙子？金鱼水里穿裙子。谁在天上推剪子？燕子天上推剪子。

谁在草丛扯锯子？螳螂草丛扯锯子。谁在屋角织网子？蜘蛛屋角织网子。"

记忆力练习之"少什么啦"。拿四五个物件放到茶几上，如一个苹果、一个梨、一根香蕉、一个荔枝和一个玩具小熊。妈妈问宝宝："哪个不能吃呀？""小熊。""对了，小熊不能吃，小熊不是水果，只有水果才能吃。"还可接着问："哪个东西最小呀？""荔枝。"通过这样的前奏游戏，让宝宝将物件进行归类或比较大小的同时，加强对眼前物件的识记，为后面的记忆力练习做铺垫。

玩了一小段前奏游戏后，请宝宝转过身去，妈妈将梨拿走，再请宝宝转身看看茶几上少了什么。若宝宝觉得太容易，妈妈可增加物件的种类，反之则减少。用几何图形代替具体的物件，难度也会增加。也可以用布将所有的物件遮盖起来，让宝宝说出茶几上都有些什么东西。

记忆力练习之"家住哪里"。"妈妈叫什么名字？""妈妈在什么单位上班？""宝宝家住哪里？""妈妈的手机号码是多少？"让宝宝记住自己的家庭住址、家人最常用的电话号码等，这不仅锻炼了宝宝的记忆力，更为宝宝的安全留了一道门。曾有走失的宝宝被好心的陌生人送回家的真实事件，就因宝宝记得并会表达自己家人的名字和家庭地址。

宝宝需要多次重复才能记得住，妈妈宜多教宝宝。每次只教一个内容，宝宝记住后再教另一个内容。如先记妈妈的电话号码，后记家庭住址。隔一段时间后再询问下宝宝，看他还记不记得。

每次外出回家时，到离家不太远的地方，告诉宝宝"妈妈迷路了，请宝宝带妈妈回家"，看看宝宝能不能找到自己的家。当宝宝能顺利地找到家后，下次妈妈在离家更远的地方问宝宝。妈妈还可用手机沿途拍摄些照片，如十字路口、高层建筑等等，当宝宝找不到路时，可将照片调出来给宝宝看，帮助宝宝识路。

孩子的幽默。当有一天，宝宝指着自己鼻子说是耳朵，故意把小狗叫作母牛，或是当你的面叫你姑姑，称爸爸为老头，说明孩子已会幽默了。

幽默的核心是认知，是需要符号参与的一种智力游戏。并非是你的孩子错把鼻子当成了耳朵，他不但知道鼻子是鼻子、耳朵是耳朵，更知道把鼻子当成耳朵是件可笑的事。本阶段的宝宝不再需要实体道具来取笑，词汇就够了。这说明宝宝的抽象能力又迈上了新的台阶。

在协调、促进社会交往，发展人际关系中，幽默发挥着重要作用，是最好的社交润滑剂。不难发现，富有幽默感的人在人群中总是那样受欢迎，他们常常被认为是魅力与智慧兼具的人。也许孩子稚嫩的幽默不一定能让作为大人的你觉得有多好笑，但仍请由衷地欣赏它。

所有美好的东西，当初都只是一颗种子，但在阳光雨露的滋养下，假以时日，终会成长为参天大树。六七岁时，孩子的认知发展进入具体运算阶段后，他们的幽默已开始接近成人的幽默了。

5. 主题外出

西方母亲常带孩子外出，鼓励孩子观察、探索外部世界。独立性、探索性、开拓性、对外部世界客观科学的认知态度，是西方父母特别重视培养的儿童品质。多带宝宝外出，是一件很有发展价值的事。

随着宝宝生活经验的日渐丰富、认知水平的日益提高，在与宝宝外出玩耍时，除了以往那种自由自在的随意玩耍，还可以进行一些主题外出。如去动物园相对深入地欣赏了解某一动物、去爬爬山、去捡漂亮的小石头、郊外野餐、采集野菜等等。

妈妈宜充分利用周边的环境资源，多带宝宝外出。充分利用周末的时间，争取每周都能带宝宝到离家稍远一点的新鲜地方，去痛快地玩上一次。有些爱旅游的妈妈，则已开始带着宝宝外出旅游、远足了。

小猴子的一天。宝宝往往有一些最熟悉或喜欢的动物，它们或以动物玩具的形式出现在宝宝的视野中，或是在亲子阅读中以故事主角的形式出现在绘本中。当再次带宝宝去逛动物园时，我们就可以挑选其中的一位动物明星作为本次游玩的观赏重点。

譬如，宝宝对小猴子很喜爱，通过亲子阅读或是妈妈的介绍对小猴子也有一定的了解，如知道小猴子喜欢爬山、喜欢荡秋千、喜欢趴在妈妈背上休息、喜欢捉身上的虱子吃等等。在出发前或在路途中，妈妈还可以继续和宝宝聊聊小猴子的日常起居，让宝宝对小猴子更了解；或是制造些疑问，如小猴子宝宝会不会打架呀，它们喜欢玩什么玩具呀，让宝宝带着疑问和好奇去观赏小猴子。

这种主题突出的游玩，能引导宝宝的观察朝更细致化的方向发展，也能协助宝宝的认知朝纵深发展。当然，由于宝宝集中注意的时间仍很短，兴趣点仍很容易转移，妈妈可不要期待宝宝能很长时间地欣赏哦。

爬山。喊上丈夫，带上宝宝，一家人去爬爬山，来一次其乐融融的亲子家庭游。回到大自然的怀抱，呼吸着高氧的新鲜空气，登高望远，满目翠色，无疑是一种放松身心的好方式。

听到潺潺的流水声时，引导宝宝去追寻水源；听到鸟鸣，可引导宝宝观赏鸟儿，或学学鸟叫声；到空旷处，朝远处的群山振臂长呼："喂——""宝宝——""妈妈——""我——爱——你"，听听大山中自己的回音。

爬山时多鼓励宝宝自己走，这对宝宝是不错的锻炼。宝宝出汗时，用毛巾给宝宝擦擦汗，最好不要一下子就给宝宝减衣，防止感冒。时刻让宝宝处在自己的视野中，防止出现意外或走丢。

捡小石头。提个小塑料桶，到附近的公园去捡捡小石头。不同大小、不同形状、不同颜色的石头，看看宝宝会怎么挑选。有些图形认知较好的宝宝，会对形状较规则的石头情有独钟，如看到规则的长方形或圆形的石头就会去捡起来。

妈妈也可以挑选一些石头，和宝宝谈论石头的特征。"这个石头我喜欢，光溜溜的。""那个我也喜欢，像个鸡蛋。"妈妈和宝宝一边交谈一边玩，可帮助宝宝认识石头的不同外部特征。要回家时，请宝宝挑选一些石头带回家。宝宝选择时，宜充分尊重宝宝的选择，以滋长他的自我意志。

逛高档商场。曾请教一位从事设计的朋友，问他有什么切实可行的方法能提高我这个外行对美的鉴赏力。朋友的回答是，逛高档商场或奢侈品商场。他还放下手中的作品，亲自带我去逛友谊商店和琉璃工房。迎面而来的大气之美、简洁之美、魅惑之美、优雅之美、光影之美，让我至今记忆深刻。

不要武断地断定孩子不懂，只是孩子有孩子自己的方式。孙瑞雪用名画来装饰自己的幼儿园，因为她坚信，孩子才是真正的艺术大师。无需纠结于孩子懂还是不懂，就不时地带他去逛逛吧，这些美的东西自然而然会在他身上留下印记的。

6. 语言学习

宝宝说出来的句子越来越长，开始讲较完整的复合句了。经过一段时间的练习和成长，宝宝到3岁时，能大人般地与别人自由地交谈了。

"哦，原来是这样啊"。本阶段的宝宝已能连续或大段地陈述事情了，和宝宝用回声法进行回馈式沟通时，妈妈宜采用些灵活的回馈手段。若一味地像以前一样简单重复宝宝的话，会让整个对话显得过于啰唆，不够简洁。

"哦，原来是这样啊。""那后来呢？"妈妈在适量重复宝宝话语的同时，不妨不时地用此类语言代替重复来回馈宝宝，表示自己在倾听，以鼓励宝宝继续他的讲话。或是更简单地点点头，用眼神表达你听到并理解他的意思。

"你不是和丁丁在玩吗？怎么一下就不见你了？"妈妈问欣欣。"丁丁去找豆豆玩，我也去了。""那后来呢？""后来丁丁和豆豆打架了，后来丁丁哭了。""哦，原来是这样啊，那丁丁哭了怎么办呢？""丁丁要找妈妈，丁丁不和豆豆玩了。"……欣欣一边说一边比画着，告诉妈妈刚才发生了什么。妈妈用心倾听欣欣诉说的同时，以接话的方式尽量让欣欣成为对话的主角。

学说绕口令。先从最简单的开始，教宝宝学说绕口令。如"一只青蛙一张嘴，两只眼睛四条腿；两只青蛙两张嘴，四只眼睛八条腿，扑通一声跳下水"。或是"紫色叶，紫色花，紫色花开结紫瓜；紫瓜结在紫藤上，紫藤用叶遮紫瓜"。

《花和瓜》："花花种花，华华种瓜，花花把花送华华，华华把瓜送花花，花花华华一对好娃娃。"有的时候，妈妈自己绕着绕着就接不上了，宝宝却绕得有板有眼的，这时宝宝别提有多骄傲了。

稍难点的，如《虎鹿猪兔鼠》：山上一只虎，林中一只鹿，路边一只猪，草里一只兔，还有一只鼠。数一数，一、二、三、四、五，虎、鹿、猪、兔、鼠。大人想要记住这些都不容易哦。

《金瓜银瓜》："金瓜瓜，银瓜瓜，村里瓜棚结瓜瓜。瓜瓜落下来，打着小娃娃。娃娃急得叫妈妈，妈妈急得抱娃娃。娃娃怪瓜瓜，瓜瓜笑娃娃。"

又如《打醋买布》："一位爷爷他姓顾，上街打醋又买布。买了布，打了醋，回头看见鹰抓兔。放下布，搁下醋，上前去追鹰和兔。飞了鹰，跑了兔，打翻醋，醋湿布，爷爷气得直拍树。"

绕口令非常难，宝宝能学会一两首就很不错了，不要追求他能多学。若发现宝宝不是很感兴趣，或不太容易学会，则不要勉强。勉为其难地让宝宝学绕口令，只会平添宝宝的挫败感。

7. 亲子阅读

情绪绘本。 曾看过一本德国的童书，书中的情节很简单：一个小女孩早上起来，妈妈给她梳头时把她的头弄疼了，穿衣服时老套不上裤腿，出门玩时遇上下雨，找东西时老找不到，中午的点心也被别人吃掉了，拉着玩具小鸭走路时又把绳子弄断了，玩沙子的时候还被一个顽皮的小男孩扣了一头沙子……事事不顺，小女孩郁闷极了，忍不住大叫起来。大声叫完后，她感觉好多了。

相信很多孩子都会遇到这样的情况，只不过，他们还不太容易用语言将自己的心情顺畅地表达出来，这些情绪也容易被大人忽略。在阅读这类的情绪绘本时，会引起孩子强烈的共鸣，同时会启发他们思考如何面对这样的情绪。

情绪绘本《生气汤》中，面对生气的儿子，妈妈既没压抑也没责怪孩子，而是带着孩子去煮汤，娘俩对着汤大叫、龇牙咧嘴、吐舌头、敲敲打打，将心中的生气卸下来放到汤里去煮，将其煮成生气汤。当"生气"从孩子的心里跑到汤里时，孩子的心情就好多了。

阅读绘本时，故事中的小主人公小熊维尼战胜沮丧、摆脱痛苦的经历，小黑鱼克服恐惧、团结小鱼战胜对手的故事，也会为宝宝提供不错的故事榜样。

优美的幼儿文学。 "太阳打翻了，金红霞流满西天；月亮打翻了，白水银一直淌到我床前；春天打翻了，滚得满山满野的花儿；清香打翻了，散成一队队的风；风儿打翻了，飘入我小小沉沉的梦。"在静谧的睡前时光里，和孩子一起，读读张晓风这首《打翻了》。

读好的书，不仅能给到你美的享受，也能滋长你美的感觉。儿童文学家高洪波笔下的乡村："一片飘动的云，一穗摇曳的麦，一只匆匆穿过田野的小野兔，夜宿草垛的刺猬，水库波影中跳动的鱼……"天籁之韵的文字，寥寥几句，就已把乡村美丽的景致像一幅山水画似的铺展在你面前。

幼儿是简单、透明、充满好奇的生命体，而幼儿文学的文字之美、意境之美能让孩子愉悦、放松，获得美感。在读的过程中，宝宝不一定能感受到言词中的意境，可从你心里流淌出来的美，却能深深地感染宝宝。在静谧悠闲的独处时间里，不妨多挑选一些简单而美好的幼儿文学书，细腻地读给宝宝听。

宝宝讲故事。"给妈妈讲讲《小白兔和大灰狼的故事》好吗？妈妈好喜欢听。"妈妈挑了一个丫丫最喜欢、看得也最多的故事，请丫丫讲给自己听。丫丫很高兴地答应了妈妈，开始绘声绘色地讲起来。很快，一个极其精简的《小白兔与大灰狼的故事》就讲完了。丫丫遗漏了不少情节，妈妈装作不知道地问丫丫："看见大灰狼时，小白兔害怕吗？""很害怕。"丫丫表情丰富地告诉妈妈。"那可怎么办呀？小白兔很害怕。"……

请宝宝讲故事，能极大地提高宝宝的语言表达能力，丰富宝宝的想象力。宝宝讲完一个小故事，得到妈妈的肯定，心里会充满成就感。

8. 性别认同

宝宝降临到这个世界时，我们获得关于宝宝的第一个信息即是他的性别。当我们向自己的亲友报喜时，亲友关于宝宝的第一个问题往往也是："男孩还是女孩？"来自性别标签的反应总是如此直接而迅速。

如果是儿子，我们自己也喜欢用"大胖小子""小老虎"来形容自己的孩子，并根据儿子的哭声、攥紧的拳头、挥舞着的手脚来评价、赞赏他的力量；若是女儿，我们往往用"可爱的小公主""小心肝""小甜心"来亲昵地称呼她，欣赏她的可爱和柔美。

因为我们对男、女宝宝某些领域的不同对待、宝宝性别社会化的进程，在婴儿早期即已启动，并一直延续下来。2岁半至3岁时，几乎所有的宝宝都能正确地说出自己是男孩还是女孩，迈出了性别认同的第一步。

在很多人眼里，男人应坚定、刚强、独立、擅支配、善于分析、有担当和责任心、有很强成就动机甚至是雄心勃勃的；女人则应是敏感、顺从、温和、善良、富于同情心、善解人意的。男性阳刚、女性柔美，这是很多社会文化（尤其是强调集体主义的东方文化）所标榜的男女形象。发展学家将这种赋予男性和女性不同的、固化的性别角色的现象称之为性别刻板印象。

性别刻板印象夸大了两性之间的差异。事实上，除生理结构外，两性差异远没有我们想象中的那么大。虽然男女生而有别，但从总体上看，除显著的生理差异外，两性只在语言、视觉/空间能力、数学能力、攻击性、活动水平、情感表达、敏感度、顺从度以及冒险性等领域存在着微小差异。男性和女性之间的共性远远大于差异性。

女孩获得语言、发展语言技能的年龄较男孩早。在整个童年期和青少年期，女孩在阅读理解测试上比男孩有微小但持续的优势，言语的流畅性也稍胜于男孩。女孩从2岁开始比男孩更善于表达情感；3岁进入幼儿园后会对老师、父母等表现出更高的顺从度。在陌生环境中，女孩在出生后的头一年会显得较为胆怯、恐惧，较男孩更少冒险行为。

男孩的视觉/空间能力在4岁左右开始体现出较女孩微小的优势，这种优势将贯穿其整个一生。从青春期开始，男孩在算术推理测试中表现出微小但持续的优势。从出生开始，男孩的身体活动水平就高于女孩，更喜欢打闹游戏；从2岁开始，男孩的攻击行为也开始多于女孩，表现出更高的攻击性。

发展学家经过长时间的研究发现，两性在语言、视觉/空间能力、数学能力、攻击性、活动水平、情感表达、敏感度、顺从度以及冒险性等领域存在的差异是非常微小的，而且只是针对群体而言才有意义。如果家长没有"男孩在语言上有劣势，女孩在数学上有劣势"之类的刻板印象和认知偏见，不对自己孩子的能力进行预先设定和假想，男孩、女孩在未来的学业表现中几乎不会有差别。

在相对较少性别刻板印象的美国，早在1999年，即有40%的法律学位、30%的医学学位、40%的自然科学和工程学学位授予了女性。随着美国女性进一步步入政界、科学领域、贸易领域，各类专业领域，社会文化中的性别刻板印象也随之进一步递减。

既然两性间的差异如此微小，那是什么造就了成人世界中泾渭分明的两个不同群体？鼓励孩子接受和遵循传统性别角色的社会文化，以及父母给宝宝带有明显性别刻板印象的后天教养，是造就成人世界中泾渭分明两个群体最主要的原因。

我们通过两个极端的例子，看看社会文化与后天教养到底具备多大的力量。

生活在云南丽江一带的纳西族，一直秉承着祖先流传下来的"女主外、男主内"的生活习俗和社会传统。时至今日，纳西族依旧是女人上山砍柴、下地劳作，男人则作诗绘画、学雕刻。纳西族人的手工艺品做工细腻、画面柔美，很难想象它们竟出自男人之手。

我在西双版纳的一次游玩中，在烧烤城碰巧遇到一群当地的少数民族原住民也在吃烧烤。这是与我们传统的男女形象完全颠倒的一幕：几个女人在猜拳豪饮，地上放着很多空的啤酒瓶；几个男的则安静甚至拘束地坐在旁边，也不喝酒，偶尔夹夹菜而已。这个秉承"女尊男卑"社会习俗的少数民族，竟将大多数看似弱势的女人养育成了豪气冲天的女汉子。

这两个例子虽然比较极端，但足以说明社会文化与后天教养对性别特征具有强大的影响。换言之，我们对孩子的后天教养，能影响或协助孩子成长为怎样的男孩或女孩。

坚定、刚强、独立等男性化特征，与敏感、顺从、温和等女性化特征并不是对立的、水火不相容的。无论男人或女人，一个人可以既坚定又敏感，既独立又善解人意，既理性又感性。这种刚柔并济的人，比那些典型男性化或典型女性化的人更能灵活地行事，更受别人欢迎，也更容易有更高的成就。相比典型男性化的男人，他们更少武断、鲁莽地行事，也较少有过于自负、冷酷的性情；也不像典型女性化的女性那样，有诸多顾虑和迟疑，情绪化且过于柔顺。

在一次票选中，穿裙子的苏格兰男人被评选为全球最有魅力的男性。我们可以肯定地说，只要不过火，有着男子气概的男孩不妨外加点女子气；有着典型女性气质的女孩也不妨多一点男子气。男孩太霸道，往往不太受同伴的欢迎，遭受排斥，更容易感受较低的自尊；女孩太柔弱，则易被欺负，也不利于自信自尊的形成。男孩刚中有柔，女孩柔中带刚，在群体中往往是最受欢迎、最具魅力的人，也能感受更高的自尊。

刚中带柔的男孩，或柔中带刚的女孩，都认为自己是自身性别群体的典型成员，深切认同自己的性别身份，且从心底里乐意做一个男孩或女孩。他们在认同和尊崇自身性别身份的同时，对异性保持开放、欣赏的心态，并与之展开良好的交往。这种明确的性别意识和良好的性别认同，对个性的形成以及自我意识的发展至关重要。

据发展学家鲍迪扎针对3~6年级小学生的调查发现，有25%~30%的学龄儿童属于刚柔并济的孩子。另一份来自发展学家百姆的研究也证实，大学生中也有30%的人被测定为刚柔并济的人。在有更多性别刻板印象的东方社会中（如中国、中国台湾、韩国、日本、印度等），这种比例要比西方国家低。但父母若能实施不带性别刻板印象、自由的教养，后代仍有很高概率成长为刚柔并济的孩子。

去性别刻板印象的后天教养很重要。它能打破传统文化中固化的性别形象对孩子成长的诸多限制，摒弃掉"男孩应有男孩样、女孩应有女孩样"的刻板思维，给孩子尽可能宽广的成长舞台，让孩子不受限制、无拘无束地自由成长。

在0~6岁阶段，除了发式、衣着、如厕方式应有男女差异外，父母不应再带有任何性别刻板印象。由于着装、发式是体现宝宝性别的重要标示，也是宝宝区别男女、认识自身性别的重要标示，所以妈妈在打扮宝宝时，应给宝宝穿戴与性别一致的衣物。极少数因为自己偏好男孩或女孩的父母，将宝宝打扮得性别不分或按异性错位打扮，这样很有可能导致宝宝不正常的性取向。

除发式、衣着、如厕方式应有男女差异外，妈妈不应再以不同的性别方式来对待孩子的成长。只要孩子喜欢、愿意，女孩子一样可以打闹、快速骑车、从高处跳下、痛快地玩泥巴；男孩照样可以哭、可以玩过家家的游戏、可以安静地阅读书籍、可以照顾比自己小的弟弟妹妹。反之亦然。

父母一些去性别刻板印象的行为，也能为宝宝树立良好的榜样。如在父亲占主导地位的家庭里，父亲不时帮妻子整理衣物，或下厨房"亮"一手，能为孩子树立一个刚柔并济的男人形象。母亲平日里平和、理性地处理宝宝与同伴间的冲突，冷静、坚定地处理宝宝打人等不当行为，温和、平静地协助宝宝处理遇到的情绪问题，也会为宝宝树立独立、坚定而不失母性的女人形象。榜样是最好的教化。当下是，以后也是。

但很多家长担心，去性别刻板印象的教养会不会培养出娇气的小男生或闹腾的"假小子"。教养实践发现，娇气的小男生并非由去性别刻板印象的教养所致，除天赋秉性外，母亲的过度保护、男人形象的缺失、宝宝行为过度受限等是导致男宝宝娇气的主因之一。

当孩子想要从高处一跃而下时，被"别跳，危险"的声音即刻阻止；当孩子手中的玩具面临被抢走时，"弟弟小，不许抢弟弟的东西"妈妈及时护驾并阻止了对方的行动；即使骑上自己心爱的三轮车，也被妈妈严格限制速度，美其名曰"防止摔倒"……妈妈的过度保护，无疑剥夺了男宝宝滋长意志与勇气的机会。

男人形象的缺失也是男宝宝娇气的诱因之一。很多家庭爸爸要在外挣钱，以养家糊口。爸爸较少时间在家里，或是在家也较少陪伴宝宝，爸爸与宝宝的关系较疏远，使得宝宝无法持续获得一个完整的男人形象，更无从习得男人品质中宝贵的果敢与坚强。这种父亲常不在身边的家庭，我们称之为"隐性的单亲家庭"，它对孩子的成长有一定的负面影响。

还有，若家长是操控性强、富支配欲的人，常以"教导"的名义对宝宝的日常行为实施各种各样的所谓"正确"的影响，使得宝宝的行为受到诸多限制，久而久之，宝宝就成长为没有自我主张、较少自我意志的娇气的人。

当家里的男孩子有娇气化倾向时，家长宜从以上三个方面反思问题的根结出在哪里，并及时加以纠正。譬如，除涉及宝宝的健康与安全外，尽可能给宝宝自由成长的环境；呼唤父亲角色的回归等等。去性别刻板印象的后天教养，不会是男宝宝娇气的诱因。

我们现行的传统文化会对娇气的小男生构成更大的压力，而对"假小子"的女孩更宽容。事实上，除极少数因性别取向出现偏差所导致的"假小子"外，绝大多数"假小子"在学前时光中得到了良好的发展。在青春期来临时，因吸引异性的需要，性别认同得到良好发展的"假小子"，几乎都会自我回归到充满女性魅力的行列中来。

9. 同伴交往

交换玩具。 自己的东西神圣不可侵犯，小伙伴的东西也是如此。可谁都觉得别人的东西好玩，那可怎么办呢？出去玩时不妨带上一个小玩具，当遇到同伴一起玩时，可以试着通过交换玩具的方式与小伙伴分享。

本着自愿的原则，让宝宝自由地交换。家长无需过多支配与干预。当回家时，可引导宝宝将玩具换回来。若对方是住在同一社区或邻近社区比较熟悉的人，可以让宝宝将舍不得放手的对方玩具带回家，以后有机会还给对方，或是引导宝宝到时再换回来。

不勉强不愿意进行交换的宝宝交换。当宝宝不愿意时，家长不要批评，也不要评判，将其当作再自然不过的事情。

"不许打人"。本阶段宝宝间的冲突更趋激烈，会推搡、抢夺甚至打斗。有些胆小的宝宝在冲突中比较退缩，即使挨打也一声不吭的，让家长很着急。

"你就不会打他呀？"有些愤慨的家长可能会这么质问自己的孩子。这种鼓励孩子以暴制暴的方式是不可取的。文静或胆小的宝宝本来就不善用武力解决冲突，鼓励他以暴制暴无疑是让他用自己的弱势去对抗别人的强势，只会让宝宝更退缩。况且，有着过强攻击性的宝宝往往不受同伴欢迎，这对宝宝的心理发育是很不利的。我们断不可培养宝宝的攻击性，使其成为不受同伴欢迎、经常被孤立的可怜宝宝。

武力不等于强大，我们无需鼓励宝宝的攻击行为，但应告诉孩子如何保护自己。当自己的宝宝受到欺负时，家长无需气呼呼地找对方家长理论，或直接指责对方宝宝。若家长替宝宝去"教训"对方，宝宝下次遭遇同样的情形时，他的第一反应就是求助家长，而不会去想自己如何应对，这样也就无法自立自强起来。家长应先疏导宝宝难过的情绪，然后再告诉宝宝：被别人攻击时要避开，同时大声告诉对方"不许打人"。妈妈、爸爸在家里可以进行情境模拟，通过模拟真实的情境告诉宝宝如何避让，以及勇敢地大声抗议"不许打人！"

更重要的工作在场外，妈妈应思考如何树立宝宝的自信心，如通过重塑安全依恋构建宝宝积极的自我认知，通过渐进的方式发展同伴交往等等，让宝宝的内心变得强大起来。说到底，宝宝内心的强大才是对付冲突与竞争的终极力量。

友谊。在同伴交往中，宝宝更倾向于与投缘的、自己看重的小伙伴发展同伴关系。尤其是3岁以后的宝宝，友谊开始成为人生中极具意义、极为珍贵的东西。从学前期到青春期，这种稳固的同伴关系会在宝宝的社会关系中占据重要的位置。

在同伴关系中，友谊代表着受尊重、被接受、受欢迎。受尊重、被接受、受欢迎的宝宝更容易在群体中建立认同感，并获得积极的自我认知，因而也表现得更为自信。在拥有友谊的同伴关系中，宝宝也能更轻松地发展出更多的社交技巧。追踪研究发现，受欢迎的儿童在随后的日子里总是表现出最强的社会能力和认知能力，也最少攻击性和退缩行为。

协助宝宝发展友谊，妈妈最应做的就是为宝宝进行同伴交往创造条件，让宝宝有更多机会和其他小宝宝在一起，在轻松自由的环境下玩耍嬉戏。对宝宝明显喜爱的小伙伴，妈妈宜与对方妈妈建立良好的关系，彼此多来往，让宝宝有更多时间在一起玩耍。期待能经常见到这样的情景：妈妈在一旁一边开心地聊天，热切地交谈，一边保持适当距离守望着宝宝；宝宝则自由自在地、快乐地玩耍。

10. 自理能力培养

三岁而立。本阶段是培养宝宝自理能力的关键期之一。经过前几个发展阶段的持续学习，加上本阶段的练习或巩固，大部分宝宝都能基本掌握包括吃、洗、拉、部分穿戴在内的日常自理技能，实现三岁而立。

较强的自理能力，能使宝宝更独立。宝宝自理能力的高低，还会对即将到来的幼儿园生活产生影响。幼儿园一个班在满员的情况下一般都有25～35名孩子，所以带班老师的保教工作非常繁杂，单是协助孩子上厕所都有不小的工作量。宝宝能自理，不仅会增强自己的自信心，更好地适应幼儿园的集体生活，也会更受老师的欢迎。

穿衣穿袜。准备一些简单易穿的宽松衣裤、袜子，继续让宝宝练习自己穿戴。可以放手让宝宝独立完成整个过程。穿有拉链的外套时，让宝宝学着自己对准链头，练习拉拉链。

刷牙。宝宝长满20颗牙后，就可以正式地练习刷牙了。妈妈每次自己要刷牙时，很高兴地告诉宝宝你要刷牙牙去了，"引诱"宝宝前往。在刷牙时表现得很快乐，让宝宝觉得刷牙是件很好玩的事情，并鼓励宝宝试试。

宝宝刷牙较熟练后，可教宝宝"里刷刷、外刷刷"，将牙齿里里外外、上上下下都刷到。

洗脚。妈妈为宝宝准备好洗脚水后，请宝宝自己准备好毛巾和拖鞋，自己动手脱鞋脱袜并洗脚。妈妈也可同时洗脚，用手搓脚背、脚掌、脚趾、脚踝等，看看宝宝会不会模仿着做。宝宝不会模仿时妈妈可用语言提示他。

继续鼓励宝宝进行简单的日常自我服务，如继续让宝宝用筷子独立进餐；如厕时自己脱裤子，拉完后自己拉起裤子；鼓励宝宝自己洗手洗脸，并洗自己的小手帕，从小养成爱卫生的好习惯。

做家务。妞妞快满3岁了。一天，见妈妈在厨房洗碗，她也想试一试，还甜甜地对妈妈说"妈妈，我来帮你洗碗吧"。洗碗池太高，妞妞够不着，妈妈给她搬来一个高凳子，让妞妞站在凳子上洗。

妈妈把用洗涤剂洗过的碗交给妞妞，妞妞拿着碗伸到水龙头下用清水冲洗。"妞妞，请你多冲一会儿。"妈妈见妞妞只是随便冲了下就将碗放下了，就告诉她道。"这样可以了吗？"多冲了一会儿的妞妞问妈妈。"可以了，很干净了。"妈妈肯定了妞妞的行为。就这样，母女俩分工合作就将一堆碗筷洗完了。妞妞不仅觉得洗碗好玩，也很有成就感。妈妈在让女儿做自己小帮手的同时，也将普普通通的一个生活事件赋予了教养价值。这正如杜威所说，生活就是教育。

与妈妈们交流教养经验时，发现有一些问题是妈妈们问得较多也较为关心的。我把这些问题归类并重新拟了一个提问标题，并说说我的建议。每个孩子不尽相同，解决的办法亦不相同，所以这不是标准答案，仅抛砖引玉为妈妈寻找最适合自己孩子的个性化方法提供些许参考。

有些问题我无法以"问与答"的方式来阐述，如有些妈妈问"我怎样才能教养出一个优秀的宝宝"，这个问题的答案正是整本《0~3岁宝宝教养手册》试图回答的。又如"如何培养宝宝的安全感"，这些问题正文中都有系统阐述，便不再赘述了。

我还发现，父母提的很多问题，很多是源于对孩子的身心发展规律缺乏了解。当父母对孩子成长规律有了系统认知，心里也有系统成熟的教养理念时，就会有解决问题的答案。

1.宝宝打人怎么办?

造成宝宝打人的原因不尽相同，但主要有以下8种原因，供有打人行为宝宝的妈妈参考。我们了解宝宝打人的具体原因后，就可以有针对性地加以引导。

其一，"我"字当头打为先。这也是2岁多宝宝打人最常见的原因。2岁多宝宝的占有欲强烈，不愿分享自己的玩具和私享空间，一旦发现有入侵者或分享者，还无法通过语言通畅表达自己意愿的宝宝，便会通过打来捍卫主权，用打来表示"不"、表示"排斥"。

"我"字当头打为先，是绝大多数宝宝出现打人行为的原因，也是宝宝在成长过程中出现的正常现象之一，只需对这种打人行为加以正确引导即可。

其二，内心冲突打出气。宝宝想达成自我意愿与自身能力不足所引起的内心冲突，以及搬家、入园、更换保姆或带养人等生活情境变化，都会引起宝宝心理上的不适，在没有得到很好引导或自我疏导的情况下，宝宝可能会通过打人的行为宣泄出来。

其三，攻击文化引模仿。这种场景应该不陌生，小男孩拿着玩具枪"嗒嗒嗒"地进行模仿射击，家人、客人或小动物都成为了他"射击"的假想敌。电视或网络充斥着暴力节目，宝宝自然会受到影响，产生打人行为。宝宝并不知道打人不好，仅仅是觉得好玩而已。但打人行为与真正的诱因结合在一起时，打人行为就会成为恼人的习惯性行为。

其四，强制家境孕攻击。不少有打人行为宝宝的第一任师父，竟是家长自己。宝宝不听话，家长就动手，这种专制型父母极易养育出高攻击性的宝宝来。家长打宝宝，是对宝宝打人行为的言传身教与负面强化。

有的家长较少动手，但对宝宝总是有诸多的强制、限制与要求，同样也会孕育出宝

337

宝打、咬人等攻击行为来。生长在这种强制性家庭里的宝宝，其行为和情绪都容易受到压制，又学不到正确疏导情绪的技巧，也找不到表达自我的途径，很容易通过打人进行宣泄和表达。

父母经常争吵的家庭，更是孕育攻击的土壤。当父母吵架时孩子心里会很难受，同时也会学到争吵、动手等非温和理性的解决方式，打人等暴力行为自然而然会在宝宝身上慢慢发展起来。

其五，缺少关爱求注目。家长忙于工作，对孩子关爱较少，或是抚养方式不敏感，也会导致宝宝产生打人行为。宝宝的需求总是得不到父母的回馈与关注，却发现打、咬人或大哭大闹就一定会引起父母注意，于是打人、大哭大闹就成了宝宝寻求关注的手段之一。

其六，不善动口就动手。在与人交往中，尤其是在与同伴交往中，宝宝可能连简单的社交技巧都还未领悟到，包括体态语在内的语言表达也尚不顺畅，当因玩具等产生争执时，不善动口的宝宝就可能用动手来解决人际冲突。当他发现打人是有效争夺玩具的手段时，就会更多地使用打人来解决问题。

其七，打你因为喜欢你。宝宝不经意间出现的一些行为，如抓抓妈妈的脸或和妈妈顶额头表示亲昵等，在妈妈允许甚至是无形的配合下，渐渐地演变成用打来表示对对方的喜欢之情。有时宝宝用手拍打妈妈的脸，妈妈还会亲昵地和宝宝互动，更是强化了宝宝打人的行为。

其八，父母娇惯纵打人。有不少家长有这样的心理：在这个充满竞争的社会里，宝宝有攻击性是厉害的表现，长大后才有出息，有意无意间放纵甚至隐形地鼓励宝宝的打人行为。

另外，一些生理因素也会导致宝宝打人，如渴了、饿了、累了时，妈妈却迟迟没能满足自己的要求，宝宝也会通过打人来表达自己的不满。

有些攻击性较强的宝宝有遗传方面的因素，而且具有一定的稳定性。尽管受到最具控制力的遗传因素影响，据发展学家奈各（Nagin）研究，这类宝宝到了青春期时只有八分之一的人仍具较高水平的攻击性，环境影响和正确引导一样可以帮助这类看似最难纠正的宝宝。

要纠正宝宝的打人行为，家长应先对打人这种攻击性行为有正确的认知。在当今社会，人与人之间的合作无处不在、无时不在，人际关系在获取个人成就上的重要性也越来越突显。一个攻击性强的人无疑是不受欢迎的，这也是攻击性过强的成人在个人成就上更容易无所建树的原因。所以家长切不可有"宝宝有攻击性就是厉害"这种错误观点，这个社会早已不是那个武力夺天下的时代了。

我们鼓励和培养"勇敢、公正、上进以及远大的成就动机为力量源泉"的竞争性。这种正当的竞争性不仅让孩子在未来的人生中更有可能赢得竞争，还能赢得尊重。我们应通过呵护孩子的自由成长，发展孩子的自由意志，来滋长孩子的内心力量和果敢无畏的品格，从而构建起正当而有力的竞争性来，并允许孩子在同伴交往中体验适当的丛林法则来践行竞争，而不是暗许或鼓励孩子的攻击行为来获得所谓的竞争性。

当宝宝出现打人行为时，我们应从行为把控、消除打人成因、鼓励良好行为三个方面入手加以引导，让宝宝回到良好的行为模式上来。

绝大多数情况下，小月龄宝宝出现打人行为，是在用肢体动作表示"不"或"排斥"的意思，是一种很正常的发展现象。对这种打人行为，妈妈无需如临大敌，搞得太过严肃。妈妈温和地制止或避开宝宝的打人行为，同时教宝宝用语言"不""不行"来表达反抗和排斥，让其学会用语言替代打人行为来表达诉求。当宝宝打、咬其他的小宝宝时，妈妈在传递明确的禁止打人的信息后，引导宝宝去做其他感兴趣的事情，或将情绪中的宝宝抱离"事发"现场，然后将其注意力引开。

除危及安全健康的情况下，你若能顺从宝宝的意愿并停止干涉他玩耍，宝宝能在大多数情况下自由地实现自己的意愿，宝宝很快就能改掉打人的行为，进而改用语言来表达自己的意愿了。

稍大点的孩子，如2岁多及以上的宝宝，当其打人时，首先要向他传递明确而坚定的禁止打人信息。妈妈可抓住宝宝打人的手，眼睛看着宝宝，也让宝宝看着自己，平静而坚定地告诉宝宝："妈妈爱你，但不喜欢你打人。"坚定的眼神是最有力的武器，所以说话时要确保宝宝与自己双眼对视。

妈妈在向其传递禁止打人的信息后，可要求宝宝看着对方的眼睛说"对不起"。有些妈妈会将道歉搞得太过复杂，如要求宝宝说一大串"对不起，我错了，下次不敢了，请原谅"之类的话。对这么年幼的小宝宝，简简单单一句"对不起"就足够了。若对方也是小宝宝，且被自己宝宝打哭了，妈妈应先向对方家长道歉，之后再平静理性地完成上述流程。

当宝宝被明确禁止打人或被要求道歉时，不少宝宝会觉得很委屈，甚至会哭泣起来。这时妈妈宜协助其调节好情绪，待其情绪平静后，再明确告诉宝宝"妈妈爱你，但不喜欢你打人"。之后可酌情教宝宝正确的处理方法，如通过交换获取对方宝宝的玩具，喜欢对方的话就和对方拉拉手或拥抱一下等等，不一定非得让宝宝向对方说"对不起"。

有的妈妈超级喜欢对宝宝讲很多不能打人的道理。若孩子比较大，对道理有一定的理解能力尚可。但倘若是对一个两岁的孩子讲道理，作用似乎不是很明显。当然，部分妈妈这么说教孩子，也不排除有"作秀"给对方家长看的嫌疑，向对方传递"你看，我是不会姑息孩子过失的"。但"作秀"对解决孩子打人问题没有实质帮助。

不要对宝宝说教，过多的话反而会稀释"妈妈爱你，但不喜欢你打人"这句最直白、也最关键的话的效用。每次宝宝打人，妈妈都说同样的"妈妈爱你，但不喜欢你打人"的话，就会强化宝宝的感知和理解。简单的事情重复做，是最有力量的。对宝宝更是如此。

针对用打来表示喜欢的宝宝，妈妈可说"妈妈知道宝宝喜欢妈妈，但不能打妈妈，你摸摸妈妈的脸好不好（或你亲亲妈妈好不好）？"，引导宝宝用正确的方式表达爱。

对通过打人或大哭大闹来引起父母注目的宝宝，在平日里多给宝宝关爱的同时，可在打人当下采取隔离或冷处理的方式，让宝宝知道打人是不被注目的。如他要打别的小朋友时，将其隔离开来；要伸手打妈妈、爸爸时，避开他打过来的手后妈妈、爸爸起身去干其他的事，让宝宝觉得打人并不能引起家长的强烈反应，是件很无趣的事情。

妈妈这种冷静、理性、坚定处理宝宝打人的方式，以及"让孩子感受到爱，对事又不含糊"的对事不对人的做法，既不伤及孩子的自尊，也更能让孩子理解和接受。妈妈此时的行为和情绪，也为宝宝树立了良好的榜样，会让宝宝无形中习得很多东西。

当下及时地处理打人行为很重要，但消除打人成因，则是件"功夫在场外"的长期的事情，需要家长日积月累的努力才行。如尊重宝宝说"不"，尊重宝宝的物权，实施敏感的教养，关爱孩子的情感需求，停止播放暴力节目，消除暴力环境，创造和谐、充满爱、较少限制的家庭环境，协助孩子发展社交技巧等等。

在平时，对宝宝表现出来的礼貌行为，如会说"请""谢谢"、拥抱小伙伴等良好行为，家长应及时给予积极鼓励。对已养成打人习惯的宝宝，则应给宝宝纠正的时间，不可操之过急。

2.哥哥（姐姐）总打弟弟（妹妹）怎么处理？

这个问题的本质，是如何处理宝宝的同胞关系。家里有两个或更多宝宝的家庭，同胞关系会是影响宝宝成长的重要因素之一。当家里有新的小宝宝降生时，家长应对大宝宝更加关爱。优待大宝宝，是建立宝宝间良好同胞关系的重要前提。

当新生儿降生，大人不约而同地将关注更多地给新生儿，原本集万千宠爱于一身的大宝宝受到的关注大幅减少，会感受到强烈的心理落差，产生强烈的不安全感。大宝宝会嫉妒小宝宝能获得那么多的爱，那些爱原本是属于自己的。因为嫉妒、记恨，大宝宝会和小宝宝争夺玩具，哪怕是自己不需要的玩具；对小宝宝有攻击行为，甚至大打出手。也有的大宝宝会在行为上出现退化的现象，如重新要求喝奶、尿床、大发脾气、要求大人抱等等。

这是我们最常见的情形：大人要求大宝宝礼让小宝宝，把玩具给弟弟或妹妹玩，可大宝宝坚决不让，甚至会推搡或攻击自己的弟弟或妹妹。大人见说服不了大宝宝主动礼让，就将玩具硬抢过来，拿给小宝宝，大宝宝开始伤心地大哭起来……大小宝宝经常争夺不止，家里哭声不断，这对大宝宝、小宝宝都是不利的，是种双输的局面。

对大宝宝而言，他感觉到自己不但不能像以前那样受到宠爱，现在连最基本的爱都被父母建立在自己如何对待弟弟或妹妹的态度上待价而沽。自己对弟妹好，父母就夸奖自己；对弟妹不好，父母就批评自己。父母的这种做法让大宝宝感到自己不再被爱，自我价值感会受到沉重打击。小宝宝则会经常遭受哥哥或姐姐恶意的攻击，很多时间都是在哭闹中度过，对其情绪情感发展、心理发展都是不利的。

我们通过一个真实案例来参考如何化解同胞冲突：5岁的小姐姐与1岁多的妹妹经常在家里上演"龙争虎斗"，姐姐为了争夺自己不一定真要玩耍的玩具，不惜推搡或动手打妹妹。大人几乎是一边倒地护着妹妹，大部分的情况也都是妹妹用拼命的哭闹赢得大人的帮助并最终得到玩具；小姐姐也经常难过得大哭。无论家长怎么苦口婆心地教育小姐姐应爱护幼小的妹妹，可这样的情形仍每天都在"顽强"上演。焦头烂额的妈妈不得不求助于专业的育儿师来协助自己。

育儿师经过一整天的观察后，为妈妈开出了"药方"。第一帖"药"就是，着手修复、弥补妈妈与大女儿的亲子关系。当妈妈试着和大女儿沟通时，大女儿拒绝和妈妈对话，任凭妈妈怎么说，就是一声不吭。当妈妈问她"是不是担心妈妈不爱你了只爱妹妹"

时，大女儿才委屈地点点头。"妈妈很爱你，妈妈忙着照顾妹妹，忽视了你，对不起。"当妈妈噙着泪水哽咽着说完这些话时，大女儿终于抱着妈妈大哭起来。表面上看，姐姐与妹妹争抢的是玩具，实际上争夺的是妈妈、是大人的爱。当大女儿重新感受到来自妈妈真诚的爱时，母女间的隔阂才开始真正溶解。

新的小宝宝降生，对大宝宝来讲是个大事件。父母应比以前更加关爱大宝宝，让大宝宝感受到更多的爱，并向大宝宝明确表达"妈妈爱你、爸爸爱你"，在行为上敏感回应大宝宝的表达与需求。无论多忙，妈妈或爸爸每天都应保证一定的时间与大宝宝单独相处。在单独相处的时间里，尽情地陪他玩耍，让他充分感受到妈妈、爸爸的爱并没有因为弟弟或妹妹降生有丝毫减少。平时多与大宝宝聊天，随时了解他的想法和心理需求，尽量尊重和满足他的合理需求。只有这样，大宝宝才会成为协助你照顾小宝宝的帮手，而不是与小宝宝争宠的对手。

在给大宝宝足够关爱的同时，尊重他的私享空间和私有物品。即使是小宝宝要分享大宝宝的私人物件，也应征得大宝宝的同意才行，不宜强行将大宝宝的私有物品拿给小宝宝。若大宝宝还未到能分享的年龄（一般在4岁后），可引导大宝宝将自己不愿分享的物件放在小宝宝不容易看到的地方，以免引起冲突。

当小宝宝动了大宝宝的私有物品，与大宝宝争夺公共玩具，或是惹大宝宝生气时，妈妈应教会大宝宝正确的处理方式，如引导大宝宝表达自己的意见和情绪，如大声说"我生气了！""请不要动我的东西！"。

"妹妹太小了，没有你懂事，我们一起来想想怎样做，可以吗？"对年龄大点的孩子，妈妈可诚恳邀请其共同想办法，一起协商想解决方案，并对大宝宝颇有"哥哥"或"姐姐"样式的行为予以赞赏。妈妈可以用任何能让大宝宝感受到"爱、尊重、平等、公正"的方式来应对同胞冲突，但不允许大宝宝通过武力解决问题。

3.宝宝撒谎怎么办?

宝宝撒谎怎么办？这几乎是绝大部分家长有可能遭遇到的教养问题。当宝宝开始有撒谎行为时，妈妈、爸爸若能正确对待并加以处理，就能将撒谎这个教养挑战变成教养契机。

我举个妞妞撒谎的实例来供大家参考。妞妞第一次撒谎是在2岁8个月的时候。有一次，妞妞自己拿水瓶喝水，手没拿稳，水瓶掉在地板上水洒了一地。当时妞妞妈在卫生间洗衣服，只有妞妞自己一人在客厅里。当妞妞妈听到"叮当"一声水瓶落地的声音后，接着就听到妞妞的说话声："怎么回事呀，妈妈你快来看，怎么回事？"妞妞妈走到客厅，看见妞妞盯着地上的水若无其事地说："怎么回事呀？水不听话。""妞妞，水是你打泼的吗？"见妈妈问自己，妞妞不吱声。"如果是你打泼了水，请告诉妈妈，妈妈不会怪你的。"妞妞仍不吱声。"那我们把水拖掉吧。"妞妞妈见妞妞不愿承认，就没再追问，拿来拖把准备拖地板上的水。"妈妈，我帮你拖吧。"妞妞赶忙一边说一边找来另一把小拖把帮妈妈拖将起来。

"泼水事件"没过去多久，妞妞又"闯祸"了。晚上，妞妞妈洗漱完后将眼镜取了下来，贴上面膜养养肌肤。妞妞把妈妈的眼镜拿在手里玩，一不小心将妈妈眼镜的一只镜脚给折断了。"妈妈你看，你的眼镜怎么回事？"妞妞妈忙睁开眼一看，完了，自己的眼镜"报销"了。看着女儿若无其事的样子，妞妞妈又气又感好笑。"妞妞，是你把眼镜弄坏的吧？"妞妞不吱声，接着冒出一句话："眼镜不听话，就自己坏了。"妞妞妈很平静地对妞妞说道："如果是妞妞弄坏了眼镜，妈妈不会怪妞妞，下次注意就行了。请告诉妈妈，是你弄的吗？"妞妞仍不吱声。

早上起床时，没有眼镜的妞妞妈只好眯着眼睛找东西。"没有眼镜，妈妈什么都看不见了。"妞妞妈说道。"妈妈，我亲亲你吧。"明显有点内疚的妞妞走到妈妈跟前亲了亲妈妈的额头。"你愿意告诉妈妈，是谁弄坏了眼镜吗？""我的手这样一下，它就断了。"妞妞比画了一个很小的动作，声音细细地告诉妈妈。这时妞妞妈接过话茬郑重其事地说道："妞妞承认是自己弄坏了眼镜，是个敢于承认错误的好孩子，妈妈好欣赏你！"说着紧紧地抱住了女儿。"下次看到妈妈的眼镜，你会怎样啊，是不是会小心点？""会小心点。"妞妞似乎如释重负，脆生生地满口答应。

当妞妞爸爸回到家，见妞妞妈戴着一副新眼镜，就问妞妞妈怎么换新眼镜了。妞妞妈就把事情的经过说给妞妞爸爸听。妞妞爸爸听完后故意问道："是哪个小朋友把妈妈的眼镜弄坏了呀？"妞妞看着爸爸，也没说话，只是眼睛眯眯地笑着，把小手举了起来。"妞妞是个勇于承认错误的好孩子，而且还知道下次要小心。"妞妞妈见妞妞举手又一次承认了自己的小失误，赶忙又一次夸奖了自己的女儿。

事实证明妞妞妈这样做是对的，妞妞在往后的成长岁月中，很少再撒谎。因为她知道，自己犯了错误，只要勇于承认并改正，就能得到妈妈的理解，不仅不会被批评，还有可能会被嘉奖。

宝宝会撒谎，主要是做错事后担心大人会责骂、训斥自己，或是担心大人不允许自己做某件自己很想做的事情。当大人允许宝宝犯错，并能耐心平静地告诉宝宝正确的处理方式，宝宝就能卸下担心，告诉大人实情。

妞妞妈不但允许妞妞犯错，还懂得如何卸下妞妞的担心，更知道小宝宝的心理转化需要一个过程，于是给了妞妞足够的时间进行情绪和心理转化。当妞妞确认妈妈不会责怪自己，在消化掉自己的担忧后，勇敢地承认了自己的过失。

当孩子撒谎时，是父母反观自己教养的一个契机。孩子撒谎就像一面镜子，照出你在平常的教养中，是否允许孩子犯错，是否能冷静科学地处理孩子的小过失，是否给孩子过多的限制等等一系列教养问题。若家长能自省并完善自己的教养行为，不但能减少或杜绝宝宝撒谎，还能更好地协助宝宝获得良好的发展。

妈妈自己做错事情时，应主动认错、致歉并改过。妈妈的现身说法能让宝宝知道，原来做错事情后应该这样面对并解决，也能让宝宝明白失误不等于失败。

4.宝宝说脏话怎么办?

不知从何时起，宝宝竟开始说脏话了，不少4、5岁的宝宝更是满嘴脏话。讲脏话时，大人越阻止越训斥宝宝反倒越来劲。宝宝发现，自己一说脏话或脏词，父母或被骂对象就会反应强烈，这让他认为脏话、脏词极有力量，因而越发起劲地说。这种现象心理学界称之为"负面强化"。

面对宝宝说脏话，阻止和训斥很少有奏效的。正确的做法是，立刻停止负面强化，进行冷处理。当宝宝很起劲地说"臭狗屎""臭狗屎"时，爸爸妈妈一点反应都没有，该干吗就干吗，仿佛此时的宝宝是空气一般。宝宝骂着骂着就没劲了，怎么一点回馈都没有啊？真是一点也不好玩！

每次遇到宝宝讲脏话时都这样冷处理，不用你讲他，他慢慢就不骂了。面对宝宝的脏话、脏词，妈妈、爸爸只需冷处理就行，同时也告诉宝宝身边的人也这样做。当宝宝身边的人都对他讲脏话行为冷处理，宝宝慢慢就会减少甚至不再说脏话。同时，让宝宝远离爱说脏话的人，尤其是他脏话的模仿源。大人在平常亦需注意文明用语，给宝宝树立良好的榜样。

也可以编个故事，以故事的形式告诉宝宝讲脏话不受欢迎。如《爱讲脏话的小白兔》：小白兔喜欢讲脏话，还觉得很有趣。可它的小朋友，如小乌龟、小松鼠等，都不喜欢讲脏话，慢慢地就不和小白兔玩了。后来，小白兔发现小朋友都不跟自己玩了，心里很难过，就回家问妈妈。妈妈告诉小白兔："小乌龟、小松鼠都喜欢你，可是你最近爱讲脏话，它们不喜欢你讲脏话，就不和你玩了。"小白兔终于知道讲脏话不好，于是改掉了讲脏话的习惯，小乌龟、小松鼠又很开心地找小白兔玩了……

5.宝宝磨蹭怎么办？

每遇到家长问我这个问题时，我就在心里问自己：到底是孩子太磨蹭了，还是妈妈太急躁了？我带着这个问题来观察妈妈与宝宝。慢慢地我发现，实际上，孩子不磨蹭，家长也不急躁，是大人与孩子之间的生物节奏差异太大了。面对你的催促，孩子已够快的了；面对孩子的磨蹭，你也已够慢的了，可你们仍无法达成一致。

当宝宝蹲在地上观看一只小蚂蚁时，他的大脑会浮现出丰富的画面：黑黑的身躯，那么多条腿，还有两根天线似的触角，以及毫无规则的爬行路线……他还会想：它匆匆忙忙地赶路，是回家还是找食物？它的家在哪儿，它一个人害怕吗？这一串又一串的认知反应在他大脑中接连出现，根本停不下来。你看到小蚂蚁的反应是，蚂蚁在你的脑海中一闪而过，没留任何痕迹，也没有任何感觉，紧接着就是想着快点走。你和宝宝是两个世界的人，即使面对同一只蚂蚁，感知也会截然不同。

两个不同世界的人相处，唯有有能力的一方调整自己的行为以适应另一方。但此时的宝宝还没能力站在你的角度来看待、思考问题，更无能力调整自己的行为来配合你。你是具备这种能力的成人，不妨请你从孩子的角度看待孩子和世界，将自己的节奏放缓一点，再放缓一点，直至顺应孩子的节奏。

若无特别紧急的事情，甚至可以也像个孩子似的蹲下来，和孩子一起观赏，因为你的理解和配合，孩子会获得完全不一样的发展。当你蹲下来的那一刻，就是在践行为人父母者的自我修为。我女儿看蚂蚁时，我可以等上半小时，直到她不看了为止，我相信你也能做得到。

6.如何对待"人来疯"?

有些宝宝在家里来客人时表现得特别活跃、淘气，甚至搞得妈妈、爸爸有点尴尬。宝宝这种不同往日的"突然疯狂"，就是我们所说的"人来疯"。

宝宝容易"人来疯"，一定有它的原因所在。被溺爱、没有行为边界的任性宝宝容易出现"人来疯"的情况。当家里来客人时，宝宝发现家人关注的"中心"转移到了客人身上，于是通过调皮捣蛋来争取家长的关注。这时家长不应冷落了宝宝，可引导宝宝参与到招待客人的活动中来，如给客人递水果之类的。在平时，家长则应逐步建立起宝宝适当的行为边界。

另一种情况可能正好相反。平日里较少得到关注，未能得到敏感回应的宝宝，在有客人时，"人来疯"状态能博取家人至少是客人的关注，而且客人越夸奖，玩得就越疯。对于此类诱因，家长应在平日里多关注宝宝的需求，敏感回应宝宝，给宝宝更多的关爱。

生长在充满限制、操控环境中的宝宝，也容易出现"人来疯"的情况。有客人在时，宝宝发现自己疯狂点，家长似乎不怎么好意思阻止自己，终于可以好好地宣泄一下了。对此类情况，家长宜深刻反思自己的教养模式，思考是否应合理地给宝宝更多的自由。

还有一种情况是，宝宝成长得很好，但平时较少玩伴，有客人来时会有新奇感，于是玩兴大起。若客人不是太嫌弃，则可以引导宝宝礼貌地和客人互动。在平时，针对这类宝宝家长应多创造条件让宝宝与外界沟通，多进行同伴交往，多见识玩伴。

7.宝宝不爱说话怎么办?

我接触过的不爱说话的语迟宝宝中，因家庭语言环境混杂、过度依赖手势或体态语、对话和说话机会少而造成语迟的占多数。

当发生语迟的情况时，宜找到其中的原因，对症改进。譬如，家庭语言环境混杂的，则应改善家庭语言环境，家庭成员都使用单一而标准的语言。一些祖辈带养的孩子，因祖辈包办代办的情况过多，使宝宝开口说话、动手操作的机会较少，导致其动口、动手能力有不同程度的发展迟缓。宝宝只需朝茶几上的糖果望过去，奶奶就知道宝宝要吃糖果了，立刻心领神会地将糖果拿给宝宝，根本不需要宝宝言语。这无意中减少了宝宝用语言表达的机会。家长应减少使用手势语和体态语，鼓励宝宝多开口表达；同时，多创造条件让宝宝与同伴来往，让宝宝有更多的机会在同伴交往中模仿对方的语言行为。

和宝宝说话时速度要慢一点，给宝宝接受和理解的时间；使用与宝宝语言能力相匹配的简单词汇；在互动的过程中双方都减少手势和体态语，为宝宝创造开口说话的好环境。

很多语迟的宝宝说话的兴趣不高，这需要一个较长的过程来重新培养其说话的兴趣。从宝宝感兴趣的语言行为入手，慢慢重建宝宝说话的兴趣。如宝宝喜欢听或唱儿歌，那就从儿歌入手，多和宝宝听唱儿歌，并在听的过程逐步以询问的方式引导宝宝说话。对语迟的宝宝要有耐心，一步一步慢慢来，不能心急。

发声器官发育迟缓或存在缺陷，也会导致宝宝开口说话较晚。虽然这种情况概率不高，但在改进教养方式一段时间后，若宝宝的语言发展仍无进展，不妨到医院检查一下，看看宝宝是否存在"发育性语言障碍"。若真是生理方面的原因，应及时治疗；若无生理方面的原因，仍可能是教养方面存在可以改进的地方，家长不妨去请教相关方面的专家，至少可以请其判断宝宝的语言发展情况是否在正常范围内。

8.该不该让宝宝学英语？

从更广泛的角度来看，这实际上是个关于双语学习的问题。适龄的双语学习（如同时学习使用母语和英语）对宝宝的成长是有益处的。

在一个控制良好的实验中，将双语者和单语者就一些重要变量进行匹配时，发现双语学习者在认知发展上占优势。纯粹的双语学习者在智商测验以及一般语言熟练度上的得分均等于或高于单语同伴（Diaz,1985；Ginsburg et al.,1982）。发展研究和教育实践均证明，双语学习对孩子的认知发展有积极影响。

2岁多的宝宝，已能掌握一些简单的英语词汇，如thank you、bye-bye、good morning、apple等。但对一般家庭而言，大量、零散性的英语学习为时过早，宝宝宜以母语学习为主。调查发现，在3岁之前，宝宝还没有熟练地掌握一种语言时，过多地让宝宝零散性地学习另外一种语言，并不利于宝宝今后更好地掌握两种语言。一般来说，处于语种混杂语言环境中的宝宝，如果得不到好的引导，其理解能力和表达能力的发展就会明显落后于单一语种环境下长大的宝宝。

这是生活中最常见的情况：妈妈兴冲冲地教宝宝学英文单词，宝宝当下也能记住好些单词，可当这股热情消退后，由于没有适宜的英语学习环境和氛围，未能持续像往常一样练习英语，结果宝宝最初学会的几个英语单词可能都忘了。当初花了那么多时间精力学习的英语，实际价值似乎并不大。

什么时间开始双语学习比较合适？对一般家庭而言，最好在宝宝2岁半或3岁后，宝宝对母语掌握得很熟练，能与大人无障碍地顺畅交流后再开始。"苹果的英文怎么说""apple""早上好的英文怎么说""good morning"。当宝宝能很明确地理解和使用母语时，就不容易产生认知上的混淆了。倘若宝宝连中文"早上好"都还说不标准，还要学饶舌的"good morning"，无疑会增大宝宝学习语言的难度，也会降低其学习的兴趣。

有双语环境和双语教育能力的家庭，如父母或其他家庭成员中有娴熟的英语口语者，能用纯正的英语全程无障碍进行交流，同时能持之以恒地给宝宝提供用英语交流的学习机会，则可在本阶段就开始双语学习。

进行双语学习时，双向式双语教育表现出了明显的优势。双向式双语教育在美国已有良好的教育实践，已帮助了大量的移民子女同时学好母语与英语这两种语言。所谓双向式双语教育，是指孩子每天用一半的时间使用母语学习，另一半的时间使用英语（或其他第二语言）学习。

双向式双语教育，在幼儿园和低年级的小学课堂尤为适用。对希望孩子学习第二语言的一般家庭而言，为宝宝选择一所高素质的双语幼儿园不失为一个好的选择。只是选择双语幼儿园时，应特别注重考察其教学模式，如英语教学是浸入式的而非灌输式的，是寓教于乐型的而非结果导向的等等。家长同时也要学习些简单的日常交流用语，尽量为宝宝创造较好的家庭英语环境，因为仅仅依靠幼儿园或学校想让宝宝说上一口流利的英语是有难度的。

9.该不该给宝宝物质奖励?

我的回答是，物质奖励是一种变相操控。表彰孩子成长的奖励中，唯独不设物质奖励。对2、3岁的孩子而言，父母的关爱可能就是最好的奖励，而不一定是我们所认为的小红花或玩具。

这个小寓言妈妈们应该听过：一群孩子在一位老人家门前嬉闹，叫声连天。几天过去，老人难以忍受。于是，他出来给了每个孩子25美分，对他们说"你们让这儿变得很热闹，我觉得自己年轻了不少，这点钱表示谢意"。孩子们很高兴，第二天仍然来了，一如既往地嬉闹。老人再出来，给了孩子们15美分。老人解释说，自己没有收入，只能少给一些。15美分也还可以吧，孩子们仍兴高采烈地走了。第三天，老人只给了每个孩子5美分。孩子们勃然大怒："一天才5美分，知不知道我们多辛苦？"他们向老人发誓，他们再也不会为他玩了!

人的动机分两种：内部动机和外部动机。如果按照内部动机去行动，我们就是自己的主人。如果驱使我们的是外部动力，我们就会被外部因素所左右，成为它的奴隶。

在这个关于动机的小寓言中，老人的算计很简单，他将孩子的内部动机"为自己快乐而玩"变成了外部动机"为得到美分而玩"，他操纵着美分这个外部因素，所以也操纵了孩子的行为，就像你的老板或上司，用工资奖金或是升职加薪来操纵你。

一个人之所以会形成外部评价体系，最主要的原因是小时候父母喜欢控制他。父母太喜欢使用口头奖惩、物质奖惩等控制孩子，而不去理会孩子的内在动机。久而久之，孩子就忘了自己的原始动机，做什么都很在乎外部评价。上学时，他忘记了学习的原始动机——好奇心和学习的快乐；工作后，他又忘了工作的原始动机——成长的快乐，上司的评价和收入的起伏成了他工作快乐或痛苦的源头。

孩子在做一件事情时，真正重要的是在投入这件事情时的情绪、目标、兴趣、好奇心、成就感等，一旦奖励和惩罚介入其中，孩子就容易迷惑，甚至迷失本真的自己。庸俗的目标只能给孩子带来庸俗的刺激，不会产生良好的内在动力。

想促成孩子完成某件事情时，尽可能以兴趣为出发点，让这件事好玩或有点挑战性，以激起宝宝尝试的愿望。兴趣是成长最好的原动力。刻苦也许能使一个人成为不错的工匠，乐趣却能使其成为顶尖的大师。

一时难以创造兴趣的事情，家长宜以身作则，带领孩子尝试，并就挑战困难的过程予以鼓励。若要以奖励来促使宝宝行动，也宜以"你若现在完成这件事，就能腾出更多的时间来和爸爸一起玩耍了，我们就有时间一起去公园玩了""你现在能完成，爸爸承诺你带你去玩沙"之类的方式来激励宝宝，而不是奖励糖果或玩具。

10.能不能给宝宝看电视?

对0～3岁的宝宝来说，观看电视确实无益。美国儿科学会更是明确要求：绝对不给2

岁以下幼儿观看电视。

0～3岁的宝宝喜欢看电视，仅仅是为电视鲜艳的色彩、丰富的镜头、快速的切换、多层次的声响所吸引，并不能从中获取什么有益的东西。相反，当宝宝把时间花在电视机前，便占据了许多宝贵的亲子时间或玩耍时间。

美国华盛顿大学儿科学教授季米特里·克里斯塔带领研究人员对329例两个月至4岁的婴幼儿进行了为期两年的跟踪研究。他们给宝宝穿上特制的背心，携带一部小型录音机，录制宝宝在连续12～16小时内听到及自己说出的话。研究发现，只要是电视开着，无论是大人还是宝宝的语言量以及两者间的对话都明显减少，这对宝宝的语言发展很不利。由于语言发展对婴幼儿的大脑发育至关重要，所以常收看电视对宝宝大脑发育会带来不利影响，其中包括导致注意力和认知发展迟缓。宝宝一边玩玩具一边看电视，对其专注力发展尤为不利。而且，小月龄宝宝观看电视会影响其视力发展。所以建议妈妈，尽量少给宝宝看电视。

尽管教育界充斥着对电视的负面评价，但在现实生活中，要生活在一个完全没有电视的世界里还真有一定的难度，这对妈妈来说可是个考验。在有观看电视习惯的家庭，最好是观看有价值的优秀婴幼节目，但每天的观看时间不宜超过半小时。

我的公公、婆婆很喜欢看电视。女儿在家时，电视机也几乎都是开着的。但我女儿很少像爷爷、奶奶那样坐在沙发上观看电视，而是一个人或和我一起在爬行垫上玩积木，做各种有趣的游戏，或是在床上阅读绘本。电视机不可怕，可怕的是你在孩子眼里没有电视机更有魅力。当你亲密无间地陪伴宝宝玩耍时，电视机便成了毫无影响力的摆设了。

对3岁以上的孩子而言，电视既可以对孩子产生负面影响，也可以成为一种有效的教育方式。这种对孩子产生的或利或弊影响，主要取决于电视的内容、观看时间长度以及儿童理解和解读电视内容的能力。到3岁或更大时，一些有教育意义的电视节目或DV制品，如《鼹鼠的故事》《狮子王》《小鹿斑比》等，能给孩子成长带来益处。只是，每天的播放时间仍不可以过长。

11.放养孩子对吗？

这位妈妈的问题让我想起了自己的童年。我的父母就是放羊似的将我和妹妹拉扯大的。儿时的生存条件很艰苦，父母能从泥巴地里刨点食把我和妹妹养活就已不是易事了，根本无暇管我俩。我和小伙伴自由自在地"疯玩"，艰苦条件下的童年依旧快乐而美好。从我记事起，我最讨厌的事就是妈妈喊我回家吃饭，因为这时的我不得不停止痛快淋漓的玩耍了。有时还会想，要是肚子能不饿该多好啊，我就能从早玩到晚了。

我这个泥巴地里玩着泥巴沙石长大的"野孩子"，日后成了我们村里的第一位大学生。这也是我父母这辈子最感骄傲的事之一，因为那个年代的大学录取率很低，能从教育相对落后的农村考入大学的更是凤毛麟角。现在回头想想，正是父母这种不得已而为之的放养，让我在泥巴地这个天然的教室里，得以无忧无虑、自由自在地健康成长。这种看似无为的放养，无形中遵循了很多宝贵的育儿原则，如不受限制的自由玩耍、不受打扰的自主探索、没有任何引导的自由创造、自然丰富的实物环境、同伴冲突时的丛林法则等等。

这些宝贵的"放养"元素，是对孩子成长的极大支持。

实际上，放养的真正含义是尽可能让孩子不受约束地自主探索、自由玩耍，而非不管不顾。在物质条件非常丰裕的今天，我们更有条件为孩子创造一个更好的成长环境。我们既主动施与，给孩子母婴交往、五觉刺激、动作练习、亲子游戏、抚触按摩、三浴锻炼等丰富的教养，同时又懂得放手，让孩子不受约束地自主探索、自由玩耍，在放养中得到成长。

在孩子成长的每一天中，应既有父母发起或参与的亲子时光，也有自由的放养时光。随着月龄的增大，自主探索、自由玩耍的放养时光会逐渐增多。我们应无条件地、心无挂碍地支持孩子的自主探索与自由玩耍。除了给孩子少量必要的协助，以及在一旁守望孩子的安全外，剩下的事情就是放手让孩子尽情地玩。我知道做到这一点并不容易，但你有这个意识并努力地去做，哪怕做到的只是一点点，总是能给孩子好的成长支持。

12.如何正确表达爱？

有一位妈妈骄傲地跟我分享："我的孩子表现好时，我不会给他们任何物质奖励，而会送他们更珍贵的礼物：拥抱和亲吻。"为了让礼物显得更珍贵、更有奖励效应，这位妈妈平时较少拥抱和亲吻孩子。她的做法得到了不少父母认同。但在我看来，这位妈妈的做法走偏了。

因为你乖，所以妈妈爱你；因为你听话，所以妈妈爱你；因为你帮妈妈扫地，所以妈妈爱你；因为你安安静静地吃完了饭，所以妈妈爱你；因为你会撒娇、很贴心，所以妈妈爱你……习惯在宝宝表现好时表达爱的妈妈，可能容易走偏，让宝宝感受到的是有条件的爱。

宝宝会觉得：只有我听话时，或是表现好时，我才是值得爱的，而我本人，并不那么值得爱；或是妈妈更爱那个表现好的我。这对宝宝自尊自信的建立是不利的。

在亲子机构、幼儿园，也总能见到一些处处都要争第一的孩子。赛跑总要赢、吃饭要第一、得小红花要最多……他们之所以这样，是和妈妈总是在（或只在）孩子表现好时表达爱有一定关联的。试问，谁能永远第一？这类孩子把大量的时间花在了表现自己，因而失去了很多构建完整内在的机会，还会时常体会到因无法达成意愿带来的失落感、挫折感，这对孩子心理成长是不利的。

我们应正确地表达爱：当宝宝表现好时，用适当的方式夸奖宝宝，不吝给他赞美；在平常时刻，在无为处，用拥抱、亲吻、言语等方式表达对孩子的爱。表达爱，更应在平时，在普普通通的无为时刻。只有这样，宝宝确定你爱的就是他本人，而不是那个表现好的、某个时段的自己。这种没有任何前提、不设任何附加条件的爱，才是滋养宝宝真正的爱。

就在平时，满怀爱意地看着宝宝，亲亲他的小脸；或是下班回家宝宝高兴地迎接你时，请蹲下来满怀喜悦地抱住你的孩子，在他耳边轻轻地说："妈妈爱你，你是妈妈的宝贝。"

13.宝宝一刻都等不得，是否要延迟满足他？

关于延迟满足有一个很有名的"糖果实验"。斯坦福大学心理学家沃尔特·米切尔通过"糖果实验"测试，以及后续长达几十年的跟踪调查发现，当初面对糖果的强大诱惑能成功把控住自己、延后满足自己口欲的宝宝，相比那些迫不及待吃掉糖果的同伴，其青少年期仍表现出更高的自制力、更有主见，也有更佳的学业表现；成年后取得更高成就的比率也高于前者。

家长都知道自制力的重要，见自己的宝宝已开始逐步学会适当地等待，如玩滑滑梯时会排队等等，于是迫不及待地开始通过延迟满足的方式，来进一步锻炼宝宝的耐心与自制力，甚至部分育儿工作者也使用延迟满足宝宝需求的方式来培养宝宝的耐心。但实际上，采用延迟满足的做法是不可取的，适当的延迟满足应是宝宝4岁以后的事。

为什么合作游戏会出现在4岁？为什么真正的分享行为会在4岁后才开始出现？又为什么宝宝要到4岁后才能真正做到延迟自我满足？这是因为：宝宝只有具备了一定的自制力，才能抑制住自己的需求，将心爱的玩具分享给同伴；也只有认知到游戏过程中必须合作才能达成目标，且能做到控制自己的行为以达成合作，合作游戏才会真正出现。宝宝的认知水平和自制能力大多要到4岁左右才能达到这一程度，这是孩子的成长规律所决定的。沃尔特·米切尔的糖果实验，选中的研究对象也是4岁及4岁以上的孩子。

4岁前，你可以毫无顾虑地、坚定不移地继续实施敏感、自由的教养。现阶段需要延迟满足的不是孩子，而是家长。请家长延迟满足自己这颗望子成龙、急不可待的心，不要总做宝宝背后那双无形的手，时刻想要推搡着孩子向前赶。宝宝的成长，应像野花一般，向着阳光肆意地生长；或让其像自由的风一样，轻快地、无拘无束地奔向前方。